"101 计划"核心教材
数学领域

概率论与随机过程
（上册）

陈大岳　任艳霞　章复熹　编著

北京大学出版社
PEKING UNIVERSITY PRESS

内容提要

概率论是从数量侧面研究随机现象规律性的数学学科,理论严谨、应用广泛、发展迅速.概率思维已渗透到许多领域,概率方法已被广泛采用.因此,"概率论"课程已成为与"数学分析"和"高等代数"并列的数学专业基础课,通常分为概率论基础与随机过程两部分,用两学期时间来完成.本书是上册,内容包括基本概念(如概率空间、随机变量、随机向量等)、基本方法(如分布函数、期望与方差、特征函数、各种收敛性等)和基本结论(如大数定律、中心极限定理等).这些内容既直观易懂又严谨准确.直观在概率论的早期发展阶段发挥了重要引导作用,这一点应予以充分重视.

本书可作为综合型大学数学系"概率论"课程的教材和自学用书,也可成为其他科技工作者的参考书.

总 序

自数学出现以来,世界上不同国家、地区的人们在生产实践中、在思考探索中以不同的节奏推动着数学的不断突破和飞跃,并使之成为一门系统的学科。尤其是进入 21 世纪之后,数学发展的速度、规模、抽象程度及其应用的广泛和深入都远远超过了以往任何时期。数学的发展不仅是在理论知识方面的增加和扩大,更是思维能力的转变和升级,数学深刻地改变了人类认识和改造世界的方式。对于新时代的数学研究和教育工作者而言,有责任将这些知识和能力的发展与革新及时体现到课程和教材改革等工作当中。

数学 "101 计划" 核心教材是我国高等教育领域数学教材的大型编写工程。作为教育部基础学科系列 "101 计划" 的一部分,数学 "101 计划" 旨在通过深化课程、教材改革,探索培养具有国际视野的数学拔尖创新人才,教材的编写是其中一项重要工作。教材是学生理解和掌握数学的主要载体,教材质量的高低对数学教育的变革与发展意义重大。优秀的数学教材可以为青年学生打下坚实的数学基础,培养他们的逻辑思维能力和解决问题的能力,激发他们进一步探索数学的兴趣和热情。为此,数学 "101 计划" 工作组统筹协调来自国内 16 所一流高校的师资力量,全面梳理知识点,强化协同创新,陆续编写完成符合数学学科 "教与学" 特点,体现学术前沿,具备中国特色的高质量核心教材。此次核心教材的编写者均为具有丰富教学成果和教材编写经验的数学家,他们当中很多人不仅有国际视野,还在各自的研究领域作出杰出的工作成果。在教材的内容方面,几乎是包括了分析学、代数学、几何学、微分方程、概率论、现代分析、数论基础、代数几何基础、拓扑学、微分几何、应用数学基础、统计学基础等现代数学的全部分支方向。考虑到不同层次的学生需要,编写组对个别教材设置了不同难度的版本。同时,还及时结合现代科技的最新动向,特别组织编写《人工智能的数学基础》

等相关教材。

　　数学"101 计划"核心教材得以顺利完成离不开所有参与教材编写和审订的专家、学者及编辑人员的辛勤付出，在此深表感谢。希望读者们能通过数学"101 计划"核心教材更好地构建扎实的数学知识基础，锻炼数学思维能力，深化对数学的理解，进一步生发出自主学习探究的能力。期盼广大青年学生受益于这套核心教材，有更多的拔尖创新人才脱颖而出！

田　刚

数学"101 计划"工作组组长

中国科学院院士

北京大学讲席教授

前言

我们要为本科生的"概率论"课程编写一本教科书的想法由来已久,目的也很单纯,就是为了方便自己教学. 此前,我们多采用李贤平老师编写的《概率论基础》一书. 该书遵循概率论发展的历史轨迹,既有苏联教材的严谨,又融入我国教学实践的特色,经过三十多年的使用和修订,已日趋完善. 然而,时移世易,课本也需要与时俱进,以适应新一代读者群体. 首先,不同于以往,现在的大学生在中学阶段已经学习了一部分概率统计的内容;其次,大学推行学分制,修课学生的学习基础参差不齐;再者,由于学习方式的多样化,听教师授课并非获取知识的唯一途径,而教材可以限定课程内容的广度和深度;最后,更重要的是,过去三十多年间,概率论的重要性越来越被人们所认识,"概率论"课程从概率统计专业的专业基础课变为所有数学专业的必修课,与"数学分析""高等代数"和"几何学"并列. 为此,我们迫切需要一本既符合时代发展潮流又使用顺手的新教材.

本书内容包括概率论基础与随机过程两部分,分上下两册. 上册从概率空间、随机变量讲起,一直到极限定理;下册以马氏过程为基本内容,辅以离散鞅论、平稳过程等内容. 若以概率论发展的时间轴来看,上下册内容大致以 1933 年柯尔莫哥洛夫提出概率论公理体系为分界点. 如此体例安排也有诸多前例可循. 例如,李贤平老师的《概率论基础》原是早年复旦大学编写的三册本《概率论》的第一册,其副标题正是"概率论基础",第三册的副标题则是"随机过程". 本书可供两个学期教学使用,分别对应我校本科阶段的"概率论"和"应用随机过程"两门课程. 本书下册就脱胎于编者早年编写的《应用随机过程》. 某些具体随机过程的部分结论的推导,本质上使用了概率论中的典型工具和方法. 有鉴于此,我们在上册穿插了部分随机过程的实例和习题,以便一体处理,并为下册的知识点衔接做铺垫;在下册中完整介绍这些随机过程时,我们会将相应部分结论指向上册,所节省的篇幅则用于介绍新内容.

概率论的内容既直观易懂,又严谨准确. 直观性在概率论的早期发展阶段发挥了重要的引导作用,而要准确阐述某些概念并严格证明某些结论,则必须要用测度论的语言. 例如, "求平均"是我们在很多场合早已遇到的运算, 而数学期望正是这一概念的升华. 又譬如, 从生活经验中我们都能接受如下结论: 成年男性身高普遍比女性高. 为准确理解这一结论, 就需要引入条件分布. 作为入门级教材, 我们兼顾直观性与严谨性. 积累丰富实例和经验有助于准确理解抽象概念, 而在严谨理论建立之前, 我们常常借助直观引导而不是逻辑推导来得到相关结论, 尽量避免使用测度论. 同学们在学习过程中应该注意保持对随机现象的直觉.

我们希望本书内容既有分量又易懂, 对读者友善, 可供自学之用. 为此, 我们根据自己多年教学实践, 在题材选取、命题表述、繁简详略等方面做了一些安排. 为扩大适用范围, 我们尽量写得丰富一些, 涵盖了大量高阶内容, 既包括更深入和广泛的知识延展 (譬如随机元、高斯分布、小数定律、渗流模型、大偏差、离散鞅论、平稳过程), 也包含科研工具的简介 (譬如耦合、概率方法、斯坦因方法). 在内容编排上, 我们力求做到重点突出、层次分明, 以基本内容为主线, 在相应知识点之后穿插上述高阶内容, 并用星号 (∗) 标记有较大难度的内容. 初学者可以忽略这部分内容. 这基本上不会影响后续学习的连贯性. 本书可供高等院校两个学期教学使用, 但全书篇幅大于两学期的教学分量. 有经验的教师可根据教学对象和课堂实际讲授情况选择讲授内容. 一种简单的选择是不讲带星号的章节, 将带星号的章节留给学有余力、喜欢挑战自我的同学, 以激发进一步深入探究的兴趣. 例题和习题是教材的有机组成部分, 是理解有关定义和定理的钥匙. 我们选取一定数量的例题, 也希望读者能花时间多做习题. 一定强度的习题训练是掌握好内容的关键.

我们认为, 同学们很有必要了解专业术语和外国人名的外文写法. 为此, 我们在它们第一次出现时, 同时给出其外文写法, 并在附录部分加上中英文对照表. 若有多种译名, 我们则采用较常见的一种, 也希望各种中文译名经过扬弃达到统一. 另外, 人名中英对照表未能体现日本人、俄罗斯人等非英美国家数学家的原名, 也是不够理想的.

我们要求读者已经学过 "数学分析" 和 "高等代数" 两门课程. 除 "数学分析" 和 "高等代数" 课程的知识点外, 本书内容尽量做到自洽, 以减少读者查找其他参考文献的需求. 另一方面, 我们的写作无疑受益于先前使用过的教材, 因此我们把曾经学习使用过的教材列为参考文献.

华罗庚先生曾在《高等数学引论》的前言中称他编写的课本 "既是拖沓篇, 又是急就章". 不曾想, 这正是一个甲子之后我们写作的真实写照. 虽然对所用课本多有不满, 平时也在教学中留存了一些讲义, 但是总有一些眼前更急的事务挡住了编写课本的启动键. 这次教育部推行数学 "101 计划", 有力地推动我们, 容不得我们再拖延, 交稿截止期来得比我们想象的完工日快得多. 当我们终于脱稿时, 不免有赶工的遗憾. 敬请同行和同学们不吝赐教, 批评指正. 期待在不久的将来修订改进, 为我国概率论教学工作留下一块耐用的铺路石.

编 者

2025 年 1 月

常用符号

Ω: 样本空间

ω: 样本

$\mathscr{F}$: σ 代数

P: 概率

$(\Omega, \mathscr{F}, P)$: 概率空间

μ: 分布

$\mathbb{R}$: 实数集

$\mathbb{R}_+$: 非负实数集, $[0, \infty)$

$\mathbb{Q}$: 有理数集

$\mathbb{Z}$: 整数集

$\mathbb{Z}_+$: 非负整数集, $\{0, 1, 2, \cdots\}$

$\mathbb{C}$: 复数集

$A \subseteq B$: 集合 A 包含于集合 B

$A \cup B$: 集合 A 与 B 的并集

$A \cap B$ 或 AB: 集合 A 与 B 的交集

$|A|$: A 中元素个数

$x \wedge y = \min\{x, y\}, x, y \in \mathbb{R}$

$x \vee y := \max\{x, y\}, x, y \in \mathbb{R}$

$\|\vec{x}\|$: 欧氏模/复数模. 对任意 $\vec{x} = (x_1, \cdots, x_n)$, $\|\vec{x}\| = \sqrt{x_1^2 + \cdots + x_n^2}$. 对于复数, $\|x + \mathrm{i}y\| = \sqrt{x^2 + y^2}$.

$\mathrm{Vol}_n(D)$: $\mathbb{R}^n$ 中区域 D 的 n 维体积

$a := b$: 将 a 定义为 b, 或将 b 简记 a

$\vec{x} \preceq \vec{y}$: n 维实向量 $\vec{x} = (x_1, \cdots, x_n)$ 与 $\vec{y} = (y_1, \cdots, y_n)$ 满足 $x_i \leqslant y_i$, $i = 1, \cdots, n$

$X = Y$ a.s.: 随机变量 X 与 Y 几乎必然相等

$X \stackrel{\mathrm{d}}{=} Y$: 随机变量 X 与 Y 同分布

$\mathbf{I}_A$: 示性函数, 若 A 为真, 则取值 1; 若 A 不真, 则取值 0

$y \to x-$: 左极限, $y < x$ 且变量 y 趋于常数 x

$y \to x+$: 右极限, $y > x$ 且变量 y 趋于常数 x

$\lfloor x \rfloor$: 小于或等于实数 x 的最大的整数

$\lceil x \rceil$: 大于或等于实数 x 的最小的整数

$\det \mathbf{\Sigma}$: 矩阵 $\mathbf{\Sigma}$ 的行列式

$C(F)$: 实函数 $F(\cdot)$ 的所有连续点组成的集合

目 录

第一章 概率 1
  §1.1 概率的含义 2
  §1.2 样本空间与事件 5
  §1.3 古典概率模型 9
  §1.4 几何概率模型 18
  §1.5 概率空间 23
  §1.6 条件概率 31
  §1.7 全概率公式和贝叶斯公式 38
  §1.8 独立性 44
  §1.9 综合练习题 52

第二章 随机变量 55
  §2.1 离散型随机变量 56
  §2.2 连续型随机变量 63
  §2.3 随机变量的定义与分布函数 74
  §2.4 随机向量 82
  §2.5 边缘分布与独立性 88
  §2.6 条件分布 97
  §2.7 随机变量的函数 102
  §2.8 随机向量的变换 109
  §2.9 随机变量序列 118
  §2.10 综合练习题 123

第三章 数学期望与特征函数 127
  §3.1 数学期望的定义 128

§3.2 数学期望的性质 142
*§3.3 条件期望 150
§3.4 方差 156
§3.5 协方差和相关系数 161
§3.6 概率方法 173
§3.7 母函数 175
§3.8 特征函数 180
§3.9 正态分布与高斯分布 193
§3.10 综合练习题 201

第四章 极限定理 205
§4.1 大数定律 206
§4.2 强大数定律 212
§4.3 中心极限定理 224
§4.4 收敛性 241
*§4.5 重对数律与大偏差理论 260
§4.6 综合练习题 263

附录 A 其他课程中的相关知识 265
附录 B 标准正态分布函数的数值表 269
附录 C 常见分布及其数字特征表 271
附录 D 术语中英文对照表 273
附录 E 人名中英文对照表 277
参考文献 279
索引 280

第一章

概率

§1.1 概率的含义

在自然界和人类活动中, 存在大量不确定现象, 即在相同条件下, 每次所观察到的结果并不相同.

例 1.1.1 天有不测风云. 早上出门, 看见天上云层低矮, 人们要估计上班或上学路上会不会被雨淋, 要不要带上雨具. □

例 1.1.2 台风、洪水和地震等自然灾害. 我国东南沿海地区每年都会遭遇台风. 选定一个地点, 观察每年遭遇的台风的次数和级别. 又譬如长江中游地区每年都有洪水威胁, 选定一个地点, 观察每年的最高水位和最大洪峰. 这些数据在半年之前甚至半个月前都是很难预测的. □

例 1.1.3 薛定谔 (Schrödinger) 的猫. 将一只猫关在装有少量镭和氰化物的密闭容器里. 如果镭发生衰变, 会触发机关打碎装有氰化物的瓶子, 猫就会死; 如果镭不发生衰变, 猫就存活. 这是一个思想实验, 试图从宏观尺度阐述微观尺度的量子叠加原理. □

例 1.1.4 人有旦夕祸福. 人生在世, 每天都有可能遇到意外: 彩票中奖、突发伤病等. 个人每天行走步数也是不确定的. 目前条件下, 任何人都不能预言自己寿命几何. □

例 1.1.5 经常乘飞机的旅客都有这样的经历, 飞机未必能在预定时间准时起飞, 可能的原因包括天气因素、机械故障、航路控制, 或者前序航班延误等. □

例 1.1.6 每位驾驶员主观上都不希望发生车祸, 然而车祸仍时有发生, 因此法规要求车主购买强制性保险服务. □

例 1.1.7 股市每天的成交量是不确定的; 股价涨跌也难预料. □

这样的例子还有很多. 人们将不确定现象称为随机现象, 在口语中, 我们常用随机性、偶然性、或然性、不确定性来指称随机现象的性质. 此处, 我们不深究语义的准确性, 严格的数学概念将用定义来界定. 不确定现象通常是不受欢迎的, 人们需要为此做多手准备, 但人们也发现了不确定性带来的好处.

例 1.1.8 体育比赛. 比赛之前的历史成绩可以区分参赛者强弱, 但不能决定胜负. 不确定性使得比赛更具观赏性. 看比赛直播和回看比赛录像, 感觉并不相同. □

例 1.1.9 抽签和摇号. 人们利用不确定性来公平分配某种稀缺资源, 例如球队开赛前用抛硬币来选定首发场地, 目前北京市用摇号的办法分配汽车牌照, 彩票开奖也用摇号的方式. 我国古人求卜问卦, 留下大量甲骨文. 随机抽查和抽检在海关监管、产品质量检验等场合广泛采用, 既保持了公平又提高了效率. □

例 1.1.10 风险共担机制. 电影的票房收入在发行前很难预料, 参与电影创作的从业人员可以拿一笔固定的片酬, 也可按照事先约定的比例参与票房收益的分配. 图书发行也是如此, 可以拿固定的稿酬, 也可以按发行量拿版税. 由于收益与产品质量挂钩, 参与者必定对于创作更尽心. 更一般的形式是股票, 股票持有者通过分红获得收益, 收

益率通常高于银行定期利率. 人们通过收益率来估计股票的价格, 有人认为偏高, 也有人认为偏低, 导致股票买卖. □

不确定现象的本质是因为人们对事物发生的机制缺乏足够深入的理解, 或者其中因素众多, 不可控制或难以估算. 例如股市起伏由各项买卖引起, 而每位参与者的买卖策略也可能因时而异, 彼此影响. 又譬如, 人们对下雨的条件是了解的, 而这些条件随时间变化多端, 因此人们可以准确判断特定区域短时间内是否下雨, 而中长期的预报就比较困难了. 除了穷尽一切因素来刻画发生机理, 人们也可以把该事物看成是一个黑盒子, 把重点放在统计规律上.

人们用概率来度量不确定现象出现的可能性, 在口语中概率也常被称为几率、或然率、机会等. 这是一个介于 0 和 1 之间的实数, 0 表示不会出现, 1 表示一定会出现. 人们对概率的认识经历了漫长的逐步深化过程, 伴随着对不确定性概念的思索.

人们首先想到频率. 如果我们针对某随机现象 A, 在同样的条件下反复观察或实验, 在 N 次观察或实验中, 该随机现象出现 n 次, 那么 n/N 就是随机现象 A 的频率. 这是一个相对简单而明确的量. 只要有足够多历史资料或有足够的耐心去重复做实验, 人们总能计算出频率. 例如, 篮球运动员的投球命中率就是运动员以往比赛中投球入筐次数与出手投篮次数之比. 在足球比赛罚点球时, 由于守门员看见球动以后所需反应时间往往比罚球队员踢球入门所需时间还长, 守门员通常先于罚球队员触球移动身体重心. 因此罚球队员踢向门框某个特定区域的频率就很有参考价值. 字母出现的频率也有参考价值, 目前键盘的字母排列据说就与此有关, 有人说是为了各个手指的使用强度更合理以提高打字速度, 也有人说是为了避免打字时各个机械臂撞在一起, 当然也有人说是首创者随便排的. 早年间英文字母的频率还用于密码破译. 历史上, 曾有多位数学家做过投币实验:

实验者	投币次数	出现正面次数	频率
蒲丰 (Buffon)	4040	2048	0.5069
克里奇 (Kerrich)	10000	5067	0.5067
皮尔逊 (Pearson)	12000	6019	0.5016
皮尔逊	24000	12012	0.5005

频率是介乎 0 和 1 之间的实数, 与概率的定义很接近. 然而, 频率与我们观察的时段或实验的运气有关系, 并不是一个确定的数; 另一方面, 人们发现, 观察时间越久, 或者实验次数越多, 频率越稳定. 于是, 人们曾设想频率的极限就是概率.

但是, 在自然界或人类活动中, "人不能两次踏进同一条河流". 许多不确定现象是难以重复观察的. 譬如, 香港的跑马比赛可以押注, 获胜概率越大, 赔率越低. 主办方和参与者需要预估某一匹参赛马匹获胜的概率, 但这种场合就不能用频率的极限来求概率. 显然, 马不可能比赛无限次, 而且以往每次比赛参赛骑手和马匹也不尽相同. 在这种场合, 概率是主办方和参与者的主观判断, 反映了对骑手和马匹获胜的信心.

为了定义概率, 人们需要对随机现象进行限定, 尽量消除语言上的模糊或歧义. 为此, 人们首先考虑一些最简单的数学模型.

例 1.1.11 (抛硬币) 指定硬币印有国徽的一面为正面, 另一面为反面. 向上抛投一枚硬币, 硬币在空中翻滚数圈, 落在地面上或桌面上, 总有一面朝上, 只有正反两种可能. 我们根据直觉规定出现正反面的概率相同, 都是 1/2. 这也和历史上投币实验的频率结论相吻合. □

例 1.1.12 (掷骰子) 骰子也称色子, 是一个正立方体. 其 6 个面上分别写着数字 1, 2, 3, 4, 5 和 6. 每次抛掷骰子, 落地 (或落在桌面) 后总有一面朝上. 我们假定骰子是均匀的, 每一个面朝上的概率是相等的, 都是 1/6. □

例 1.1.13 (抽签或抓阄) 在一个签筒里放 N 枚竹签, 每枚竹签上端看上去是一模一样的, 而下端写有不同内容, 每次随机抽取一签, 抽到某个特定竹签的概率都是 $1/N$. 还可以在纸条上写下文字, 折叠好或者揉作一团, 让每人抓取一个. 此举称为抓阄. □

例 1.1.14 (摸球) 一陶罐或铁盒内装有 a 个白球和 b 个黑球, 混杂在一起. 每次从罐里摸取一球, 或白或黑. 假定罐口很小, 手伸进去以后就全挡住, 而且白球和黑球的尺寸、质感完全一样. 因此可以合理地认为每一个球被摸取的概率是相同的, 摸取白球的概率正比于白球的个数, 进而规定摸取白球的概率等于 $a/(a+b)$, 而摸取黑球的概率等于 $b/(a+b)$. 这是拉普拉斯 (Laplace) 于 1812 年给出的有关概率的第一个数学定义, 核心假设是等可能性, 即每一个球被摸取的概率是相同的. □

以上几个模型简单明了, 还可以进行一些组合.

例 1.1.15 (连续投币) 用同一枚硬币重复抛投, 假定各次抛投互不干扰, 即前一次实验结果并不影响后面的实验. 为了保证互不干扰, 我们想象投币是逐次进行的, 前一次硬币的运动轨迹并不会影响后一次实验中硬币在空中的翻滚和落在桌面时的弹跳. 在思想实验中, 我们也可以同时抛投 n 枚质地完全相同的硬币, 代替一枚硬币抛投 n 次. 当然, 以上叙述已经包含了理想化的假设, 现实中两枚硬币不可能丝毫不差, 而一枚硬币也不可能做到正反面各种物理特性完全一致. □

例 1.1.16 (连续抽签) 一次性从签筒里抽取 k 枚竹签, 可以一把抓住 k 枚竹签同时取出, 也可以每次只取一枚, 连续抽取 k 次. 直观上看, 两者效果相同. 后面我们还将从数学上严格证明两者等效. 不同于连续抛硬币, 每取一次, 竹筒里的竹签就减少一枚, 即所谓 "无放回抽取", 相应的概率发生变化. 比较典型的场景是打扑克牌或麻将, 其他如产品检验、抽样调查, 也是如此. 当然, 人们也可以每次抽签后读取编号 (或文字), 然后马上放回签筒再抽下一次, 此即所谓 "有放回抽取". □

今后将这些模型统称为**随机试验**. 用这些模型可以描述很多随机现象, 再通过推理, 包括排列组合的技巧, 可以计算各种随机现象的概率. 这也是中学阶段所学概率论的基本内容. 正是通过这些实践, 人们初步认识了随机现象及其概率, 为 20 世纪 30 年代人们建立抽象理论奠定了直观朴素的基础.

§1.2 样本空间与事件

我们先介绍一些基本术语和记号. 将随机试验 (例如, 抛硬币、掷骰子、抓阄 $\cdots\cdots$) 中的每个可能结果称为**样本**或**样本点**, 记为 ω 或 $\omega_1, \omega_2, \cdots$. 将所有样本点组成的集合称为**样本空间**, 记为 Ω. 它是非空的集合. 将 Ω 的某些子集称为**事件**, 记为 $A, B, \cdots$. 有两个平凡的事件: 一个是 Ω, 它是全集, 称之为**必然事件**; 另一个是空集, 它不含任何样本点, 记为 $\varnothing$. 假设某次随机试验的结果为 ω, 对任意事件 A, 若 ω 属于 A, 则记 $\omega \in A$, 称 (在该次随机试验中) 事件 A 发生了; 否则记 $\omega \notin A$, 称事件 A 没有发生. 显然, 无论随机试验的结果如何, 全集 Ω 发生, $\varnothing$ 不发生. 对于具体的随机试验, 第一步工作是用数学符号代表试验结果, 采用的数学符号需要简洁且具有象征意义.

例 1.2.1 (掷骰子) 在掷骰子这一随机试验中, 我们只关注朝上的面所刻的点数, 因此总共有 6 个样本点. 用数字 i 代表朝上的面所刻的点数为 i 这一试验结果. 于是, 该随机试验的样本空间可记为 $\Omega = \{1, 2, 3, 4, 5, 6\}$. 令 $A = \{1, 2, 3\}$, $B = \{2, 4, 6\}$, 则 A, B 都是事件.

将投掷结果记为 ω, 它可能为 $1, 2, \cdots, 6$ 中的任意一个. 例如, 若 $\omega = 1$, 则事件 A 发生了, 事件 B 没有发生. 若 $\omega = 2$, 则事件 A, B 都发生了. □

如果事件中所包含的样本点不太多, 则可以罗列其中所有样本点. 在此办法不可行时, 则需要根据子集中样本点的共同特点, 用一句话来进行刻画. 满足这句话描述的样本点放在一起就组成了该事件. 这也有助于理解该子集所包含的样本点的性质. 在例 1.2.1 中, 若视 1, 2, 3 为小的点数, 4, 5, 6 为大的点数, 则用语言表达就是 $A =$ "掷到小的点数", $B =$ "掷到偶数点数". 换言之, A 是所有符合 "小" 这一要求的样本点组成的集合, B 是所有满足 "偶数" 这一性质的样本点组成的集合.

例 1.2.2 (抛硬币) 将正面朝上这一结果记为 H, 将反面朝上这一结果记为 T (分别对应英文 Head 和 Tail 的首字母).

在 "连续抛 n 次硬币" 这个随机试验中, 总共有 2^n 个样本. 每个样本可用一个长度为 n 的 H-T 字符串 $x_1 \cdots x_n$ 表示, 其中 x_i 代表第 i 次抛掷结果. 于是, 样本空间可记为 $\Omega = \{x_1 \cdots x_n : x_i \in \{H, T\}\}$. 该模型也等价于 "一次性抛 n 枚硬币", 此时将 x_i 理解为第 i 枚硬币的抛掷结果即可.

取 $n = 2$, 则 $\Omega = \{HH, HT, TH, TT\}$.

$$A = \text{"有正面"} = \{HH, HT, TH\},$$

$$B = \text{"正面数} \geqslant \text{反面数"} = \{HH, HT, TH\}.$$

取 $n = 3$, 则 $\hat{\Omega} = \{HHH, HHT, HTH, HTT, THH, THT, TTH, TTT\}$.

$$\hat{A} = \text{"有正面"} = \{HHH, HHT, HTH, HTT, THH, THT, TTH\},$$

$$\hat{B} = \text{"正面数} \geqslant \text{反面数"} = \{\text{HHH, HHT, HTH, THH}\}.$$

由此可见, 事件的语言表达与数学实质之间是有差距的. 一方面, 不同的语言表达可能对应着同一事件. 譬如, 在抛两次硬币的随机试验中, "有正面"与"正面数 $\geqslant$ 反面数"都是 $\{\text{HH, HT, TH}\}$ 的等价的描述, 只是描述的角度不同而已. 另一方面, 相同的语言表达在不同的随机试验中对应的事件则不同, "有正面"在抛两次硬币的随机试验中对应着含 3 个样本点的事件 A, 而在抛三次硬币的随机试验中则对应着含 7 个样本点的事件 $\hat{A}$. □

将来常常需要从较简单的事件的概率出发, 计算较复杂的事件的概率. 为此, 我们先介绍事件运算的基本语言和规则. 鉴于事件是样本空间 Ω 的子集, 以下的语言也适用于集合的运算.

将不在 A 中的样本点组成的集合记为 A^c, 即 $A^c = \{\omega \in \Omega : \omega \notin A\}$, 称其为 A 的**补事件**或**补集**, 也称**余集**. 若 A 中的样本点都在 B 中, 即对任意 $\omega, \omega \in A$ 蕴涵着 $\omega \in B$, 则称 A **包含于** B, 或 B **包含** A, 记为 $A \subseteq B$ 或 $B \supseteq A$. 在逻辑上, $A \subseteq B$ 指的是: 若事件 A 发生, 则事件 B 发生. 显然, 包含关系有传递性, 即若 $A \subseteq B$ 且 $B \subseteq C$, 则 $A \subseteq C$.

若 $A \subseteq B$ 且 $B \subseteq A$, 则记 $A = B$. 称 $\{\omega : \omega \in A \text{ 或 } \omega \in B\}$ 为 A 与 B 的**并事件**或**并集**, 记为 $A \cup B$. 它是使得 A 与 B 中至少有一个事件发生的样本点组成的集合. 称 $\{\omega : \omega \in A \text{ 且 } \omega \in B\}$ 为 A 与 B 的**交事件**或**交集**, 记为 $A \cap B$, 简记为 AB. 它是使得 A 与 B 同时发生的样本组成的集合. 若 $AB = \varnothing$, 则称 A 与 B **不相交**, 或**不相容**. 若 A 与 B 不相交, 则 $A \cup B$ 也可写为 $A + B$. 对于事件的运算, 规定先做补运算, 再做并和交的运算. 例如, AB^c 表示先对 B 做补运算得到 B^c, 然后再让它与 A 做交运算. 称 AB^c 为 A 与 B 的**差事件**或**差集**, 也记为 $A \setminus B$. 它是所有在 A 中, 但不在 B 中 (即使得 A 发生, 但 B 不发生) 的样本点组成的集合. 当 $B \subseteq A$ 时, 也可将 $A \setminus B$ 写为 $A - B$. 此时 $A = B + (A - B)$.

并运算和交运算都满足**交换律**与**结合律**, 即

$$A \cup B = B \cup A, \quad AB = BA; \quad (A \cup B) \cup C = A \cup (B \cup C), \quad (AB)C = A(BC).$$

它们的混合运算还满足如下**分配律**:

$$(A \cup B) \cap C = (AC) \cup (BC).$$

在补运算下, 事件的并运算和交运算可以互相转化, 规则是下面的**对偶原理**:

$$(A \cup B)^c = A^c \cap B^c, \quad (A \cap B)^c = A^c \cup B^c.$$

事件的以上运算可以用如下的**维恩 (Venn) 图**显示, 见图 1.1.

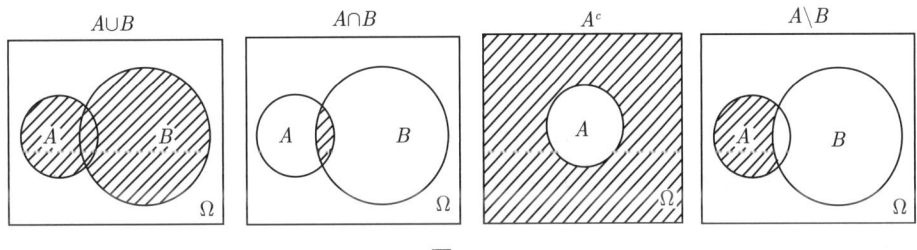

图 1.1

利用交换律与结合律, 可以将交运算和并运算推广至多个事件. 假设 $A_1, \cdots, A_n$ 都是事件. 称属于这 n 个事件中至少一个事件的样本点组成的集合为它们的**并事件**或**并集**, 记为 $A_1 \cup \cdots \cup A_n$ 或 $\bigcup_{i=1}^{n} A_i$, 即

$$\bigcup_{i=1}^{n} A_i := \left\{\omega \in \Omega : \exists i \in \{1, \cdots, n\} \text{ 使得 } \omega \in A_i\right\}.$$

称同时属于这 n 个事件的样本点组成的集合为它们的**交事件**或**交集**, 记为 $A_1 \cap \cdots \cap A_n$ 或 $\bigcap_{i=1}^{n} A_i$, 也可以简记为 $A_1 A_2 \cdots A_n$, 即

$$\bigcap_{i=1}^{n} A_i := \left\{\omega \in \Omega : \omega \in A_i, \forall i \in \{1, \cdots, n\}\right\}.$$

进一步, 对于可列个事件 $A_1, A_2, \cdots$, 称属于这些事件之一的样本点组成的集合为它们的**并事件**或**并集**, 记为 $\bigcup_{i=1}^{\infty} A_i$; 称同时属于这些事件的样本点组成的集合为它们的**交事件**或**交集**, 记为 $\bigcap_{i=1}^{\infty} A_i$. 即

$$\bigcup_{i=1}^{\infty} A_i := \left\{\omega \in \Omega : \exists i \geqslant 1 \text{ 使得 } \omega \in A_i\right\},$$

$$\bigcap_{i=1}^{\infty} A_i := \left\{\omega \in \Omega : \omega \in A_i, \forall i \geqslant 1\right\}.$$

不难发现, 并运算和交运算都满足交换律、结合律、分配律与对偶原理. 例如,

$$\left(\bigcup_{n=1}^{\infty} A_{2n}\right) \bigcup \left(\bigcup_{n=1}^{\infty} A_{2n+1}\right) = \bigcup_{n=1}^{\infty} A_n, \quad \left(\bigcup_{n=1}^{\infty} A_n\right) \bigcap B = \bigcup_{n=1}^{\infty}(A_n B),$$

$$\left(\bigcup_{n=1}^{\infty} A_n\right)^c = \bigcap_{n=1}^{\infty} A_n^c.$$

例 1.2.3 设 $\Omega = [0, 1]$. 对任意 $i \geqslant 1$, 令 $A_i = \left[\frac{1}{i}, 1\right]$, $B_i = \left(0, \frac{1}{i}\right)$, $C_i = \left[\frac{1}{2i}, \frac{1}{i}\right]$, 则

$$\bigcup_{i=1}^{n} A_i = \left[\frac{1}{n}, 1\right], \quad \bigcup_{i=1}^{\infty} A_i = (0, 1], \quad \bigcap_{i=1}^{\infty} B_i = \varnothing,$$

$$\bigcup_{i=1}^{n} C_i = \left(\frac{1}{2n}, 1\right], \quad \bigcup_{i=1}^{\infty} C_i = (0, 1]. \qquad \square$$

假设 $A_1, A_2, \cdots$ 为事件列. 若对任意 n, $A_n \subseteq A_{n+1}$, 则称该序列**单调上升**. 譬如, 例 1.2.3 中的 $A_1, A_2, \cdots$ 单调上升. 此时称 $\bigcup_{n=1}^{\infty} A_n$ 为该序列的**极限**, 记为 $\lim_{n \to \infty} A_n$.

设 $A_1, A_2, \cdots$ 为事件列. 记 $B_n = \bigcup_{i=1}^{n} A_i$, 则不难发现 $B_1, B_2, \cdots$ 单调上升. 下面计算 $\lim_{n \to \infty} B_n$. 根据极限的定义, $\lim_{n \to \infty} B_n = \bigcup_{n=1}^{\infty} B_n$. 一方面, $B_n \supseteq A_n$, 所以 $\bigcup_{n=1}^{\infty} B_n \supseteq \bigcup_{n=1}^{\infty} A_n$. 另一方面, $B_n = \bigcup_{i=1}^{n} A_i \subseteq \bigcup_{i=1}^{\infty} A_i$, 所以 $\bigcup_{n=1}^{\infty} B_n \subseteq \bigcup_{i=1}^{\infty} A_i$. 因此 $\bigcup_{n=1}^{\infty} B_n = \bigcup_{i=1}^{\infty} A_i$. 综上,

$$\lim_{n \to \infty} \bigcup_{i=1}^{n} A_i = \bigcup_{i=1}^{\infty} A_i.$$

类似地, 若对任意 n, $A_n \supseteq A_{n+1}$, 则称该序列**单调下降**. 此时称 $\bigcap_{n=1}^{\infty} A_i$ 为该序列的**极限**, 记为 $\lim_{n \to \infty} A_n$. 可以证明

$$\lim_{n \to \infty} \bigcap_{i=1}^{n} A_i = \bigcap_{i=1}^{\infty} A_i.$$

譬如, 例 1.2.3 中, $B_1, B_2, \cdots$ 单调下降, $\lim_{n \to \infty} B_n = \bigcap_{n=1}^{\infty} B_n = \varnothing$.

一般地, 给定一族事件 $\{A_i : i \in I\}$, 其中 I 为指标集. 将事件族 $\{A_i : i \in I\}$ 的并集定义为

$$\bigcup_{i \in I} A_i := \left\{\omega \in \Omega : \exists i \in I \text{ 使得 } \omega \in A_i\right\}.$$

若 $I = \{1, 2, \cdots, n\}$ 或 $\{1, 2, \cdots\}$, $\bigcup_{i \in I} A_i$ 也记为 $\bigcup_{i=1}^{n} A_i$ 或 $\bigcup_{i=1}^{\infty} A_i$. 对于 I 是不可数的情形, 如上定义也完全适用. 类似地, 将事件族 $\{A_i : i \in I\}$ 的交集定义为

$$\bigcap_{i \in I} A_i := \left\{\omega \in \Omega : \omega \in A_i, \forall i \in I\right\}.$$

习题

1. 掷两枚骰子, 令 A 表示事件"骰子的点数之和为奇数", B 表示事件"至少有一枚骰子的点数为 1", C 表示事件"骰子的点数之和为 5". 试描述如下事件: AB, $A \cup B$, BC, AB^c, ABC.

2. 设 A, B, C 为三个事件, 写出如下事件的表达式:

(1) 只有 A 发生; (2) A 和 C 都发生, 但 B 不发生;
(3) 至少有一个事件发生; (4) 至少有两个事件发生;
(5) 三个事件都发生; (6) 没有事件发生;
(7) 最多一个事件发生; (8) 最多两个事件发生;
(9) 正好两个事件发生; (10) 最多三个事件发生.

3. 设 $A_1, A_2, A_3, \cdots$ 是一列事件. $B_1 = A_1$, $B_n = A_n \setminus \bigcup_{i=1}^{n-1} A_i$, $n = 2, 3, \cdots$. 证明:
(1) $B_1, B_2, \cdots$ 两两不交; (2) $\bigcup_{i=1}^{n} A_i = \bigcup_{i=1}^{n} B_i$; (3) $\bigcup_{n=1}^{\infty} A_n = \bigcup_{n=1}^{\infty} B_n$.

4. 连续掷一枚骰子. 令 $A_n =$ "在第 n 次投掷时, 首次见到点数 6". (1) 写出该随机试验的样本空间 Ω; (2) 写出 A_n; (3) 解释 $\bigcup_{n=1}^{\infty} A_n$ 的补事件的含义.

§1.3 古典概率模型

最简单的概率模型是**古典概率模型**, 简称**古典概型**. 在此类模型中, 样本空间 Ω 是有限集, 即 $1 \leqslant |\Omega| < \infty$, 并且每个可能结果等可能出现. 这个模型就是抽签或抓阄的抽象化. 任意事件 A 的**概率** (也称 A 发生的概率) 定义为 A 中的样本点数目与所有样本点数目之比, 即

$$P(A) := \frac{|A|}{|\Omega|}, \quad \forall A \subseteq \Omega.$$

古典概率模型是基于"对称性"假设, 或"公平性"假设. 即所有样本点地位相同, 这在数学上体现为它们出现的可能性相等. 在该模型中, 重点是不重不漏地将集合中的点数算清楚. 这往往需要用到排列数 A_n^m 与组合数 C_n^m, 它们的定义如下: 假设 n, m 都是非负整数. 若 $m \leqslant n$, 则令

$$\mathrm{A}_n^m := n(n-1)\cdots(n-m+1) = \frac{n!}{(n-m)!}, \quad \mathrm{C}_n^m := \frac{\mathrm{A}_n^m}{m!} = \frac{n!}{m!(n-m)!},$$

其中约定 $0! = 1$. 否则, 令 $\mathrm{A}_n^m = \mathrm{C}_n^m := 0$.

例 1.3.1 连续抛一枚公平硬币 n 次, 求恰好出现 m 次正面的概率, 其中 $0 \leqslant m \leqslant n$.

解 第一步是建模. 所谓建模就是用恰当的数学符号表示试验结果, 采用的数学符号需要有助于计算所关心的事件中的点数. 我们沿用例 1.2.2 中的符号, 用长度为 n 的 H-T 字符串表示试验结果. 于是, $|\Omega| = 2^n$. $A =$ "出现恰好 m 次正面"这一事件中包含了 C_n^m 个样本点, 即从 n 个字符中选 m 个字符写 H, 其余字符写 T. 因此, 按古典概型的定义, $P(A) = |A|/|\Omega| = \mathrm{C}_n^m / 2^n$. □

例 1.3.2 抛两枚公平硬币,求出现一正一反的概率.

解 考虑例 1.3.1 中的模型. 取 $\Omega = \{\text{HH}, \text{HT}, \text{TH}, \text{TT}\}$,则"出现一正一反"对应事件 $A = \{\text{HT}, \text{TH}\}$. 按古典概型的定义,$\mathrm{P}(A) = 2/4 = 1/2$. □

考虑另一个模型. 取 $\hat{\Omega} = \{\text{两个正面}, \text{一正一反}, \text{两个反面}\}$,则"出现一正一反"对应事件 $\hat{A} = \{\text{一正一反}\}$. 按古典概型的定义,$\mathrm{P}(\hat{A}) = 1/3$. 该模型完全符合古典概型的定义,因为它的样本空间 $\hat{\Omega}$ 是有限集,且事件 $\hat{A}$ 的概率为 $|\hat{A}|/|\hat{\Omega}|$. 但它并不能用于处理例 1.3.2 中的实际问题. 在处理实际问题时,第一步是选用合适的概率模型. 这可以通过理性思维判断、理性假设、概率的频率含义等角度来完成,但也容易出现歧义. 今后讨论的起点是概率模型已经选定.

下面,我们介绍两类常见的古典概型. 第一类是抽样模型,其中所涉及的知识点包含:乘法原则、抽签与顺序无关. 第二类是放球模型,其中所涉及的知识点包含:排队、混排.

一、抽样模型

例 1.3.3(放回抽样模型) 假设盒中有 N 个球,其中有 M 个黑球,其余 $N-M$ 个是红球. 从盒中随机抽取一个,记下颜色后放回盒中. 重复此操作 n 次,求恰好看到 m 次黑球的概率. 其中 $N > M \geqslant 1, n \geqslant m \geqslant 0$ 且 $n \geqslant 1$.

解 首先我们建模. 将所有球编号,其中黑球分别编号 $1, \cdots, M$,红球分别编号 $M+1, \cdots, N$. 将第 k 次抽到的球的号码记为 i_k,$k = 1, \cdots, n$. 那么,可用向量 $(i_1, \cdots, i_n)$ 代表第 k 次抽到 i_k 号球的这一试验结果,$k = 1, \cdots, n$. 于是,样本空间可记为
$$\Omega = \Big\{(i_1, \cdots, i_n) : i_k \in \{1, \cdots, N\}, k = 1, \cdots, n\Big\}.$$
因为是放回抽样,所以每个 i_k 有 N 种选择. 根据乘法原则,$|\Omega| = N^n$.

将"恰好看到 m 次黑球"对应的事件记为 A,则 $(i_1, \cdots, i_n) \in A$ 当且仅当存在 $1 \leqslant k_1 < \cdots < k_m \leqslant n$,使得 $i_{k_r} \leqslant M$, $r = 1, \cdots, m$,且对任意 $k \notin \{k_1, \cdots, k_m\}$,$i_k \geqslant M+1$. 首先,这组 $k_1, \cdots, k_m$ 有 C_n^m 种选择. 选定一组后,每个 i_{k_r} 有 M 种选择,$r = 1, \cdots, m$,其他的每个 i_k 有 $N-M$ 种选择. 根据乘法原则,$|A| = \mathrm{C}_n^m M^m (N-M)^{n-m}$.

根据古典概型的定义,$\mathrm{P}(A) = |A|/|\Omega| = \mathrm{C}_n^m p^m (1-p)^{n-m}$,其中 $p = M/N$. □

在放回抽样中,最重要的是乘法原则,例如,在例 1.3.3 的样本空间中,样本点中的每个号码都自由地有 N 种选择. 在后续的内容中,我们将看到这种"自由"的数学语言——独立性.

例 1.3.4(不放回抽样之排列模型) 现有 N 个产品,其中 M 个是次品,其余 $N-M$ 个是合格品. 将所有产品随机地一个一个取出并进行检验,求前 n 个产品中恰有 m 个次品的概率. 其中 $1 \leqslant M < N, 1 \leqslant i, n \leqslant N, 0 \leqslant m \leqslant M \wedge n$,这里 $x \wedge y := \min\{x, y\}$.

解 将所有产品编号, 其中次品的编号为 $1, \cdots, M$, 合格品的编号为 $M+1, \cdots, N$. 将第 k 次检验的产品的号码记为 $i_k, k = 1, \cdots, N$. 那么,

$$\Omega = \Big\{(i_1, \cdots, i_N) : i_1, \cdots, i_N \in \{1, \cdots, N\} \text{ 且它们互不相等}\Big\}.$$

于是, $|\Omega| = N!$. 换言之, 样本点可用 $1, \cdots, N$ 的全排列来表示.

"前 n 个产品中恰有 m 个次品" 这一事件对应如下集合:

$$A = \Big\{(i_1, \cdots, i_N) \in \Omega : |\{i_1, \cdots, i_n\} \cap \{1, \cdots, M\}| = m\Big\}.$$

我们按如下步骤计算 A 中的样本点的数目: 第一步, 在 $1, \cdots, M$ 中选出 m 个号码, 并在 $M+1, \cdots, N$ 中选出 $n-m$ 个号码, 这总共有 $\mathrm{C}_M^m \mathrm{C}_{N-M}^{n-m}$ 种选择. 让选出的这 n 个号码成为样本点中的前 n 个号码. 第二步, 将选出的 n 个号码全排列成为 $i_1, \cdots, i_n$, 总共有 $n!$ 种排法. 第三步, 将所有选剩的 $N-n$ 个号码全排列成为 $i_{n+1}, \cdots, i_N$, 总共有 $(N-n)!$ 种排法. 因此, 根据乘法原则, $|A| = \mathrm{C}_M^m \mathrm{C}_{N-M}^{n-m} n!(N-n)!$. 从而,

$$\mathrm{P}(A) = \frac{|A|}{|\Omega|} = \mathrm{C}_M^m \mathrm{C}_{N-M}^{n-m} \cdot \frac{n!(N-n)!}{N!} = \frac{\mathrm{C}_M^m \mathrm{C}_{N-M}^{n-m}}{\mathrm{C}_N^n}. \qquad \square$$

在不放回抽样模型中, 还有一个重要性质——抽取与顺序无关. 这一性质的根基是该模型的样本点是全排列, 而全排列具有完美的对称性.

例 1.3.5 (抽取与顺序无关) 模型同例 1.3.4. 求第 n 个产品是次品的概率.

解 Ω 同例 1.3.4. "第 n 个产品是次品" 对应如下集合:

$$B = \Big\{(i_1, \cdots, i_N) \in \Omega : i_n \in \{1, \cdots, M\}\Big\}.$$

我们按如下步骤计算 Ω (或 B) 中的样本点的数目: 第一步, 从 $1, \cdots, N$ 中任选一个号码成为 i_n, 这有 N 种选择 (或从 $1, \cdots, M$ 中任选一个号码成为 i_n, 这有 M 种选择); 第二步, 将剩下的 $N-1$ 个号码全排列成为 $i_1, \cdots, i_{n-1}, i_{n+1} \cdots, i_N$. 于是推出 $\mathrm{P}(B) = M/N$.

不难看出, 我们可以先为第 n 个产品挑选号码, 即将它视为第一个产品. 类似地, 如果需要依次考虑第 $n_1, \cdots, n_r$ 个产品是否为次品, 等价地, 只需要依次考虑前 r 个产品是否为次品. 例如, 假设事件 C 与 D 定义如下:

$C :=$ "第 3 个与第 7 个产品为次品, 且第 4 个产品为合格品",

$D :=$ "第 1 个与第 2 个产品为次品, 第 3 个产品为合格品",

则这两个事件的概率相等. 在计算 $\mathrm{P}(D)$ 时, 只需要完成第一步 (依次为前 3 个产品挑选号码) 即可, 并不需要处理第二步 (将剩下的 $N-3$ 个号码全排列成为 $i_4, \cdots, i_N$). 因此,

$$\mathrm{P}(D) = \frac{M(M-1)(N-M)}{N(N-1)(N-2)}. \qquad \square$$

例 1.3.6(不放回抽样之组合模型) 现有 N 个产品, 其中 M 个是次品, 其余 $N-M$ 个是合格品. 从所有产品中随机取出 n 个进行检验, 求这 n 个产品中恰有 m 个次品的概率. 其中 $1 \leqslant M < N; 1 \leqslant i, n \leqslant N; 0 \leqslant m \leqslant M \wedge n$.

解 将所有产品编号, 其中次品分别编号 $1, \cdots, M$, 合格品分别编号 $M+1, \cdots, N$. 将取出的 n 个产品的号码组成的集合记为 G, 则

$$\hat{\Omega} = \left\{ G : G \subseteq \{1, \cdots, N\}, |G| = n \right\}.$$

"这 n 个产品中恰有 m 个次品"在该模型中则对应如下事件:

$$\hat{A} = \left\{ G \in \hat{\Omega} : G \cap \{1, \cdots, M\} = m \text{ 且 } G \cap \{M+1, \cdots, N\} = n-m \right\}.$$

因此, 该事件的概率为 $P(\hat{A}) = |\hat{A}|/|\hat{\Omega}| = C_M^m C_{N-M}^{n-m} / C_N^n$. □

在例 1.3.4 的三个步骤中, 决定样本点 $(i_1, \cdots, i_N)$ 是否属于事件 A 的只有第一步. 同样按照此步骤计算 Ω 中的样本点的数目, 我们发现第一步需要从所有的 N 个号码中选出 n 个成为样本中的前 n 个号码, 总共有 C_N^n 种选择, 而第二步与第三步完全相同. 因此, 例 1.3.6 事实上对应着例 1.3.4 中的第一步. 这一思路的优越性在于, 其实不用精确计算第二步与第三步的具体排列方法数, 即不用精确计算出例 1.3.4 中的 $|A|$ 与 $|\Omega|$ 共同的因子 $n!(N-n)!$. 总结起来, 如果在例 1.3.4 中并不关心前 n 个产品的先后次序, 只关心其中次品的总数, 那么模型可以简化为例 1.3.6 中用组合数建立的模型. 其中例 1.3.6 中的 G 其实就是例 1.3.4 中的样本 $(i_1, \cdots, i_N)$ 中前 n 个号码组成的集合 $\{i_1, \cdots, i_n\}$.

例 1.3.7(随机分组) 现有 N 个产品, 其中 M 个是次品, 其余 $N-M$ 个是合格品. 设 $r, N_1, \cdots, N_r$ 为正整数且 $r \geqslant 2, N_1 + \cdots + N_r = N$. "将所有产品随机分成 r 组, 使得第 i 组中有 N_i 个产品, $i = 1, \cdots, r$." 这句话指的是如下操作: 第一步, 先从所有产品中随机取出 N_1 个成为第一组; 第二步, 从剩下的产品中取出 N_2 个成为第二组; 以此类推. 求第 k 组中恰有 m 个次品的概率.

解 仿照例 1.3.6 将产品编号, 并将第 i 组产品中的号码组成的集合记为 G_i. 根据例 1.3.6, 可在例 1.3.4 所建立的模型中处理问题, 即用号码的全排列 $(i_1, \cdots, i_N)$ 作为样本点. 其中前 N_1 个号码组成第一组 G_1, 接下来的 N_2 个号码组成第二组 G_2, 以此类推.

若 $k = 1$, 则记 $L = 0$; 若 $k \geqslant 2$, 则记 $L = N_1 + \cdots + N_{k-1}$. 仿照例 1.3.6, 在全排列中可以考虑将第 s 次挑出的号码作为 i_{L+s}, $s = 1, \cdots, N_k$. 于是问题将转化为 $k=1$ 的情形, 此时, 只需要考虑第一步即可. 因此, 题设等价于从所有产品中随机取出 N_k 个, 因此根据例 1.3.4, 答案为 $C_M^m C_{N-M}^{N_k - m} / C_N^{N_k}$.

进一步, 理由同例 1.3.6, 若依次需要考虑譬如说第 3 组、第 8 组与第 2 组的情形, 则只需要分别用 N_3, N_8 和 N_2 代替 N_1, N_2 和 N_3, 并依次考虑改变顺序后的新模型的前三组即可. □

在上面的例子中,无论研究对象是产品还是球,模型的本质都是一样的. 一般地, 可以有多种不同类型的对象放在一起进行放回抽样或不放回抽样 (即混排). 处理问题的原理和手法是相似的.

例 1.3.8 将一副扑克牌均分为 4 组. 求每一组的 13 张牌的花色均相同的概率. (注: 本书中的"一副扑克牌"均为 52 张, 4 种花色分别为黑桃、红桃、梅花、方片, 每种花色有 13 张, 分别为 $2, 3, \cdots, 10$ 以及 J, Q, K, A. 没有大王、小王.)

解 方法一, 用排列模型: 样本是将 52 张牌进行全排列, 故 $|\Omega| = 52!$. 前 13 张牌组成第一组, 接下来的 13 张牌组成第二组……$A :=$ "每组花色相同" 这一事件按 4 个组依次是什么花色分成 $4! = 24$ 种情形. 譬如, 第一种情形是四种花色依次是黑桃、红桃、梅花、方片. 第 i 种情形对应的事件记为 A_i, 则 $A_1, \cdots, A_{24}$ 互不相交, 且 $|A_i| \equiv (13!)^4$, 含义是, 每种花色的 13 张牌全排列后放在指定的组. 因此, $A = \bigcup_{i=1}^{24} A_i$ 中样本的数目为 $|A| = 4! \cdot (13!)^4$. 从而所求为 $P(A) = 4! \cdot (13!)^4 / 52!$.

方法二, 用组合模型: 从 52 张牌中选 13 张组成第一组, 然后从剩下的 39 张中选 13 张组成第二组, 然后再从剩下的 26 张中选 13 张组成第三组. 总共有 $C_{52}^{13} C_{39}^{13} C_{26}^{13}$ 种选法. 满足 $A :=$ "每组花色相同" 的选法有 $4!$ 种, 因此所求为

$$P(A) = \frac{4!}{C_{52}^{13} C_{39}^{13} C_{26}^{13}} = 4! \cdot \frac{13! 39!}{52!} \cdot \frac{13! 26!}{39!} \cdot \frac{13! 13!}{26!} = 4! \cdot \frac{(13!)^4}{52!}.$$

结果与排列模型的结果相同. □

二、放球模型

1. 球可分辨的放球模型

球可分辨的放球模型: 将 n 个球编号 (即可分辨), 放入 N 个盒子. 设第 r 个球放入第 i_r 个盒子中, 则样本空间为 $\Omega = \{(i_1, \cdots, i_n) : 1 \leqslant i_1, \cdots, i_n \leqslant N\}$. 因此, $|\Omega| = N^n$.

例 1.3.9 (生日问题) 假设一年有 365 天 (不考虑闰年). 现有 n 个人, 求他们中有两人生日相同的概率.

解 将 $N = 365$ 天编号为 $1, 2, \cdots, N$, 将 n 个人编号为 $1, 2, \cdots, n$. 设第 r 个人的生日在第 i_r 天, 则样本空间为 $\Omega = \{(i_1, \cdots, i_n) : 1 \leqslant i_1, \cdots, i_n \leqslant N\}$.

记 $A =$ "有两人生日相同", 则 $A^c =$ "n 个人的生日都不一样". 将 A^c 按这 n 个人的生日是哪 n 天划分为 C_N^n 种情况, 每种情况包含了 $n!$ 个样本. 因此,

$$P(A) = 1 - \frac{C_N^n n!}{N^n} = 1 - \frac{N!}{(N-n)! N^n}.$$

特别地, 将 $N = 365$ 代入上式, 便知所求为 $p_n = 1 - \dfrac{365!}{(365-n)! 365^n}$. 若干 p_n 的值列

表如下:

n	22	23	30	40	41	46	47	50	60	61
p_n	0.476	0.507	0.706	0.891	0.903	0.948	0.955	0.970	0.994	0.995

□

例 1.3.9 可归结于将 n 个可分辨的球放入 N 个盒子中的模型. 将 N 天视为 N 个盒子, 将 n 个人视为 n 球. 若第 r 个人的生日在第 i_r 天, 则认为第 r 个球放入第 i_r 个盒子. 例题中的"有两人生日相同"就是"有两个球落入同一个盒子中"这一事件, A^c 就是"每个球独占一个盒子"这一事件. 在下一个例题中, 我们需要用到如下若尔当 (Jordan) 公式.

引理 1.3.10 (若尔当公式) 设 $A_1, \cdots, A_n$ 为 n 个有限的集合, 则

$$\left| \bigcup_{i=1}^n A_i \right| = \sum_{i=1}^n |A_i| - \sum_{1 \leqslant i < j \leqslant n} |A_i A_j| + \sum_{1 \leqslant i < j < k \leqslant n} |A_i A_j A_k| - \cdots + (-1)^{n-1} |A_1 A_2 \cdots A_n|$$

$$= \sum_{k=1}^n (-1)^{k-1} \sum_{1 \leqslant i_1 < \cdots < i_k \leqslant n} |A_{i_1} \cdots A_{i_k}|.$$

证 设 $n = 2$. $A_1 \cup A_2 = A_1 + A_2 \setminus A_1$, 且 $A_2 = A_2 \setminus A_1 + A_1 A_2$. 因此, $|A_1 \cup A_2| = |A_1| + |A_2 \setminus A_1|$, 且 $|A_2| = |A_2 \setminus A_1| + |A_1 A_2|$. 从而 $|A_1 \cup A_2| = |A_1| + |A_2| - |A_1 A_2|$. 接下来, 利用数学归纳法便可完成证明. □

例 1.3.11 (抽考题) 某考试中有 N 道问答题. 现有 n 位考生, 每位任选一题, 其中 $n \geqslant N$. 求所有题都被选中的概率.

解 将 N 道题编号为 $1, 2, \cdots, N$, 将 n 个人编号为 $1, 2, \cdots, n$. 设第 r 个人选中第 i_r 道题, 则样本空间为 $\Omega = \{(i_1, \cdots, i_n) : 1 \leqslant i_1, \cdots, i_n \leqslant N\}$.

记 $A =$ "所有题号都被选中", 则 $A^c =$ "存在某题没被任一考生选中". 记 $A_k =$ "第 k 道题没被任一考生选中", 那么 $A^c = \bigcup_{k=1}^N A_k$. 由若尔当公式,

$$|A^c| = S_1 - S_2 + S_3 - S_4 + \cdots + (-1)^{N-1} S_N,$$

其中 $S_k = \sum_{i_1 < i_2 < \cdots < i_k} |A_{i_1} A_{i_2} \cdots A_{i_k}|$. 由于 $A_{i_1} A_{i_2} \cdots A_{i_k}$ 发生等价于所有考生都选中 $i_1, \cdots, i_k$ 之外的 $N - k$ 道题, 因此 $|A_{i_1} A_{i_2} \cdots A_{i_k}| = (N - k)^n$. 于是 $S_k = C_N^k (N - k)^n$, 所求为

$$P(A) = 1 - P(A^c) = 1 + \sum_{k=1}^N (-1)^k C_N^k \left(\frac{N-k}{N} \right)^n = \sum_{k=0}^N (-1)^k C_N^k \left(1 - \frac{k}{N} \right)^n.$$

□

例 1.3.11 可归结于将 n 个可分辨的球放入 N 个盒子中的模型. 将考题视为盒子, 将考生视为球. 若第 r 位考生选中第 i_r 道题, 则认为将第 r 个球放入第 i_r 个盒子中. 例题中的"所有题都被选中"就是"没有空盒子"这一事件.

例 1.3.12 (升序列) 从编号为 $1, 2, \cdots, N$ 的 N 个球中有放回地抽样 n 次. 求所见号码单调上升的概率.

解 设第 r 次抽到号码 i_r, 则样本空间为 $\Omega = \{(i_1, \cdots, i_n) : 1 \leqslant i_1, \cdots, i_n \leqslant N\}$. 记 $A =$ "所见号码单调上升". 为计算 $|A|$, 我们建立 A 与集合 $\hat{\Omega}$ 之间的一一映射, 其中 $\hat{\Omega} :=$ "全体含有 n 个 0 和 $N-1$ 个 1 的 (长度为 $n+N-1$ 的) 0-1 字符串". 该映射关系如下: 设 $\omega = (i_1, \cdots, i_n) \in A$, 即 $1 \leqslant i_1 \leqslant i_2 \leqslant \cdots \leqslant i_n \leqslant N$. 若 $i_1, \cdots, i_n$ 中号码 k 出现了 n_k 次, $k = 1, \cdots, N$, 则 ω 对应于这一字符串: 先有 n_1 个 0, 然后接一个 1; 再接 n_2 个 0, 然后接一个 1 …… 再接 n_{N-1} 个 0, 然后接一个 1; 最后接 n_N 个 0. 譬如 $n = 4, N = 6$, $\omega_1 = (1, 1, 2, 4) \in A$, 它对应于字符串 001011011; $\omega_2 = (2, 4, 5, 6) \in A$, 它对应于字符串 101101010. 反过来, 字符串 001111001 对应于 $(1, 1, 5, 5) \in A$. 基于上述一一映射, $|A| = |\hat{\Omega}| = C_{n+N-1}^n$, 其中组合数的含义为在长度为 $n+N-1$ 的字符串中挑出 n 个字符写 0, 其余的 $N-1$ 个字符写 1. 从而 $P(A) = C_{n+N-1}^n / N^n$. □

例 1.3.12 可归结于将 n 个可分辨的球放入 N 个盒子中的模型. 第 r 次抽到号码 i_r 就是将第 r 个球放入第 i_r 个盒子中. 假设第一个盒子在最左边, 然后从左到右依次摆放第二个盒子、第三个盒子 …… 最后第 N 个盒子在最右边. 则事件 A 就是在放球过程中一直从左到右地放球.

2. 球不可分辨的放球模型

在例 1.3.12 解答过程中定义的集合 $\hat{\Omega}$ 中的元素是有 n 个 0 和 $N-1$ 个 1 的字符串. 设 $\omega \in \hat{\Omega}$, 则 ω 中的 $N-1$ 个 1 将直线切割为 N 个区域. 将从左到右的第 k 个区域视为第 k 个盒子, 等价地, 将字符串中的第 k 个 1 视为第 k 个盒子与第 $k+1$ 个盒子之间的隔板; 将每个 0 视为一个球, 于是第 k 个区域中的 0 的数目对应于第 k 个盒子中的球的数目. 基于此, 可将 $\hat{\Omega}$ 理解为将 n 个不可分辨的球放入 N 个盒子中的所有试验结果组成的集合. 因为球不可分辨, 所以不能说第 r 球位于哪个盒子中, 而只能说第 k 个盒子中有多少个球. 譬如 $n = 4, N = 6$, 字符串 001011011 表示第一个盒子中有两个球, 第二和第四个盒子中各一个球, 第三、五、六这三个盒子中没有球; 字符串 101101010 表示第二、四、五、六个盒子中各一个球, 第一、三这两个盒子中没有球; 字符串 001111001 表示第一、五两个盒子中各两个球, 其他盒子中没有球. 综上, 我们得到如下模型.

球不可分辨的放球模型: 将 n 个不可分辨的球放入 N 个盒子. 样本空间为 $\hat{\Omega} =$ "全体含有 n 个 0 和 $N-1$ 个 1 的 (长度为 $n+N-1$ 的) 0-1 字符串". 因此 $|\hat{\Omega}| = C_{n+N-1}^n$.

球不可分辨的放球模型的样本还可以用 $(n_1, \cdots, n_N)$ 来刻画, 其中 $n_1, \cdots, n_N$ 是非负整数, $\sum_{k=1}^{N} n_k = n$, n_k 表示第 k 个盒子中的球的数目. 譬如 $n = 4, N = 6$, 字符串 001011011 对应于 $(2, 1, 0, 1, 0, 0)$; 字符串 101101010 对应于 $(0, 1, 0, 1, 1, 1)$; 字符串 001111001 对应于 $(2, 0, 0, 0, 2, 0)$. 以下均采用 0-1 字符串来刻画.

例 1.3.13(例 1.3.12 续) 将例 1.3.12 中满足"所有号码单调上升"的号码串记为集合 A. 在 A 中随机挑一个, 求所有号码严格单调上升的概率.

解 仍然考虑例 1.3.12 解答过程中建立的一一映射. A 对应于 $\hat{\Omega}$, 则"所有号码严格单调上升"这一事件对应于 $\hat{B}=$ "字符串中不出现 00 片段". 下面我们讨论 $\hat{B}$. $\hat{\Omega}$ 中的任一字符串中含有 $N-1$ 个 1, 它们将直线切割为 N 个区域: 第一个 1 之前, 每两个 1 之间 (共有 $N-2$ 个), 最后一个 1 之后. 在该字符串中不出现 00 片段当且仅当在上述 N 个区域中任选 n 个区域, 在选出的这 n 个区域中的每一个中插入一个字符 0. 因此 $|\hat{B}| = C_N^n$. 于是所求概率为 $|\hat{B}|/|\hat{\Omega}| = C_N^n/C_{n+N-1}^n$. □

在例 1.3.13 中, "所有号码严格单调上升"这一事件就是"每个球独占一个盒子"这一事件. 读者可对比例 1.3.9 及其后的解释.

例 1.3.14(混排模型) 将 n 位女生与 m 位男生随机排成一列, 其中 n,m 都是整数, 且 $m \geqslant n-1 \geqslant 1$. 求任意两位女生都不相邻的概率.

解 将女生编号为 $1,\cdots,n$, 男生编号为 $n+1,\cdots,n+m$. 我们通过以下三个步骤确定样本. 第一步, 在队列中选出 n 个序号给女生. 它们从小到大依次记为 $r_1,\cdots,r_n$; 剩下的序号从小到大记为 $s_1,\cdots,s_m$. 第二步, 将 $1,\cdots,n$ 全排列后使它们成为队列中的第 $r_1,\cdots,r_n$ 个号码. 第三步, 将 $n+1,\cdots,n+m$ 全排列后使它们成为队列中的第 $s_1,\cdots,s_m$ 个号码.

无论是样本空间 Ω, 还是事件 $A :=$ "任意两位女生都不相邻", 在乘法原理中, 第二步与第三步产生的因子都是 $n!m!$. 因此, $P(A)$ 只依赖于第一步中 A 对应的选法总数 (记为 k_A) 与 Ω 对应的选法总数 (即 C_{n+m}^n) 之比. 下面, 引入 0-1 字符串并用两种方法来计算 k_A.

方法一 在队列中, 将女生标记为字符 "0", 将男生标记为字符 "1", 便得到一个 0-1 字符串, 它的长度为 $n+m$, 其中含 n 个 0 与 m 个 1. 满足事件 A 的字符串为不出现 00 片段的字符串. 因此 $k_A = C_{m+1}^n$, 理由同例 1.3.13.

方法二 在队列中, 将女生标记为字符 "1", 将男生标记为字符 "0", 便得到一个 0-1 字符串, 它的长度为 $m+n$, 其中含 n 个 1 和 m 个 0. 符合事件 A 的选法对应于满足如下特定要求的字符串, 因此 k_A 即为满足特定要求的字符串的数目.

特定要求: 长度为 $n+m$, 其中含 n 个 1 和 m 个 0, 且两个字符 1 不相邻, 即字符串中不出现 "11" 的片段.

对于每个满足特定要求的字符串, 在每两个 1 之间去掉一个字符 0, 便得到满足如下变更要求的字符串: 长度为 $m+1$, 其中含 n 个 1 和 $m-(n-1)$ 个 0.

反过来, 对于每个满足变更要求的字符串, 在每两个字符 1 之间增加一个字符 0, 便得到满足特定要求的字符串. 不难看出满足特定要求的字符串与满足变更要求的字符串之间是一一对应关系. 因此, k_A 等于满足变更要求的字符串的数目, 即 $k_A = C_{m+1}^n$.

综上, $P(A) = k_A/C_{m+n}^m = C_{m+1}^n/C_{n+m}^n$. □

在例 1.3.14 中, 方法一是将第一步对应于将 n 个不可分辨的球放入 $m+1$ 个盒子中的模型. 在此模型中, 事件 A 对应于 "每个球独占一个盒子" 这一事件. 读者可对比例 1.3.9 及其之后的解释. 方法二则是将第一步对应于将 m 个不可分辨的球放入 $n+1$ 个盒子中的模型. 在此模型中, 事件 A 对应于 "第 2 到第 n 个盒子非空" 这一事件, "每位女生的前后都是男生" 则对应于 "没有空盒子". 读者可对比例 1.3.11 及其之后的解释.

在统计物理中, 假设粒子有 N 个可能的状态 (例如: 能级), 系统中有 n 个粒子. 将粒子视为球, 将能级视为盒子. 则基于球可分辨假设的放球模型对应于麦克斯韦-玻尔兹曼 (Maxwell-Boltzmann) 统计, 基于球不可分辨假设的放球模型对应于玻色-爱因斯坦 (Bose-Einstein) 统计.

3. 若尔当公式的应用

最后, 我们再看一个例题, 再次体会若尔当公式的应用. 该例题与放球模型无关.

例 1.3.15(匹配问题) 现有 n 双不同颜色的鞋, 将它们随机地进行左右配对 (一只左鞋配一只右鞋). 求没有匹配成功的鞋的概率.

解 记 $A =$ "没有匹配成功的鞋", 即配对后, 每一双鞋的左鞋颜色跟右鞋颜色都不一致, 则所求为 $P(A)$. 将颜色编号为 $1, \cdots, n$. 将左鞋随机全排列, 并将队列中的排第 i 的左鞋与颜色编号为 i 的右鞋配对. 记 $B_i =$ "左鞋队列中排第 i 的左鞋的颜色编号为 i", 它即是颜色编号为 i 的鞋左右配对成功的事件, 则 $P(B_1) = \dfrac{1}{n}$, $P(B_1 B_2) = \dfrac{1}{n(n-1)}$. 一般地, 对任意 $1 \leqslant i_1 < \cdots < i_r \leqslant n$, $P(B_{i_1} \cdots B_{i_r}) = \dfrac{1}{n(n-1)\cdots(n-r+1)} = \dfrac{(n-r)!}{n!}$. 根据若尔当公式, $B := B_1 \cup \cdots \cup B_n$ 的概率为

$$P(B) = \sum_{k=1}^{n} (-1)^{k-1} C_n^k \cdot \dfrac{(n-k)!}{n!} = \sum_{k=1}^{n} (-1)^{k-1} \dfrac{1}{k!}.$$

因为 $A = B^c$, 所以

$$P(A) = 1 - P(B) = 1 + \sum_{k=1}^{n} (-1)^k \dfrac{1}{k!} = \sum_{k=0}^{n} (-1)^k \dfrac{1}{k!}.$$

特别地, 当 $k \to \infty$ 时, $P(A) \to e^{-1}$. □

习题

1. 两枚同样的骰子, 各有两个面涂成红色, 两个面涂成蓝色, 一个面涂成黄色, 一个面涂成白色. 同时掷这两枚骰子. 求出现同一种颜色的概率.

2. 一个小型社区由 20 个家庭组成, 其中 4 个家庭有一个小孩, 8 个家庭有两个小孩, 5 个家庭有三个小孩, 2 个家庭有四个小孩, 1 个家庭有五个小孩. (1) 随机选取一个

家庭, 它有 i 个孩子的概率是多少? (2) 随机选取一个孩子, 这个孩子来自有 i 个孩子的家庭的概率是多少? (其中 $i = 1, 2, 3, 4, 5$)

3. 坛中有 5 个红球、6 个蓝球和 8 个绿球. 随机取 3 次, 每次取一个球. 分别在放回抽样和不放回抽样模型中求以下事件概率: (1) 三个球是同一种颜色; (2) 三个球是三种不同的颜色.

4. 甲、乙、丙、丁、戊五位同学随机站成一排. 求以下事件的概率: (1) 甲和乙之间恰好有一个人; (2) 甲和乙之间恰好有两人; (3) 甲和乙之间恰好有三个人.

5. 甲有 n 把不同的钥匙, 其中有一把能打开房门. 他每次都随机地选一把钥匙, 分别在以下三个模型中求他正好在第 k 次成功地打开房门的概率: (1) 若选中的钥匙打不开房门, 则将之丢弃, 下一次从剩下的钥匙中随机选一把; (2) 若选中的钥匙打不开房门, 则下一次从另外的 $n-1$ 把钥匙中随机选一把; (3) 若选中的钥匙打不开房门, 则下一次重新从全部 n 把钥匙中随机选一把.

6. 衣柜里有 10 双不同的鞋, 随机拿 8 只. 求以下事件的概率: (1) 这 8 只鞋中一双鞋都没有; (2) 这 8 只鞋中正好有一双鞋.

7. 4 对夫妻随机排成一行. 求没有一对夫妻相邻的概率.

8. 4 个红球、8 个蓝球和 5 个绿球随机排成一排. 求以下事件的概率: (1) 前 5 个球是蓝球; (2) 前 5 个球中没有蓝球; (3) 最后 3 个球的颜色各不相同; (4) 所有红球连着摆放.

9. 从一副扑克牌中随机选取 10 张, 将同花色的牌放在一堆. 求以下事件的概率: (1) 4 堆牌的张数分别是 4, 3, 2, 1; (2) 有两堆有 3 张牌, 一堆有 4 张牌, 一堆没有牌.

10. 从 52 张牌里随机取 5 张. 求以下事件的概率: (1) 同花, 即同一花色; (2) 一对, 即 a, a, b, c, d 形式; (3) 两对, 即 a, a, b, b, c 形式; (4) 三张一样, 即 a, a, a, b, c 形式; (5) 三张加一对, 即 a, a, a, b, b 形式; (6) 四张一样, 即 a, a, a, a, b 形式; (7) 顺子, 即 $a, a+1, a+2, a+3, a+4$ 形式, 其中 $a = 1, 2, \cdots, 10$, 牌中的 J, Q, K 分别视为 11, 12, 13, A 可视为 1, 也可视为 14. (注: 在每道小题中, a, b, c, d 为各不相同的号码.)

11. 完成引理 1.3.10 的证明.

§1.4 几何概率模型

在几何概率模型 (简称几何概型) 中, 样本空间可用某个 d 维区域 Ω 表示, 且 Ω 的 d 维体积有限. 例如, Ω 可以是线段、圆周 (一维的几何对象, 一维体积即为长度), 或者矩形、圆盘、球面 (二维的几何对象, 二维体积即为面积), 或者立方体、圆锥、球体 (三维的几何对象) …… 对于 Ω 的子区域 A, 事件 A 的概率定义为 A 的 d 维体积与

Ω 的 d 维体积之比. 不难看出, 与古典概型一样, 几何概型中的概率也满足非负性、规范性、可加性, 从而也满足单调性. 事实上, 几何概型本质上是古典概型的连续化, 且看下例.

例 1.4.1 (离散化逼近) 设 $0 < a < b \leqslant 1$. 在 $(0,1]$ 中随机取出一个数, 求它落在区间 $(a,b]$ 中的概率.

解 令 $A = [a,b]$. 取满足 $n > 3/(b-a)$ 的整数 n. 考虑将 $\Omega := (0,1]$ 进行离散化, 具体地, 将 $(0,1]$ 均分为长度为 $1/n$ 的小区间, 其中第 i 个为 $I_i := ((i-1)/n, i/n]$. 因为不同的小区间之间在几何上是平移关系, 所以它们的地位应该相同. 将 I_i 视为第 i 个样本点, 便近似地得到一个古典概型, 其样本空间为 $\hat{\Omega} = \{1, \cdots, n\}$. 对任意 $0 \leqslant i < j \leqslant n$, Ω 的子集 $I_{i,j} := (i/n, j/n]$ 对应于古典概型中的事件 $\hat{I}_{i,j} := \{i+1, \cdots, j\}$, 因此 $P(I_{i,j})$ 应该定义为 $|\hat{I}_{i,j}|/|\hat{\Omega}| = (j-i)/n$. 若 $a \in I_i$ 且 $b \in I_j$, 则 $I_{i,j-1} \subseteq A \subseteq I_{i-1,j}$. 根据概率的单调性, 应有 $(j-i-1)/n \leqslant P(A) \leqslant (j-i+1)/n$. 最后, 令 $n \to \infty$ 知, $i/n \to a$, $j/n \to b$, 从而应该将 $P(A)$ 定义为 $b-a$. 这即是几何概型的定义.

进一步, 对任意 $k \geqslant 2/(b-a)$, $A_k := (a+1/k, b-1/k]$ 单调上升到 $A = (a,b]$. 不难看出, $P(A_k)$ 也单调上升到 $P(A)$. 这蕴涵着事件的概率具有连续性. □

例 1.4.2 假设甲、乙两人相约于 8 点至 9 点之间在某地见面, 且先到者等候不超过 20 分钟. 即若等待了 20 分钟对方还没有到, 则先到者离开且两人不相遇. 求两人能相遇的概率.

解 将 8 点至 9 点之间等同于 $[0,1]$ 区间, 0 代表 8 点, 1 代表 9 点. 例如, $1/2$ 代表 8 点半. 则 $\Omega = [0,1] \times [0,1]$. 其中 $\omega = (x,y)$ 的第一个坐标 x 对应甲的到达时刻, y 则对应于乙的到达时刻. "两人能相遇" 这一事件则为 $A = \{(x,y) : |x-y| \leqslant 1/3\}$. 因为 Ω 的面积是 1, 所以 $P(A) = A$ 的面积 $= 5/9$. □

例 1.4.3 在单位圆周上随机选三个点. 求这三点组成锐角三角形的概率.

解 将单位圆周上的点表达为 $e^{i\theta} = (\cos\theta, \sin\theta)$, 其中 θ 表示这个点的**辐角**, 且规定 $\theta \in [0, 2\pi)$. 将第 k 个点的辐角记为 θ_k, 则样本点为 $\omega := (\theta_1, \theta_2, \theta_3)$, 样本空间为 $\Omega = \{\omega : \theta_1, \theta_2, \theta_3 \in [0, 2\pi)\}$.

考虑到这三个点是否组成锐角三角形依赖于相对位置, 考虑如下变量替换 $x := \theta_2 - \theta_1 \pmod{2\pi}$, $y := \theta_3 - \theta_1 \pmod{2\pi}$. 记 $\hat{\omega} = \varphi(\omega) := (\theta_1, x, y)$, 则 φ 是一一映射, 且 Ω 在 φ 下的像为 $\hat{\Omega} = \{\hat{\omega} : \theta_1, x, y \in [0, 2\pi)\}$. 至关重要的是, 映射 φ 是保体积的 (即像集与原像集的体积相等), 因此以 $\hat{\Omega}$ 为样本空间的几何概型与以 Ω 为样本空间的几何概型是等价的模型. 此时, "这三点组成锐角三角形" 对应于 $A + B$, 其中 $A = \{(\theta_1, x, y) \in \hat{\Omega} : x < y \text{ 且 } 0 < x, y-x, 1-y < \pi\}$, $B = \{(\theta_1, x, y) \in \hat{\Omega} : x > y \text{ 且 } 0 < x, x-y, 1-x < \pi\}$. 不难推出 A 与 B 的概率都是 $1/4$, 因此所求为 $1/2$. □

针对例 1.4.3 所讨论的事件的概率, 不失一般性, 可以考虑更简单的模型 $\tilde{\Omega} = \{(x,y) : x, y \in [0, 2\pi)\}$ 即可. 换言之, 样本空间可简化为 $\tilde{\Omega}$.

例 1.4.4(四点共圆问题) 在 $\mathbb{R}^3$ 的单位球面 $S = \{(x,y,z) \in \mathbb{R}^3 : x^2 + y^2 + z^2 = 1\}$ 上随机选四个点. 求这四个点不共半球的概率.

解 设 α 与 β 是 S 上的两个不同的点, 且它们不是对径点 (即 $\beta \neq -\alpha$), 则 α, β 与原点确定一个平面, 该平面与 S 相交得到一个大圆. α 和 β 将此大圆分为两段弧, 将其中的劣弧 (即弧长小于 π 的那一段) 记为 $\mathrm{ARC}_{\alpha,\beta}$.

设 α, β, γ 是 S 上的三个不同的点. 若它们不落在同一个大圆上, 这等价于它们都不是彼此的对径点, 且它们线性无关. 则 $\mathrm{ARC}_{\alpha,\beta}, \mathrm{ARC}_{\alpha,\gamma}, \mathrm{ARC}_{\beta,\gamma}$ 围成 S 上的一个曲面三角形, 将该曲面三角形记为 $\triangle_{\alpha,\beta,\gamma}$. 否则令 $\triangle_{\alpha,\beta,\gamma} := \varnothing$.

设 $\alpha_i, i=1,2,3,4$ 是 S 中随机选出的四个点. 记 $A =$ "$\alpha_1, \alpha_2, \alpha_3, \alpha_4$ 不共半球", 则所求为 $\mathrm{P}(A)$. 不妨假设事件 "$\alpha_1, \alpha_2, \alpha_3$ 不同时落在同一个大圆上" 发生. 因为该事件发生的概率为 1. 按上述定义, 存在唯一的曲面三角形 $\triangle_{-\alpha_1, -\alpha_2, -\alpha_3}$. 进一步, 事件 A 发生当且仅当 $\alpha_4 \in \triangle_{-\alpha_1, -\alpha_2, -\alpha_3}$. 因此,

$$\mathrm{P}(A) = \frac{1}{(4\pi)^4} \int_S \int_S \int_S \int_S \mathbf{I}_{\{\alpha_4 \in \triangle_{-\alpha_1, -\alpha_2, -\alpha_3}\}} \mathrm{d}\alpha_4 \mathrm{d}\alpha_3 \mathrm{d}\alpha_2 \mathrm{d}\alpha_1$$

$$= \frac{1}{(4\pi)^3} \int_S \int_S \int_S \frac{|\triangle_{-\alpha_1, -\alpha_2, -\alpha_3}|}{4\pi} \mathrm{d}\alpha_3 \mathrm{d}\alpha_2 \mathrm{d}\alpha_1,$$

其中 $|\triangle_{-\alpha_1, -\alpha_2, -\alpha_3}|$ 表示曲面三角形的面积 (其中空集的面积视为 0), 4π 是 S 的面积. 计算上面的曲面积分, 可以证明 $\mathrm{P}(A) = 1/8$. □

例 1.4.5(蒲丰投针模型) 考虑平面上一组等距的平行线, 其中每两条相邻的直线之间的距离为 a. 现往平面上随机投一根长度为 ℓ 的针, 其中 $0 < \ell < a$. 求针与平行线相交的概率.

解 如图 1.2 所示, 将针的中点与这组平行线之间的距离记为 r, 将针与平行线之间所夹的锐角记为 θ, 则样本空间对应于 $\Omega = \{(r, \theta) : 0 \leqslant r \leqslant a/2, 0 \leqslant \theta \leqslant \pi/2\}$.

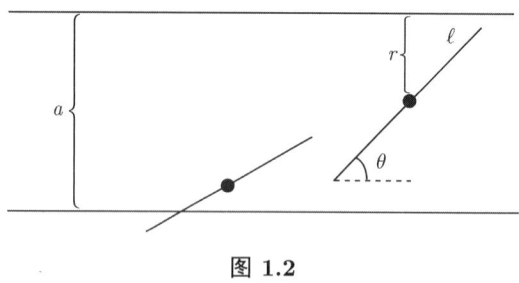

图 1.2

令 $A = \{(r, \theta) : r \leqslant (\ell \sin \theta)/2\}$, 则所求为

$$\mathrm{P}(A) = \frac{\int_0^{\pi/2} \frac{1}{2} \ell \sin \theta \mathrm{d}\theta}{a\pi/4} = \frac{2\ell}{a\pi}.$$

□

我们解释上述建模的合理性. 不妨假设横坐标轴是这组平行线中的一根. 将针的两个端点分别涂成红色与蓝色, 它们的坐标分别记为 $(x_1, y_1), (x_2, y_2)$. 由于 $\{(x_1, y_1; x_2, y_2) \in \mathbb{R}^4 : (x_1 - x_2)^2 + (y_1 - y_2)^2 = \ell^2\}$ 的体积是正无穷, 因此不能用 $(x_1, y_1; x_2, y_2)$ 作为样本点. 下面将舍弃一个无关的变量, 只考虑针的中心与平行线的距离. 固定红色端点的位置 (x_1, y_1), 蓝色端点位于以 (x_1, y_1) 为中心, 以 ℓ 为半径的圆 $S^1 := \{(x_2, y_2) \in \mathbb{R}^4 : (x_1 - x_2)^2 + (y_1 - y_2)^2 = \ell^2\}$ 上. 记 $x_2 = x_1 + \ell \cos \varphi, y_2 = x_2 + \ell \sin \varphi$, 其中 $\varphi \in (0, 2\pi]$, 则 S^1 对应的几何概型与 $(0, 2\pi]$ 对应的几何概型等价. 因此, 可简化为用 (x_1, y_1, φ) 来代表试验结果. 同理, 由于 (x_1, y_1) 的范围 $\mathbb{R}^2$ 的面积是无穷大, 还需进一步简化. 因为 "针与平行线相交" 这一事件是否发生并不依赖于 x_1, 且对于 y_1 呈现周期性, 所以可以记 $n = \lfloor y/a \rfloor$, 令 $z = y_1 - na$, 并简化为用 (z, φ) 来代表试验结果. 最后, 考虑到问题对于 $\mathbb{R}^2$ 的上、下两方向的对称性, 以及左、右两方向的对称性, 可以再次简化并采用如上的 (r, θ) 作为样本点.

例 1.4.6 (贝特朗 (Bertrand) 悖论) 在单位圆周上随机取一条弦, 求弦长大于 $\sqrt{3}$ 的概率.

解 模型一 弦长被弦的中点唯一确定. 如图 1.3(a) 所示, 将弦的中心记为 (x, y), 以它为样本点并得到样本空间 $\Omega_1 = \{(x, y) \in \mathbb{R}^2 : x^2 + y^2 < 1\}$. 在此模型中, "弦长大于 $\sqrt{3}$" 对应 $A_1 = \{(x, y) \in \mathbb{R}^2 : x^2 + y^2 < 1/4\}$, 如图 1.3(a) 中蓝色部分所示. 因此答案为 A_1 的面积 $/\Omega_1$ 的面积 $= 1/4$.

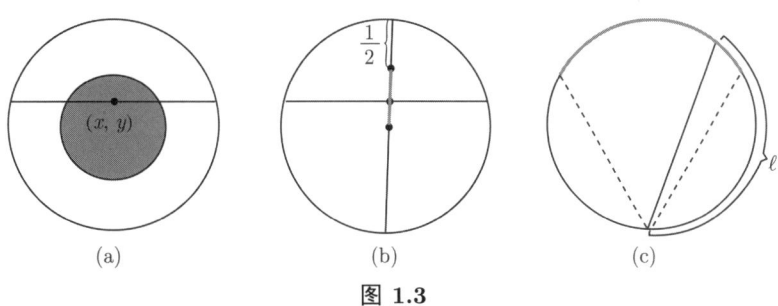

图 1.3

模型二 弦长被弦的中点与圆心的距离确定. 如图 1.3(b) 所示, 将此距离记为 r, 以它为样本点并得到样本空间 $\Omega_2 = [0, 1)$. 在此模型中, "弦长大于 $\sqrt{3}$" 对应 $A_2 = [0, 1/2)$, 如图 1.3(b) 中蓝色部分所示. 因此答案为 A_2 的长度 $/\Omega_2$ 的长度 $= 1/2$.

模型三 弦长被两个端点之间的弧长确定. 如图 1.3(c) 所示, 不失一般性, 固定弦的一端点, 将从它出发沿逆时针旋转至另一端点所经历的弧长记为 ℓ, 以它为样本点并得到样本空间 $\Omega_3 = [0, 2\pi)$. 在此模型中, "弦长大于 $\sqrt{3}$" 对应 $A_3 = (2\pi/3, 4\pi/3)$, 如图 1.3(c) 中蓝色部分所示. 因此答案为 A_3 的长度 $/\Omega_3$ 的长度 $= 1/3$. □

在此之前, 人们总在 "机会均等" 这一框架内考虑问题, 选择一个合适的样本空间, 这样的选择并不唯一. 在例 1.4.6 中, 三个模型全都符合几何概率模型的定义, 然而答案却不相同, 由此导致的矛盾称为贝特朗悖论.

引发贝特朗悖论的本质原因是三个模型对题中"随机"一词的理解不相同. 譬如, 模型一与模型二都在处理弦的中点. 样本空间分别是单位圆 D 和单位区间 $I = [0,1]$. 仿照例 1.4.1 将 D 离散化, 用边长为 $1/n$ 的方块 $S_{i,j} := \{(x,y) : i/n < x \leqslant (i+1)/n, j/n < y \leqslant (j+1)/n\}$ 分割平面, 其中 $i, j \in \mathbb{Z}$. 考虑古典概型 $\hat{\Omega} := \{(i,j) \in \mathbb{Z} : S_{i,j} \cap \Omega_1 \neq \varnothing\}$. 将几何概型中的事件 A 对应于古典概型中的事件 $\hat{A} := \{(i,j) \in \hat{\Omega} : S_{i,j} \cap A \neq \varnothing\}$. 不难发现, 模型二中的 r 介于 $(k/n, (k+1)/n]$ 这一事件在模型一对应的离散化模型中的概率不是 $1/n$, 而是大约正比于 k. 换言之, 模型一与模型二的离散化模型不一样. 因此, 针对本题所讨论的事件的概率, 模型二不能视为模型一的简化. 想象将单位质量均匀地散布到样本空间中. 当模型一的样本空间 D 压缩为模型二的样本空间 I 时, 质量的散布就不再是均匀的. 由此可见, 同一个样本空间可以有两种不同的质量散布方式, 一种是均匀的, 另一种是非均匀的. 我们无法判断哪个模型更适用于该问题, 从而无法判断答案到底是 $1/4, 1/2, 1/3$ 中的哪一个.

因此, 对"随机"地取一条弦的理解本质上依赖于问题本身, 即提出问题的人希望怎样"随机"取出一条弦. 只有在对"随机"的理解明确后, 我们才可以开始计算并给出答案. 因此, "随机"一词就变得不再简单, 它有更深层次的意思, 就是一种选出样本点的机制. 在此机制中, 我们用"权重"(简称"权") 指出样本点之间的相对地位. 换言之, 在谈论"随机"选样本点之前, 需要先明确**权分配方案** (即总和为 1 的权重是如何分配到样本空间中的), 然后才能谈论按照权重的比例关系来"随机"选出样本点. 譬如, 权重大的样本点更容易被取到. 古典概型与几何概型采取的是"均分"这一权分配方案. 在下一节, 我们将定义权分配方案的数学化表达——概率.

习题

1. 从长为 L 的线段上随机选一点, 计算短的那一截相对于长的那一截的长度之比小于 $1/4$ 的概率.

2. 假设甲、乙两人相约于中午 $12:30$ 在某地见面. 甲到达时间为 $12:15$ 到 $12:45$ 之间的随机时刻, 乙到达时间为 $12:00$ 到 $13:00$ 之间的随机时刻. 求: (1) 先到达者的等待时间不超过 5 分钟的概率; (2) 甲先到达的概率.

3. 从 $(0,1)$ 中随机地取两个数. 求下列事件的概率: (1) 两数之和小于 1.2; (2) 两数之积小于 0.25; (3) 以上两个要求同时满足.

4. 在一线段上随机地取两个点把线段截为三段, 求这三段可以构成一个三角形的概率. (注: 构成三角形的充要条件是任意两段长度之和大于第三段的长度.)

5. 考虑蒲丰投针模型. (1) 将针换成直径为 ℓ 的圆, 结论是什么? (2) 将针换成边长为 ℓ 的正三角形, 结论是什么?

6. 在一张打上方格的纸上随机放一枚直径为 1 的硬币. 试问: 方格的边长要多少

才能使硬币与线不相交的概率小于 1%.

§1.5 概率空间

贝特朗悖论引导人们认真思索概率的本质. 其时人们相信用公理化体系可以排除歧义, 对事件和概率引入公理化假设. 事件可以表示为样本空间的某个子集, 然而应不应该把每个子集都当成事件呢? 答案是否定的. 把每个子集都当成事件不仅没有必要, 在有些情况下还会带来麻烦. 为解决问题, 我们应当选用最小的事件集.

一、σ 代数

先看几个例子, 从中体会 σ 代数的含义, 理解我们为什么需要一个 σ 代数的结构.

例 1.5.1 (辨色能力) 有一个骰子/正方体, 六个表面不是刻上点数, 而是分别涂上不同的颜色: 红、橙、黄、绿、蓝、紫, 依次用字母 R, O, Y, G, B, P 代表. 投掷骰子后, 我们只关心哪个面朝上, 于是样本空间为 $\Omega = \{R, O, Y, G, B, P\}$.

现有甲、乙两人, 分别计划完成一项任务, 就是统计每个面出现的频率, 为此需要大量投掷该骰子并统计每个面出现的次数. 假设甲能识别这六种颜色, 那么他可以顺利完成任务. 假设乙为红绿色盲 (无法区分红色与绿色, 但可以识别其他颜色), 那么他无法完成任务, 因为当投掷结果为 O, Y, B, P 时, 他知道该将这一次试验统计到哪种颜色的总次数中, 但当投掷结果为 R 或 G 时, 他不知道应该将这一次试验统计到红色的总次数中还是绿色的总次数中. 譬如, 在每次投完骰子后, 乙以其辨色能力总能够说出 $\{O\}$ 是否发生 (称这样的 Ω 的子集对于乙而言可测, 即可以观测), 但他不是总能说出 $\{R\}$ 是否发生 (称这样的子集对于乙而言不可测). 所有子集对于甲而言都是可测的; 对于乙而言, 某子集可测当且仅当或者 R,G 都属于该子集, 或者 R,G 都属于其补集. $\square$

在例 1.5.1 中, 可测/不可测本质上是针对辨色能力而言的. 一般地, 在随机试验中, 将对于观测者 (即观测试验结果的人, 他具备某种观测能力) 可测的子集放在一起, 组成一个集合系. 所谓集合系, 指的是一系列集合, 这些集合都是 Ω 的子集. 换言之, 集合系就是以 Ω 的某些子集为元素的集合, 常用花体字母 $\mathscr{F}, \mathscr{G}, \mathscr{H}, \cdots$ 表示. 记 $\mathscr{T}_\Omega := \{A : A \subseteq \Omega\}$, 它是 Ω 的所有子集组成的集合系, 也是最大的集合系. 譬如, 在例 1.5.1 中, 甲的辨色能力对应的集合系即为 $\mathscr{T}_\Omega$; 而乙的辨色能力对应的集合系为 $\mathscr{F} := \left\{ A : A \subseteq \Omega, \{R, G\} \in A \right\} \bigcup \left\{ A : A \subseteq \Omega, \{R, G\} \in A^c \right\}$, 其中包含了 32 个事件. 若某个子集对于观测者不可测, 则让他统计该子集发生的频率 (继而研究该子集出现的概率) 是荒谬的, 因为他无法完成这一任务. 因此, 在研究概率时, 需要先界定一个研究范围, 即指出所有可测子集. 如上所述, 对于某种观测能力而言可测的子集组成一个集合系. 反过来, 某集合系如果对应着一种观测能力, 则它需要满足一定的要求. 譬如, 假如 $\mathscr{F}$ 对应着某种观测能力, A 是 Ω 的非空真子集, 且 $A \in \mathscr{F}$, 那么以该能力总能判断 A 发生 (即 A^c 不发生) 还是 A 不发生 (即 A^c 发生), 这蕴涵着 A^c 也应该属于 $\mathscr{F}$. 人们根据对观测能力的直观理解, 总结出它们对应的集合系应该满足的性质, 从而给出如下的定义.

定义 1.5.2 设 Ω 是样本空间, $\mathscr{F}$ 是以 Ω 的一些子集为元素的集合, 即 $\mathscr{F} \subseteq \{A : A \subseteq \Omega\}$. 若 $\mathscr{F}$ 满足如下三条:

(1) $\Omega \in \mathscr{F}$;

(2) 补运算封闭: $A \in \mathscr{F}$ 蕴涵着 $A^c \in \mathscr{F}$;

(3) 可列并运算封闭: 若 $A_n \in \mathscr{F}, n = 1, 2, \cdots$, 则 $\bigcup_{n=1}^{\infty} A_n \in \mathscr{F}$,

则称 $\mathscr{F}$ 是 Ω 上的 **σ 代数**, 称 $(\Omega, \mathscr{F})$ 为**可测空间**. 如果 $A \in \mathscr{F}$, 则称 A 关于 $\mathscr{F}$ **可测**, 简称 A 是可测的.

注 1.5.3 σ 代数 $\mathscr{F}$ 对应于某种观测能力, 直观含义是: $A \in \mathscr{F}$ 表示在试验结束后以该观测能力总能判断 A 是否发生. 对 Ω 的任意子集 A, 必须先指定 σ 代数, 才能谈论 A 的可测性. 一般而言, $\mathscr{F}$ 是指定的, 此时将其中的 A 称为事件. 因此, 也称 σ 代数为事件域.

原则上, 要确定一个 σ 代数, 需要知道其中的所有事件. 但事实上, 往往只需要交代某些事件可测即可. 例如, 在古典概率模型中, 只需交代所有单点集都可测. 从这些单点集出发, 依据 σ 代数的定义便可推出所有子集均可测, 即 $\mathscr{F} = \mathscr{T}_\Omega$. 这引出了 "生成" 的概念.

命题 1.5.4 对任意非空集合系 $\mathscr{A} \subseteq \mathscr{T}_\Omega$, 存在唯一的 σ 代数 $\mathscr{F}$ 使得:

(1) $\mathscr{A} \subseteq \mathscr{F}$;

(2) 若 $\mathscr{G}$ 为 σ 代数且 $\mathscr{A} \subseteq \mathscr{G}$, 则 $\mathscr{F} \subseteq \mathscr{G}$.

证明见补充知识. 将命题 1.5.4 中的 $\mathscr{F}$ 称为 $\mathscr{A}$ **生成的 σ 代数**, 记为 $\sigma(\mathscr{A})$. 它是包含 $\mathscr{A}$ 的最小的 σ 代数. 当然, 同一个 σ 代数 $\mathscr{F}$ 可以由不同的集合系 $\mathscr{A}, \mathscr{B}, \cdots$ 生成.

设 $\mathscr{A} = \{A_i : i \in I\}$ 是可数的集合系, 其中 $I = \{1, 2, \cdots, n\}$ (这里 $n \geqslant 2$) 或 $I = \{1, 2, \cdots\}$. 若

$$A_i \neq \varnothing, \forall i; \quad \bigcup_{i \in I} A_i = \Omega; \quad A_i A_j = \varnothing, \forall i \neq j,$$

则称 $\mathscr{A}$ 为 Ω 的**划分**.

例 1.5.5 (离散型) 设 $\mathscr{A}$ 为 Ω 的划分, 求 $\mathscr{F} = \sigma(\mathscr{A})$.

解 鉴于 σ 代数对集合的并运算封闭, 故从 $\mathscr{A}$ 出发进行集合的并运算. 譬如, $\mathscr{G} := \left\{ \bigcup_{i \in J} A_i : J \subseteq I \right\} \subseteq \mathscr{F}$, 其中若 J 为 I 的空子集, 则 $\bigcup_{i \in J} A_i$ 为 Ω 的空子集 $\varnothing$. 不难发现, $\mathscr{G}$

已经满足 σ 代数的定义，因为 $\bigcup_{i \in I} A_i = \Omega$；$\left(\bigcup_{i \in J} A_i \right)^c = \bigcup_{i \in J^c} A_i$；$\bigcup_{n=1}^{\infty} \left(\bigcup_{i \in J_n} A_i \right) = \bigcup_{i \in K} A_i$，其中所有 J_n 都是 I 的子集且 $K = \bigcup_{n=1}^{\infty} J_n$.

对任意 i, A_i 是 $\mathscr{F}$ 中最小的非空可测集. 其中最小性指 A_i 的任意非空真子集均不可测，并且它们组成的集合系 $\mathscr{A}$ 生成了 $\mathscr{F}$. 称每个 A_i 为 $\mathscr{F}$ 的**基本事件**或**基本集**. □

例 1.5.6(博雷尔 (Borel) σ 代数)　设 $\Omega = \mathbb{R}$. 将所有开集组成的集合系记为 $\mathscr{O}$, 所有闭集组成的集合系记为 $\mathscr{C}$, 并记

$$\mathscr{P} = \left\{ (-\infty, a] : a \in \mathbb{R} \right\}, \quad \mathscr{Q} = \left\{ (a, b] : a, b \in \mathbb{R} \right\}, \quad \mathscr{R} = \left\{ (a, b) : a, b \in \mathbb{R}, a \leqslant b \right\},$$

其中若 $a \geqslant b$, 则 $(a, b] = \{x : a < x \leqslant b\} = \varnothing$. 上述五个集合系生成的 σ 代数均相等，称其为**一维博雷尔 σ 代数**，记为 $\mathscr{B}^1$ 或简记为 $\mathscr{B}$，其中的集合称为**一维博雷尔可测集**，简称**博雷尔集**.

往验证 $\sigma(\mathscr{Q}) = \sigma(\mathscr{R})$，其余的相等性请读者验证. 一方面，$(a, b) = \bigcup_{n=1}^{\infty} (a, b - 1/n] \in \sigma(\mathscr{Q})$，因此 $\mathscr{R} \subseteq \sigma(\mathscr{Q})$，从而 $\sigma(\mathscr{R}) \subseteq \sigma(\mathscr{Q})$；另一方面，$(a, b] = \bigcap_{n=1}^{\infty} (a, b + 1/n) \in \sigma(\mathscr{R})$，因此 $\mathscr{Q} \subseteq \sigma(\mathscr{R})$，从而 $\sigma(\mathscr{Q}) \subseteq \sigma(\mathscr{R})$. 综上，$\sigma(\mathscr{Q}) = \sigma(\mathscr{R})$.

单点集都是博雷尔集，它们是最小的非空可测集. 但是，所有单点集 $\{\{x\} : x \in \mathbb{R}\}$ 却不能生成博雷尔 σ 代数.

设 $\Omega = \mathbb{R}^d$，其中 $d \geqslant 2$. 将所有开集组成的集合系记为 $\mathscr{O}_d$，所有闭集组成的集合系记为 $\mathscr{C}_d$. 记 $\vec{x} = (x_1, \cdots, x_d)$，

$$\prod_{i=1}^{d} B_i = \left\{ \vec{x} \in \mathbb{R}^d : x_i \in B_i, i = 1, \cdots, d \right\}, \quad B(\vec{x}, r) = \left\{ \vec{y} \in \mathbb{R}^d : \|\vec{y} - \vec{x}\| < r \right\}.$$

记

$$\mathscr{P}_d = \left\{ \prod_{i=1}^{d} (-\infty, a_i] : a_1, \cdots, a_d \in \mathbb{R} \right\},$$

$$\mathscr{Q}_d = \left\{ \prod_{i=1}^{d} (a_i, b_i] : a_i, b_i \in \mathbb{R}, a_i \leqslant b_i, i = 1, \cdots, d \right\},$$

$$\mathscr{R}_d = \left\{ \prod_{i=1}^{d} (a_i, b_i) : a_i, b_i \in \mathbb{R}, a_i \leqslant b_i, i = 1, \cdots, d \right\},$$

$$\mathscr{S}_d = \left\{ B(\vec{x}, r) : \vec{x} \in \mathbb{R}^d, r > 0 \right\},$$

则上述集合系生成的 σ 代数均相等，称其为 d **维博雷尔 σ 代数**，记为 $\mathscr{B}^d$，称其中的集合为 d **维博雷尔 (可测) 集**. □

二、概率的定义及其性质

在古典概率模型和几何概率模型中,我们已经体会到随机试验的本质是建立数学模型,用非空集合 Ω 代表所有试验结果,然后按某种"权分配方案"的机制随机地选取样本点. 所谓"权分配方案"指将总和为 1 的权重分配到样本空间中的方案. 在样本点有限甚至可列的模型中,尚可谈论每个样本点分到多少的权重. 于是,对任意事件 A,其概率 $P(A)$ 就是集合 A 在此权分配方案下分到的总权重,即其中的样本点分到的权重之和. 例如,在古典概型中,设 $|\Omega| = n$,则在"均分"方案下,每个点分到 $1/n$ 的权重,事件 A 的概率就是 $|A| \cdot \dfrac{1}{n} = \dfrac{|A|}{|\Omega|}$.

当样本空间变得复杂的时候,我们就不能利用每个样本点分到多少权重来描述权分配方案了. 因此,人们通过交代每个事件分到多少总权重来体现权重的分配方案. 例如,在 $\Omega = (0, 1]$ 的几何概型中,每个点分到的权重都是 0,而例 1.4.1 则解释了规定 $P((a, b]) = b - a, 0 < a < b \leqslant 1$,其实是刻画了权重的均分方案.

在一般的样本空间中,权分配方案是通过每个事件分到的总权重来体现的. 换言之,用于刻画权分配方案的数学对象是事件的函数,称这样的函数为**概率**,通常用 P 来表示. 事件 A 的概率指的是它在函数 P 下的函数值 $P(A)$. 这个值的直观含义是 A 在 $P(\cdot)$ 刻画的权分配方案下分到的总权重. 如前所述,它还应该刻画事件 A 出现的频率. 因此,概率作为事件的函数,应该满足一定的性质.

首先,根据权重分配方案的直观含义,同时也根据频率所满足的性质,概率应该满足以下三条性质:

(1) 非负性: 对任意事件 $A, P(A) \geqslant 0$;

(2) 规范性: $P(\Omega) = 1$;

(3) 可加性: 若 $A_1, \cdots, A_n$ 为互不相交的事件,则
$$P(A_1 + \cdots + A_n) = P(A_1) + \cdots + P(A_n).$$

不难看出在古典概型和几何概型中,这三条性质都成立.

其次,如例 1.4.1 所示,概率还应该具有如下的连续性.

(4) 下连续性: 若 $A_1, A_2, \cdots$ 是单调上升的事件列,则 $P\left(\lim\limits_{n \to \infty} A_n\right) = \lim\limits_{n \to \infty} P(A_n)$.

往证 (3) 与 (4) 同时成立当且仅当下面的性质 (5) 成立.

(5) 可列可加性: 若 $A_n \in \mathscr{F}, n = 1, 2, \cdots$,两两不交,则 $P\left(\bigcup\limits_{n=1}^{\infty} A_n\right) = \sum\limits_{n=1}^{\infty} P(A_n)$.

引理 1.5.7 设 $(\Omega, \mathscr{F})$ 是一个可测空间,$P(\cdot)$ 为 $\mathscr{F}$ 上的实值函数,满足如上的非负性与规范性,则 $P(\cdot)$ 同时满足可加性与下连续性的充要条件是 $P(\cdot)$ 满足可列可加性. 进一步,可列可加性蕴涵着 $P(\varnothing) = 0$.

证 充分性 第一步,取 $A_n = \varnothing, n = 1, 2, \cdots$,则 $\bigcup\limits_{n=1}^{\infty} A_n = \varnothing$. 根据可列可加性,$P(\varnothing) = \infty \cdot P(\varnothing)$. 从而 $P(\varnothing) = 0$.

第二步, 取 $A_m = \varnothing, m = n+1, n+2, \cdots$, 则 $A_1 + \cdots + A_n = \bigcup_{i=1}^{\infty} A_i$. 利用可列可加性及其 $P(A_m) = 0, m = n+1, n+2, \cdots$, 可以推出可加性.

第三步, 设 $A_1, A_2, \cdots$ 是单调上升的事件列. 令 $B_1 = A_1, B_n = A_n \setminus A_{n-1}, n = 2, 3, 4, \cdots$. 记 $A = \bigcup_{n=1}^{\infty} A_n, B = \bigcup_{n=1}^{\infty} B_n$, 则 $A_n = B_1 + \cdots + B_n$ 且 $A = B$. 因为 $B_1, B_2, \cdots$ 两两不交, 所以可以对它们用可列可加性. 故 $P(A) = P(B) = \sum_{n=1}^{\infty} P(B_n) = \lim_{n \to \infty} \sum_{i=1}^{n} P(B_i)$. 根据可加性, $\sum_{i=1}^{n} P(B_i) = P(A_n)$, 从而 $P(A) = \lim_{n \to \infty} P(A_n)$. 此即下连续性.

必要性 设 $A_n \in \mathscr{F}, n = 1, 2, \cdots$, 两两不交, 记 $A = \bigcup_{n=1}^{\infty} A_n$. 令 $B_n = A_1 + \cdots + A_n$, 则 B_n 单调上升到 A. 根据下连续性, $P(A) = \lim_{n \to \infty} P(B_n)$, 又根据可加性 $P(B_n) = P(A_1) + \cdots + P(A_n)$, 故 $P(A) = \sum_{n=1}^{\infty} P(A_n)$. 从而可列可加性成立. □

根据上述引理, 用于刻画权分配方案的事件的函数 P 应满足如下定义.

定义 1.5.8 设 $(\Omega, \mathscr{F})$ 是一个可测空间, P 为 $\mathscr{F}$ 上的函数. 若 P 满足以下三条, 则称 P 为 $(\Omega, \mathscr{F})$ 上的**概率**, 也称 P 为 Ω 上的**概率**. 此时, 称 $(\Omega, \mathscr{F}, P)$ 为**概率空间**.

(1) 非负性: 对任意 $A \in \mathscr{F}, P(A) \geqslant 0$,

(2) 规范性: $P(\Omega) = 1$,

(3) 可列可加性: 若 $A_n \in \mathscr{F}, n = 1, 2, \cdots$ 两两不交, 则 $P\left(\bigcup_{n=1}^{\infty} A_n\right) = \sum_{n=1}^{\infty} P(A_n)$.

注 1.5.9 可列可加性也称**完全可加性**, 或 σ **可加性**. 设 μ 是 $\mathscr{F}$ 上取值于 $\mathbb{R}_+ \cup \{\infty\}$ 的函数, 若它满足 $\mu(\varnothing) = 0$ 和可列可加性, 则称 μ 为**测度**. 有时称概率为**概率测度**, 因为它是测度. 设 μ 是测度, 若 $\mu(\Omega) < \infty$, 则称 μ 为有限测度; 若 μ 是不恒为零的有限测度, 则它可以通过归一化变成概率 $P : A \mapsto \mu(A)/\mu(\Omega)$.

若 $P(A) = p$, 也称 A 以概率 p 发生. 特别地, 若 $P(A) = 1$, 则称 A 几乎必然发生; 若 $P(A) = 0$, 则称 A 为零概率事件; 若 $P(A) > 0$, 则称 A 为正概率事件.

随机试验的完整的数学刻画是概率空间 $(\Omega, \mathscr{F}, P)$. 同一个随机试验可以通过不同的方法建立不同的数学模型, 即对应于不同的概率空间. 这些概率空间既然刻画的是同一个随机试验, 它们就应该有某种等价性. 具体地, 若 $(\Omega, \mathscr{F}, P)$ 与 $(\hat{\Omega}, \hat{\mathscr{F}}, \hat{P})$ 刻画同一个随机试验, 某事件在两个概率空间中分别对应于 Ω 的子集 A 与 $\hat{\Omega}$ 的子集 $\hat{A}$, 则 $P(A) = \hat{P}(\hat{A})$.

在下文中, 若没有特殊说明, 都默认一个指定的概率空间, 即指定样本空间 Ω, 其上的 σ 代数 $\mathscr{F}$, 以及 $\mathscr{F}$ 上的概率 P. 并且, 以下谈论到的事件都是关于 $\mathscr{F}$ 可测的.

命题 1.5.10 概率的性质:

(1) $P(\varnothing) = 0$.

(2) 有限可加性: 若 $A_1, \cdots, A_n \in \mathscr{F}$ 两两不交, 则 $P\left(\bigcup\limits_{k=1}^{n} A_k\right) = \sum\limits_{k=1}^{n} P(A_k)$.

(3) 单调性: 若 $A, B \in \mathscr{F}, A \subseteq B$, 则 $P(A) \leqslant P(B)$. 特别地, $P(A) \leqslant 1$.

(4) 可减性: 若 $A, B \in \mathscr{F}, A \subseteq B$, 则 $P(B - A) = P(B) - P(A)$. 特别地, $P(A^c) = 1 - P(A)$.

(5) 次可列可加性: 若 $A_n \in \mathscr{F}, n = 1, 2, \cdots$, 则 $P\left(\bigcup\limits_{n=1}^{\infty} A_n\right) \leqslant \sum\limits_{n=1}^{\infty} P(A_n)$.

(6) 次有限可加性: 若 $A_1, \cdots, A_n \in \mathscr{F}$, 则 $P\left(\bigcup\limits_{k=1}^{n} A_k\right) \leqslant \sum\limits_{k=1}^{n} P(A_k)$.

(7) 下连续性: 若 $A_1, A_2, \cdots$ 单调上升, 则 $P\left(\lim\limits_{n \to \infty} A_n\right) = \lim\limits_{n \to \infty} P(A_n)$.

(8) 上连续性: 若 $A_1, A_2, \cdots$ 单调下降, 则 $P\left(\lim\limits_{n \to \infty} A_n\right) = \lim\limits_{n \to \infty} P(A_n)$.

证 由引理 1.5.7, (1), (2), (7) 成立.

(3) 与 (4) 假设 $A \subseteq B$, 则 $B = A + (B - A)$. 由 (2), $P(B) = P(A) + P(B - A)$. 由概率的非负性知 (3) 成立, 移项便知 (4) 成立. 特别地, 取 $B = \Omega$ 知 $P(A) \leqslant 1$ 与 $P(A^c) = 1 - P(A)$.

(5) 与 (6) 记 $B_1 = A_1, B_n = A_n \setminus \bigcup\limits_{i=1}^{n-1} A_i, n \geqslant 2$. 由可列可加性,

$$P\left(\bigcup_{n=1}^{\infty} A_n\right) = P\left(\bigcup_{n=1}^{\infty} B_n\right) = \sum_{n=1}^{\infty} P(B_n).$$

再由单调性知 (5) 成立. 进一步, 取 $A_m = \varnothing, m = n+1, n+2, \cdots$, 便知 (6) 成立.

(8) 记 $B_n = A_n^c, n = 1, 2, \cdots$. 由集合极限的定义, $A := \lim\limits_{n \to \infty} A_n = \bigcap\limits_{n=1}^{\infty} A_n$, $B := \lim\limits_{n \to \infty} B_n = \bigcup\limits_{n=1}^{\infty} B_n$. 根据对偶公式, $B = A^c$. 再根据可减性, $P(A) = 1 - P(B)$, $P(A_n) = 1 - P(B_n)$. 由 $B_1, B_2, \cdots$ 单调上升知 $P(B) = \lim\limits_{n \to \infty} P(B_n)$. 因此结论成立. □

推论 1.5.11 若 $A_1, A_2, \cdots$ 均以概率 1 发生, 则 $\bigcap\limits_{n=1}^{\infty} A_n$ 也以概率 1 发生.

证 记 $A = \bigcap\limits_{n=1}^{\infty} A_n$. $1 - P(A) = P\left(\bigcup\limits_{n=1}^{\infty} A_n^c\right)$. 由概率的次可列可加性, $P\left(\bigcup\limits_{n=1}^{\infty} A_n^c\right) \leqslant \sum\limits_{n=1}^{\infty} P(A_n^c) = 0$. 因此结论成立. □

推论 1.5.12 对任意 $A, B \in \mathscr{F}$, 以下两个不等式成立.

(1) 布尔 (Boole) 不等式: $P(A \cup B) \leqslant P(A) + P(B)$;

(2) 邦费罗尼 (Bonferroni) 不等式: $P(AB) \geqslant P(A) + P(B) - 1$.

证 由 $A \cup B = A + (B \setminus A), B \setminus A = B - AB$, 以及概率的可加性与可减性,

$$P(A \cup B) = P(A) + P(B) - P(AB).$$

由 $P(AB) \geqslant 0$ 知 (1) 成立; 由 $P(A \cup B) \leqslant 1$ 知 (2) 成立. □

一般地, 根据如下若尔当公式, 有限个事件之并的概率可以用其中任意若干个事件之交的概率表达. 证明可以用归纳法, 留给读者完成.

推论 1.5.13 (若尔当公式) 设 $n \geqslant 2, A_1, \cdots, A_n \in \mathscr{F}$, 则

$$P\left(\bigcup_{i=1}^n A_i\right) = \sum_{i=1}^n P(A_i) - \sum_{1 \leqslant i < j \leqslant n} P(A_i A_j) + \sum_{1 \leqslant i < j < k \leqslant n} P(A_i A_j A_k)$$
$$- \cdots + (-1)^{n-1} P(A_1 A_2 \cdots A_n)$$
$$= \sum_{k=1}^n (-1)^{k-1} \sum_{1 \leqslant i_1 < \cdots < i_k \leqslant n} P(A_{i_1} \cdots A_{i_k}).$$

一般而言, 为了明确一个概率 (即一种权分配方案), 只需交代部分事件 (比如, 某集合系 $\mathscr{A}$ 中的所有事件) 的概率即可, 其他事件的概率则随即被完全确定, 它们往往可以通过概率的性质求出. 为了 $\mathscr{F}$ 中所有事件的概率都能被唯一确定, $\mathscr{A}$ 必须满足 $\sigma(\mathscr{A}) = \mathscr{F}$.

例 1.5.14 (离散型概率空间) 设 Ω 是可数集, 记 $\Omega = \{\omega_i : i \in I\}$, 其中 $I = \{1, \cdots, n\}$ 或 $\{1, 2, \cdots\}$. 取 $\mathscr{F} = \mathscr{T}_\Omega, \mathscr{A} = \{\{\omega_i\} : i \in \Omega\}$.

假设 $\{p_i : i \in I\}$ 为一组实数. 若

$$p_i \geqslant 0, i \in I; \quad \sum_{i \in I} p_i = 1,$$

则称 $\{p_i : i \in I\}$ 为**概率分布列**, 简称**分布列**.

不难看出, 分布列与 Ω 上的概率一一对应. 一方面, Ω 上的概率 $P(\cdot)$ 对应的分布列为对任意 $i \in I, p_i = P(\{\omega_i\})$. 反过来, 分布列对应的概率为

$$P(A) := \sum_{i: \omega_i \in A} p_i, \quad \forall A \in \mathscr{F}.$$

换言之, 为了明确概率 $P(\cdot)$, 只需指出它对应的分布列, 即只需交代 $\mathscr{A}$ 中的事件的概率.

一般地, 设存在 $\hat{\Omega}$ 的划分 $\hat{\mathscr{A}} = \{A_i : i \in I\}$ 使得 $\hat{\mathscr{F}} = \sigma(\hat{\mathscr{A}})$ (参见例 1.5.5), 则可对任意 $i \in I$, 将基本集 A_i 视为 $\{i\}$. 于是将 $(\hat{\Omega}, \hat{\mathscr{F}})$ 简化为 $(\Omega, \mathscr{F})$. 此时, 为了明确 $\hat{\mathscr{F}}$ 上的概率, 只需要交代所有基本集的概率. □

例 1.5.15 设 $\Omega = \{1, 2, 3, 4\}, \mathscr{F} = \mathscr{T}_\Omega$. 取 $A = \{1, 2\}, B = \{1, 3\}$. 求所有满足 $P(A) = P(B) = 1/2$ 的概率 $P(\cdot)$.

解 由例 1.5.14, 问题转化为求所有满足如下方程组的分布列 $\{p_i, i = 1, 2, 3, 4\}$:

$$p_1 + p_2 = 1/2, \quad p_1 + p_3 = 1/2.$$

不难看出, 这样的分布列形如 $(p_1, p_2, p_3, p_4) = (a, 1/2 - a, 1/2 - a, a)$, 其中 $a \in [0, 1/2]$.

此外，记 $\mathscr{S}$ 为所有单点集组成的集合系，则 $\sigma(\mathscr{S}) = \mathscr{F}$. 令 $\mathscr{A} = \{A, B\}$. 因为 $\{1\} = AB, \{2\} = AB^c, \{3\} = BA^c, \{4\} = A^c B^c$，即 $\mathscr{S} \subseteq \sigma(\mathscr{A})$，所以 $\mathscr{F} = \sigma(\mathscr{A})$. □

在例 1.5.15 中，尽管 $\sigma(\mathscr{A}) = \mathscr{F}$，但给出 $\mathscr{A}$ 中所有事件的概率并不能唯一地确定概率，主要原因是 $\mathscr{A}$ 对交运算不封闭. 若 $\mathscr{A}$ 对交运算封闭，则根据扩张的唯一性 (附录 A 中的定理 A.0.3)，为确定概率 $P(\cdot)$，只需要给出 $\mathscr{A}$ 中的事件的概率即可.

推论 1.5.16 设 μ_1 与 μ_2 都是 $(\mathbb{R}, \mathscr{B})$ 上的概率. 若

$$\mu_1((-\infty, x]) = \mu_2((-\infty, x]), \quad x \in \mathbb{R},$$

则 $\mu_1 \equiv \mu_2$，即对任意博雷尔集 B, $\mu_1(B) = \mu_2(B)$.

证 记 $\mathscr{P} = \{(-\infty, a] : a \in \mathbb{R}\}$，则 $\mathscr{P}$ 对交运算封闭. 由例 1.5.6, $\sigma(\mathscr{P}) = \mathscr{B}$. 因此结论成立. □

补充知识

1. 命题 1.5.4 的证明 令

$$\mathscr{F} := \{A : \text{若} \, \mathscr{G} \, \text{为} \, \sigma \, \text{代数且} \, \mathscr{A} \subseteq \mathscr{G}, \text{则} \, A \in \mathscr{G}\}.$$

换言之，若事件 A 在任意包含集合系 $\mathscr{A}$ 的 σ 代数中，则将 A 纳入集合系 $\mathscr{F}$ 中；否则不将 A 纳入. 往证 $\mathscr{F}$ 即为所求. 我们先验证命题 1.5.4 (1) 与 (2). 验证如下：

(1) 假设 $A \in \mathscr{A}$. 若 $\mathscr{G}$ 为 σ 代数且 $\mathscr{A} \subseteq \mathscr{G}$，则 $A \in \mathscr{A} \subseteq \mathscr{G}$. 因此, $A \in \mathscr{F}$. 故 $\mathscr{A} \subseteq \mathscr{F}$.

(2) 假设 $A \in \mathscr{F}$. 若 $\mathscr{G}$ 为 σ 代数且 $\mathscr{A} \subseteq \mathscr{G}$，则由 $\mathscr{F}$ 的定义可推出 $A \in \mathscr{G}$. 故 $\mathscr{F} \subseteq \mathscr{G}$.

然后验证 $\mathscr{F}$ 是 σ 代数，即验证定义 1.5.2 中的 (1), (2), (3). 验证如下：

(1) 对任意 σ 代数 $\mathscr{G}$, $\Omega \in \mathscr{G}$. 因此, $\Omega \in \mathscr{F}$.

(2) 假设 $A \in \mathscr{F}$. 若 $\mathscr{G}$ 为 σ 代数且 $\mathscr{A} \subseteq \mathscr{G}$，则 $A \in \mathscr{G}$. 因为 $\mathscr{G}$ 是 σ 代数，所以 $A^c \in \mathscr{G}$. 由 $\mathscr{G}$ 的任意性知 $A^c \in \mathscr{F}$.

(3) 假设 $A_n \in \mathscr{F}, n = 1, 2, \cdots$. 记 $A = \bigcup\limits_{n=1}^{\infty} A_n$. 若 $\mathscr{G}$ 为 σ 代数且 $\mathscr{A} \subseteq \mathscr{G}$，则 $A_n \in \mathscr{F} \in \mathscr{G}, n = 1, 2, \cdots$. 因为 $\mathscr{G}$ 是 σ 代数，所以 $A \in \mathscr{G}$. 由 $\mathscr{G}$ 的任意性知 $A \in \mathscr{F}$.

综上, 命题 1.5.4 成立. □

2. 勒贝格 (Lebesgue) 测度与几何概型

考虑 $(\mathbb{R}, \mathscr{B})$. 对任意 $B \in \mathscr{B}, x \in \mathbb{R}$, 记 $B + x = \{y + x : y \in B\}$，它是集合 B 的平移. 则在 $(\mathbb{R}, \mathscr{B})$ 上存在唯一的测度 λ 满足 $\lambda([0,1]) = 1$ 和平移不变性：

$$B, B + x \in \mathscr{B} \Rightarrow \lambda(B) = \lambda(B + x).$$

将此测度称为**勒贝格测度**. 在区间上, 它表现为长度, 即对任意 $a < b$, $\lambda((a,b]) = b - a$. 取 $\Omega = [0,1]$, $\mathscr{F} = \{B : B \in \mathscr{B}$ 且 $B \subseteq \Omega\}$, $\mathrm{P} = \lambda|_{\mathscr{F}}$, 则 $(\Omega, \mathscr{F}, \mathrm{P})$ 即为以 $[0,1]$ 为样本空间的几何概型. 类似地, 在 $(\mathbb{R}^d, \mathscr{B}^d)$ 上存在唯一的测度 λ_d 满足 $\lambda_d([0,1]^n) = 1$ 和平移不变性, 称之为 d **维勒贝格测度**, 它在 d 维区域上表现为 d 维体积. 设 $\Omega \in \mathbb{R}^d$ 且 $\lambda_d(\Omega) < \infty$. 取 $\mathscr{F} = \{B : B \in \mathscr{B}$ 且 $B \subseteq \Omega\}$. 对任意 $B \in \mathscr{F}$, 令 $\mathrm{P}(B) = \lambda_d(B)/\lambda_d(\Omega)$. $(\Omega, \mathscr{F}, \mathrm{P})$ 即为以 Ω 为样本空间的几何概型.

习题

1. 求包含事件 A 与 B 的最小 σ 代数.

2. 证明: (1) Ω 的一切子集组成的集类是一个 σ 代数; (2) σ 代数的交集仍为 σ 代数. 具体地, 若 $\mathscr{F}, \mathscr{G}$ 都是 Ω 上的 σ 代数, 则 $\{A : A \in \mathscr{F} 且 A \in \mathscr{G}\}$ 是 σ 代数.

3. 在例 1.5.6 中, (1) 证明: $\sigma(\mathscr{O}) = \sigma(\mathscr{C}) = \sigma(\mathscr{P}) = \sigma(\mathscr{Q})$; (2) 记 $\mathscr{A} = \{\{x\} : x \in \mathbb{R}\}$, 求 $\sigma(\mathscr{A})$.

4. 利用数学归纳法将邦费罗尼不等式推广到 n 个事件的情形, 即证明:
$$\mathrm{P}(A_1 A_2 \cdots A_n) \geqslant \mathrm{P}(A_1) + \cdots + \mathrm{P}(A_n) - (n-1).$$

§1.6 条件概率

世间万物是相互关联的, 事件 A 的发生往往会改变事件 B 发生的条件. 我们在日常生活中有这样的经验, 不同的条件会导致不同的概率. 譬如, 下雨天会增加土坡塌方甚至泥石流发生的危险. 同样的病症, 对于不同年龄段的患者而言, 危害程度是不一样的. 似乎在任何地方, 男性长寿 (譬如超过 80 岁) 的比例都低于女性. 保险公司曾经认为新手司机出事故的可能性更高, 因此对其收取更高的保费. 在英文文献中, 并非所有字母等可能地出现, 字母 q 之后常常跟着字母 u, 换言之, 出现 q 之后出现 u 的可能性非常大. 中文的联想输入法正是利用了汉字组词的特点, 输入一个汉字之后就会弹出最常见的词汇. 随着人们对概率的认识深化, 有必要引入条件概率.

一、条件概率的定义

定义 1.6.1 设 $A \in \mathscr{F}$ 且 $\mathrm{P}(A) > 0$. 对任意 $B \in \mathscr{F}$, 称 $\mathrm{P}(AB)/\mathrm{P}(A)$ 为在 A 发生的条件下 B 的**条件概率**, 记为 $\mathrm{P}(B|A)$ 或 $\mathrm{P}_A(B)$.

例 1.6.2 (条件概率的含义) 盒中有 10 个大小、外形完全相同的球, 其中有 2 个黑色玻璃球, 3 个红色玻璃球, 4 个黑色木质球和 1 个红色木质球. 现从 10 个球中随机抓取一个, 已知抓到黑球. 求此球是玻璃球的条件概率.

解 将所有球编号. 黑色玻璃球编号 1, 2, 红色玻璃球编号 3, 4, 5, 黑色木质球编号 6, 7, 8, 9, 红色木质球编号 10, 则 $\Omega = \{1, \cdots, 10\}$, $A =$ "抓到黑球" $= \{1, 2, 6, 7, 8, 9\}$, $B =$ "抓到玻璃球" $= \{1, 2, 3, 4, 5\}$. 所求为

$$P(B|A) = \frac{P(AB)}{P(A)} = \frac{|AB|/|\Omega|}{|A|/|\Omega|} = \frac{|AB|}{|A|} = \frac{1}{3}.$$

□

下面, 对例 1.6.2 展开进一步研究. $P(B|A^c) = |BA^c|/|A^c| = 3/4$, 且 $P(B) = 1/2$. 因此 $P(B|A) < P(B) < P(B|A^c)$. 记 $\mathscr{G} = \{\emptyset, A, A^c, \Omega\}$, 则 $\mathscr{G}$ 为 σ 代数, 它代表辨色能力. 以上结论的现实指导意义是: 若允许用眼睛观察球的颜色再挑选, 则为了更可能选中玻璃球, 应该取红球.

类似地, 可得 $P(A|B) = 2/5$, $P(A|B^c) = 3/5$, $P(A) = 1/2$. 因此 $P(A|B) < P(A) < P(A|B^c)$. 记 $\mathscr{G} = \{\emptyset, B, B^c, \Omega\}$, 则 $\mathscr{H}$ 为 σ 代数, 它代表辨质地能力. 以上结论的现实指导意义是: 若允许用手摸球的质地再挑选, 则为了更可能选中黑球, 应该取木质球.

命题 1.6.3 设 $A \in \mathscr{F}$ 且 $P(A) > 0$. 令 $P_A : \mathscr{F} \to \mathbb{R}$, $B \mapsto P_A(B)$, 则 $P_A(\cdot)$ 满足定义 1.5.8 中的三条性质.

由命题 1.6.3, $P_A(\cdot)$ 是概率. 作为概率, $P_A(\cdot)$ 对应着一种新的权分配方案. 新方案的规则如下:

(1) 权重不分给 A^c, 即 $P_A(A^c) = 0$. 这是因为已知 A 发生, 表明所有权重都分配到 A 中.

(2) 在事件 A 的内部, 新的权分配与原始权分配 (即概率 P 对应的权分配) 成正比. 具体地, 对任意 $B \subseteq A$, $P_A(B) = \alpha P(B)$. 其中 $\alpha = 1/P(A)$ 以使得 P_A 满足规范性.

将这个新的权分配方案称为 P 在已知 A 发生的条件下的**条件概率**. 鉴于 $P_A(A^c) = 0$, 可将样本空间缩小为 $\tilde{\Omega} := A$, 考虑其上的 σ 代数 $\tilde{\mathscr{F}} = \{B \in \mathscr{F} : B \subseteq A\}$, 并将 P_A 在 $\tilde{\mathscr{F}}$ 上的限制 (仍然记为 P_A) 视为 $\tilde{\mathscr{F}}$ 上的概率. 将 A (作为全集 $\tilde{\Omega}$) 视为 "整体". 对任意 $B \subseteq A$, 将 B (作为 A 的子集) 视为 "局部", 则 $P_A(B)$ 体现的是 "局部" 在 "整体" 中的 (原始) 权重的相对比值. 基于此, 不难发现, 古典概型 (或几何概型) 的条件概率 P_A 对应的新模型为以 A 为样本空间的古典概型 (或几何概型).

> **注 1.6.4** 一旦出现 "在 A 发生的条件下" "已知 A 发生" "假设 A 发生" 等等叙述, 都表示此后的 "概率" 指条件概率 $P_A(\cdot)$, 而不是原始概率 $P(\cdot)$. 因此, 也称 $P_A(B)$ 为在 A 发生的条件下 B 的概率.

例 1.6.5 (抽卡片) 盒中有三张卡片, 第一张的两面都涂成红色, 第二张的两面都涂成黑色, 第三张的一面涂成红色, 另一面则涂成黑色. 现随机抽取一张卡片放在桌上, 看到红色的面. 求其背面为黑色的概率.

解 将三张卡片的六个面标号，第一张卡片的两个面分别标号 1, 2，第二张卡片的两个面分别标号 3, 4，第三张卡片的红色面标号 5，黑色面标号 6，则 $\Omega = \{1, \cdots, 6\}$，$A =$ "看到红色的面" $= \{1, 2, 5\}$，$B =$ "其背面为黑色" $= \{3, 4, 5\}$. 于是 $AB = \{5\}$. 从而 $\mathrm{P}(B|A) = |AB|/|A| = 1/3$. □

例 1.6.5 不可以如下作答: 将三张卡片依次编号 1, 2, 3，则 $\tilde{\Omega} = \{1, 2, 3\}$，$\tilde{A} =$ "看到红色的面" $= \{1, 3\}$，$\tilde{B} =$ "其背面为黑色" $= \{3\}$，因此答案为 1/2. 主要原因是此题中的随机试验并不仅仅是"随机抽取一张卡片"，还有将卡片"放在桌上"的动作，此动作等价于在卡片的两个面中随机选取一个面朝上，它在 $\tilde{\Omega}$ 的模型中并没有被体现出来. 并且，当抽到第三张卡片时，放在桌上并不能保证看到红色的面 (即红色的面朝上). 因此，"看到红色的面" $= \{1, 3\}$ 是不正确的.

二、乘法公式

命题 1.6.6(乘法公式) 假设 $\mathrm{P}(A) > 0$，则对任意 B，$\mathrm{P}(AB) = \mathrm{P}(A)\mathrm{P}(B|A)$. 一般地，对任意 $n \geq 2$，若 $\mathrm{P}(A_1 \cdots A_{n-1}) > 0$，则

$$\mathrm{P}(A_1 \cdots A_n) = \mathrm{P}(A_1)\mathrm{P}(A_2|A_1)\mathrm{P}(A_3|A_1A_2) \cdots \mathrm{P}(A_n|A_1 \cdots A_{n-1}).$$

证 根据条件概率的定义，$\mathrm{P}(B|A) = \mathrm{P}(AB)/\mathrm{P}(A)$. 两边同时乘以 $\mathrm{P}(A)$ 即可. 对一般情形，用归纳法进行证明. $n = 2$ 时，取 $A = A_1, B = A_2$ 即可. 对 $n \geq 3$，假设结论对 $n - 1$ 成立. 取 $A = A_1 \cdots A_{n-1}, B = A_n$，则 $\mathrm{P}(AB) = \mathrm{P}(A)\mathrm{P}(B|A)$. 再对 $\mathrm{P}(A)$ 用归纳假设即可. □

例 1.6.7 将一副扑克牌随机均分为四组，每组 13 张. 求每组都有 K 的概率.

解 方法一 记 $A_i =$ "第 i 组中有且仅有一个 K"，$i = 1, 2, 3$，则 $A =$ "每组都有 K" $= A_1A_2A_3$. 第一步是不放回抽样模型 (将 K 视为次品，其他牌视为合格品，在例 1.3.4 中设 $M = 4, N = 52$)，因此 $\mathrm{P}(A_1) = \mathrm{C}_4^1\mathrm{C}_{48}^{12}/\mathrm{C}_{52}^{13}$. 在 A_1 发生的条件下，第二步仍然是不放回抽样模型 (在例 1.3.4 中设 $M = 3, N = 39$)，因此 $\mathrm{P}(A_2|A_1) = \mathrm{C}_3^1\mathrm{C}_{36}^{12}/\mathrm{C}_{39}^{13}$. 同样，在 A_1A_2 发生的条件下，第三步仍然是不放回抽样模型 (在例 1.3.4 中设 $M = 2, N = 26$)，因此 $\mathrm{P}(A_3|A_1A_2) = \mathrm{C}_2^1\mathrm{C}_{24}^{12}/\mathrm{C}_{26}^{13}$. 故答案为

$$\mathrm{P}(A) = \mathrm{P}(A_1A_2A_3) = \mathrm{P}(A_1)\mathrm{P}(A_2|A_1)\mathrm{P}(A_3|A_1A_2)$$

$$= \frac{\mathrm{C}_4^1\mathrm{C}_{48}^{12}}{\mathrm{C}_{52}^{13}} \cdot \frac{\mathrm{C}_3^1\mathrm{C}_{36}^{12}}{\mathrm{C}_{39}^{13}} \cdot \frac{\mathrm{C}_2^1\mathrm{C}_{24}^{12}}{\mathrm{C}_{26}^{13}} = \frac{39 \cdot 38 \cdot 37}{51 \cdot 50 \cdot 49} \cdot \frac{26 \cdot 25}{38 \cdot 37} \cdot \frac{13}{25} = \frac{39 \cdot 26 \cdot 13}{51 \cdot 50 \cdot 49}.$$

方法二 记

$B_1 =$ "红桃 K 与黑桃 K 不在同一组中"，

$B_2 =$ "方片 K 与黑桃 K 或红桃 K 不在同一组中"，

$B_3 =$ "梅花 K 与黑桃 K 或红桃 K 或方片 K 都不在同一组中",

则 $A =$ "每组都有 K" $= B_1 B_2 B_3$.

我们利用如下模型计算 $P(A)$. 将 $1, 2, \cdots, 52$ 这 52 个号码随机分配给 52 张牌, 每张牌一个号码. 将号码为 $1, \cdots, 13$ 的牌视为第一组, 号码为 $14, \cdots, 26$ 的牌视为第二组, 号码为 $27, \cdots, 39$ 的牌视为第三组, 剩下的牌视为第四组. 根据抽取与顺序无关 (见例 1.3.6), 不妨认为在随机分配号码时, 前四步依次分别为黑桃 K、红桃 K、梅花 K、方片 K 挑号码, 这四个号码依次记为 $i_1, \cdots, i_4$, 第五步为剩下的扑克牌挑号码.

当第一步完成时, 第二步相当于从回避 i_1 的剩下的 51 个号码中随机选取 i_2, 使得 B_1 发生的 i_2 必须回避 i_1 所在的组, 即它出自另外的三个组, 因此 $P(B_1) = 39/51$. 假设 B_1 发生. 第三步相当于从回避 i_1 与 i_2 的剩下的 50 个号码中随机选取 i_3, 使得 B_2 发生的 i_3 必须回避 i_1 所在的组与 i_2 所在的组. 因为假设 B_1 发生, 所以 i_1 与 i_2 分属不同的组. 即 i_3 出自另外的两个组, 因此 $P(B_2|B_1) = 26/50$. 假设 $B_1 B_2$ 发生, 第三步相当于从回避 i_1, i_2 与 i_3 的剩下的 49 个号码中随机选取 i_4, 使得 B_3 发生的 i_4 必须回避 i_1, i_2, i_3 分别所属的三个组, 即必须出自另外的一个组. 因此 $P(B_3|B_1 B_2) = 13/49$. 故答案为

$$P(A) = P(B_1 B_2 B_3) = P(B_1) P(B_2|B_1) P(B_3|B_1 B_2) = \frac{39}{51} \cdot \frac{26}{50} \cdot \frac{13}{49}. \qquad \square$$

乘法公式主要用于计算复杂事件的概率. 在应用乘法公式时, 主要思路如下: 假设要计算一个非常复杂的事件的概率, 该事件表现为要求样本满足某条复杂的性质, 那么我们应该先对这条复杂的性质进行分析处理, 将它转化为要求样本同时满足 (比如说) 两条简单的性质, 然后逐条处理. 具体地, 这两条简单的性质分别对应事件 A, B, 即原始的复杂事件可写成 AB. 分别计算 $P(A)$ 与 $P_A(B)$, 并利用乘法公式便得到答案. 应用的巧妙之处在于 A 与 B 的选择. 例如, 在上面的例子中, "每组都有 K" 这一复杂性质可以写成方法一中的 $A_1 A_2 A_3$, 也可以写成方法二中的 $B_1 B_2 B_3$. 可以看出, 方法一能解决问题, 但方法二更有效, 即它使得计算更简便. 在运用乘法公式时, 关键是如何合理有效地把复杂性质分解为若干简单的性质. 譬如, 在例 1.6.7 中还可以把 "每组都有 K" 写成 $C_1 C_2 C_3 C_4$, 其中 $C_i =$ "第 i 组有 K". 但这样的分解却不能解决问题. 因为在已知 C_1 发生的条件下, 由于不清楚第一组中有多少个 K, 所以 P_{C_1} 对应的新模型变得更复杂了, 我们也无法从中得到 $P_{C_1}(C_2)$.

例 1.6.8 (波利亚 (Polya) 坛子模型) 坛中有 b 个黑球, r 个红球, 每次从中取出一个球, 记下颜色后将其放回坛中, 同时再加入 c 个同色球, 其中 $b, r, c \geqslant 1$. 重复上述操作五次. 求以下两个事件的概率: (1) 第一次和第四次取出的是黑球, 其他三次取出的是红球; (2) 第五次取出的是黑球.

解 记 $B_i =$ "第 i 次取到的是黑球", $R_i = B_i^c$, $i = 1, \cdots, 5$. 用字符 B 表示黑色, 用字符 R 表示红色. 将五次取到的球的颜色依次记录下来, 便得到一个长度为 5 的

B-R 字符串. 每个字符串都对应着一个事件. 譬如, BRRBR = $B_1R_2R_3B_4R_5$, RRBRB = $R_1R_2B_3R_4B_5$.

(1) 根据乘法公式, BRRBR 的概率可以写成 $P(B_1) = b/(b+r)$ 与四个条件概率的连乘积. 在 B_1 发生的条件下, 第二次取球时, 坛中有 $b+c$ 个黑球和 r 个红球, 因此 $P(R_2|B_1) = r/(b+r+c)$. 在 B_1R_2 发生的条件下, 第三次取球时, 坛中有 $b+c$ 个黑球和 $r+c$ 个红球, 因此 $P(R_3|B_1R_2) = (r+c)/(b+r+2c)$. 类似地, $P(R_4|B_1R_2R_3) = (b+c)/(b+r+3c)$, $P(R_5|B_1R_2R_3B_4) = (r+2c)/(b+r+4c)$. 因此,

$$P(\text{BRRBR}) = \frac{br(r+c)(b+c)(r+2c)}{(b+r)(b+r+c)(b+r+2c)(b+r+3c)(b+r+4c)}.$$

(2) 在上式中, 分母的 5 个因子依次是这 5 次取球时坛中的总球数; 分子的 5 个因子则依赖于球的颜色顺序. 譬如, 第一个因子 b 源于第一个字符为 B, 在第一次取球时坛中有 b 个黑球; 第二个因子 r 源于第二个字符是 R 且它是字符串中的第一个 R, 这意味着在第二次取球时坛中有 r 个红球; 第三个因子 $r+c$ 源于第三个字符是字符串中的出现的第二个 R, 这意味着第三次取球时坛中有 $r+c$ 个红球; 以此类推.

换一个角度看, 字符串 BRRBR 中出现的第一个 B (第一个字符) 为分子贡献了因子 b; 出现的第二个 B (第四个字符) 贡献了因子 $b+c$; 出现的第一个 R (第二个字符) 贡献了因子 r; 出现的第二个 R (第三个字符) 贡献了因子 $r+c$; 出现的第三个 R (第五个字符) 贡献了因子 $r+2c$. 因此, 只要两个字符串中 B 的数目相等, 它们发生的概率就相等. 譬如, P(BBRRR) = P(BRRBR). 换言之, 交换字符串中的字符顺序并不会改变字符串发生的概率. 此即字符串中字符顺序具有可交换性.

按前四个球的颜色进行划分, 可将 B_5 写成 2^4 个互不相交的事件之并, 每一个事件形如 $L_1L_2L_3L_4B$, 其中 L_i 是字符 B 或字符 R, $i = 1, 2, 3, 4$. 具体地,

$$B_5 = \bigcup_{L_i \in \{B,R\}, i=1,2,3,4} L_1L_2L_3L_4B.$$

根据字符的可交换性,

$$P(L_1L_2L_3L_4B) = P(BL_1L_2L_3L_4).$$

而形如 $BL_1L_2L_3L_4$ 的 2^4 个事件互不相交, 它们的并集为 B_1. 因此,

$$P(B_5) = \sum_{L_i \in \{B,R\}, i=1,2,3,4} P(L_1L_2L_3L_4B)$$
$$= \sum_{L_i \in \{B,R\}, i=1,2,3,4} P(BL_1L_2L_3L_4) = P(B_1) = b/(b+r). \qquad \square$$

例 1.6.9(例 1.3.15 续) 现有 n 双不同颜色的鞋, 将它们随机地进行左右配对 (一只左鞋配一只右鞋). 求恰有 k 双的左鞋与右鞋的颜色统一的概率.

解 固定 $k \geqslant 1$. 我们先确定是哪 k 种颜色的鞋的左右鞋匹配成功了, 总共有 C_n^k 种情况. 将第 i 种情况对应的事件记为 B_i. 譬如说, $B_1 = $ "前 k 种颜色的鞋匹配成功, 其他颜色的鞋均匹配不成功"; $B_2 = $ "编号为 $1, \cdots, k-1, k+1$ 的鞋匹配成功, 其他颜色的鞋均匹配不成功". 根据对称性, 对任意 j, $\mathrm{P}(B_j) = \mathrm{P}(B_1)$. 下面考虑 B_1. 记 $C = $ "前 k 种颜色的鞋匹配成功", $D = $ "后 $n-k$ 种颜色的鞋均匹配不成功", 则 $\mathrm{P}(C) = \dfrac{1}{n(n-1)\cdots(n-k+1)} = \dfrac{(n-k)!}{n!}$. 在 C 发生的条件下, 模型变为 $n-k$ 双不同颜色的鞋的匹配问题, 由例 1.3.15 知,

$$\mathrm{P}(D|C) = \sum_{j=0}^{n-k}(-1)^j \frac{1}{j!}.$$

记 $A_k = $ "恰有 k 双的左鞋与右鞋的颜色统一". 由 $A_k = B_1 + \cdots + B_{\mathrm{C}_n^k}$ 和 $\mathrm{P}(B_j) \equiv \mathrm{P}(B_1)$ 知

$$\mathrm{P}(A_k) = \mathrm{C}_n^k \mathrm{P}(B_1) = \mathrm{C}_n^k \mathrm{P}(C)\mathrm{P}(D|C) = \mathrm{C}_n^k \frac{(n-k)!}{n!}\sum_{j=0}^{n-k}(-1)^j\frac{1}{j!} = \frac{1}{k!}\sum_{j=0}^{n-k}(-1)^j\frac{1}{j!}.$$

此即为所求. 特别地, 当 $k = 0$ 时, 由例 1.3.15 知, 上式仍然成立. □

三、条件概率 $\mathrm{P}_A(\cdot)$ 的条件概率

假设 $\mathrm{P}(A) > 0$. 如前所述, 条件概率

$$\mathrm{P}_A : \mathscr{F} \to \mathbb{R}, \quad B \mapsto \mathrm{P}_A(B) = \mathrm{P}(B|A) := \mathrm{P}(AB)/\mathrm{P}(A)$$

是 $\mathscr{F}$ 上的一个新的概率. 假设 $\mathrm{P}_A(B) > 0$, 则可在新概率模型 $(\Omega, \mathscr{F}, \mathrm{P}_A)$ 中考虑关于事件 B 的条件概率. 根据条件概率的定义, 对任意事件 $C \in \mathscr{F}$,

$$\mathrm{P}_A(C|B) = \frac{\mathrm{P}_A(BC)}{\mathrm{P}_A(B)} = \frac{\mathrm{P}(ABC)/\mathrm{P}(A)}{\mathrm{P}(AB)/\mathrm{P}(A)} = \frac{\mathrm{P}(ABC)}{\mathrm{P}(AB)} = \mathrm{P}(C|AB). \tag{1.6.1}$$

上式左边的含义是: "在已知 A 发生的条件下, 又进一步已知 B 发生". 这相当于已知 A, B 同时发生, 即已知 AB 发生. 此即 (1.6.1) 式右边的含义.

例 1.6.10 现有 N 个产品, 其中有 M 个次品, 其余 $N-M$ 个是合格品. 抽取两次, 每次一个. 分别在放回抽样与不放回抽样这两个模型中求在第一次抽到次品的条件下, 第二次抽到次品的 (条件) 概率.

解 将所有产品编号 $1, \cdots, N$, 其中次品编号为 $1, \cdots, M$, 合格品编号为 $M+1, \cdots, N$. 将第一个产品的编号记为 i, 第二个产品的编号记为 j, 则样本空间为 $\Omega = \{(i,j) : 1 \leqslant i, j \leqslant N\}$. 放回抽样模型即为 Ω 上的古典概型, 将它对应的概率记为 P; 不放回抽样模型对应的概率则为 P_C, 其中 $C = \{(i,j) \in \Omega : i \neq j\}$.

"第一次抽到次品"对应 $A = \{(i,j) \in \Omega : 1 \leqslant i \leqslant M\}$,"第二次抽到次品"对应 $B = \{(i,j) \in \Omega : 1 \leqslant j \leqslant M\}$. 进一步,$AB = \{(i,j) \in \Omega : 1 \leqslant i,j \leqslant M\}$,$AC = \{(i,j) \in \Omega : 1 \leqslant i \leqslant M \text{ 且 } j \neq i\}$,$ABC = \{(i,j) \in \Omega : 1 \leqslant i,j \leqslant M \text{ 且 } j \neq i\}$.

考虑放回抽样模型. 由于 $|AB| = M^2$,$|A| = MN$,故所求答案为 $\mathrm{P}(B|A) = |AB|/|A| = M/N$. 考虑不放回抽样模型. 由于 $|ABC| = M(M-1)$,$|AC| = M(N-1)$,故所求答案为 $\mathrm{P}_C(B|A) = \mathrm{P}(ABC)/\mathrm{P}(AC) = |ABC|/|AC| = (M-1)/(N-1)$. 直观上,若 A 发生,则第二次抽产品时,产品总数为 N,在放回抽样模型中次品数为 M,在不放回抽样模型中次品数为 $M-1$,因此

$$\mathrm{P}(B|A) = M/N, \quad \mathrm{P}_C(B|A) = (M-1)/(N-1). \qquad \square$$

类似地,若将题设改为抽取 n 次,每次一个,则样本空间为 $\Omega_n = \{(i_1, \cdots, i_n) : 1 \leqslant i_r \leqslant N, r = 1, \cdots, n\}$. 其上的古典概型即为放回抽样模型,将它对应的概率记为 $\mathrm{P}^{(n)}$,则不放回抽样模型对应的概率为条件概率 $\mathrm{P}_{C_n}^{(n)}$,其中 $C_n = \{(i_1, \cdots, i_n) \in \Omega_n : i_1, \cdots, i_n \text{ 互不相等}\}$.

习题

1. 投掷一枚骰子三次. 记 $A =$ "没有出现重复的点数",$B =$ "三次的点数严格下降". 求 $\mathrm{P}(A)$,$\mathrm{P}(B)$ 和 $\mathrm{P}(B|A)$.

2. 某硬币正面出现的概率为 p. 将它抛掷 n 次,发现恰好有 k 次正面.

(1) 求"第 n 次投到的是正面"的概率.

(2) 证明:对任意 $1 \leqslant i_1 < \cdots < i_k \leqslant n$,"第 $i_1, \cdots, i_k$ 次投到正面,其他次投到反面"的概率均为 $1/\mathrm{C}_n^k$.

3. 将一副牌随机全排列. 已知前 19 张都没有 K,第 20 张是 K. 试求"第 21 张牌是黑桃 K"和"第 21 张牌是梅花 2"的概率.

4. 从一副牌中随机先后取出两张. 分别在下列事件发生的条件下求"两张都是 K"的条件概率:(1)"第一张是 K";(2)"其中有 K";(3)"其中有黑桃 K".

5. 假设某家庭有两个孩子. 分别在下列事件发生的条件下求"两个都是男孩"的概率:(1) 已知有男孩;(2) 已知有一个星期五出生的男孩.

6. 将 10 个白球和 10 个黑球分装入两个坛子,要求每个坛子中都有球. 随机选择一个坛子并从中随机取出一个球. 试问:如何分装使得"取到白球"的概率最大?这个最大值是多少?

7. 假设 $\mathrm{P}(AB) > 0$,证明:$\mathrm{P}(BC|A) = \mathrm{P}(B|A)\mathrm{P}(C|AB)$.

8. (1) 证明命题 1.6.3;(2) 设 $A \in \mathscr{F}$,$\mathrm{P}(A) > 0$. 令 $\hat{\mathscr{F}} = \{AC : C \in \mathscr{F}\}$,$\hat{\mathrm{P}} : \hat{\mathscr{F}} \to \mathbb{R}$,$C \mapsto \mathrm{P}(C)/\mathrm{P}(A)$. 证明:$(A, \hat{\mathscr{F}}, \hat{\mathrm{P}})$ 是概率空间.

§1.7 全概率公式和贝叶斯公式

一、全概率公式

假设指标集 $I = \{1, 2, 3, \cdots\}$ 或 $\{1, \cdots, n\}$, 其中 $n \geqslant 2$. 设 $\{A_i : i \in I\}$ 是一组事件, 若它们互不相容, $\bigcup_{i \in I} A_i = A$ 且对任意 $i \in I, \mathrm{P}(A_i) > 0$, 则称 $\{A_i : i \in I\}$ 为 A 的**非平凡划分**. 其中非平凡指事件 A_i 的概率均为正.

定理 1.7.1 (全概率公式) 设 $\{A_i : i \in I\}$ 是 Ω 的非平凡划分, 则对任一 $B \in \mathscr{F}$,

$$\mathrm{P}(B) = \sum_{i \in I} \mathrm{P}(A_i) \mathrm{P}(B | A_i).$$

证 记 $B_i = B \cap A_i$, 则由 $\{A_i : i \in I\}$ 是 Ω 的划分知 $B = \bigcup_{i \in I} B_i$. 根据可列可加性或有限可加性, $\mathrm{P}(B) = \sum_{i \in I} \mathrm{P}(B_i)$. 进一步, 根据乘法公式, $\mathrm{P}(B_i) = \mathrm{P}(A_i) \mathrm{P}(B | A_i)$. 因此结论成立. □

全概率公式也称全概公式, 其主要思想是分情况讨论. 具体地, 假设原始模型比较复杂, 其中事件 B (理解为关于样本点的某一性质, 下称性质 B) 的概率难以计算. 如果找到某种分情况讨论的机制, 使得在每种情况下 (即已知 A_i 发生), 原始模型转变为比较简单的新模型, 且在新模型中性质 B 对应的概率容易计算, 那么可以用全概率公式计算 $\mathrm{P}(B)$.

推论 1.7.2 设 $\mathrm{P}(A) > 0$.
(1) 对任意 $B \in \mathscr{F}, \mathrm{P}(B|A) = \sum_{i \in I} \mathrm{P}_A(A_i) \mathrm{P}_A(B|A_i)$.
(2) 若 $\{A_i : i \in I\}$ 是 A 的非平凡划分且 $\mathrm{P}(B|A_i) \equiv p$, 则 $\mathrm{P}(B|A) = p$.

证 (1) 将定理 1.7.1 中的概率 P 改为 P_A 即可.

(2) 由 (1.6.1) 式, $\mathrm{P}_A(B|A_i) = \mathrm{P}(B|AA_i)$. 因为 $\{A_i : i \in I\}$ 是 A 的划分, 所以 $A_i \subseteq A$, 从而 $AA_i = A_i$. 于是, $\mathrm{P}_A(B|A_i) = \mathrm{P}(B|A_i) \equiv p$. 由 (1) $\mathrm{P}(B|A) = \sum_{i \in I} \mathrm{P}_A(A_i) \mathrm{P}_A(B|A_i) = p \sum_{i \in I} \mathrm{P}_A(A_i)$. 由概率的可列可加性以及 $\{A_i : i \in I\}$ 是 A 的划分知 $\sum_{i \in I} \mathrm{P}_A(A_i) = 1$, 因此结论成立. □

例 1.7.3 现有 N 个产品, 其中 M 个是次品, 其余 $N - M$ 个是合格品. 抽取两次, 每次一个. 分别在放回抽样与不放回抽样这两个模型中求第二次抽到次品的概率.

解 沿用例 1.6.10 的记号. 记 $A =$ "第一次抽到次品", $B =$ "第二次抽到次品", $C =$ "两次抽到的产品的号码不同".

考虑放回抽样模型. 直观上, 第二次抽产品时, 产品总数为 N, 其中的次品数 (无论 A 是否发生) 总为 M. 因此 $\mathrm{P}(B|A) = \mathrm{P}(B|A^c) = M/N$.

考虑不放回抽样模型. 直观上, 第二次抽产品时, 产品总数为 $N-1$, 若 A 发生, 则其中的次品数为 $M-1$, 若 A^c 发生, 则其中的次品数为 M. 因此 $P_C(B|A) = (M-1)/(N-1)$, $P_C(B|A^c) = M/(N-1)$. 由 $P_C(A) = M/N$ 和全概率公式,

$$P_C(B) = P_C(A)P_C(B|A) + P_C(A^c)P_C(B|A^c)$$
$$= \frac{M}{N} \cdot \frac{M-1}{N-1} + \frac{N-M}{N} \cdot \frac{M}{N-1} = \frac{M}{N}.$$

这与例 1.3.6 给出的结论 (抽取与顺序无关) 吻合. □

在例 1.7.3 中, 对于不放回抽样模型, 我们根据直观断定 $P_C(B|A) = (M-1)/(N-1)$. 下面我们解释这一直观背后的理论支撑. 沿用例 1.6.10 的记号, 将所有产品编号 $1, \cdots, N$, 其中次品编号 $1, \cdots, M$, 合格品编号 $M+1, \cdots, N$. $\Omega = \{(i,j) : 1 \leqslant i, j \leqslant N\}$, 其中 i 为第一个产品的编号, j 为第二个产品的编号. 记 A_k = "第一次抽到的是号码为 k 的产品" $= \{(i,j) : i = k\}$, 则 $\{A_1, \cdots, A_M\}$ 是 A 的划分. 对任意 i, 在已知 A_i 发生的条件下, 则条件概率 P_{A_i} 对应于 $\hat{\Omega} = \{1, \cdots, N\}$ 上的古典概型, 其中 $j \in \hat{\Omega}$ 对应于 $(i,j) \in A_i$. 又若 C 发生, 则条件概率 P_{A_iC} 对应于 $\tilde{\Omega} := \hat{\Omega} \setminus \{i\}$ 上的古典概型. 因此, 对 $i = 1, \cdots, M$, $P_C(B|A_i) = (M-1)/N$. 在推论 1.7.2 中取 $p = (M-1)/N$, 并将 P 改为本例中的 P_C, 便知 $P_C(B|A) = (M-1)/(N-1)$. □

例 1.7.4 将 52 张扑克牌随机均分为两组, 每组 26 张. 从第一组中随机取出一张, 发现它是 K. 现将它放入第二组, 再从第二组 (现在总共有 27 张牌) 中随机取一张. 求最后取出的牌是 K 的概率.

解 称从第一组中取出的牌为 "旧牌", 称最后取出的牌为 "新牌". 记 A = "旧牌是 K", B = "新牌是 K". 由于题设中出现 "发现它是 K", 因此所求不是 $P(B)$, 而是 $P_A(B)$. 根据例 1.3.7, 本题题设等价于将 52 张牌随机分成如下三组:

甲组: 第一组中取掉旧牌, 总共 25 张;

乙组: 第二组原始的牌, 总共 26 张;

丙组: 旧牌, 1 张.

新牌从乙、丙两组的总共 27 张牌中随机取出.

方法一 如果知道乙组中的 K 的数目, 就可以算出所求概率. 因此, 应该按照乙组 (即第二组原始的 26 张牌) 中 K 的数目分情况讨论. 记 A_n = "第二组原始的 26 张牌中恰有 n 张 K". B = "最后取出的牌是 K". 由全概率公式, $P_A(B) = \sum_{n=0}^{4} P_A(A_n)P_A(B|A_n)$. 下面分别计算 $P_A(A_n)$ 与 $P_A(B|A_n)$.

在 A 发生的条件下, 新模型变为将甲、乙两组的总共 51 张牌 (其中仅含 3 张 K) 随机分成第一组 (25 张) 与第二组 (26 张). 因此,

$$P_A(A_4) = 0,$$

$$P_A(A_n) = \frac{C_3^n C_{48}^{26-n}}{C_{51}^{26}}, \quad n = 0, 1, 2, 3.$$

对 $n = 0, 1, 2, 3$, 若 A 与 A_n 都发生, 则抽取新牌时, 乙、丙两组的总共 27 张牌中有 $n+1$ 张 K. 因此, $\mathrm{P}_A(B|A_n) = \mathrm{P}(B|AA_n) = (n+1)/27$. 于是, 根据全概率公式,

$$\begin{aligned}
\mathrm{P}_A(B) &= \sum_{n=0}^{4} \mathrm{P}_A(A_n) \mathrm{P}_A(B|A_n) \\
&= \frac{1}{\mathrm{C}_{51}^{26} \cdot 27} \left(\mathrm{C}_3^0 \mathrm{C}_{48}^{26} \cdot 1 + \mathrm{C}_3^1 \mathrm{C}_{48}^{25} \cdot 2 + \mathrm{C}_3^2 \mathrm{C}_{48}^{24} \cdot 3 + \mathrm{C}_3^3 \mathrm{C}_{48}^{23} \cdot 4 \right) \\
&= \frac{26!25!}{51! \cdot 27} \left(\frac{48!}{26!22!} + \frac{48!}{25!23!} \cdot 6 + \frac{48!}{24!24!} \cdot 9 + \frac{48!}{23!25!} \cdot 4 \right) \\
&= \frac{25 \cdot 24 \cdot 23 + 26 \cdot 25 \cdot 24 \cdot 6 + 26 \cdot 25 \cdot 25 \cdot 9 + 26 \cdot 25 \cdot 24 \cdot 4}{51 \cdot 50 \cdot 49 \cdot 27} \\
&= \frac{43}{459}.
\end{aligned}$$

方法二 记 $C =$ "新牌即为旧牌". 由全概率公式,

$$\mathrm{P}_A(B) = \mathrm{P}_A(C)\mathrm{P}_A(B|C) + \mathrm{P}_A(C^c)\mathrm{P}_A(B|C^c).$$

由于新牌是从乙、丙两组的总共 27 张牌中随机取出的, 因此无论旧牌是什么, 总有 C 的概率是 $1/27$. 具体地, $\mathrm{P}_A(C) = \mathrm{P}_{A^c}(C) = \mathrm{P}(C) = 1/27$. 从而, $\mathrm{P}_A(C^c) = 26/27$. 若 A 与 C 同时发生, 则新牌是 K, 即 B 发生, 因此 $\mathrm{P}_A(B|C) = 1$. 下面计算 $\mathrm{P}_A(B|C^c)$. 它等于 $\mathrm{P}(B|AC^c)$, 即等于 $\mathrm{P}_{C^c}(B|A)$. 当 C^c 发生时, 模型相当于先将不含旧牌的 51 张牌随机分成甲、乙两组, 再从乙组中随机抽取一张牌作为新牌. 根据例 1.3.7, 这相当于直接从不含旧牌的 51 张牌中随机抽取一张作为新牌. 进一步, 若已知 A 也发生, 则这 51 张牌中恰有 3 张 K. 因此, $\mathrm{P}_{C^c}(B|A) = 3/51 = 1/17$. 综上,

$$\mathrm{P}_A(B) = \frac{1}{27} \times 1 + \frac{26}{27} \times \frac{1}{17} = \frac{43}{27 \times 17} = \frac{43}{459}. \qquad \square$$

由上可见, 与乘法公式类似, 在全概率公式的应用中, 关键是找到合理有效的划分 $\{A_i : i \in I\}$. 巧妙的划分可以使模型变得很简单, 于是所涉及的概率 $\mathrm{P}(A_i)$ 与条件概率 $\mathrm{P}(B|A_i)$ 都容易计算.

例 1.7.5 (例 1.6.8 续) 在波利亚坛子模型中, 重复操作 n 次. 求第 n 次取出的是黑球的概率.

解 将第 i 次看到黑球的事件记为 B_i, $R_i = B_i^c$. 固定 c. 设坛子中最初的黑球数与红球数分别为 b 和 r. 所求概率与参数 (b, r), 以及抽球次数 n 有关, 因此将此概率记为 $f(b, r; n)$.

在 B_1 发生的条件下, 操作完毕后, 坛中有 $b+c$ 个黑球, r 个红球. 考虑参数为 $(b+c, r)$ 的模型. 对 $k = 1, \cdots, n-1$, 将原始模型中的第 $k+1$ 次取球视为新模型中的第 k 次取球便知 $\mathrm{P}(B_n|B_1) = f(b+c, r; n-1)$. 同理, $\mathrm{P}(B_n|B_1^c) = f(b, r+c; n-1)$. 由

全概率公式,

$$f(b,r;n) = \frac{b}{b+r} \cdot f(b+c,r;n-1) + \frac{r}{b+r} \cdot f(b,r+c;n-1).$$

往证对任意 $n \geqslant 1, b, r \geqslant 1$, $f(b,r;n) = b/(b+r)$. 当 $n=1$ 时, 结论显然成立. 假设对 $n-1$ 结论成立, 则由上式,

$$f(b,r;n) = \frac{b}{b+r} \cdot \frac{b+c}{b+c+r} + \frac{r}{b+r} \cdot \frac{b}{b+r+c} = \frac{b(b+c)+rb}{(b+r)(b+r+c)} = \frac{b}{b+r}.$$

由归纳法知结论成立. □

例 1.7.6 假设某电影票 50 元一张. 现有 m 个人持有面值 50 元的钞票, 另外有 n 个人持有面值 100 元的钞票. 这 $n+m$ 个人随机排成一队在某窗口买票. 求售票员无需提前预备面值 50 元的钞票去找补零钱的概率. (注: m,n 为正整数.)

解 所求答案依赖于参数 m 和 n, 记为 $p_{m,n}$. 由题设,

$$p_{m,n} = 0, \quad m < n.$$

称上式为边界条件.

记 $B=$ "售票员无需提前预备面值 50 元的钞票去找补零钱". 记 $A=$ "排队尾的人持有的是面值 50 元的钞票", 则 $P(A) = m/(m+n)$. 在 A 发生的条件下, 模型转变为参数分别为 $m-1$ 和 n 的新模型. 此时, 最后一位不需要找零. 因此 $P(B|A) = p_{m-1,n}$; 在 A^c 发生的条件下, 模型则转变为参数分别为 m 和 $n-1$ 的新模型. 此时, 若 B 发生, 则由 $m \geqslant n$ 知售票员必定能给最后一位找零. 因此 $P(B|A) = p_{m,n-1}$. 根据全概率公式,

$$p_{m,n} = \frac{m}{m+n} p_{m-1,n} + \frac{n}{m+n} p_{m,n-1}, \quad m \geqslant n.$$

最后, 结合边界条件, 用归纳法可验证当 $m \geqslant n$ 时, $p_{m,n} = (m+1-n)/(m+1)$. □

例 1.7.7 在某活动中有 n 扇门, 其中有 m 扇门的后面藏有奖品, 剩下的 $n-m$ 扇门后面没有奖品, 其中 n,m 为正整数, 且 $n \geqslant m+2$. 主持人知道哪些门后面有奖品, 哪些门后面没有奖品. 甲为参加活动的嘉宾, 他不知道奖品藏在哪些门后面. 活动流程如下: 甲先选一扇门 (下称旧门); 然后主持人从剩下的 $n-1$ 扇门中那些后面没有奖品的门中随机选择一扇门打开; 随后甲可以坚持选择旧门, 也可以在旧门与主持人打开的门之外的 $n-2$ 扇门中随机选择一扇门 (下称新门). 试问: 为了选中后面藏有奖品的门, 甲应该坚持选旧门, 还是应该改为选新门? (注: 当 $n=3, m=1$ 时, 这即是著名的三门问题.)

解 记 $A=$ "旧门后面藏有奖品", $B=$ "新门后面藏有奖品", 则 A 发生当且仅当甲在最初的 n 扇门中选中后面藏有奖品的 m 扇门之一, 因此 $P(A) = m/n$. 若 A 发生, 则在旧门与主持人打开的门之外的 $n-2$ 扇门中恰有 $m-1$ 扇门后面有奖品, 因此

$P(B|A) = (m-1)/(n-2)$; 若 A 不发生, 则在旧门与主持人打开的门之外的 $n-2$ 扇门中恰有 m 扇门后面有奖品, 因此 $P(B|A) = m/(n-2)$. 根据全概率公式,

$$P(B) = P(A)P(B|A) + P(A^c)P(B|A^c) = \frac{m}{n} \cdot \frac{m-1}{n-2} + \frac{n-m}{n} \cdot \frac{m}{n-2} = \frac{m(n-1)}{n(n-2)}.$$

因为 $P(B) > P(A)$, 所以甲应该改为选新门. □

二、贝叶斯 (Bayes) 公式

例 1.7.8 现有甲、乙、丙三个盒子, 均装有三个球. 其中甲盒中是三个黑球, 乙盒中是两个黑球和一个白球, 丙盒中是一个黑球和两个白球. 随机选一个盒子, 再从中随机取出一个球, 发现是黑球. 你认为选中的是哪个盒子?

解 记 $A_1 = $ "选中甲盒", $A_2 = $ "选中乙盒", $A_3 = $ "选中丙盒", $B = $ "取出的是黑球", 则 $P(A_i) = 1/3, i = 1, 2, 3$; $P(B|A_1) = 1$, $P(B|A_2) = 2/3$, $P(B|A_3) = 1/3$.

根据乘法公式, $P(A_iB) = P(A_i)P(B|A_i)$, 因此

$$P(A_1B) = \frac{1}{3} \cdot 1, \quad P(A_2B) = \frac{1}{3} \cdot \frac{2}{3}, \quad P(A_3B) = \frac{1}{3} \cdot \frac{1}{3}.$$

根据概率的可加性,

$$P(B) = \sum_{i=1}^{3} P(A_iB) = \frac{1}{3}\left(1 + \frac{2}{3} + \frac{1}{3}\right) = \frac{2}{3}.$$

再根据条件概率的定义, $P(A_i|B) = P(A_iB)/P(B)$. 故

$$P(A_1|B) = \frac{1/3}{2/3} = \frac{1}{2}, \quad P(A_2|B) = \frac{2/9}{2/3} = \frac{1}{3}, \quad P(A_3|B) = \frac{1/9}{2/3} = \frac{1}{6}.$$

因为 $P(A_1|B)$ 比 $P(A_2|B)$ 与 $P(A_3|B)$ 都大. 概率大的事件更有可能在一次试验中发生, 因此最合理的结论是认为选中的是甲盒. □

在例 1.7.8 中, 原本盒子是随机选的, 选中甲盒的可能性是 $P(A_1) = 1/3$. 称它为 A_1 的**先验概率**. 先验概率体现了本次试验之前对事件的置信度. 在本次试验之后, 我们观察到 $B = $ "取出黑球" 发生. 在 B 发生的条件下, "A_1 的概率" 的含义随即变为 $P(A_1|B)$. 称它为 A_1 的**后验概率**. 后验概率体现了本次试验之后, 在已知事件 B 发生的条件下, 对事件的置信度. 在例 1.7.8 中看出, 我们应该按如下顺序计算后验概率 $P(A_i|B)$: 首先根据条件概率的定义, $P(A_i|B) = P(A_iB)/P(B)$; 然后利用乘法公式 $P(A_iB) = P(A_i)P(B|A_i)$ 计算分子, 再利用全概率公式计算分母 $P(B)$. 计算结果总结如下.

定理 1.7.9 (贝叶斯公式/逆概率公式) 设 $\{A_i : i \in I\}$ 是 Ω 的非平凡划分. 若 $P(B) > 0$, 则

$$P(A_i|B) = \frac{P(A_i)P(B|A_i)}{\sum_{j \in I} P(A_j)P(B|A_j)}.$$

例 1.7.10 假设针对某疾病有某种检测方法, 譬如, 针对乙型流感有咽拭子检测法, 针对肝炎、艾滋病等有血液检测法. 采用此检测法, 患病者的检测结果为阳性的概率为 a; 非患者的检测结果为阴性的概率为 b. 假设某人生活在患病人数比例为 p 的地区, 其检测报告为阳性. 试问: 此人患病的概率是多大? (设 $a = 0.95$, $b = 0.9$, $p = 0.001$.)

解 记 $A =$ "此人患病", $B =$ "此人的检测报告为阳性". 据题意 $P(A) = p$, $P(B|A) = a$, $P(B|A^c) = 1 - b$. 因此

$$P(A|B) = \frac{pa}{pa + (1-p)(1-b)} = \frac{pa}{p(a+b-1) + (1-b)}.$$

代入具体的值后得到 $P(A|B) = 0.00942$. □

医学中分别将例 1.7.10 中的 $a, b, a+b-1$ 称为灵敏度、特异度、约登 (Youden) 指数. 它们是检测法的参数, 视为固定的参数, 于是可将条件概率 $P(A|B)$ 视为 p 的函数, 记为 $f(p)$. 则 $f(p)$ 关于 p 连续且单调上升, 当 $p \to 0$ 和 $p \to 1$ 时, $f(p)$ 分别趋于 0 和 1. 在例 1.7.10 中, 检测法非常有效 ($a = 0.95$, $b = 0.9$, 都接近 1). 然而, 即便检测报告为阳性也不必太紧张. 主要原因是 p 非常小, 以至于检测结果中存在了大量的假阳性.

习题

1. 设每人在一年中发生 k 次事故的概率为 $\dfrac{\lambda^k}{k!}\mathrm{e}^{-\lambda}$, $k = 0, 1, 2, \cdots$, 参数 λ 因人而异. 设某地有一半人的参数为 2, 另一半人的参数为 3. 现从该地随机选一人, 试求以下事件的概率: (1) 他在一年中没有发生事故; (2) 他在一年中恰好发生 3 次事故.

2. 某选择题有四个选项, 只有一个是正确的. 懂的学生选正确选项, 不懂的学生从四个选项中随机选一个. 假定某学生懂与不懂的概率都是 1/2. 现在他选择了正确的选项, 求他确实懂的概率.

3. 甲袋中有 3 只黑球, 7 只白球; 乙袋中有 7 只黑球, 13 只白球; 丙袋中有 12 只黑球, 8 只白球. 先以 1 : 2 : 2 的概率选择甲、乙、丙中的一只袋子, 再从选中的袋子中先后摸出两只球. 求: (1) 先摸到的是黑球的概率; (2) 在后摸到的是白球的条件下, 先摸到的是黑球的条件概率.

4. 现有两个坛子. 第一个坛子中有 2 个白球和 1 个黑球, 第二个坛子中有 1 个白球和 5 个黑球. 从第一个坛子中随机取一个球放入第二个坛子, 然后再从第二个坛子中随机取出一球, 发现是白球. 求从第一个坛子中取出的球是白球的概率.

5. 坛中有若干黑球和若干红球,进行如下操作:从坛中随机取一个球(下称"甲"),记下颜色并将它扔掉;然后,每次从剩下的球中随机取一个,若颜色与甲相同,则也扔掉并进行下一次取球;若颜色与甲不同,则将此不同颜色的球放回坛中,并结束操作.假设坛中最初有 b 个黑球和 r 个红球,重复进行上述操作,直到坛中没有球.求最后一个被扔掉的球是黑球的概率.

6. 设有 n 个坛子.每个坛子中装有 a 只黑球,b 只白球.从第一个坛子中取出一球放入第二个坛子中,然后从第二个坛子中取出一球放入第三个坛子中,如此下去.最后,从第 n 个坛子中取出一球.求最后取出的球是黑球的概率.

7. 第一个坛子中有 $N-1$ 个白球和 1 个黑球,第二个坛子中有 N 个白球.每次从两个坛子中分别取出一只球,交换后放入对方坛中.求操作 n 次后黑球在第一个坛子中的概率 p_n 以及 $\lim\limits_{n\to\infty} p_n$.

8. 在波利亚坛子模型中,设 $b=r=c=1$. 证明:操作 n 次后"坛中正好有 i 个红球"的概率为 $1/(n+1)$,其中 $i=1,2,\cdots,n+1$.

9. 某运动员连续投篮.第一次投中的概率为 a,从第二次开始,每一次投篮与前一次结果相同的概率为 p,其中 $a,p \in (0,1)$. 求第 n 次投中的概率 p_n 以及 $\lim\limits_{n\to\infty} p_n$.

10. 假设 $0 < P(A) < 1$. 证明:$P(B|A) = P(B)$ 当且仅当 $P(B|A^c) = P(B)$.

§1.8 独立性

一、事件的独立性

独立性是概率论中的重要概念.在日常生活中,人们常常会根据经验说,两件事没有关系,或者两件事关系密切.现在我们把这一概念严格化.先看一个例子.

例 1.8.1 现有 N 个产品,其中 M 个是次品,其余 $N-M$ 个是合格品.抽取两次,每次一个.分别在放回抽样与不放回抽样这两个模型中求在第一次抽到次品的条件下,第二次抽到次品的概率.

解 沿用例 1.6.10 与例 1.7.3 的记号. $\Omega = \{(i,j): 1 \leqslant i,j \leqslant N\}$,其中 i 为第一个产品的编号,j 为第二个产品的编号.记 $A=$ "第一次抽到次品",$B=$ "第二次抽到次品",$C=$ "两次抽到的产品的号码不同".放回抽样模型即为 Ω 上的古典概型,将它对应的概率记为 $P(\cdot)$;不放回抽样模型对应的概率则对应于条件概率 $P_C(\cdot)$.

由例 1.6.10 与例 1.7.3,

$$P(B|A) = P(B|A^c) = P(B) = M/N;$$

$$P_C(B|A) = (M-1)/(N-1), \quad P_C(B|A^c) = M/(N-1), \quad P_C(B) = M/N.$$

因此, $P_C(B|A) < P_C(B) < P_C(B|A^c)$. □

在例 1.8.1 的放回抽样模型中, 无论第一次抽样结果如何, 第二次抽样时合格品数和次品数都没有改变. 换言之, 第一次抽样的结果不会对第二次抽样产生影响, 即两次抽样的结果是没有关系的. 具体地, 在数学上表现为 $P(B|A) = P(B|A^c) = P(B)$. 其直观含义是无论事件 A 发生与否, B 的概率不发生改变, 因为事件 B 的条件概率 $P(B|A)$, $P(B|A^c)$ 与它的原始概率 $P(B)$ 相等. 称满足此性质的两个事件**相互独立**. 如果是不放回抽样模型, 即采用 $P_C(\cdot)$, 那么 $P_C(B|A) < P_C(B) < P_C(B|A^c)$, 它的直观含义是事件 A 发生 (或不发生) 会影响 B 的概率, 因为事件 B 的条件概率 $P_C(B|A)$, $P_C(B|A^c)$ 与它的原始概率 $P_C(B)$ 不相等. 此时, 称这两个事件**不独立**. 可见, 谈论两个事件是否相互独立时, 需要先明确考虑的是哪个概率. 譬如, 例 1.8.1 中的 A, B 在 $P(\cdot)$ 下独立, 在 $P_C(\cdot)$ 下不独立. 换言之, 不可以抛开概率抽象谈论事件的独立性. 以下默认概率空间为 $(\Omega, \mathscr{F}, P)$, 于是可以直接谈论两个事件是否相互独立.

定义 1.8.2 若 $P(AB) = P(A)P(B)$, 则称事件 A 与 B (在概率 $P(\cdot)$ 下) **相互独立**, 简称**独立**.

注 1.8.3 事件独立性的定义采用 $P(AB) = P(A)P(B)$ 这一等式, 而不是更直观的 $P(B|A) = P(B)$. 这是基于两方面的考虑. 一是该定义包含 $P(A) = 0$ 的情形, 在这种情形条件概率 $P(B|A)$ 没有意义; 二是在定义中, A 与 B 的地位是对称的, 这直接体现了独立性的相互性.

若 A 与 B 独立, 则 $P(AB^c) = P(A) - P(AB) = P(A) - P(A)P(B) = P(A)P(B^c)$. 从而 A 与 B^c 独立. 同理, A^c 与 B 独立. 进一步, A^c 与 B^c 独立. 如果 $P(AB) \geqslant P(A)P(B)$, 则称两个事件**正相关**; 如果 $P(AB) \leqslant P(A)P(B)$, 则称两个事件**负相关**. 若两个事件 A, B 正相关, 则在已知其中一个事件发生的条件下, 另外一个事件发生的概率会增大. 换言之, 如果 A, B 正相关, 则 A 的发生将有利于 B 发生. 譬如, 例 1.8.1 中的 A, B 在 P_C 下是负相关的. 直观上, 如果第一次抽到次品, 那么第二次抽取时次品变少, 因此, 第二次抽到次品的可能性就会下降.

例 1.8.4 设甲、乙两人玩"石头、剪刀、布"的游戏, $A =$ "甲出剪刀", $B =$ "乙出布", $C =$ "甲赢". 试研究事件 A, B, C 的相互独立性.

解 分别用 $0, 2, 5$ 表示石头、剪刀、布. 假设甲出的是 i, 乙出的是 j. 则样本空间为 $\Omega = \{(i, j) : i, j \in \{0, 2, 5\}\}$. 考虑其上的古典概型.

不难看出 $A = \{(2, 0), (2, 2), (2, 5)\}$, $B = \{(0, 5), (2, 5), (5, 5)\}$, $C = \{(0, 2), (2, 5), (5, 0)\}$, 于是 $AB = AC = BC = \{(2, 5)\}$. 因为 $P(A) = P(B) = 3/9 = 1/3$ 且 $P(AB) = 1/9$, 所以 A 与 B 相互独立. 同理, A 与 C 相互独立; B 与 C 相互独立.

此外, 由于 $ABC = \{(2, 5)\}$, 因此 $P(ABC) = 1/9$, 故 $P(C|AB) = 1$. 上述结论表

明, 虽然事件 A 发生与否不影响 C 的概率, 且 B 发生与否也不影响 C 的概率, 但是 A 和 B 同时发生却改变了 C 的概率. 即使得 C 的条件概率 $\mathrm{P}(C|AB)$ 与它的原始概率 $\mathrm{P}(C)$ 不相等. 此时, 可以认为 C 的 (条件) 概率依赖于 A, B 这两个事件是否发生的联合体. □

定义 1.8.5 设 A, B, C 为三个事件. 若 A 与 B 相互独立, A 与 C 相互独立, 且 B 与 C 相互独立, 则称这三个事件**两两独立**. 进一步, 又若 $\mathrm{P}(ABC) = \mathrm{P}(A)\mathrm{P}(B)\mathrm{P}(C)$, 则称这三个事件**相互独立**, 简称**独立**.

一方面, 与两个事件相互独立类似, A, B, C 相互独立蕴涵着譬如 A, B, C^c 相互独立, A^c, B^c, C^c 相互独立. 另一方面, A, B, C 相互独立蕴涵着譬如 $\mathrm{P}(C|AB) = \mathrm{P}(C)$, $\mathrm{P}(B^c|A^cC) = \mathrm{P}(B^c)$.

定义 1.8.6 设 $n \geqslant 4, A_1, \cdots, A_n$ 为事件. 若对任意 $1 \leqslant i < j \leqslant n$, A_i, A_j 相互独立, 则称这 n 个事件**两两独立**. 若对 $k = 2, \cdots, n$ 以及任意满足 $1 \leqslant i_1 < \cdots < i_k \leqslant n$ 的 $i_1, \cdots, i_k$,
$$\mathrm{P}(A_{i_1} \cdots A_{i_k}) = \mathrm{P}(A_{i_1}) \cdots \mathrm{P}(A_{i_k}),$$
则称这 n 个事件**相互独立**, 简称**独立**.

定义 1.8.7 设 $A_1, A_2, \cdots$ 为一列事件. 若对任意 $j > i \geqslant 1$, A_i 与 A_j 相互独立, 则称这一列事件**两两独立**. 若对任意 $n \geqslant 2, A_1, \cdots, A_n$ 相互独立, 则称这一列事件**相互独立**, 简称**独立**.

事件的独立性常常作为模型中的合理性假设.

例 1.8.8 假设每个元件能正常工作的概率为 p, 不能正常工作的概率为 $1-p$. 某系统需要 n 个正常工作的元件串联才能运行. 将 $2n$ 个电子元件按图 1.4 中的电路图 (a) 或 (b) 组装. 试问哪个电路图更可靠, 即运行的概率更大? (其中 $0 < p < 1, n \geqslant 2$.)

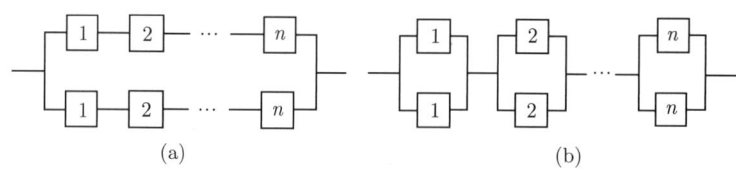

图 1.4

解 将元件编号为 $1, \cdots, 2n$, 将第 i 个元件能正常工作的事件记为 A_i. 假设 $A_1, \cdots, A_{2n}$ 相互独立.

在电路图 (a) 中, 不妨假设上排的元件编号为 $1, \cdots, n$. 则系统能运行当且仅当事件 $B_1 \cup B_2$ 发生, 其中 $B_1 = A_1 \cdots A_n$, $B_2 = A_{n+1} \cdots A_{2n}$. 根据若尔当公式, $\mathrm{P}(B_1 \cup B_2) = \mathrm{P}(B_1) + \mathrm{P}(B_2) - \mathrm{P}(B_1 B_2)$. 进一步, 再根据独立性知 $\mathrm{P}(B_1 \cup B_2) = p^n + p^n - p^{2n} = p^n(2 - p^n)$. 此即电路图 (a) 的可靠性.

在电路图 (b) 中, 不妨假设从左到右第 i 组中上排的元件编号为 $2i-1$, 下排的编

号为 $2i$, 则系统能运行当且仅当事件 $C_1 \cdots C_n$ 发生, 其中 $C_i = A_{2i-1} \cup A_{2i}$. 根据若尔当公式, $P(C_i) = p + p - p^2 = p(2-p)$. 可以验证 $C_1, \cdots, C_n$ 相互独立, 于是电路图 (b) 的可靠性为 $P(C_1 \cdots C_n) = p^n(2-p)^n$.

对 $n \geqslant 2$ 和 $p \in (0,1)$, $2 - p^n < (2-p)^n$, 因此电路图 (b) 更可靠. □

例 1.8.9 假设一枚导弹击中敌机的概率为 $p = 0.6$. 为确保有 99% 的把握击中敌机, 试问需要同时发射多少枚导弹? 若技术改良后能将 p 提高到 0.8, 则需要多少枚?

解 假设需要 n 枚. 将第 i 枚击中敌机的事件记为 A_i, 则 $A_1, \cdots, A_n$ 相互独立, $P(A_i) = 0.8$. 所求为使得 $P(A_1 \cup \cdots \cup A_n) \geqslant 99\%$ 成立的最小的 n.

根据对偶公式, $(A_1 \cup \cdots \cup A_n)^c = A_1^c \cdots A_n^c$, 该事件的概率为 $(1-p)^n$. 因此所求为使得 $1 - (1-p)^n \geqslant 0.99$ 的最小的 n, 即 $n = \left\lceil \dfrac{\ln 0.01}{\ln(1-p)} \right\rceil$.

若 $p = 0.6$, 则 $n = \left\lceil \dfrac{\ln 0.01}{\ln 0.4} \right\rceil = \lceil 5.03 \rceil = 6$. 若 $p = 0.8$, 则 $n = \left\lceil \dfrac{\ln 0.01}{\ln 0.2} \right\rceil = \lceil 2.86 \rceil = 3$. □

从以上两个例子中可以看出, 欲求相互独立的事件之并集的概率, 可采用若尔当公式或对偶律将并集转化为交集.

二、相互独立的小试验

在例 1.8.4 中, 我们采用样本空间 $\Omega = \{(i,j) : i,j \in \{0,2,5\}\}$ 上的古典概型, 其实是基于如下三条假设:

(1) 甲等可能地出 $0,2,5$, 即甲做了第一个小试验, 在 $\{0,2,5\}$ 中随机选一个, 结果为 i;

(2) 乙等可能地出 $0,2,5$, 即乙做了第二个小试验, 在 $\{0,2,5\}$ 中随机选一个, 结果为 j;

(3) 甲与乙独立地操作, 即若事件 A 是否发生只依赖于第一个小试验的结果 i, 且事件 B 是否发生只依赖于第二个小试验的结果 j, 则 A 与 B 相互独立.

换言之, 例 1.8.4 所考虑的模型本质上由两个相互独立的"小试验"组成. 一般地, 某模型可能由若干个 (譬如 n 个) 小试验组成. n 个小试验 **(相互) 独立** 指的是: 若 A_i 发生与否只依赖于第 i 个小试验的结果, $i = 1, \cdots, n$, 则 $A_1, \cdots, A_n$ 相互独立. 若这些小试验都是离散型的 (参见例 1.5.14), 则只需验证 "A_i 对应第 i 个小试验的基本集, $i = 1, \cdots, n$" 蕴涵着 "$A_1, \cdots, A_n$ 相互独立", 证明留为习题.

例 1.8.10 现有 N 个产品, 其中有 M 个是次品, 其余 $N - M$ 个是合格品, $N > M > 1$. 抽取两次, 每次一个. 分别在放回抽样与不放回抽样这两个模型中研究第一次抽样与第二次抽样这两个小试验的独立性.

解 沿用例 1.6.10 的记号. 将所有产品编号 $1,\cdots,N$, 其中次品编号 $1,\cdots,M$, 合格品编号 $M+1,\cdots,N$. 将第一个产品的编号记为 i, 第二个产品的编号记为 j, 则样本空间为 $\Omega=\{(i,j):1\leqslant i,j\leqslant N\}$. 放回抽样模型即为 Ω 上的古典概型, 将它对应的概率记为 P; 不放回抽样模型对应的概率则为 P_C, 其中 $C=\{(i,j)\in\Omega:i\neq j\}$.

第一次抽样, 即只观察第一个产品的号码, 形成第一个小试验. 试验结果即为 i, 样本空间为 $\Omega_1=\{1,\cdots,N\}$. 每个单点集 $\{k\}$ 对应于 "第一次抽到的是号码为 k 的球", 它在大试验中对应事件 $A_k=\{(k,1),(k,2),\cdots,(k,N)\}$.

第二次抽样, 即只关注第二个产品的号码, 形成第二个小试验. 试验结果即为 j, 样本空间为 $\Omega_2=\{1,\cdots,N\}$. 每个单点集 $\{k\}$ 则对应于 "第二次抽到的是号码为 k 的球", 它在大试验中对应事件 $B_k=\{(1,k),(2,k),\cdots,(N,k)\}$.

放回抽样模型即为在 Ω 中采用概率 P. 此时对任意 k, $\mathrm{P}(A_k)=\mathrm{P}(B_k)=1/N$. 因此, "第一次抽样" 与 "第二次抽样" 都是以 $\{1,\cdots,N\}$ 为样本空间的古典概型. 进一步, 对任意 k,ℓ, $\mathrm{P}(A_k B_\ell)=1/N^2=\mathrm{P}(A_k)\mathrm{P}(B_\ell)$. 若事件 A 发生与否只依赖于第一个小试验的结果, 则存在 $I\subseteq\{1,\cdots,N\}$ 使得 $A=\bigcup_{i\in I}A_i$; 同理, 若事件 B 发生与否只依赖于第二个小试验的结果, 则存在 $J\subseteq\{1,\cdots,N\}$ 使得 $B=\bigcup_{j\in J}B_j$. 于是, $AB=\bigcup_{i\in I,j\in J}A_iB_j$. 从而

$$\mathrm{P}(AB)=\sum_{i\in I,j\in J}\mathrm{P}(A_iB_j)=\sum_{i\in I,j\in J}\mathrm{P}(A_i)\mathrm{P}(B_j)$$
$$=\left(\sum_{i\in I}\mathrm{P}(A_i)\right)\cdot\left(\sum_{j\in J}\mathrm{P}(B_j)\right)=\mathrm{P}(A)\mathrm{P}(B).$$

因此 "第一次抽样" 与 "第二次抽样" 这两个小试验是相互独立的.

不放回抽样模型即为在 Ω 中采用概率 P_C. 此时对任意 k, $\mathrm{P}_C(A_k)=\mathrm{P}_C(B_k)=1/N$. 因此, "第一次抽样" 与 "第二次抽样" 仍然是以 $\{1,\cdots,N\}$ 为样本空间的古典概型. 进一步, 对任意 k, A_k 发生与否只依赖于第一个小试验的结果, B_k 发生与否只依赖于第二个小试验的结果, 但 $\mathrm{P}_C(A_k B_k)=0$, $\mathrm{P}_C(A_k)\mathrm{P}_C(B_k)=1/N^2$. 因此 "第一次抽样" 与 "第二次抽样" 这两个小试验不是相互独立的. □

例 1.8.11 (例 1.8.10 续) 令 $A=\{(i,j):i\leqslant j\}$. 在 $\mathrm{P}_A(\cdot)$ 下研究第一次抽样与第二次抽样这两个小试验.

解 沿用例 1.8.10 中的符号. 第一个小试验即为第一次抽样, 其样本空间仍为 $\Omega_1=\{1,\cdots,N\}$. 对任意 $k\in\Omega_1$, 单点集 $\{k\}$ 的概率 p_k 不是 $1/N$, 而是

$$p_k:=\mathrm{P}_A(A_k)=\frac{|AA_k|}{|A|}=\frac{N-k+1}{N(N+1)/2}=\frac{2(N-k+1)}{N(N+1)},$$

其中 $A_k=\{(i,j)\in\Omega:i=k\}$. 因此, 第一个小试验不是 Ω_1 上的古典概型.

第二个小试验的样本空间仍为 $\Omega_2 = \{1, \cdots, N\}$，但它也不是 Ω_2 上的古典概型. 因为单点集 $\{k\}$ 的概率 q_k 不是 $1/N$，而是

$$q_k := \mathrm{P}_A(B_k) = \frac{k}{N(N+1)/2},$$

其中 $B_k = \{(i,j) \in \Omega : j = k\}$.

最后，因为 $A_k B_k = \{(k,k)\} \subseteq A$，所以 $\mathrm{P}_A(A_k B_k) = 1/|A|$. 由于它不等于 $p_k q_k$，因此在 P_A 下，上述两个小试验不是相互独立的. $\square$

以上两个例子的总结如下: 将 $\Omega = \{(i,j) : 1 \leqslant i, j \leqslant N\}$ 视为从 N 个对象中先后两次抽样这个大试验的样本空间，同样考虑第一次抽样与第二次抽样这两个小试验. 无论是在放回抽样模型 (采用概率 $\mathrm{P}(\cdot)$) 还是不放回抽样模型 (采用概率 $\mathrm{P}_C(\cdot)$) 中，第一次抽样与第二次抽样都是在操作"从 N 个产品中等可能地随机抽一个"这一小试验，即都是以 $\{1, \cdots, N\}$ 为样本空间的古典概型. 区别是，在放回抽样模型中，上述两个小试验相互独立; 在不放回抽样模型中，上述两个小试验不是相互独立的. 当采用概率 $\mathrm{P}_A(\cdot)$ 时，第一次抽样与第二次抽样都不是在操作"从 N 个产品中等可能地随机抽一个"这一小试验，并且这两个小试验也不相互独立. 因此，在研究两个小试验中的概率以及它们是否相互独立时，必须明确模型中采用的概率，而不能仅仅明确样本空间.

例 1.8.12 (例 1.3.14 续)　研究混排模型中的独立性.

解　将 n 位女生与 m 位男生随机排成一列. 将女生编号 $1, \cdots, n$，男生编号 $n+1, \cdots, n+m$. 例 1.3.14 解答过程中的建模流程事实上在描述三个相互独立的小试验. 具体地，建模过程的第一步是在操作第一个小试验: 在队列中选出 n 个序号给女生; 第二步是在操作第二个小试验: 随机地将所有女生全排列; 第三步则是在操作第三个小试验: 随机地将所有男生全排列. 将第 i 个小试验的试验结果记为 ω_i，样本空间记为 Ω_i，则 $|\Omega_1| = \mathrm{C}_{n+m}^n$，$|\Omega_2| = n!$，$|\Omega_3| = m!$. 混排模型的样本为 $\omega = (\omega_1, \omega_2, \omega_3)$，样本空间为 $\Omega = \Omega_1 \times \Omega_2 \times \Omega_3 := \{\omega : \omega_1 \in \Omega_1, \omega_2 \in \Omega_2, \omega_3 \in \Omega_3\}$. 于是，$|\Omega| = |\Omega_1| \times |\Omega_2| \times |\Omega_3| = (n+m)!$. 混排模型即为 Ω 上的古典概型. 不难发现，在混排模型中，上述三个小试验相互独立，并且第 i 个小试验就是以 Ω_i 为样本空间的古典概型.

综上，混排模型的本质是将多种类别的对象放在一起全排列. 在混排模型中，若只观察某种特定类别的对象的相对排列顺序，则得到一个独立的随机全排列的小试验. 譬如，现有 r 种类别的对象，第 i 个类别的对象有 N_i 个，记 $N = N_1 + \cdots + N_r$，则将所有对象随机全排列的模型由 $r+1$ 个相互独立的小试验组成. 对 $i = 1, \cdots, r$，第 i 个小试验就是将第 i 个类别的对象随机全排列; 而第 $r+1$ 个小试验则是在 $1, \cdots, N$ 个号码中为每一类对象分配号码，可按如下顺序进行操作: 为第 1 个类别的所有对象挑选 N_1 个号码，然后在剩下的号码中为第 2 个类别的所有对象挑选 N_2 个号码，以此类推. $\square$

如在 §1.3 中所述，可采用将球装入盒子中的模型的语言. 在例 1.3.14 中，将队列中的第一位男生之前的区域视为第一个盒子，第一位男生与第二位男生之间的区域视为第

二个盒子, 以此类推; 将女生视为球. 在混排模型中忽视第三个小试验, 并将模型理解为将 n 个可分辨的球按前两个小试验的规则随机地放入 $N := m+1$ 个盒子中. "第 i 个球在第一个盒子中"的这一事件在混排模型中对应于 $A_i :=$ "第 i 位女生在所有男生之前". 往证 A_1 与 A_2 不是相互独立的. 将第 i 位女生和所有男生视为一个类别, 其他学生视为另一个类别. 只观察第 i 位女生和所有男生的相对顺序, 便知 $P(A_i) = 1/N$. 将前两位女生和所有男生视为一个类别并观察它们的相对顺序, 便知 $P(A_1 A_2) = 2/(N+1)(N+2)$. 因为 $P(A_1 A_2) > P(A_1)P(A_2)$, 所以 A_1 与 A_2 不是相互独立的. 在球可分辨的放球模型中, 同样的假设是 $P(A_i) = 1/N$, 不同的假设是 $A_1, \cdots, A_N$ 相互独立.

小试验的相互独立性常常作为模型假设. 譬如, 在例 1.8.4 中, 事实上我们假设甲与乙独立地操作 "从 $\{0, 2, 5\}$ 中等可能地随机选一个" 的小试验. 最后, 若一列小试验满足: 对任意 $n \geqslant 2$, 前 n 个小试验相互独立, 则称这列小试验**相互独立**.

三、重复独立试验

重复独立试验由若干 (n 个或一列) 相互独立的相同的小试验组成. 若单次小试验是抛硬币, 则称重复独立试验为**伯努利 (Bernoulli) 试验**. 将单次小试验中抛到正面的概率称为该伯努利试验的**成功率**. 若在每次小试验中只关心某特定事件 A 是否发生, 将事件 A 发生视为抛硬币的结果为正面, 将事件 A 不发生视为抛硬币的结果为反面, 则重复独立试验可简化为伯努利试验.

例 1.8.13 考虑成功率为 p 的伯努利试验. 若 $0 < p \leqslant 1$, 则出现正面的概率为 1. 若 $0 < p < 1$, 则任意有限长度的字符串都出现的概率为 1.

证 记 $H_n =$ "第 n 次试验中出现正面", $T_n = H_n^c$, 则 $H_1, H_2, \cdots$ 相互独立. 在伯努利试验中, "出现正面" 的事件为 $B := \bigcup_{n=1}^{\infty} H_n$. 记 $B_N = \bigcup_{n=1}^{N} H_n$, 则当 $N \to \infty$ 时, $B_N \uparrow B$. 根据概率的连续性, $P(B) = \lim_{N \to \infty} P(B_N)$. 由 $P(B_N) = 1 - P\left(\bigcap_{n=1}^{N} T_n\right) = 1 - (1-p)^N$ 知 $P(B) = 1$.

进一步, 考虑有限长度的 H-T 字符串, 下称 "单词". 譬如, HHT 是长度为 3 的单词, THTTH 是长度为 5 的单词. 长度为 n 的单词共有 2^n 个, 因此所有单词组成可列集. 将所有单词排序, 将长度为 n 的单词编号为 $w_{n,1}, \cdots, w_{n,2^n}$. 将在伯努利试验中能看到单词 $w_{n,i}$ 的事件记为 $C_{n,i}$. 往证对任意 $n \geqslant 1$ 以及 $i = 1, \cdots, 2^n$, $P(C_{n,i}) = 1$.

固定 n 与 i. 将伯努利试验中连续抛 n 次硬币视为一个小试验, 下称 "新试验". 新试验的试验结果为长度等于 n 的 H-T 字符串. 若新试验的试验结果等于单词 $w_{n,i}$, 则认为某 "新硬币" 的正面朝上. 将 "新硬币正面朝上" 的概率记为 $\hat{p}$, 则 $\hat{p}$ 依赖于单词 $w_{n,i}$ 中 H 的数目. 具体地, 若单词 $w_{n,i}$ 中含了 s 个 H 与 $n-s$ 个 T, 则 $\hat{p} = p^s(1-p)^{n-s}$. 无论 s 为 $1, \cdots, n$ 中的哪一个, 总有 $\hat{p} > 0$. 将第 $1, \cdots, n$ 次连续抛硬币视为第一次新试验, 第 $n+1,\cdots,2n$ 次连续抛硬币视为第二次新试验, 以此类推, 则这些新试验是重复独立试验. 由 $\hat{p}>0$ 知 $P(\hat{C}_{n,i})=1$, 其中

$$\hat{C}_{n,i} = \Big\{ 存在 k \geqslant 1, 使得第 (k-1)n+1,\cdots,kn 次连续抛硬币的结果等于 w_{n,i} \Big\}.$$

因为 $\hat{C}_{n,i} \subseteq C_{n,i}$, 所以 $P(C_{n,i})=1$.

最后, 在伯努利试验中, "任意有限长度的字符串都出现" 对应于事件

$$C = \bigcap_{n=1}^{\infty} \bigcap_{i=1}^{2^n} C_{n,i},$$

则由推论 1.5.11 知 $P(C)=1$. □

例 1.8.14 设 E 与 F 是单次小试验中的两个互不相容的正概率事件, 概率分别为 p 与 q. 求在重复独立试验中, E 先于 F 发生的概率.

解 记 $E_n=$ "第 n 次小试验中事件 E 发生", $F_n=$ "第 n 次小试验中事件 F 发生", $G_n=E_n\cup F_n$. 记 $A_n=G_1^c\cdots G_{n-1}^c G_n$, $n=1,2,\cdots$; $A_\infty=G_1^c G_2^c\cdots$. 它们形成 Ω 的划分. 记 $B=$ "E 先于 F 发生". 令 $B_n=BA_n$, $n=1,2,\cdots$, $B_\infty=BA_\infty$. 它们形成 B 的划分. 由 $B_n=G_1^c\cdots G_{n-1}^c E_n$ 知 $P(B_n)=(1-p-q)^{n-1}p$. 又 $P(B_\infty) \leqslant P(A_\infty)=0$. 于是 $P(B)=\sum_{n=1}^{\infty} P(B_n)+P(B_\infty)=\sum_{n=1}^{\infty}(1-p-q)^{n-1}p=p/(p+q)$.

进一步, $P(A_n)=P(G_1^c)\cdots P(G_{n-1}^c)P(G_n)=(1-p-q)^{n-1}(p+q)$. 因此 $P(A_n)\cdot P(B)=P(B_n)=P(BA_n)$. 即对任意 $n\geqslant 1$, B 与 A_n 独立. □

习题

1. 考虑独立地掷两次均匀硬币. 令 A 表示第一次为正面朝上, B 表示第二次为正面朝上, C 表示两次朝向一样. 证明: 事件 A,B,C 两两独立, 但不是相互独立的.

2. 假设某家庭中每个孩子独立等可能地为男孩或女孩. 考察如下两个事件: $A=$ "至多有一个女孩", $B=$ "有男孩也有女孩". 试证: (1) 若该家庭有 3 个孩子, 则 A 与 B 独立; (2) 若该家庭有 4 个孩子, 则 A 与 B 不独立.

3. 同时掷两枚骰子, 直到骰子点数之和为 5 或 7. 求点数之和为 5 的概率.

4. 甲与乙轮流掷一对骰子, 假设甲先掷. 当甲掷出 "点数之和为 9" 或乙掷出 "点数之和为 6" 时游戏停止. 求最后一次投掷是由甲完成的概率.

5. 在成功率为 p 的伯努利试验中, 将 "前 n 次试验中出现偶数次成功" 的概率记为 p_n. 证明: (1) $p_n = p(1-p_{n-1})+(1-p)p_{n-1}$, $n=1,2,\cdots$; (2) $p_n = \dfrac{1+(1-2p)^n}{2}$.

6. 甲、乙、丙三人进行某项比赛. 设每局比赛中三人都是等概率胜出, 且每局的结果都是独立的. 比赛规定先胜三局者为整场比赛的优胜者. 已知甲胜了第一、三局, 乙胜了第二局. 求丙成为整场比赛优胜者的概率.

7. 对于下列命题, 试证明之或给出反例: (1) 若 A 独立于 B, 且 A 独立于 C, 则 A

独立于 $B \cup C$; (2) 若 A 独立于 B, A 独立于 C, 且 $BC = \varnothing$, 则 A 独立于 $B \cup C$; (3) 若 A 独立于 B, B 独立于 C, 且 A 独立于 BC, 则 C 独立于 AB.

8. 设 $n \geqslant 3$, $A_1, \cdots, A_n$ 相互独立. 证明: 对 $i = 1, \cdots, n$, 将 B_i 取为 A_i 或 A_i^c. 总共有 2^n 种取法, 每种取法都得到 n 个事件 $B_1, \cdots, B_n$. 证明: 每种取法得到的 n 个事件都相互独立.

9. 证明: 以下两条均与 $A_1, A_2, \cdots$ 相互独立等价.
(1) 对任意 $k \geqslant 2$ 以及 $1 \leqslant i_1 < \cdots < i_k$, $A_{i_1}, \cdots, A_{i_k}$ 相互独立;
(2) 对任意 $k \geqslant 2$ 以及 $1 \leqslant i_1 < \cdots < i_k$, $\mathrm{P}(A_{i_1} \cdots A_{i_k}) = \mathrm{P}(A_{i_1}) \cdots \mathrm{P}(A_{i_k})$.

10. 假设 $A_1, A_2, \cdots$ 相互独立, 则 $\mathrm{P}\left(\bigcup_{n=1}^{\infty} A_n\right) = 1 - \prod_{n=1}^{\infty} \left(1 - \mathrm{P}(A_n)\right)$.

11. 说明 "重复独立试验中, 正概率事件必然发生" 的确切意思.

12. 设有 n 个小试验, 满足如下假设: 若 A_i 发生与否只依赖于第 i 个小试验的结果, $i = 1, \cdots, n$, 则 $\mathrm{P}(A_1 \cdots A_n) = \mathrm{P}(A_1) \cdots \mathrm{P}(A_n)$. 证明: 这 n 个小试验相互独立.

13. 设有 n 个离散型小试验, 满足如下假设: 若 A_i 是第 i 个小试验的基本集, $i = 1, \cdots, n$, 则 $A_1, \cdots, A_n$ 相互独立. 证明: 这 n 个小试验相互独立.

***14**. 设 $n \geqslant 3$, $A_1, \cdots, A_n$ 相互独立; $r \geqslant 2$, $\{I_1, \cdots, I_r\}$ 为 $\{1, \cdots, n\}$ 的划分, 且对任意 s, $I_s \neq \varnothing$. 记 $\mathscr{F}_s = \sigma(\{A_i : i \in I_s\})$. 证明: 对任意 $B_1 \in \mathscr{F}_1, \cdots, B_r \in \mathscr{F}_r$, $B_1, \cdots, B_r$ 相互独立.

§1.9 综合练习题

1. 设有一枚公平硬币, n 为正整数. 甲抛了 $n+1$ 次, 乙抛了 n 次, 丙抛了 $2n-1$ 次. 求以下事件的概率: (1) 甲抛到的正面数大于乙抛到的正面数; (2) 丙抛到的正面数过半, 即至少为 n.

2. 坛中有 3 个红球和 7 个黑球. 甲、乙从坛中交替取球, 每次取一个, 直到有人拿到红球. 假设甲先取球. 在放回抽样和不放回抽样模型中分别求甲取到了红球的概率.

3. 坛中有 n 个白球和 m 个黑球, 其中 n 和 m 都是正整数. 随机取两次, 每次一个球. "取出的两个球为同一种颜色" 这一事件在放回抽样模型中的概率记为 p, 在不放回抽样模型中的概率记为 q. (1) 求出 p 和 q; (2) 给出 $p > q$ 的直观解释.

4. 坛中有 n 个黑球和 m 个白球. 每次从坛中随机取一个球并扔掉, 直到坛中剩下的球为同一种颜色为止. 求最后剩下的球全为白球的概率.

5. 坛中有 n 个黑球, m 个红球, k 个绿球. 每次从坛中随机取一个球并扔掉, 直到黑球被全部扔光. 求以下事件的概率: (1) 坛中还有红球; (2) 坛中还有绿球; (3) 坛中还有球; (4) 坛中既还有红球又还有绿球.

6. 坛中有 k 种颜色的球, 第 i 种颜色的球共 n_i 个, $i = 1, \cdots, k$. 在不放回抽样模型中, 求最后见到的是第 i 种颜色的球的概率.

7. 某班有 N 个士兵, 每人各有一支枪, 这些枪外形完全一样. 在一次夜间紧急集合中, 若每人随机地取走一支枪. 求以下事件的概率: (1) 至少有一个人拿到自己的枪; (2) 恰有 n 个人拿到自己的枪, 其中 $n = 0, 1, 2, \cdots, N$.

8. 设 n 为正整数, 记 $S = \{1, 2, \cdots, n\}$. 假设 D 和 E 独立且等可能地为 S 的 2^n 个子集 (包括空集和 S 本身) 之一. 求 $P(D \subseteq E)$ 和 $P(D \cap E = \varnothing)$.

9. 在单位圆周上取 n 个点. 将第 i 次取出的点记为 P_i. 令 A_i 表示事件 "所有点都位于以 P_i 为起点, 逆时针方向的半圆周上", $i = 1, \cdots, n$. (1) 求 $P(A_i)$, $i = 1, \cdots, n$; (2) 令 A 表示事件 "所有的点恰好位于某个半圆上", 试将事件 A 用事件 $A_1, \cdots, A_n$ 表达出来, 并求出 $P(A)$.

10. 假设有三个坛子, 第一个坛子中有 2 个白球和 4 个红球; 第二个坛子中有 8 个白球和 4 个红球; 第三个坛子中有 1 个白球和 3 个红球. 现从每个坛子中各独立地随机取一个球, 发现取到两个白球和一个红球. 求从第一个坛子中取到的是白球的概率.

11. 甲、乙、丙三人独立地从 $0, 1, \cdots, 9$ 中随机挑一个数字. 已知甲挑的数严格小于乙挑的数. 求甲挑的数严格小于丙挑的数的概率.

12. 设一个家庭恰好有 n 个孩子的概率为 αp^n, $n = 1, 2, \cdots$, 其中 $\alpha \leqslant (1-p)/p$. 求: (1) 没有孩子的家庭的比例是多大? (2) 设每个孩子独立地等可能为男孩或女孩, 恰有 k 个男孩 (也许还有若干女孩) 的家庭比例是多大?

13. 坛中有 m 种颜色的球, 第 i 种的数目占比为 p_i, $i = 1, \cdots, m$. 在不放回抽样模型中观察第 n 次取出的球的颜色, 求之前从未见过此颜色的概率. (注: $\{p_i : i = 1, \cdots, m\}$ 为分布列.)

14. 在坛中放入两个球, 假设在放入之前, 每个球分别以概率 1/2 涂成黑色, 以概率 1/2 涂成金色. 假设两个球的涂色是相互独立的. (1) 已知金色的颜料已经用过 (即至少有一个球涂成了金色), 计算两个球都涂成金色的概率. (2) 假设坛子倒了, 有且仅有一个球掉出来, 是金色, 求两个球都是金色的概率是多大? 请给出直观解释.

15. 在例 1.7.10 中, (1) 若此人复查后检测报告仍然为阳性, 试问: 他患病的概率是多大? (2) 设 $a = 0.95$, $b = 0.9$, $p = 0.001$, 假设此人每次的检测报告均为阳性, 试问: 检测多少次后便有 80% 的把握断言他患病? 检测多少次后便有 95% 的把握断言他患病?

16. 飞机坠落在编号为 1, 2, 3 的三个区域之一. 营救部门判断它落在每个区域的概率分别为 0.7, 0.2, 0.1. 用直升机按编号顺序依次搜索这些区域. 若有残骸 (飞机坠落在该区域), 则会被发现的概率分别为 0.3, 0.4, 0.5. (1) 求在第三个区域搜到残骸的概率; (2) 求能搜到残骸的概率; (3) 设已用直升机搜索过第一个区域, 没有发现残骸, 求飞机坠落在第三个区域的概率; (4) 设已用直升机搜索过前两个区域, 没有发现残骸, 求飞机坠落在第三个区域的概率和在第三个区域搜到残骸的概率.

17. 甲、乙两支球队比赛, 假设在每场比赛中甲队独立地以概率 p 获胜, 其中 $0 < p < 1$. 现比赛进行到某队以 3:0 的比分领先的局面. 求: (1) 领先的是甲队的概率; (2) 下一场比赛仍然是领先的球队获胜的概率.

18. 现有两枚硬币, 第一枚正面朝上的概率为 p, 第二枚正面朝上的概率为 q, 其中 $0 < p < q < 1$. 从中随机挑一枚来抛两次. (1) 分别求 "第一次的结果为正面朝上" "第二次的结果为正面朝上" "两次的结果均为正面朝上" 这三个事件的概率; (2) 第一次抛掷结果与第二次抛掷结果独立吗? (3) 设连投 n 次的结果均为正面朝上, 求它是第一枚硬币的概率.

19. 设有一枚硬币, 正面朝上的概率为 p, 其中 $0 < p < 1$. 假设甲开始连续掷硬币, 直到出现了反面朝上, 此时乙接着连续掷硬币, 直到掷出反面朝上为止, 然后甲再接着掷, 如此进行下去. 令 $p_{n,m}$ 表示在乙累计 m 次正面朝上之前, 甲已累计 n 次正面朝上的概率. 证明:

$$p_{n,m} = p \cdot p_{n-1,m} + (1-p)(1-p_{m,n}).$$

20. 设某硬币正面出现的概率为 p, 其中 $0 < p < 1$. 第 n 个人抛了 $2n-1$ 次, 将他见到的正面数过半的概率记为 p_n. (1) 求 $p_n, n = 1, 2, \cdots$ (提示: 对于第 $n+1$ 个人, 按他前 $2n-1$ 次抛掷中见过的正面数分情况讨论, 建立递推式); (2) 试问: 当且仅当 p 满足什么条件时, p_n 关于 n 单调上升? (注: 当 $p = 1/2$ 时, 参见第 1 题.)

第二章

随机变量

上一章讲述了随机试验通过数学建模转化为概率空间 $(\Omega, \mathscr{F}, \mathrm{P})$, 这是我们研究的出发点. 概率空间往往因为包含了随机试验的全部信息而非常复杂和抽象. 然而我们真正关心的往往又只是这些信息中极少一部分, 可以用数字来表示, 这个与随机试验有关的数字就叫作随机变量. 例如, 为了考察一个硬币是否为公平硬币, 按照概率的频率含义, 我们将其反复抛 n 次, 并统计正面出现的频率. 此时我们只关心正面出现的总次数, 并不关心是在哪几次投到正面. 因此, 在抛 n 次投币的伯努利试验中, 正面出现的总次数就是一个随机变量. 另一方面, 在实际问题中, 样本空间可能会复杂到无法想象. 例如, 将明天的天气状况视为随机试验的结果. 在这个试验中, 我们最关心的是温度, 并不关心天空中有几朵云, 它们飘在空中的什么位置, 虽然它们也是组成天气的信息之一. 在这个问题中, 可将温度视为随机变量, 而影响天气的其他信息 (包含湿度、紫外线强度、风力和风向等), 我们无法完全描述清楚, 也不必完全描述清楚. 总体而言, 我们并不关心试验结果或样本点本身, 而只是关心一些与之有关的量, 这些量当然是随着试验结果的不同而变化的, 它们是样本的函数. 我们把这样的量叫作**随机变量**, 通常记为 X, Y, $\xi, \eta, \cdots$. 本章前两节介绍具体模型中的随机变量. 随机变量的严格定义将在 §2.3 给出.

§2.1　离散型随机变量

离散型随机变量的取值范围为有限个实数或可数个实数. 假设 x 为随机变量 X 的某个可能的取值, 将事件 $\{\omega : X(\omega) = x\}$ 简记为 $\{X = x\}$. 其他事件也可作类似简记, 譬如 $\{X \leqslant x\}, \{X > n\}$ 等. 当事件出现在概率或条件概率中时, 花括号可以被省略. 譬如 $\mathrm{P}(X = x)$ 表示事件 $\{X = x\}$ 的概率, $\mathrm{P}(X = n+1 | X > n)$ 表示在事件 $\{X > n\}$ 发生的条件下事件 $\{X = n+1\}$ 的条件概率.

一、几个常见的分布列

1. 单点分布

若存在 $c \in \mathbb{R}$ 使得 $\mathrm{P}(X = c) = 1$, 则称 X 是**退化的**. 本质上它是确定的, 其随机性退化了. 譬如, 令 $X : \Omega \to \mathbb{R}, X(\omega) \equiv c$.

2. 等概率分布

设 n 为正整数, 考虑以 $\Omega = \{1, \cdots, n\}$ 为样本空间的古典概型. 设 $x_1, \cdots, x_n$ 为互不相同的实数, 令 $X : \Omega \to \mathbb{R}, X(i) = x_i, i = 1, \cdots, n$, 则 $\mathrm{P}(X = x_i) = 1/n$, 其中 $i = 1, \cdots, n$. 称 X 服从 $\{x_1, \cdots, x_n\}$ 上的**等概率分布**.

3. 超几何分布

设 N, M, n 都是正整数，其中 $M, n \leqslant N$. 设有 N 个产品，其中 M 个是次品. 从所有产品中随机取出 n 个，将其中的次品数记为 X，则

$$P(X=k) = h(N,M,n;k) := \frac{C_M^k C_{N-M}^{n-k}}{C_N^n}, \quad k = 0, 1, \cdots, n.$$

称 X 服从参数为 N, M, n 的**超几何分布**，记为 $X \sim H(N, M, n)$.

例 2.1.1 (最大似然估计) 假设某湖中有 N 条鱼，其中 N 未知. 为估计 N，现进行如下操作: 从湖中捕捞 100 条鱼，将它们全都做标记并放回湖中，假设三天后这些带标记的鱼已经从投放点分散开来，与其他无标记的鱼充分混杂，再从湖中捕捞 80 条鱼，发现其中 6 条鱼带有标记. 试问 N 的合理估计是多少?

解 取 $M = 100, n = 80$. 将三天后捕捞的 80 条鱼中有标记的鱼的数目记为 X，则 $X \sim H(N, 100, 80)$. 在本次试验中，事件 $\{X = 6\}$ 发生了，其概率为

$$P(X = 6) = \frac{C_{100}^6 C_{N-100}^{74}}{C_N^{80}} \triangleq p(N).$$

因为

$$\frac{p(N)}{p(N-1)} = \frac{C_{N-100}^{74}}{C_N^{80}} \bigg/ \frac{C_{N-1-100}^{74}}{C_{N-1}^{80}} = \frac{C_{N-1}^{80}}{C_N^{80}} \cdot \frac{C_{N-100}^{74}}{C_{N-101}^{74}} = \frac{N-80}{N} \cdot \frac{N-100}{N-174},$$

所以 $p_N \geqslant p_{N-1}$ 当且仅当 $(N-80)(N-100) \geqslant N(N-174)$，这等价于 $N \leqslant 4000/3$. 因此，当 $N = 1333$ 时，p_N 达到最大. 因此 N 的合理估计应该是 1333. □

注 2.1.2 例 2.1.1 应用了数理统计中的**最大似然估计**方法. 最大似然估计方法用于处理如下实际问题: 已知某随机变量 X 的分布类型，但其中的参数 (记为 θ) 未知. 在一次试验中观察到随机变量的取值为 x，估计参数 θ. 处理的办法是: 计算 $\{X = x\}$ 的概率，它依赖于参数 θ，记为 $p(\theta)$. 然后求出 $p(\theta)$ 的最大值点. 譬如，例 2.1.1 中 X 的分布类型为 $H(N, 100, 80)$，其中未知参数 θ 就是 N，X 的观察值为 $x = 6$. 这样处理的理由是: 事件的概率代表它发生的可能性，在单次试验中，大概率的事件会发生，小概率的事件不会发生. 既然 $\{X = x\}$ 这一事件发生了，它的概率 $p(\theta)$ 应该是比较大的. 因此，使得 $p(\theta)$ 最大的 θ 就是我们要寻找的答案.

4. 伯努利分布

抛一枚硬币，假设抛到正面的概率为 p. 样本空间为 $\Omega = \{H, T\}$. 令 $X(H) = 1$, $X(T) = 0$，则

$$P(X = 1) = p, \quad P(X = 0) = 1 - p.$$

称 X 服从参数为 p 的**伯努利分布**, 记为 $X \sim B(1,p)$. 若 $p=0$ 或 1, 则 X 是退化的.

5. 二项分布

设某硬币抛到正面的概率为 p. 重复独立抛该硬币 n 次, 其中 n 为正整数. 将出现的正面次数记为 X. 具体地, 该试验的样本 ω 为一个长度为 n 的 H-T 字符串, $X(\omega)$ 为 ω 中字符 H 的数目, 则

$$P(X=k) = b(n,p;k) := C_n^k p^k (1-p)^{n-k}, \quad k=0,1,\cdots,n.$$

称上式给出的分布列为参数为 n,p 的**二项分布**, 记为 $B(n,p)$. 于是 $X \sim B(n,p)$. 也称 $\{b(n,p;k): k=0,1,\cdots,n\}$ 为二项分布列. 若 $p=0$ 或 1, 则 X 是退化的. 若 $n=1$, 则二项分布退化为伯努利分布.

注 2.1.3 二项分布的名称来源于二项式展开的恒等式:

$$(x+y)^n = \sum_{k=0}^{\infty} C_n^k x^k y^{n-k}.$$

6. 几何分布

假设抛掷某硬币出现正面的概率 $p > 0$. 重复独立抛掷该硬币, 将首次出现正面时的试验次数记为 X. 若 $X(\omega) = k$, 则前面 $k-1$ 个字符全是 T, 第 k 个字符是 H. 后面的试验结果不再影响 $X=k$ 这一结果. 于是

$$P(X=k) = (1-p)^{k-1} p, \quad k=1,2,\cdots.$$

称 X 服从参数为 p 的**几何分布**, 记为 $X \sim G(p)$. 若 $p=1$, 则 X 是退化的.

7. 负二项分布

设 r 为正整数. 设某硬币抛到正面的概率 $p > 0$. 重复独立抛该硬币, 将第 r 次抛到正面时见过的反面的总次数记为 X, 则

$$P(X=k) = C_{r+k-1}^{k}(1-p)^k p^r, \quad k=0,1,2,\cdots. \tag{2.1.1}$$

其中组合数 C_{r+k-1}^{k} 的出现是因为在前 $r+k-1$ 次试验中有 k 次抛到反面, $r-1$ 次抛到正面. 称 X 服从参数为 r,p 的**负二项分布**, 记为 $X \sim NB(r,p)$.

注 2.1.4 负二项分布的名称来源于负二项式的泰勒 (Taylor) 展开. 一般地, 设 $r > 0$, 可以不是整数. 令 $f(x) = (1+x)^{-r}$, 则

$$f^{(k)}(0) = (-r)(-r-1)\cdots(-r-(k-1)).$$

仿照组合数的定义, 对任意 $a \in \mathbb{R}$, 令 $C_a^k := \dfrac{a(a-1)\cdots(a-k+1)}{k!}$. 将 $f(\cdot)$ 的 k 次导数记为 $f^{(k)}(\cdot)$, 则 $\dfrac{f^{(k)}(0)}{k!} = C_{-r}^k$. 根据 $f(\cdot)$ 在 $x=0$ 的泰勒展开

式,
$$(1+x)^{-r} = f(x) = \sum_{k=0}^{\infty} \frac{f^{(k)}(0)}{k!} x^k = \sum_{k=0}^{\infty} C_{-r}^k x^k,$$

即 $\sum_{k=0}^{\infty} C_{-r}^k x^k (1+x)^r = 1$. 特别地, 取 $x = p-1$ 知 $\sum_{k=0}^{\infty} (-1)^k C_{-r}^k (1-p)^k p^r = 1$, 其中 $(-1)^k C_{-r}^k = C_{r+k-1}^k$. 综上, 若 (2.1.1) 式成立, 则称 X 服从负二项分布, 其中的参数 r 可以不是整数.

8. 泊松 (Poisson) 分布

若
$$P(X = k) = \frac{\lambda^k}{k!} e^{-\lambda}, \quad k = 0, 1, 2, \cdots,$$

则称 X 服从参数为 λ 的**泊松分布**, 记为 $X \sim P(\lambda)$. 也称上式给出的分布列为泊松分布列.

例 2.1.5 假设某放射性物质每经过一段时间放射出一个粒子, 将它在单位时间放射出的粒子数目记为 X. 试求 $P(X = k)$.

解 下面用细分空间和细分时间这两种离散化近似的办法求 X 的分布列.

(1) 细分空间.

假设该物质的总体积为 V. 取 n 充分大, 将它分成 n 小块, 每小块的体积都是 $\Delta V = V/n$, 如图 2.1(a) 所示. 做如下假设:

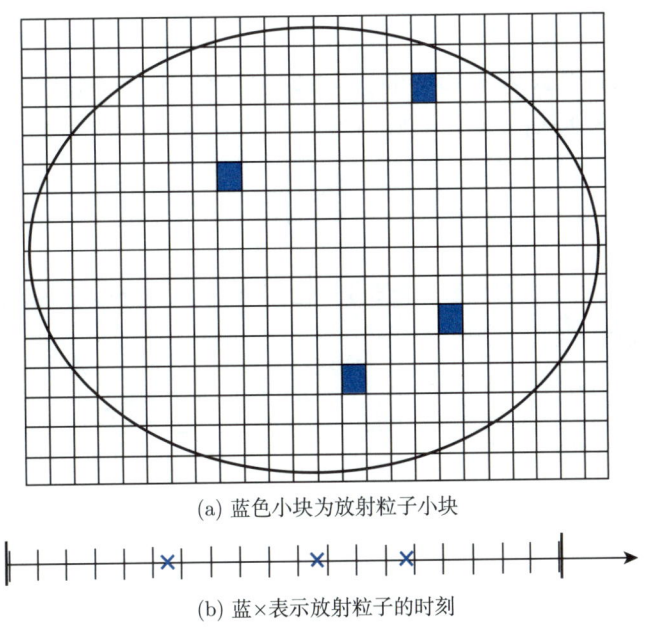

(a) 蓝色小块为放射粒子小块

(b) 蓝×表示放射粒子的时刻

图 **2.1**

(S.1) 对于一个特定的小块,在单位时间内,它放射出两个粒子的概率近似地视为 0; 放射出一个粒子的概率 p_n 正比于该小块的体积 ΔV,比例系数设为 μ,即 $p_n = \mu \Delta V = \mu V/n$; 不放射粒子的概率为 $1 - p_n$.

(S.2) 不同的小块是否放射粒子的事件是相互独立的.

在以上两条假设的前提下,X 近似地服从二项分布 $B(n, p_n)$. 最后,令 $n \to \infty$ 便推出 $X \sim P(\lambda)$,其中 $\lambda = \mu V$.

(2) 细分时间.

取 n 充分大,将单位时间区间 $[0, 1]$ 等分为 n 小段. 每小段的长度都是 $\Delta t = 1/n$, 如图 2.1(b) 所示. 做如下假设:

(T1) 对于一个特定的时间小段,该物质在该小段内放射出两个粒子的概率近似地视为 0; 放射出一个粒子的概率 p_n 正比于该时间小段的长度 Δt,比例系数设为 λ,即 $p_n = \lambda \Delta t = \lambda/n$; 不放射粒子的概率为 $1 - p_n$.

(T2) 该物质在不同的时间段上是否放射粒子的事件是相互独立的.

在以上两条假设的前提下,X 近似地服从二项分布 $B(n, p_n)$. 令 $n \to \infty$. 对任意 $k = 0, 1, 2, \cdots$,

$$P(X = k) = \lim_{n \to \infty} b(n, p; k) = \lim_{n \to \infty} \frac{n(n-1)\cdots(n-k+1)}{k!} \left(\frac{\lambda}{n}\right)^k \left(1 - \frac{\lambda}{n}\right)^{n-k}$$

$$= \lim_{n \to \infty} \frac{n^k}{k!} \left(\frac{\lambda}{n}\right)^k \left(1 - \frac{\lambda}{n}\right)^n = \frac{\lambda^k}{k!} e^{-\lambda}.$$

综上,$X \sim P(\lambda)$. □

一般地,设随机变量 X 只能取 $\{x_i : i \in I\}$ 中的值,其中 I 为可数指标集合,譬如, $I = \{1, 2, \cdots, n\}$ 或 $I = \{1, 2, \cdots\}$. 设

$$P(X = x_i) = p_i, \quad i \in I.$$

称 $\{(x_i, p_i) : i \in I\}$ 为 X 的**分布**或**分布列**,也称 X 服从此分布 (列). 也可以通过下面的列表方式来表达 X 的分布列:

X	x_1	x_2	$\cdots$	x_n
P	p_1	p_2	$\cdots$	p_n

或

X	x_1	x_2	$\cdots$
P	p_1	p_2	$\cdots$

不难发现,$\{p_i : i \in I\}$ 是分布列 (见例 1.5.14),即

$$p_i \geqslant 0, \ \forall i \in I; \quad \sum_{i \in I} p_i = 1.$$

允许出现 $p_i = 0$ 的情形是为了叙述的方便, 譬如超几何分布. 今后若 $p_i > 0$, 则称 x_i 为 X 的**可能取值**.

例 2.1.6 (二项分布的泊松逼近) 早年间计算组合数并不轻松, 因此可用泊松分布来估算二项分布. 譬如, 假设有某种重大疾病, 每人独立地以万分之一的概率患病. 现有六万人在某保险公司购买这种疾病的保险. 试求保险公司恰好赔偿 6 人与恰好赔偿 7 人的概率. (保留四位小数)

解 取 $n = 60000$, $p = 1/10000$. 根据例 2.1.5 中的结论, 可认为 X 近似服从泊松分布, 参数为 $\lambda = np = 6$. 于是恰好赔偿 6 人的概率约为 $\dfrac{\lambda^6}{6!} e^{-6} \approx 0.1606$, 恰好赔偿 7 人的概率约为 $\dfrac{\lambda^7}{7!} e^{-6} \approx 0.1377$. □

进一步, 根据附录 A 中的命题 A.0.1,

$$\lim_{n \to \infty} \sum_{k=0}^{\infty} \left| b\left(n, \frac{\lambda}{n}; k\right) - \frac{\lambda^k}{k!} e^{-\lambda} \right| = 0,$$

其中对任意 $k > n$, $C_n^k = 0$, 因此 $b(n, p; k) = 0$. 在后续的例 2.5.16 中, 将证明上式中的级数不超过 $2\lambda^2/n$. 譬如, 在例 2.1.6 中, 用泊松分布给出的估计值与用二项分布计算的精确值之间的误差不超过 $2 \cdot 6^2/60000 = 0.0012$ (保留四位小数).

二、离散型随机变量的函数及其分布列

设 X 为离散型随机变量, 函数 $f(\cdot)$ 的定义域包含 X 的所有可能取值. 将 Ω 上的复合函数 $\omega \mapsto f(X(\omega))$ 记为 $f(X)$. 以下, $Y = f(X)$ 这一等式的含义是对任何 ω, $Y(\omega) = f(X(\omega))$. 由于随机变量 X 是离散型的, 因此作为复合函数 Y 只取有限个或可列个值, 即 Y 是离散型随机变量. 我们的目标是利用 X 的分布列求出 Y 的分布列.

例 2.1.7 (两点分布) 设 $X \sim B(1, p)$, $a < b$. 令 $f(0) = a$, $f(1) = b$. 记 $Y = f(X)$, 则 $P(X = a) = 1 - p$, $P(X = b) = p$. 称 X 服从**两点分布**. 伯努利分布是两点分布的特殊情形. □

例 2.1.8 (帕斯卡 (Pascal) 分布) 设 r 为正整数. 设 X 服从负二项分布 $NB(r, p)$, 则 $Y = X + r$ 表示在伯努利试验中, 在第 r 次成功时的试验次数.

$$P(Y = k) = P(X = k - r) = C_{k-1}^{r-1} (1-p)^{k-r} p^r, \quad k = r, r+1, \cdots,$$

其中组合数 C_{k-1}^{r-1} 的出现是因为在前 $k-1$ 次试验中有 $r-1$ 次抛到正面. 称 Y 服从参数为 r, p 的**帕斯卡分布**, 记为 $Y \sim P(r, p)$. 本质上, 上式就是将 (2.1.1) 式中的 $k + r$ 视为新的变元并记为 k. □

例 2.1.9 (几何分布的无记忆性) 设 X 服从几何分布 $G(p)$, 其中 $0 < p < 1$. 固定

正整数 n, 令 $f(k) = k - n$, $Y = f(X) = X - n$, 则 Y 的分布列为

$$P(Y = k) = P(X = n + k) = (1-p)^{n+k-1}p, \quad k = -(n-1), \cdots, 1, 0, 1, 2, \cdots.$$

下面, 我们不采用 $P(\cdot)$, 改为采用条件概率 $P(\cdot|X > n)$ 进行计算. 若事件 $\{X > n\}$ 发生, 则必有 $Y \geqslant 1$. 即当 k 取 $-(n-1), \cdots, 0$ 时, $P(Y = k|X > n) = 0$, 从而不予考虑. 对任意 $k \geqslant 1$,

$$P(Y = k|X > n) = P(X = n + k|X > n) = \frac{P(X = n + k)}{P(X > n)}$$

$$= \frac{(1-p)^{n+k-1}p}{\sum\limits_{i=n+1}^{\infty}(1-p)^{i-1}p} = (1-p)^{k-1}p.$$

上式右边正好是 $P(X = k)$. 综上,

$$P(Y = k|X > n) = P(X = k), \quad k = 1, 2, \cdots. \tag{2.1.2}$$

上式表示几何分布具有**无记忆性**. 其直观含义如下: 在伯努利试验中, 假设已经抛了 n 次硬币, 发现均抛到反面. 换言之, 在已知 $\{X > n\}$ 发生的条件时, 用条件概率进行计算. 为了抛到正面还需要抛 Y 次. 这一变量是以第 $n+1$ 次为首次抛硬币的伯努利试验中第一个字符 H 出现的位置, 因此它服从几何分布 $G(p)$. □

习题

1. 将 n 位女生和 m 位男生随机排成一列. 将排在最前面的女生在队列中的位置记为 X. 求 $P(X = k)$, $k = 1, 2, \cdots, n + m$.

2. 令 X 服从负二项分布 $NB(r, p)$, Y 服从二项分布 $B(n, p)$. 试从分布列直接验证 $P(X > n) = P(Y < r)$, 并利用伯努利试验给出该等式的概率直观含义.

3. 在波利亚坛子模型中, 设 $b = r = c = 1$. 令 X 表示第一次抽取到黑球时操作的次数. (1) 求 $P(X > n)$ 与 $p_n := P(X = n)$, $n = 1, 2, \cdots$; (2) 证明: $\sum\limits_{n=1}^{\infty} p_n = 1$.

4. 将分别写有 $1, \cdots, n$ 的 n 张卡片随机分给编号为 $1, \cdots, n$ 的 n 个人. 当两人玩比大小游戏时, 规定卡片上的号码大者获胜. 现按如下顺序进行比大小游戏: 1 号和 2 号比, 胜者再和 3 号比, 胜者再和 4 号比, 以此类推. 令 X 表示 1 号在比较中获胜的次数. 求 X 的分布列.

5. 坛中有 $m + n$ 个芯片, 分别标有号码 $1, 2, \cdots, n + m$. 从中随机取出 n 个, 留在坛中 m 个. 将坛中芯片的最大号码记为 X, 将取出的芯片中号码大于 X 的芯片数量记为 Y. 求 X 的分布列和 Y 的分布列.

6. 设 X 取值于正整数, 对任意 $n \geqslant 1$, $P(X > n) > 0$. 证明: 若 (2.1.2) 式对 $k = 1$ 与任意 $n \geqslant 1$ 均成立, 则存在 p 使得 $P(X = k) = (1-p)^{k-1}p$, $k = 1, 2, \cdots$. (注: 无记忆性是几何分布的专属特性.)

7. 证明: 当 $N \to \infty$ 且 $M/N \to p$ 时, 超几何分布列收敛于二项分布列, 即对 $k = 0, 1, \cdots, n$, $h(N, M, n; k) \to b(n, p; k)$, 其中 n 为非负整数.

8. 证明二项分布列和泊松分布列都是单峰的, 并求出最大值点.

9. 设 X 服从参数为 λ 的泊松分布. 证明: $P(X\text{为偶数}) = (1 + e^{-2\lambda})/2$.

10. 设 $\{p_k : k = 0, 1, 2, \cdots\}$ 是分布列, 且对任意 $k \geqslant 1$, $k \cdot p_k = \lambda \cdot p_{k-1}$. 证明: $p_k = e^{-\lambda} \cdot \lambda^k/k!$, $k = 0, 1, 2, \cdots$.

§2.2 连续型随机变量

本节介绍几个常见的连续型随机变量, 它们取值于某区间的概率可写为积分的形式. 具体地, 存在非负的连续或分段连续的函数 $p(\cdot)$ 使得

$$P(X \leqslant x) = \int_{-\infty}^{x} p(y) \mathrm{d}y, \quad \forall x \in \mathbb{R}.$$

称 $p(\cdot)$ 为随机变量 X 的 **(概率) 密度函数**. 不难看出, $\int_{-\infty}^{\infty} p(x) \mathrm{d}x = 1$. 连续型随机变量的关键信息是其密度函数.

一、几个常见的密度函数

1. 均匀分布

考虑以 $\Omega = [a, b]$ 为样本空间的几何概型. 令 $X(\omega) = \omega$, 则对任意 $a \leqslant c < d \leqslant b$, $P(c < X \leqslant d) = (d-c)/(b-a)$. 称 X 服从 $[a, b]$ 上的**均匀分布**, 记为 $X \sim U(a, b)$. 它的密度函数为

$$p(x) = \begin{cases} \dfrac{1}{b-a}, & a \leqslant x \leqslant b, \\ 0, & \text{其他}. \end{cases}$$

2. 指数分布

设 $\lambda > 0$. 若随机变量 X 的密度函数形如

$$p(x) = \begin{cases} \lambda e^{-\lambda x}, & x > 0, \\ 0, & x \leqslant 0, \end{cases}$$

则称 X 服从 (参数为 λ 的) **指数分布**, 记为 $X \sim \mathrm{Exp}(\lambda)$. 不难看出 $X \sim \mathrm{Exp}(\lambda)$ 当且仅当

$$P(X > x) = \int_x^\infty \lambda \mathrm{e}^{-\lambda y} \mathrm{d}y = \mathrm{e}^{-\lambda x}, \quad \forall x \geqslant 0.$$

在实际应用中, 通常假设等待时间、药物残留时间、设备的寿命等服从指数分布. 请看下例.

例 2.2.1 在例 2.1.5 中, 将出现第一个放射粒子的时刻记为 X. 对任意 $x > 0$, 求 $P(X > x)$.

解 在例 2.1.5 中将时间离散化, 事件 $\{X > x\}$ 近似看作成功率为 $p = \lambda/n$ 的伯努利试验中第一个 H 出现时的试验次数 (记为 X_n) 在 $x \cdot 1/n$ 之后. 即事件 $\{X > x\}$ 可近似看作事件 $\{X_n/n > x\}$, 其中 $X_n \sim G(\lambda/n)$. 对任意 $x > 0$,

$$P(X > x) = \lim_{n \to \infty} P(X_n > nx) = \lim_{n \to \infty} \left(1 - \frac{\lambda}{n}\right)^{\lfloor nx \rfloor} = \mathrm{e}^{-\lambda x}. \quad \square$$

与几何分布类似, X 也具有**无记忆性**: 对任意 $T, t \geqslant 0$,

$$P(X > T + t | X > T) = P(X > t). \tag{2.2.1}$$

这是因为上式左边 $= P(X > T + t)/P(X > T) = \mathrm{e}^{-\lambda(T+t)}/\mathrm{e}^{-\lambda T} = \mathrm{e}^{-\lambda t} =$ 右边. 下面的命题表明无记忆性是指数分布的专属性质, 证明留为习题.

命题 2.2.2 设 X 取正数且对任意 $T > 0, P(X > T) > 0$. 若 (2.2.1) 式对任意 $T, t > 0$ 均成立, 则 X 服从指数分布.

3. 标准正态分布

若随机变量 X 的密度函数形如

$$\phi(x) = \frac{1}{\sqrt{2\pi}} \mathrm{e}^{-\frac{x^2}{2}},$$

则称 X 服从**标准正态分布**, 记为 $X \sim N(0, 1)$.

往验证 $\int_{-\infty}^\infty \phi(x) \mathrm{d}x = 1$. 令 $x = r\cos\theta, y = r\sin\theta$, 则

$$\left(\int_{-\infty}^\infty \phi(x)\mathrm{d}x\right)^2 = \int_{-\infty}^\infty \int_{-\infty}^\infty \frac{1}{2\pi} \mathrm{e}^{-\frac{x^2+y^2}{2}} \mathrm{d}x \mathrm{d}y = \int_0^{2\pi} \int_0^\infty \frac{1}{2\pi} \mathrm{e}^{-\frac{r^2}{2}} r \mathrm{d}r \mathrm{d}\theta$$

$$= \left(\int_0^{2\pi} \frac{1}{2\pi} \mathrm{d}\theta\right) \cdot \left(\int_0^\infty \mathrm{e}^{-\frac{r^2}{2}} r \mathrm{d}r\right) = 1.$$

密度函数 $\phi(\cdot)$ 有如下几条性质:

(i) 函数曲线呈现钟形, 如图 2.2 所示.

(ii) $\phi(\cdot)$ 为偶函数, 因此只研究它在 $[0, \infty)$ 上的性质即可.

(iii) $\phi(\cdot)$ 在 $[0,\infty)$ 上严格单调下降, 函数曲线以横坐标为渐近线.

(iv) $\phi(\cdot)$ 有两个拐点 ± 1.

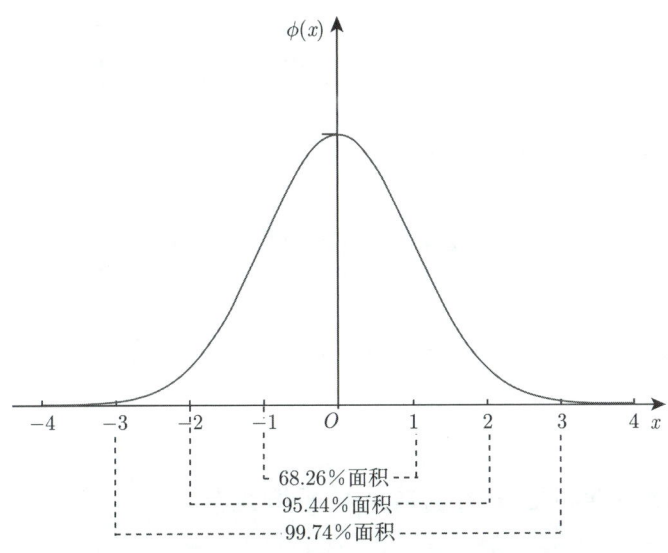

图 2.2 标准正态密度函数 $\phi(x)$

标准正态分布也可用于估算二项分布 (经过适当调整后), 试验次数越多, 估算越准确. 我们将在本节的补充知识中证明如下引理.

引理 2.2.3(局部极限定理)   假设随机变量 S_n 服从 $B(n,1/2)$, 则

$$\lim_{n\to\infty}\left|\frac{\mathrm{P}(S_n=k)}{\phi(x_k)/\sqrt{n}}-1\right|=0, \quad \text{其中 } x_k=\frac{k-n/2}{\sqrt{n}}.$$

并且, 上述收敛具有如下一致性: 对任意满足 $a<b$ 的实数 a,b, 上述收敛对 $[a,b]$ 中的 x_k 一致成立.

例 2.2.4   假设 n 很大. 某人从原点出发, 抛一枚公平硬币 n 次, 每一次抛掷若出现正面则右移 $1/\sqrt{n}$, 否则左移 $1/\sqrt{n}$. 试求此人最后所处的大致位置.

解   将 n 次抛掷中正面出现的次数记为 S_n, 则 $S_n \sim B(n,1/2)$. 此人总共右移 S_n 次, 左移 $n-S_n$ 次, 因此最后位于 $\frac{S_n-(n-S_n)}{\sqrt{n}}=\frac{S_n-n/2}{\sqrt{n}/2}$. 若 $S_n=k$, 则此人最后位于 $x_k:=\frac{k-n/2}{\sqrt{n}/2}$. 对任意 $a<b$, $x_k\in(a,b]$ 当且仅当 $k\in I_{a,b;n}:=\left(\frac{n}{2}+a\frac{\sqrt{n}}{2},\frac{n}{2}+b\frac{\sqrt{n}}{2}\right]$. 换言之, 若将此人最后的位置记为 X, 则事件 $\{a<X\leqslant b\}$ 近似地可视为事件 $\bigcup_{k\in I_{a,b;n}}\{S_n=k\}$. 下面求该事件的概率在 $n\to\infty$ 时的极限.

根据引理 2.2.3, 存在两列趋于 1 的实数序列 $\{\underline{\kappa_n}:n\geqslant 1\}$ 与 $\{\overline{\kappa_n}:n\geqslant 1\}$, 使得

$$\underline{\kappa_n}\cdot\sum_{k\in I_{a,b;n}}\phi(x_k)\Delta x_k\leqslant\sum_{k\in I_{a,b;n}}\mathrm{P}(S_n=k)\leqslant\overline{\kappa_n}\cdot\sum_{k\in I_{a,b;n}}\phi(x_k)\Delta x_k,$$

其中 $\Delta x_k = x_{k+1} - x_k = 1/\sqrt{n}$. 于是

$$\underline{\kappa_n} \cdot \frac{\sum\limits_{k \in I_{a,b;n}} \phi(x_k)\Delta x_k}{\int_a^b \phi(x)\mathrm{d}x} \leqslant \frac{\sum\limits_{k \in I_{a,b;n}} \mathrm{P}(S_n = k)}{\int_a^b \phi(x)\mathrm{d}x} \leqslant \overline{\kappa_n} \cdot \frac{\sum\limits_{k \in I_{a,b;n}} \phi(x_k)\Delta x_k}{\int_a^b \phi(x)\mathrm{d}x}.$$

令 $n \to \infty$, 上式左右两边都趋于 1, 因此

$$\lim_{n \to \infty} \sum_{k \in I_{a,b;n}} \mathrm{P}(S_n = k) = \int_a^b \phi(x)\mathrm{d}x.$$

综上, $\mathrm{P}(a < X \leqslant b) = \int_a^b \phi(x)\mathrm{d}x$. 这表明可将 X 近似地视为连续型随机变量, 其密度函数即为 $\phi(\cdot)$. □

二、连续型随机变量的函数及其密度函数

设 X 是连续型随机变量. 设 $f(\cdot): \mathbb{R} \to \mathbb{R}$ 是一阶连续可导的. 记 $Y = f(X)$. 我们的目标是利用 X 的密度函数求出 Y 的密度函数. 为清晰起见, 随机变量 X 的密度函数记为 $p_X(\cdot)$.

例 2.2.5 (线性变换)   设 $f(x) = a + bx$, 其中 $b \neq 0$. 设 X 是连续型随机变量, 则 $Y = f(X)$ 是连续型随机变量, 密度函数为

$$p_Y(y) = \frac{1}{|b|} \cdot p_X\left(\frac{y-a}{b}\right).$$

证   记 $Y = f(X)$. 若 $b > 0$, 则

$$\mathrm{P}(Y \leqslant y) = \mathrm{P}(a + bX \leqslant y) = \mathrm{P}\left(X \leqslant \frac{y-a}{b}\right) = \int_{-\infty}^{\frac{y-a}{b}} p_X(x)\mathrm{d}x.$$

作变量替换: $z = a + bx$, 便知

$$\mathrm{P}(Y \leqslant y) = \int_{-\infty}^{y} \frac{1}{b} \cdot p_X\left(\frac{z-a}{b}\right)\mathrm{d}z.$$

若 $b < 0$, 则

$$\mathrm{P}(Y \leqslant y) = \mathrm{P}(a + bX \leqslant y) = \mathrm{P}\left(X \geqslant \frac{y-a}{b}\right)$$
$$= \int_{\frac{y-a}{b}}^{\infty} p_X(x)\mathrm{d}x = -\int_{-\infty}^{y} \frac{1}{b} \cdot p_X\left(\frac{z-a}{b}\right)\mathrm{d}z.$$

因此, 结论成立. □

例 2.2.6 设 $Z \sim N(0,1), \mu \in \mathbb{R}, \sigma > 0$. 求 $\mu + \sigma Z$ 的密度函数.

解 由例 2.2.5 知 $\mu + \sigma Z$ 的密度函数为
$$p(x) = \frac{1}{\sigma} \cdot \frac{1}{\sqrt{2\pi}} \mathrm{e}^{-(\frac{x-\mu}{\sigma})^2/2} = \frac{1}{\sqrt{2\pi\sigma^2}} \mathrm{e}^{-\frac{(x-\mu)^2}{2\sigma^2}}. \qquad \square$$

设 $\mu \in \mathbb{R}, \sigma > 0$. 若 X 的密度函数形如
$$\frac{1}{\sqrt{2\pi\sigma^2}} \mathrm{e}^{-\frac{(x-\mu)^2}{2\sigma^2}},$$
则称 X 服从 (参数为 μ, σ^2 的) **正态分布**, 记为 $X \sim N(\mu, \sigma^2)$. 例 2.2.6 表明, 若 $X \sim N(0,1)$, 则 $\mu + \sigma X \sim N(\mu, \sigma^2)$.

例 2.2.7(正态分布的非退化线性变换) 设 $X \sim N(\mu, \sigma^2), a \in \mathbb{R}, b \neq 0$. 求 $a + bX$ 的密度函数.

解 由例 2.2.5 知 $a + bX$ 的密度函数为
$$p(y) = \frac{1}{|b|} \cdot \frac{1}{\sqrt{2\pi\sigma^2}} \exp\left\{-\frac{[(y-a)/b - \mu]^2}{2\sigma^2}\right\} = \frac{1}{\sqrt{2\pi(b\sigma)^2}} \exp\left\{-\frac{[y - (a+b\mu)]^2}{2(b\sigma)^2}\right\}.$$

换言之, $a + bX \sim N(a + b\mu, (b\sigma)^2)$. $\qquad \square$

一方面, 在例 2.2.7 中取 $a = -\mu/\sigma, b = 1/\sigma$, 便可推出 $(X - \mu)/\sigma \sim N(0,1)$. 另一方面, 根据例 2.2.6, 设 $Z \sim N(0,1)$, 则 $X := \mu + \sigma Z \sim N(\mu, \sigma^2)$. 因为 $Y := a + bX$ 可以改写为 $a + b(\mu + \sigma Z) = (a + b\mu) + (b\sigma)Z$, 所以由例 2.2.6 知 $Y \sim N(a + b\mu, (b\sigma)^2)$.

例 2.2.8 设 $X \sim \mathrm{Exp}(1/2)$. 求 $\sqrt{X}$ 的密度函数.

解 记 $Y = \sqrt{X}$. 因为 X 取值为正, 所以 Y 取值为正, 从而对任意 $y \leqslant 0$, $p_Y(y) = 0$. 对任意 $y > 0$,
$$\mathrm{P}(Y > y) = \mathrm{P}(X > y^2) = \mathrm{e}^{-y^2/2}.$$

因此
$$\mathrm{P}(Y \leqslant y) = 1 - \mathrm{e}^{-y^2/2} = \int_0^y z\mathrm{e}^{-z^2/2} \mathrm{d}z.$$

从而所求为
$$p(y) = \begin{cases} y\mathrm{e}^{-y^2/2}, & y > 0, \\ 0, & \text{其他}. \end{cases}$$

称 Y 服从**瑞利 (Rayleigh) 分布**. $\qquad \square$

例 2.2.9 假设 $X \sim \mathrm{Exp}(1), \lambda, m, \alpha > 0$. 求 X/λ 与 $\alpha X^{1/m}$ 的密度函数.

解 记 $Y = \lambda X, Z = \alpha X^{1/m}$. 因为 X 取值为正, 所以 Y 取值为正, 从而对任意 $y \leqslant 0, p_Y(y) = 0$. 同理, 对任意 $z \leqslant 0, p_Z(z) = 0$.

对任意 $y > 0$, $P(Y > y) = P(X > \lambda y) = e^{-\lambda y}$. 因此 $Y \sim \text{Exp}(\lambda)$, 其密度函数为 $\lambda e^{-\lambda y} \cdot \mathbf{I}_{\{y>0\}}$.

对任意 $z > 0$,
$$P(Z > z) = P(X > (z/\alpha)^m) = e^{-(z/\alpha)^m}.$$

因此
$$P(Z \leqslant z) = 1 - e^{-(z/\alpha)^m} = \int_0^z \frac{m z^{m-1}}{\alpha^m} e^{-(z/\alpha)^m} dz.$$

从而 Z 的密度函数为
$$p(z) = \begin{cases} \dfrac{m}{\alpha^m} z^{m-1} e^{-(z/\alpha)^m}, & z > 0, \\ 0, & z \leqslant 0. \end{cases} \qquad \square$$

称例 2.2.9 中的 Z 服从 (参数为 m, α 的) **威布尔 (Weibull) 分布**, 记为 $Z \sim W(m, \alpha)$. 称 m 为形状参数, α 为尺度参数. 特别地, 在例 2.2.9 中取 $\alpha = \sqrt{2}$, $m = 2$, 则 $\alpha X^{1/m} = \sqrt{2X}$. 因为 $2X \sim \text{Exp}(1/2)$, 所以例 2.2.9 中的 $2X$ 可以视为例 2.2.8 中的 X. 于是 $\alpha X^{1/m}$ 即为例 2.2.8 中的 Y, 它服从瑞利分布. 换言之, 瑞利分布是特殊的威布尔分布.

从例 2.2.9 与例 2.2.5 中可以看出, 求 $Y = f(X)$ 的密度函数分两步完成: 第一步是将关于 Y 的事件 $\{Y \leqslant y\}$ 改写为关于 X 的事件, 如 $\{a + bX \leqslant y\}$; 第二步是利用 X 的密度函数以及变量替换将该事件的概率表达为某被积函数在 $(\infty, y]$ 上的积分. 于是, 被积函数即为 Y 的密度函数. 一般地, 设 X 的密度函数为 $p_X(\cdot)$, 它在 (a, b) 上为正, 在 (a, b) 之外为 0, 设 f 为 (a, b) 上严格单调的函数, 值域为 (c, d), 其反函数记为 $g(\cdot)$. 若 $f(\cdot)$ 单调上升, 则
$$P(Y \leqslant y) = P(X \leqslant g(y)) = \int_a^{g(y)} p_X(x) dx = \int_c^y p_X(g(z)) g'(z) dz,$$

其中最后一个等式用到了变量替换: $z = f(x)$, 即 $x = g(z)$. 于是推出 $f(X)$ 的密度函数为 $q(y) = p(g(y)) g'(y)$. 若 f 单调下降, 则积分的上下限对换产生负号, 最后的 $g'(z)$ 改为 $|g'(z)|$ 即可. 综上, 我们得到如下结论.

定理 2.2.10 设 X 是连续型随机变量, $f: \mathbb{R} \to \mathbb{R}$. 设存在区间 (a, b) 和 (c, d), 使得: $P(a < X < b) = 1$, $f: (a, b) \to (c, d)$ 是一对一映射, 且对任意 $x \in (a, b)$, $f'(x) \neq 0$. 则 $Y = f(X)$ 的密度函数为

$$p_Y(y) = \begin{cases} p_X(g(y)) \cdot |g'(y)|, & y \in (c, d), \\ 0, & \text{其他}, \end{cases} \qquad (2.2.2)$$

其中 $g(\cdot)$ 是 $f: (a, b) \to (c, d)$ 的反函数. 以上区间 (a, b), (c, d) 均可为单边或双边无穷区间.

例 2.2.11 设 $X \sim U(-\pi/2, \pi/2)$, $Y = \tan X$, $W = \mu + \alpha Y$. 求 Y 与 W 的密度函数.

解 $f(x) = \tan x$ 是严格单调上升的, 其反函数记为 $g(\cdot)$. $f'(x) = (\sin x/\cos x)' = 1/\cos^2 x$, 因此 $g'(y) = 1/f'(x) = 1 + \tan^2(x) = 1 + y^2$. 记 $x = g(y)$, 则

$$p_Y(y) = p_X(x)/(1+y^2) = \frac{1}{\pi} \cdot \frac{1}{1+y^2}.$$

假设 $\alpha > 0$, 则

$$p_W(w) = \frac{1}{\alpha} p_Y\left(\frac{w-\mu}{\alpha}\right) = \frac{1}{\alpha} \cdot \frac{1}{\pi} \cdot \frac{1}{1+(w-\mu)^2/\alpha^2} = \frac{1}{\pi} \cdot \frac{\alpha}{\alpha^2 + (w-\mu)^2}.$$

类似地, 若 $\alpha < 0$, 则上式右边的 α 改为 $-\alpha = |\alpha|$ 即可. □

设 $\mu \in \mathbb{R}$, $\alpha > 0$. 若 X 的密度函数形如

$$p(x) = \frac{1}{\pi} \cdot \frac{\alpha}{\alpha^2 + (x-\mu)^2},$$

则称 X 服从 (参数为 μ, α 的) **柯西 (Cauchy) 分布**, 记为 $X \sim C(\mu, \alpha)$. 譬如, 例 2.2.11 中的 Y 服从柯西分布 $C(0,1)$, W 服从柯西分布 $C(\mu, |\alpha|)$. 进一步, W 的非退化线性变换可改写为 Y 的非退化线性变换, 因此也服从柯西分布.

例 2.2.12 设 $X \sim N(0,1)$, 求 X^2 的密度函数.

解 记 $Y = X^2$. 因为 $P(Y \leqslant 0) = 0$, 所以对任意 $y \leqslant 0$, $p_Y(y) = 0$. 对任意 $y > 0$,

$$P(Y \leqslant y) = P(-\sqrt{y} \leqslant X \leqslant \sqrt{y}) = \int_{-\sqrt{y}}^{\sqrt{y}} \frac{1}{\sqrt{2\pi}} e^{-x^2/2} dx = \int_{-\infty}^{\sqrt{y}} \phi(x) dx - \int_{-\infty}^{-\sqrt{y}} \phi(x) dx,$$

其中 $\phi(x) = \frac{1}{\sqrt{2\pi}} e^{-x^2/2}$ 为 X 的密度函数. 于是

$$p_Y(y) = \phi(\sqrt{y}) \cdot (\sqrt{y})' - \phi(-\sqrt{y}) \cdot (-\sqrt{y})' = \frac{2}{\sqrt{2\pi}} e^{-y/2} \frac{1}{2\sqrt{y}} = \frac{1}{\sqrt{2\pi y}} e^{-y/2}.$$

综上, X^2 的密度函数为

$$\begin{cases} \frac{1}{\sqrt{2\pi}} y^{-1/2} e^{-y/2}, & y > 0, \\ 0, & y \leqslant 0. \end{cases}$$

□

一般地, 设 $\alpha > 0$, $\lambda > 0$. 令

$$p(x) = \begin{cases} \frac{\lambda^\alpha}{\Gamma(\alpha)} x^{\alpha-1} e^{-\lambda x}, & x > 0, \\ 0, & x \leqslant 0, \end{cases}$$

其中 $\Gamma(\cdot)$ 为伽马 (Gamma) 函数, 其定义如下:

$$\Gamma(\alpha) := \int_0^\infty y^{\alpha-1} \mathrm{e}^{-y} \mathrm{d}y, \quad \forall \alpha > 0.$$

将 $p(\cdot)$ 中的 λx 视为新的变量 y, 便可看出 $\int_{-\infty}^\infty p(x)\mathrm{d}x = 1$. 若随机变量 X 的密度函数为 $p(\cdot)$, 则称 X 服从 (参数为 α, λ 的) **伽马分布**, 记为 $X \sim \Gamma(\alpha, \lambda)$. 例 2.2.12 表明, 若 $X \sim N(0,1)$, 则 $X^2 \sim \Gamma(1/2, 1/2)$. 取 $\alpha = \lambda = 1/2$, 由例 2.2.12 知 $\dfrac{1}{\sqrt{2\pi}} = \dfrac{\lambda^\alpha}{\Gamma(\alpha)} = \dfrac{\sqrt{1/2}}{\Gamma(1/2)}$, 从而 $\Gamma(1/2) = \sqrt{\pi}$. 又如, $X \sim \Gamma(1, \lambda)$ 即为 $X \sim \mathrm{Exp}(\lambda)$, 因此 $\Gamma(1) = 1$. 这由伽马函数的定义也可直接得到. 以下关心 α 为半整数 $n/2$ 时的函数值 $\Gamma(n/2)$. 为此, 可先利用分部积分公式推出, 对任意 $\alpha > 0$,

$$\Gamma(\alpha+1) = \int_0^\infty x^\alpha \mathrm{e}^{-x} \mathrm{d}x = -\int_0^\infty x^\alpha \mathrm{d}\mathrm{e}^{-x} = \int_0^\infty \mathrm{e}^{-x} \mathrm{d}x^\alpha = \alpha \int_0^\infty \mathrm{e}^{-x} x^{\alpha-1} \mathrm{d}x = \alpha\Gamma(\alpha).$$

于是由归纳法知

$$\begin{cases} \Gamma\left(\dfrac{2k}{2}\right) = \Gamma(k) = (k-1)!, \\ \Gamma\left(\dfrac{2k+1}{2}\right) = \Gamma\left(k+\dfrac{1}{2}\right) = \left(k-\dfrac{1}{2}\right)\left(k-\dfrac{3}{2}\right) \cdots \dfrac{1}{2}\Gamma\left(\dfrac{1}{2}\right) \\ \qquad\qquad\quad = \dfrac{(2k-1)!!}{2^k}\sqrt{\pi} = \dfrac{(2k)!}{2^{2k}k!}\sqrt{\pi}. \end{cases}$$

进一步, $X \sim \Gamma\left(\dfrac{n}{2}, \dfrac{1}{2}\right)$ 指的是 X 的密度函数形如

$$p(x) = \begin{cases} \dfrac{1}{2^{n/2}\Gamma(n/2)} x^{n/2-1} \mathrm{e}^{-x/2}, & x > 0, \\ 0, & x \leqslant 0. \end{cases}$$

此时称 X 服从 (自由度为 n) 的**卡方分布**, 记为 $X \sim \chi^2(n)$. 此外, $X \sim \Gamma(n, \lambda)$ 表示 X 的密度函数形如

$$p(x) = \begin{cases} \dfrac{\lambda^n}{(n-1)!} x^{n-1} \mathrm{e}^{-\lambda x}, & x > 0, \\ 0, & x \leqslant 0. \end{cases}$$

从例 2.2.12 中可以看出, 若 $f(\cdot)$ 为多对一的函数, 我们应该按如下步骤求 $Y = f(X)$ 的密度函数. 首先, 找出 Y 的取值范围 (c, d). 譬如, 在例 2.2.12 中, $(c, d) = (0, \infty)$. 其次, 对任意 $y \in (c, d)$, 找出 y 的所有原像点 $\{x_i : i \in I\}$. 譬如, 在例 2.2.12 中, $x_1 = \sqrt{y}$, $x_2 = -\sqrt{y}$. 再次, 在 x_i 的局部, $f(\cdot)$ 是一对一映射, 其反函数记为 $g_i(\cdot)$, 即反解出 $x_i = g_i(y)$. 譬如, 在例 2.2.12 中, $g_1(y) = \sqrt{y}$, $g_2(y) = -\sqrt{y}$. 最后, 得到

$$p_Y(y) = \begin{cases} \sum_{i \in I} p_X(x_i) \dfrac{1}{|f'(x_i)|} = \sum_{i \in I} p_X\bigl(g_i(y)\bigr)|g_i'(y)|, & y \in (c,d), \\ 0, & y \notin (c,d). \end{cases} \qquad (2.2.3)$$

例 2.2.13 设 $X \sim U(0, 2\pi)$, $Y = \cos X$. 求 Y 的密度函数.

解 记 $f: (0, 2\pi) \to \mathbb{R}$, $f(x) = \cos x$. 对任意 $y \in (-1, 1)$, y 有两个原像点, 记为 x_1, x_2, 则 $|f'(x_i)| = |\sin x_i| = \sqrt{1-y^2}$. 又因为 $p_X(x_i) = 1/(2\pi)$, 所以

$$p_Y(y) = \sum_{i=1}^{2} p_X(x_i) \cdot \frac{1}{|f'(x_i)|} = 2 \cdot \frac{1}{2\pi} \cdot \frac{1}{\sqrt{1-y^2}} = \frac{1}{\pi\sqrt{1-y^2}}.$$

当 $|y| \geqslant 1$ 时, $p_Y(y) = 0$. □

补充知识: 局部极限定理 (引理 2.2.3) 的证明

由斯特林公式 (见附录 A 中的 (A.0.1) 式),

$$P(S_n = k) = \frac{n!}{k!(n-k)!} 2^{-n}$$

$$= \frac{\sqrt{2\pi n} \left(\dfrac{n}{e}\right)^n e^{\theta_n}}{\sqrt{2\pi k} \left(\dfrac{k}{e}\right)^k e^{\theta_k} \sqrt{2\pi(n-k)} \left(\dfrac{n-k}{e}\right)^{n-k} e^{\theta_{n-k}}} 2^{-n}$$

$$= \frac{1}{\sqrt{2\pi}} \cdot \sqrt{\frac{n}{k(n-k)}} \cdot \frac{(n/2)^n}{k^k(n-k)^{n-k}} \cdot e^{\theta_n - \theta_k - \theta_{n-k}}.$$

下面, 我们分析上式右边中的各个因子:

$$\sqrt{\frac{n}{k(n-k)}} = \sqrt{\frac{n}{n^2/4 - nx_k^2/2}} = \sqrt{\frac{1}{n/4 - x_k^2/2}} = \Delta x_k \cdot \left(1 - \frac{2x_k^2}{n}\right)^{-1/2};$$

$$\frac{(n/2)^n}{k^k(n-k)^{n-k}} = \left(\frac{n}{2}\right)^n \left(\frac{n}{2} + \frac{1}{2}x_k\sqrt{n}\right)^{-n/2 - x_k\sqrt{n}/2} \left(\frac{n}{2} - \frac{1}{2}x_k\sqrt{n}\right)^{-n/2 + x_k\sqrt{n}/2}$$

$$= \left(1 + \frac{x_k}{\sqrt{n}}\right)^{-n/2 - x_k\sqrt{n}/2} \left(1 - \frac{x_k}{\sqrt{n}}\right)^{-n/2 + x_k\sqrt{n}/2}$$

$$= \left(1 - \frac{x_k^2}{n}\right)^{-n/2} \cdot \left(\frac{1 - x_k/\sqrt{n}}{1 + x_k/\sqrt{n}}\right)^{x_k\sqrt{n}/2}.$$

记

$$\alpha_{n,k} := \left(1 - \frac{2x_k^2}{n}\right)^{-1/2}, \qquad \beta_{n,k} := \left(1 - \frac{x_k^2}{n}\right)^{-n/2} e^{-x_k^2/2},$$

$$\gamma_{n,k} := \left(\frac{1-x_k/\sqrt{n}}{1+x_k/\sqrt{n}}\right)^{x_k\sqrt{n}/2} e^{x_k^2}, \qquad \delta_{n,k} := e^{\theta_n-\theta_k-\theta_{n-k}},$$

则

$$\frac{\mathrm{P}(S_n=k)}{\phi(x_k)\Delta x_k} = \alpha_{n,k}\beta_{n,k}\gamma_{n,k}\delta_{n,k}.$$

往证当 $n \to \infty$ 时，上式右边中的四个因子都关于 $k \in I_{a,b;n}$ 一致收敛于 1. 下设 $k \in I_{a,b;n}$. 此时, $x_k \in [a,b]$, 因此 $|x_k| \leqslant c := \max\{|a|,|b|\}$.

关于 $\alpha_{n,k}$, 由 $x_k^2 \leqslant c^2$ 知

$$1 \leqslant \alpha_{n,k} \leqslant \left(1 - \frac{2c^2}{n}\right)^{-1/2}.$$

关于 $\beta_{n,k}$, 记 $y = x_k^2/n$, 则

$$\ln \beta_{n,k} = -\frac{n}{2}\ln\left(1 - \frac{x_k^2}{n}\right) - \frac{x_k^2}{2} = -\frac{n}{2}\left(\ln(1-y) + y\right),$$

其中

$$\ln(1-y) + y = \int_0^y \left(-\frac{1}{1-z} + 1\right) \mathrm{d}z = \int_0^y \frac{-z}{1-z} \mathrm{d}z.$$

由 $|y| \leqslant c^2/n$ 知 $|\ln(1-y)+y| \leqslant \dfrac{c^2/n}{1-c^2/n} \cdot c^2/n$. 当 $n \geqslant 2c^2$ 时,

$$|\ln \beta_{n,k}| = \frac{n}{2}\left|\ln\left(1-\frac{x_k^2}{n}\right) + \frac{x_k^2}{n}\right| \leqslant \frac{n}{2} \cdot \frac{c^2/n}{1-c^2/n} \cdot c^2/n \leqslant \frac{c^4}{n}.$$

因此

$$e^{-c^4/n} \leqslant \beta_{n,k} \leqslant e^{c^4/n}.$$

关于 $\gamma_{n,k}$, 记 $w = x_k/\sqrt{n}$, 则

$$\ln \gamma_{n,k} = \frac{1}{2}nw\ln\left(\frac{1-w}{1+w}\right) + nw^2 = \frac{1}{2}nw\left(\ln\left(\frac{1-w}{1+w}\right) + 2w\right),$$

其中

$$\ln\left(\frac{1-w}{1+w}\right) + 2w = \ln(1-w) - \ln(1+w) + 2w = \int_0^w \left(\frac{-1}{1-z} - \frac{1}{1+z}\right)\mathrm{d}z + 2w$$

$$= \int_0^w \left(\frac{-2}{1-z^2} + 2\right)\mathrm{d}z = 2\int_0^w \left(\frac{-z^2}{1-z^2}\right)\mathrm{d}z.$$

由 $|w| \leqslant c/\sqrt{n}$ 知 $\left|\ln\left(\dfrac{1-w}{1+w}\right) + 2w\right| \leqslant 2\dfrac{c^2/n}{1-c^2/n} \cdot c/\sqrt{n}$. 当 $n \geqslant 2c^2$ 时,

$$|\ln \gamma_{n,k}| = \frac{n}{2}|w| \cdot \left|\ln\left(\frac{1-w}{1+w}\right) + 2w\right| \leqslant \frac{n}{2} \cdot \frac{c}{\sqrt{n}} \cdot 2\frac{c^2/n}{1-c^2/n} \cdot c/\sqrt{n} \leqslant 2\frac{c^4}{n}.$$

因此
$$e^{-2c^4/n} \leqslant \gamma_{n,k} \leqslant e^{2c^4/n}.$$

关于 $\delta_{n,k}$, 当 $n \geqslant 9c^2$ 时, $k \geqslant n/2 + \sqrt{n}a/2 \geqslant n/3$, $n-k \geqslant n/2 - \sqrt{n}b/2 \geqslant n/3$. 于是
$$0 \leqslant \theta_k + \theta_{n-k} \leqslant \frac{1}{12k} + \frac{1}{12(n-k)} \leqslant \frac{1}{2n}.$$

又因为 $0 \leqslant \theta_n \leqslant 1/(12n)$, 所以
$$e^{-1/(2n)} \leqslant e^{-\theta_k - \theta_{n-k}} \leqslant \delta_{n,k} \leqslant e^{\theta_n} \leqslant e^{1/(12n)}.$$

综上, 对任意 $k \in I_{a,b;n}$,
$$\underline{\kappa_n} \leqslant \frac{P(S_n = k)}{\phi(x_k)\Delta x_k} \leqslant \overline{\kappa_n},$$

其中
$$\underline{\kappa_n} := 1 \cdot e^{-c^4/n} \cdot e^{2c^4/n} \cdot e^{1/(2n)}, \quad \overline{\kappa_n} := \left(1 - \frac{2c^2}{n}\right)^{-1/2} \cdot e^{c^4/n} \cdot e^{2c^4/n} \cdot e^{1/(12n)}.$$

当 $n \to \infty$ 时, $\underline{\kappa_n} \to 1$ 且 $\overline{\kappa_n} \to 1$. 因此引理 2.2.3 成立.

习题

1. 设 $U \sim U(0,1)$. 试问: (1) $a + bU$ 服从什么分布? (其中 $a \in \mathbb{R}$, $b \neq 0$.) (2) $\min\{U, 1-U\}$, $\max\{U, 1-U\}$ 服从什么分布?

2. (1) 设 $U \sim U(0,1)$, 求 $-\ln U$ 的密度函数; (2) 设 $X \sim \text{Exp}(\lambda)$, 求 $e^{-\lambda X}$ 的密度函数.

3. 设 X 服从威布尔分布 $W(m, \alpha)$. 求 $(X/\alpha)^m$ 的密度函数.

4. (1) 设 X 服从柯西分布 $C(\mu, \alpha)$. 证明: $(X - \mu)/\alpha \sim C(0,1)$.

(2) 设 Y 服从柯西分布 $C(0,1)$. 求 $1/Y$ 的密度函数.

5. 设 $X \sim N(\mu, \sigma^2)$. 求 e^X 的密度函数. (注: 称 e^X 服从参数为 μ 和 σ^2 的**对数正态分布**.)

6. 证明命题 2.2.2.

***7**. 固定 $0 < p < 1$. 设 $S_n \sim B(n, p)$. 证明: 引理 (2.2.3) 成立, 其中 x_k 改为 $(k - np)/\sqrt{npq}$.

§2.3 随机变量的定义与分布函数

一、随机变量的定义

引入随机变量的目的是将试验结果量化, 使得研究对象从抽象的样本空间 Ω 转向具体的实数集 $\mathbb{R}$. 以数学的观点, 随机变量是定义在 Ω 上的函数; 就效果而言, 利用随机变量可去除原始模型中很多无用的信息, 建立一个更简化的数学模型. 在这个简化的数学模型中, 研究目标是随机变量的可能值和取到这些值的概率. 从概率的频率含义去理解, 为达到此目标, 首先要求这个随机变量具有可观测性, 即每次试验结束后, 以 $\mathscr{F}$ 的观测能力可以准确地知道该随机变量的取值. 可观测性的数学表述见下面的定义 2.3.1. 设 X 是以 Ω 为定义域的函数. 沿用前文的记号, 对任意 $x \in \mathbb{R}$, 将 $\{\omega : X(\omega) \leqslant x\}$ 简记为 $\{X \leqslant x\}$.

定义 2.3.1 设 $(\Omega, \mathscr{F})$ 是可测空间. 若 $X : \Omega \to \mathbb{R}$ 满足: 对任意 $x \in \mathbb{R}$, $\{X \leqslant x\} \in \mathscr{F}$, 则称 X 为 $(\Omega, \mathscr{F})$ 上的**随机变量**.

例 2.3.2 (例 1.5.1 续) 设 $\Omega = \{\mathrm{R, O, Y, G, B, P}\}$, $\mathscr{F} = \mathscr{T}_\Omega$, $\mathscr{G} = \big\{A : A \subseteq \Omega, \{\mathrm{R, G}\} \subseteq A$ 或 $\{\mathrm{R, G}\} \subseteq A^c\big\}$, 则 Ω 上的任一函数都是 $(\Omega, \mathscr{F})$ 上的随机变量.

设 X 将 R, O, Y, G, B, P 分别映射为 $1, 2, 3, 4, 5, 6$, 则 $\sigma(X) = \mathscr{F}$, 因此 X 不是 $(\Omega, \mathscr{G})$ 上的随机变量. 设 Y 将 R, O, Y, G 映射为 1, 将 B, P 映射为 0, 则 Y 是 $(\Omega, \mathscr{G})$ 上的随机变量. □

在例 2.3.2 中, 拥有能力 $\mathscr{G}$ 的红绿色盲也清楚地知道 X 这个映射把每个样本点映射为哪个实数. 但是, 在试验结束后, 观测者却不一定能说出 X 在本次试验中的具体取值是多少. 红绿色盲在试验结束后能准确说出 Y 的具体取值. 直观上, X 是 $(\Omega, \mathscr{F})$ 上的随机变量指的是在试验结束后, 以 $\mathscr{F}$ 的观测能力可以说出 X 的具体取值. 在谈论 X 是否是随机变量时, 需要预先指定 σ 代数. 以下, 若无特别说明, Ω 上的 σ 代数指定为 $\mathscr{F}$, 并且我们所涉及的函数都是 $(\Omega, \mathscr{F})$ 上的随机变量. 虽然在定义随机变量时不需要概率 $\mathrm{P}(\cdot)$, 但是在具体的概率模型中, 都指定了概率 $\mathrm{P}(\cdot)$. 于是我们可以谈论关于随机变量 X 的事件的概率, 正如前两节所述.

定义 2.3.3 假设 $f : \mathbb{R} \to \mathbb{R}$. 若对任意 $a \in \mathbb{R}$, $\{x : f(x) \leqslant a\} \in \mathscr{B}$, 则称 f 为**博雷尔函数**.

例 2.3.4 (连续型随机变量) 若存在非负的博雷尔函数 $p(\cdot)$, 使得

$$\mathrm{P}(X \leqslant x) = \int_{-\infty}^{x} p(y) \mathrm{d}y, \quad \forall x \in \mathbb{R},$$

则称 X 是**连续型随机变量**, 称 $p(\cdot)$ 为 X 的 **(概率) 密度函数**. 作为 X 的密度函数, $p(\cdot)$

满足如下性质:
$$p(x) \geqslant 0, \ \forall x; \quad \int_{-\infty}^{\infty} p(x)\mathrm{d}x = 1.$$

称满足上式的 $p(\cdot)$ 为 **(概率) 密度函数**. 注意密度函数并不唯一. 本书涉及的 $p(\cdot)$ 都是连续函数或仅有有限个间断点的函数, 其积分可以认为是黎曼 (Riemann) 积分. 但一般地, $p(\cdot)$ 可以是博雷尔函数, 其积分为勒贝格积分, 它具有与黎曼积分类似的线性和连续性等性质. 具体内容请见本节补充知识. □

连续型随机变量的分布函数 (参见后面的定义 2.3.6) 一定是连续的, 反之不然. 如果随机变量的分布函数是连续的, 但又不能写成某个密度函数的积分, 则称该随机变量为**奇异型**的. 我们平常遇到的随机变量都是离散型或连续型的, 但我们从逻辑上推出还存在一类奇异型的随机变量. 本书只讨论离散型和连续型随机变量.

设 X 为连续型随机变量, 则根据积分的连续性, 对任意 $x \in \mathbb{R}$, $\mathrm{P}(X = x) = 0$. 设 $p(\cdot)$ 为 X 的密度函数且它在 x_0 连续, 则

$$p(x_0) = \lim_{\delta \to 0+} \frac{\int_{x_0-\delta}^{x_0+\delta} p_X(x)\mathrm{d}x}{2\delta} = \lim_{\delta \to 0+} \frac{\mathrm{P}(|X - x_0| \leqslant \delta)}{2\delta}.$$

将概率视为权重分配方案, 上式解释了采用"密度"一词的原因. 特别地, 若 $p(\cdot)$ 是连续函数, 则它唯一确定. 若密度函数仅有有限个间断点, 则在忽略间断点处函数值的意义下, 连续型随机变量的分布函数完全决定了其密度函数. 譬如, 设 $\lambda > 0$ 且 $X \sim \mathrm{Exp}(\lambda)$, 则

$$p(x) = \lambda \mathrm{e}^{-\lambda x} \cdot \mathbf{I}_{\{x \geqslant 0\}} = \begin{cases} \lambda \mathrm{e}^{-\lambda x}, & x \geqslant 0, \\ 0, & x < 0 \end{cases}$$

是 X 的密度函数. 同时, $q(x) = \lambda \mathrm{e}^{-\lambda x} \cdot \mathbf{I}_{\{x > 0\}}$ 也是 X 的密度函数. 区别是在 $x = 0$ 处, $p(0)$ 定义为右极限, 而 $q(0)$ 定义为左极限. 一般而言, 当左右极限不一致时, 密度函数的函数值可以随意确定; 当左右极限一致时, 应该将密度函数的函数值取为这一共同的极限, 而不宜改变函数值并破坏连续性. 譬如, 将上述密度函数 $p(\cdot)$ 在 $x = 1$ 的函数值改为 0, 得到函数 $f(x) = \lambda \mathrm{e}^{-\lambda x} \cdot \mathbf{I}_{\{x \geqslant 0, x \neq 1\}}$. $f(\cdot)$ 仍然是 X 的密度函数, 但一般我们应该将形如 $f(\cdot)$ 的密度函数修正为形如 $p(\cdot)$ 的密度函数. 再如, 设 $a < b$ 且 $X \sim U(a, b)$, 则 X 的密度函数是

$$p(x) = \frac{1}{b-a} \cdot \mathbf{I}_{\{a \leqslant x \leqslant b\}} = \begin{cases} \dfrac{1}{b-a}, & a \leqslant x \leqslant b, \\ 0, & \text{其他}. \end{cases}$$

同时, $\dfrac{1}{b-a} \cdot \mathbf{I}_{\{a < x < b\}}$, $\dfrac{1}{b-a} \cdot \mathbf{I}_{\{a < x \leqslant b\}}$, $\dfrac{1}{b-a} \cdot \mathbf{I}_{\{a \leqslant x < b\}}$ 也是 X 的密度函数. 可以认为 X 取遍 $[a, b]$, 也可以认为 X 取遍 (a, b). 一般而言, 需要根据不同的目标来进行选择. 再看一例.

例 2.3.5(最大似然估计)   设 $X \sim U(0,b)$, 其中正数 b 为待定参数. 在某次测量中观察到 X 的取值为 x, 其中 $x > 0$. 试问 b 的估值等于多少?

解 X 的密度函数采用 $p(x) = \frac{1}{b} \cdot \mathbf{I}_{\{0 \leqslant x \leqslant b\}}$. 对 $b \in (0, x)$, $p(x) = 0$. 对 $b \in [x, \infty)$, $p(x) = \frac{1}{b} > 0$. 为了使得该值尽可能大, 应该选 b 尽可能小, 即选 $b = x$. 因此答案为将 b 定为 x. □

例 2.3.5 中解决问题的方法与例 2.1.1 类似, 理由也与注 2.1.2 类似, 只是将离散型的概率分布列改为连续型的密度函数而已. 在例 2.3.5 中, 若采用 $\frac{1}{b} \cdot \mathbf{I}_{\{0 < x < b\}}$ 为 X 的密度函数, 则无法求解.

二、随机变量的分布函数

在上文中可以看出, 对于连续型随机变量 X 而言, 其密度函数可以是 $P(X \leqslant x)$ 这一函数关于 x 的导数. 换言之, $P(X \leqslant x)$ 作为 x 的函数完全决定了 X 的密度函数. 对于离散型随机变量, 类似结论也成立.

定义 2.3.6   设 X 为随机变量, $x \in \mathbb{R}$, 令 $F(x) := P(X \leqslant x)$, $G(\cdot) = P(X > x)$. 称 $F(x)$ 为 X 的**分布函数**, 称 $G(x)$ 为 X 的**尾分布函数**, 分别记为 $F_X(\cdot)$ 和 $G_X(\cdot)$.

随机变量 X 的分布函数与尾分布函数之间的关系为 $G_X(x) = 1 - F_X(x)$. 当 $x \to \infty$ 时, $F_X(x) \to 1$, $G_X(x) \to 0$. 设 $X \sim N(0,1)$, 其密度函数 $\phi(\cdot)$ 与分布函数 $\Phi(\cdot)$ 如下:

$$\phi(x) = \frac{1}{\sqrt{2\pi}} e^{-x^2/2}, \quad \Phi(x) = \int_{-\infty}^{x} \phi(y) \mathrm{d}y.$$

函数 $\Phi(\cdot)$ 没有显式表达式. 一方面, 以下命题给出 $1 - \Phi(x)$ 趋于 0 的速度, 作为 $\Phi(\cdot)$ 的极限行为的定性分析. 另一方面, 附录 B 给出了 $\Phi(\cdot)$ 的函数对应关系, 作为 $\Phi(\cdot)$ 的定量分析.

命题 2.3.7(标准正态分布)   设 $\phi(\cdot)$, $\Phi(\cdot)$ 如上, 则

$$\frac{1}{1+1/x^2} \leqslant \frac{1-\Phi(x)}{x^{-1}\phi(x)} \leqslant 2, \quad \forall x > 0; \qquad \lim_{x \to \infty} \frac{1-\Phi(x)}{x^{-1}\phi(x)} = 1.$$

证   记 $G(\cdot) = 1 - \Phi(\cdot)$. 一方面, 对任意 $x > 0$,

$$G(x) = \int_x^\infty \phi(y)\mathrm{d}y = \int_x^\infty \frac{1}{\sqrt{2\pi}} e^{-y^2/2} \mathrm{d}y \leqslant \int_x^\infty \frac{1}{\sqrt{2\pi}} e^{-xy/2} \mathrm{d}y$$
$$\leqslant \frac{2}{\sqrt{2\pi} x} e^{-x^2/2} = \frac{2}{x} \cdot \phi(x).$$

另一方面, 记 $g(x) = x^{-1} \phi(x)$. 由 $\phi'(x) = -x\phi(x)$ 知

$$g'(x) = x^{-1} \phi'(x) - x^{-2} \phi(x) = -\phi(x) - x^{-2} \phi(x),$$

即 $\phi(x) = -g'(x) - x^{-2}\phi(x)$. 于是
$$G(x) = \int_x^\infty \phi(y)\mathrm{d}y = g(x) - \int_x^\infty y^{-2}\phi(y)\mathrm{d}y \geqslant g(x) - \frac{1}{x^2}G(x).$$

移项后得 $(1+x^{-2})G(x) \geqslant g(x)$, 即 $G(x)/g(x) \geqslant 1/(1+x^{-2})$.

最后, 根据洛必达 (L'Hospital) 法则,
$$\lim_{x\to\infty}\frac{G(x)}{g(x)} = \lim_{x\to\infty}\frac{G'(x)}{g'(x)} = \lim_{x\to\infty}\frac{-\phi(x)}{-\phi(x)-\phi(x)/x^2} = \lim_{x\to\infty}\frac{1}{1+1/x^2} = 1.$$

综上, 命题成立. □

命题 2.3.8 随机变量 X 的分布函数满足以下三条性质:

(1) 单调上升性: 若 $x \leqslant y$, 则 $F_X(x) \leqslant F_X(y)$;

(2) 规范性: $\lim_{x\to-\infty}F_X(x) = 0$, $\lim_{x\to\infty}F_X(x) = 1$;

(3) 右连续性: 对任意 $x \in \mathbb{R}$, $\lim_{y \searrow x} F_X(y) = F_X(x)$.

证 将 $F_X(\cdot)$ 简记为 $F(\cdot)$.

(1) 若 $x \leqslant y$, 则事件有如下包含关系: $\{X \leqslant x\} \subseteq \{X \leqslant y\}$, 因此其概率值有如下大小关系: $F(x) = \mathrm{P}(X \leqslant x) \leqslant \mathrm{P}(X \leqslant y) = F(y)$.

(2) 由 (1) 知 $\lim_{x\to-\infty}F(x) = \lim_{n\to\infty}F(-n) = \lim_{n\to\infty}\mathrm{P}(X \leqslant -n)$. 进一步, $\{X \leqslant -n\}$, $n = 1, 2, \cdots$ 是单调下降的事件列. 由概率的连续性,
$$\lim_{n\to\infty}\mathrm{P}(X \leqslant -n) = \mathrm{P}\Big(\bigcap_{n=1}^{\infty}\{X \leqslant -n\}\Big) = \mathrm{P}(\varnothing) = 0.$$

同理,
$$\lim_{x\to\infty}F(x) = \lim_{n\to\infty}\mathrm{P}(X \leqslant n) = \mathrm{P}\Big(\bigcup_{n=1}^{\infty}\{X \leqslant n\}\Big) = \mathrm{P}(\Omega) = 0.$$

(3) 由 (1) 知
$$\lim_{y\searrow x}F(y) = \lim_{n\to\infty}\mathrm{P}\Big(X \leqslant x + \frac{1}{n}\Big) = \mathrm{P}\Big(\bigcap_{n=1}^{\infty}\Big\{X \leqslant x + \frac{1}{n}\Big\}\Big) = \mathrm{P}(X \leqslant x) = F(x).$$

其中用到了 $\Big\{X \leqslant x + \frac{1}{n}\Big\}$, $n = 1, 2, \cdots$ 是单调下降的事件列且它们的交集为 $\{X \leqslant x\}$. □

若 $F(\cdot)$ 是单调上升的, 则可定义其右极限与左极限. 具体地, 对任意 $x \in \mathbb{R}$, 令
$$F(x+) := \lim_{y\searrow x}F(y), \quad F(x-) := \lim_{y\nearrow x}F(y).$$

进一步, 右连续性指 $F(x+) = F(x)$. 仿照命题 2.3.8,
$$F_X(x-) = \lim_{n\to\infty}\mathrm{P}(X \leqslant x - 1/n) = \mathrm{P}\Big(\bigcup_{n=1}^{\infty}\Big\{X \leqslant x - \frac{1}{n}\Big\}\Big) = \mathrm{P}(X < x).$$

进一步,
$$P(X = x) = P(X \leqslant x) - P(X < x) = F_X(x) - F_X(x-).$$

对于离散型随机变量 X, 其分布函数也完全决定了其分布列, 因为所有可能取值就是其分布函数的所有间断点, 且利用上式可求出 X 的分布列. 若 X 为连续型随机变量, 则其分布函数是其密度函数的原函数, 即其密度函数是其分布函数的导函数. 综上, 对于离散型随机变量, 可以通过其分布函数刻画其分布列; 对于连续型随机变量, 可以通过其分布函数刻画其密度函数. 对于一般的随机变量, 根据 $F_X(\cdot)$ 可以计算关于 X 的一些简单事件的概率. 譬如, $P(a < X \leqslant b) = F_X(b) - F_X(a)$. 事实上, 随机变量的分布函数总可以刻画其分布. 以下具体解释这句话的含义.

三、分布

对 $\mathbb{R}$ 的任意子集 B, 将 $\{\omega : X(\omega) \in B\}$ 简记为 $\{X \in B\}$. 本文只涉及博雷尔集 $D \in \mathscr{B}$, 其中 $\mathscr{B}$ 为博雷尔 σ 代数 (见例 1.5.6).

引理 2.3.9 (1) 设 X 是 Ω 上的函数, 则 X 为随机变量当且仅当对任意 $B \in \mathscr{B}$, $\{X \in B\} \in \mathscr{F}$.

(2) 设 $f : \mathbb{R} \to \mathbb{R}$, 则 f 为博雷尔函数当且仅当对任意 $B \in \mathscr{B}$, $\{x : f(x) \in B\} \in \mathscr{B}$.

证明留为习题. 根据引理 2.3.9, 若 X 为随机变量, 则对任意博雷尔集 B, 事件 $\{X \in B\}$ 在 $\mathscr{F}$ 中, 因此可以谈论其概率. 称 $(\mathbb{R}, \mathscr{B})$ 上的概率为**概率分布**, 简称**分布**. 任意随机变量 X 都诱导出 $\mathbb{R}$ 上的一个分布:
$$B \mapsto P(X \in B), \quad \forall B \in \mathscr{B}.$$

称之为 X 的**分布**. 可以验证, 上式定义的函数确实是 $(\mathbb{R}, \mathscr{B})$ 上的概率, 即它满足定义 1.5.8 中的三条性质. 由扩张的唯一性 (见附录 A 中的定理 A.0.3), X 的分布由其分布函数完全确定.

定义 2.3.10 若两个随机变量 X 与 Y 的分布函数相同, 即对任意 $x \in \mathbb{R}$, $F_X(x) = F_Y(x)$ 恒成立, 则称 X 与 Y **同分布**, 记为 $X \stackrel{d}{=} Y$.

若定义在同一概率空间的两个随机变量 X 与 Y 满足 $P(\{\omega : X(\omega) = Y(\omega)\}) = 1$, 则称 X **几乎必然等于** Y, 或 X 与 Y **几乎必然相等**, 记为 $X = Y$ a.s..

例 2.3.11 (示性函数) 设 $(\Omega, \mathscr{F}, P)$ 为概率空间, A 为事件. 事件 A 的**示性函数**定义为
$$\mathbf{I}_A(\omega) := \begin{cases} 1, & \omega \in A, \\ 0, & \omega \notin A, \end{cases}$$

则 $\mathbf{I}_A$ 服从伯努利分布, 参数为 $p = P(A)$. 反过来, 设随机变量 X 服从伯努利分布 $B(1, p)$. 令 $A = \{X = 1\}$, $B = \{X = 0\}$, $C = \Omega \setminus (A \cup B) = \{\omega : X(\omega) \neq 0 \text{ 或 } 1\}$, 则

$P(C) = 0$ 且对任意 $\omega \notin C$, $X(\omega) = \mathbf{I}_A(\omega)$. 因此 $X = \mathbf{I}_A$ a.s.. 综上, X 服从伯努利分布当且仅当 X 几乎必然等于某事件的示性函数. □

若 X 与 Y 几乎必然相等, 则 X 与 Y 同分布. 证明只需一句话,

$$F_X(x) = P(X \leqslant x) = P(X \leqslant x, X = Y) = P(Y \leqslant x, X = Y) = P(Y \leqslant x) = F_Y(y).$$

反之不然. 譬如, 若 X 服从标准正态分布 $N(0,1)$, 则 X 与 $-X$ 同分布, 但 $P(X = -X) = 0$. 再如下例.

例 2.3.12 将抛骰子的古典概型记为 $(\Omega_2, \mathscr{F}_2, P_2)$. 取

$$Z(1) = Z(2) = Z(3) = 1, \quad Z(4) = Z(5) = Z(6) = 0;$$
$$W(1) = W(3) = W(5) = 1, \quad W(2) = W(4) = W(6) = 0.$$

将抛硬币的古典概型记为 $(\Omega_1, \mathscr{F}_1, P_1)$, 取

$$X(H) = 1, X(T) = 0; \quad Y(H) = 0, Y(T) = 1.$$

上述四个随机变量 X, Y, Z 和 W 全部服从成功率为 $1/2$ 的伯努利分布, 因此它们全都同分布. 其中 X 与 Y 的取值并不是几乎必然相等的, 事实上, 它们在任意样本点上的取值都不相等; X 与 Z 甚至出自不同的概率模型. □

设 X 是随机变量. 若 $X = Y$ a.s., 则研究 X 等价于研究 Y. 在这个意义下, 随机变量甚至只需要几乎必然有定义, 即在某个概率为 1 的事件上有定义即可. 譬如, 将伯努利试验中第一次见到正面时的试验次数记为 X, 则在全为反面的这一样本上 X 函数值为无穷大而不是实数. 但不必在意这一细节, 因为该字符串出现的概率为 0. 许多随机变量的性质其实是由其分布函数所决定的, 例如下一章介绍的数学期望. 因此在很多场合只需知道随机变量的分布 (分布列、密度函数、分布函数), 而不涉及随机变量背后的概率空间及其函数关系.

*四、广义随机变量、可测映射与随机元

考虑广义实数集 $\hat{\mathbb{R}} := \mathbb{R} \cup \{-\infty, \infty\}$. 对任意 $a \in \mathbb{R}$, 定义序关系: $-\infty < a$ 且 $a < \infty$. 若 $X: \Omega \to \hat{\mathbb{R}}$ 满足: 对任意 $x \in \mathbb{R}$, $\{X \leqslant x\} \in \mathscr{F}$, 则称 X 为**广义随机变量**. 设 X 为广义随机变量, 则 $\{X = \infty\} \in \mathscr{F}$, 因为其补集为

$$\bigcup_{n=1}^{\infty} \{X \leqslant n\} \in \mathscr{F}, \quad \{X = -\infty\} = \bigcap_{n=1}^{\infty} \{X \leqslant -n\} \in \mathscr{F};$$

对任意 $a \in \mathbb{R}$, $\{-\infty < X \leqslant a\} = \{X \leqslant a\} \setminus \{X = -\infty\} \in \mathscr{F}$. 反过来, 若 $X: \Omega \to \hat{\mathbb{R}}$ 满足 $\{X = \infty\}, \{X = -\infty\}, \{-\infty < X \leqslant a\}$ 都是可测集, 其中 a 为任意实数, 则 X 是

广义随机变量. 譬如, 在成功率为 0 的伯努利试验中首次成功时的试验次数为广义随机变量, 它以概率 1 取值为 ∞.

设 $\mathbb{X}$ 为非空集合, $\mathscr{F}$ 为其上的 σ 代数. 若 $f: \mathbb{X} \to \mathbb{R}$ 满足对任意 $B \in \mathscr{B}$, $\{x: f(x) \in B\} \in \mathscr{F}$, 则称 $f(\cdot)$ 为 $(\mathbb{X}, \mathscr{F})$ 上的 (博雷尔) **可测函数**.

设 $\mathbb{X}, \mathbb{Y}$ 均为非空集合, $\mathscr{F}$ 为 $\mathbb{X}$ 上的 σ 代数, $\mathscr{G}$ 为 $\mathbb{Y}$ 上的 σ 代数, ξ 是从 $\mathbb{X}$ 到 $\mathbb{Y}$ 的映射. 若对任意 $B \in \mathscr{G}$, $\{x \in \mathbb{X}: \xi(x) \in B\} \in \mathscr{F}$, 则称 ξ 为**可测映射**.

特别地, 随机变量是 $(\Omega, \mathscr{F})$ 上的可测函数, 博雷尔函数是 $(\mathbb{R}, \mathscr{B})$ 上的可测函数. 可测函数是以 $\mathbb{R}$ 为值域的可测映射, 其上的 σ 代数选用博雷尔 σ 代数 $\mathscr{B}$.

设 $(\Omega, \mathscr{F}, \mathrm{P})$ 是概率空间, $(S, \mathscr{S})$ 是可测空间. 若 $X: \Omega \to S$ 为可测映射, 则称 X 为取值于 S 的**随机元**. 进一步, 对任意 $B \in \mathscr{G}$, 事件 $\{\omega: X(\omega) \in B\}$ 在 $\mathscr{F}$ 中, 将该事件简记为 $\{X \in B\}$, 其概率记为 $\mathrm{P}(X \in B)$. 于是 X 诱导出 $\mathscr{S}$ 上的一个概率, 定义如下:

$$B \mapsto \mathrm{P}(X \in B), \quad \forall B \in \mathscr{G}.$$

称此概率为 X 的**分布**. 譬如, 在广义实数集 $\hat{\mathbb{R}}$ 上取 σ 代数 $\hat{\mathscr{B}} := \{B \cup C : B \in \mathscr{B}, C \subseteq \{-\infty, \infty\}\}$, 则广义随机变量为取值于 $\hat{\mathbb{R}}$ 的随机元.

补充知识: 勒贝格积分

若 $f(\cdot)$ 为非负的博雷尔函数, $f(\cdot)$ 的勒贝格积分值定义如下:

$$\int_{-\infty}^{\infty} f(x) \mathrm{d}x := \lim_{n \to \infty} \sum_{k=1}^{\infty} \frac{k}{n} \cdot \lambda\Big(\Big\{x: \frac{k}{n} \leqslant f(x) < \frac{k+1}{n}\Big\}\Big),$$

其中 $\lambda(\cdot)$ 为勒贝格测度 (见 §1.5 中的补充知识). 上式中的极限总是存在的, 但有可能为 ∞. 对任意 $B \in \mathscr{B}$, $f \cdot \mathbf{I}_B : x \mapsto f(x) \cdot \mathbf{I}_{\{x \in B\}}$ 也是非负的博雷尔函数. 令

$$\int_B f(x) \mathrm{d}x := \int_{-\infty}^{\infty} f(x) \cdot \mathbf{I}_{\{x \in B\}} \mathrm{d}x.$$

称之为 $f(\cdot)$ 在 B 上的积分值.

设 $\tilde{f}(\cdot)$ 也是非负的博雷尔函数. 若 $\lambda(\{x: \tilde{f}(x) \neq f(x)\}) = 0$, 则称 $\tilde{f}(\cdot)$ 几乎处处等于 $f(\cdot)$, 记为 $\tilde{f} = f$ a.e.. 其中 "a.e." 是英文 "almost everywhere" 的缩写. 一般地, 若去除一个勒贝格测度为 0 的博雷尔集后, 某性质恒成立, 则称该性质几乎处处成立. 譬如, $f \geqslant 0$ a.e., $\tilde{f} \leqslant f$ a.e. 等. 设 $\tilde{f} = f$ a.e.. 可以证明对任意 $B \in \mathscr{B}$, $\tilde{f} \cdot \mathbf{I}_B = f \cdot \mathbf{I}_B$ a.e., 从而 $\int_B \tilde{f}(x) \mathrm{d}x = \int_B f(x) \mathrm{d}x$. 反过来, 可以证明若对任意 $B \in \mathscr{B}$, $\int_B \tilde{f}(x) \mathrm{d}x = \int_B f(x) \mathrm{d}x$, 则 $\tilde{f} = f$ a.e., 参见 [1] 的第三章习题 4.

设 $B = (a, b]$, $C = [a, b]$ 或 (a, b) 或 $[a, b)$, 则 $f \cdot \mathbf{I}_B = f \cdot \mathbf{I}_C$ a.e.. 因此 $\int_B f(x) \mathrm{d}x =$

$\int_C f(x)\mathrm{d}x$. 换言之, $f(\cdot)$ 在区间上的积分值不依赖于区间端点的开/闭状态. 将此积分值记为 $\int_a^b f(x)\mathrm{d}x$. 可以看出, 在上述讨论中, a 可以改为 $-\infty$, b 可以改为 ∞.

设 X 为随机变量, $p(\cdot)$ 为其概率密度函数, 则

$$P(X \in B) = \int_B p(x)\mathrm{d}x, \quad \forall B \in \mathscr{B}.$$

这是因为上式左、右两端都定义了 $\mathbb{R}$ 上的分布, 它们在 $\mathscr{P} = \{(-\infty, x] : x \in \mathbb{R}\}$ 上吻合. 由扩张的唯一性 (见附录 A 中的定理 A.0.3), 这两个分布完全吻合.

进一步, 设 $q(\cdot)$ 是非负博雷尔函数, 则 $q(\cdot)$ 是 X 的密度函数当且仅当 $q(\cdot) = p(\cdot)$ a.e.. 因此, $p_X(\cdot)$ 指的是这族几乎处处相等的非负博雷尔函数中的任意一个.

下面取消非负性假设. 设 $f(\cdot)$ 为博雷尔函数, 记 $f^+(x) = f(x) \cdot \mathbf{I}_{\{f(x)\geqslant 0\}}$, $f^-(x) = -f(x) \cdot \mathbf{I}_{\{f(x)<0\}}$, 它们都是非负函数. 若 $\int_{-\infty}^{\infty} f^+(x)\mathrm{d}x$ 与 $\int_{-\infty}^{\infty} f^-(x)\mathrm{d}x$ 不同时为 ∞, 则定义

$$\int_{-\infty}^{\infty} f(x)\mathrm{d}x := \int_{-\infty}^{\infty} f^+(x)\mathrm{d}x - \int_{-\infty}^{\infty} f^-(x)\mathrm{d}x,$$

并称它为 $f(\cdot)$ 的积分值. 如此定义的积分值关于被积函数 $f(\cdot)$ 是线性的, 其中

$$\int_{-\infty}^{\infty} \big(f(x) + g(x)\big)\mathrm{d}x = \int_{-\infty}^{\infty} f(x)\mathrm{d}x + \int_{-\infty}^{\infty} g(x)\mathrm{d}x$$

的前提条件是等号右边的两个积分值不是一个为 ∞ 且另一个为 $-\infty$ 的情形.

习题

1. 求如下分布的分布函数, 并作图示意: (1) 伯努利分布 $B(1, p)$; (2) 几何分布 $G(p)$; (3) 泊松分布 $P(\lambda)$. (其中 $0 < p < 1$, $\lambda > 0$)

2. 求如下分布的分布函数, 并作图示意: (1) 均匀分布 $U(a, b)$; (2) 指数分布 $\mathrm{Exp}(\lambda)$. (其中 $a < b$, $\lambda > 0$)

3. 设随机变量 X 的密度函数如下:

$$f(x) = \begin{cases} c(1-x^2), & -1 < x < 1, \\ 0, & \text{其他}. \end{cases}$$

(1) 求常数 c; (2) 求 X 的分布函数, 并作示意图.

4. (生存分析) 设 X 是非负的连续型随机变量, 譬如, 电子元件的使用时间. 将其密度函数与尾分布函数分布记为 $p(\cdot)$, $G(\cdot)$. 令 $\lambda(x) := p(x)/G(x)$, $x > 0$, 称之为**失效率函数**. (1) 证明: 若 $\lambda(x) \equiv \lambda > 0$, 则 $X \sim G(\lambda)$; (2) 设 X 服从威布尔分布 $W(m, \alpha)$, 求失效率函数 $\lambda(\cdot)$. (注: 可利用例 2.2.9 的结论.)

5. 证明引理 2.3.9. (提示: 记 $\mathscr{P} = \{(-\infty, x] : x \in \mathbb{R}\}$, $\mathscr{G} = \{\{X \leqslant x\} : x \in \mathbb{R}\}$, $\mathscr{H} = \{\{X \in B\} : B \in \mathscr{B}\}$. 利用 $\mathscr{B} = \sigma(\mathscr{P})$ 证明 $\mathscr{H} = \sigma(\mathscr{G})$.)

6. 设 $\phi(x)$ 为连续可导的密度函数. 证明: 若 $\phi'(x) = -x\phi(x)$, 则 $\phi(x) = \dfrac{1}{\sqrt{2\pi}} e^{-x^2/2}$.

§2.4 随机向量

假设 n 为正整数, $X_1, \cdots, X_n$ 都是 $(\Omega, \mathscr{F})$ 上的随机变量. 令

$$\vec{X} : \Omega \to \mathbb{R}^n, \quad \omega \mapsto (X_1(\omega), \cdots, X_n(\omega)).$$

称 $\vec{X}$ 为 $(\Omega, \mathscr{F})$ 上的 n 维**随机向量**. 需要强调的是, $X_1, \cdots, X_n$ 是同一个样本空间 Ω 上的函数, 也就是 n 个随机变量. 特别地, 随机变量就是一维随机向量.

设 $\vec{X}$ 是 n 维随机向量, 则对任意 n 维博雷尔集 B, $\{\vec{X} \in B\} := \{\omega : \vec{X}(\omega) \in B\} \in \mathscr{F}$. 因此可以谈论该事件的概率. 以 $n = 2$ 为例. 设 (X, Y) 是二维随机向量, 则事件 $\{\omega : X(\omega) = x, Y(\omega) = y\}$ 可简记为 $\{X = x, Y = y\}$. 当该事件出现在概率或条件概率中时, 可以省略花括号. 譬如, 其概率简记为 $\mathrm{P}(X = x, Y = y)$. 类似地, $\mathrm{P}(X \leqslant x, Y \leqslant y)$, $\mathrm{P}(X^2 + Y^2 \leqslant 1)$ 等也是相应事件概率的简写.

一、离散型随机向量

先以二维情形为例介绍. 假设 (X, Y) 是 $(\Omega, \mathscr{F}, \mathrm{P})$ 上的随机向量. 若存在 $\mathbb{R}^2$ 中的可数点集 D, 使得 $\mathrm{P}((X, Y) \in D) = 1$, 则称 (X, Y) 为**离散型随机向量**. 设 X 和 Y 都是离散型随机变量. 将它们的所有可能取值记为 $\{x_i : i \in I\}$ 和 $\{y_j : j \in J\}$, 其中 I, J 是可数集. 因为 $D = \{(x_i, y_j) : i \in I, j \in J\}$ 是可数集且 $\mathrm{P}((X, Y) \notin D) = 0$, 所以 (X, Y) 是离散型随机向量. 反过来, 若 (X, Y) 是离散型随机向量, 则 X, Y 都是离散型随机变量, 且 $\{x : 存在 y 使得 (x, y) \in D\}$ 与 $\{y : 存在 x 使得 (x, y) \in D\}$ 分别是上述 $\{x_i : i \in I\}$ 和 $\{y_j : j \in J\}$. 换言之, (X, Y) 为离散型随机向量当且仅当 X 与 Y 都是离散型随机变量. 称

$$\mathrm{P}(X = x_i, Y = y_j) = p_{ij}, \quad i \in I, j \in J$$

为 (X, Y) 的**联合分布列**. 为了符号更清晰, p_{ij} 有时也记为 $p_{i,j}$. 与随机变量的分布列类似, $p_{ij} \geqslant 0$, $\sum\limits_{i \in I, j \in J} p_{ij} = 1$. 需要注意的是某些 p_{ij} 可能为零.

例 2.4.1 在成功率为 p 的伯努利试验中, 将首次成功 (出现正面) 时的试验次数记为 X, 前 n 次试验中成功 (出现正面) 次数记为 Y, 其中 $0 < p < 1$. 试求 (X, Y) 的联

合分布列.

解 在 §2.1 中已经介绍过, $X \sim G(p)$, $Y \sim B(n,p)$. 将 $\mathrm{P}(X=i, Y=j)$ 记为 p_{ij}, 其中 i 为正整数, $j = 0, 1, \cdots, n$.

若 $1 \leqslant i \leqslant n$, 则 $X = i$ 蕴涵着前 $i-1$ 次均失败 (出现反面), 第 i 次获得成功 (出现正面). 此时, 接下来的 $n-i$ 次 (从第 $i+1$ 次到第 n 次) 中的成功次数加 1 即为 Y. 于是当 $j > n - i + 1$ 时, $p_{ij} = 0$, 且

$$p_{ij} = \mathrm{C}_{n-i}^{j-1} p^j (1-p)^{n-j}, \quad i = 1, \cdots, n;\ j = 1, \cdots, n-i+1.$$

若 $i \geqslant n+1$, 则前 n 次均失败 (出现反面), 即 $X \geqslant n+1$ 蕴涵着 $Y = 0$. 因此对任意 $j \geqslant 1$, $p_{ij} = 0$, 且

$$p_{i0} = (1-p)^{i-1} p, \quad i = n+1, n+2, \cdots.$$

以上即是 (X, Y) 的联合分布列. □

一般地, 设 $\vec{X} = (X_1, \cdots, X_n)$ 是 n 维随机向量. 若存在 $\mathbb{R}^n$ 中的可数子集 D, 使得 $\mathrm{P}(\vec{X} \in D) = 1$, 则称 $\vec{X}$ 是**离散型随机向量**. $\vec{X}$ 为离散型随机向量当且仅当 $X_1, \cdots, X_n$ 都是离散型随机变量. 设 X_r 的所有可能取值组成的集合为 $\{x_i^{(r)} : i \in I_r\}$. 称

$$\{\mathrm{P}(X_1 = x_{i_1}^{(1)}, \cdots, X_n = x_{i_n}^{(n)}) : i_1 \in I_1, \cdots, i_n \in I_n\}$$

为 $\vec{X}$ 的**联合分布列**. 对于离散型随机向量, 同分布等价于它们的联合分布列相同.

例 2.4.2 (多项分布) 某骰子有 k 个面, 第 i 个面出现的概率为 p_i, $i = 1, \cdots, k$. 其中 $p_1, \cdots, p_k > 0$, $p_1 + \cdots + p_k = 1$. 投掷该骰子 n 次, 第 i 个面出现了 X_i 次, 则 $X_k = n - (X_1 + \cdots + X_{k-1})$. 试求 $(X_1, \cdots, X_{k-1})$ 的联合分布列.

解 若 $i_1, \cdots, i_{k-1}$ 为非负整数且 $i_1 + \cdots + i_{k-1} \leqslant n$, 记 $i_k := n - (i_1 + \cdots + i_{k-1})$, 则

$$\mathrm{P}(X_1 = i_1, \cdots, X_{k-1} = i_{k-1}) = \frac{n!}{i_1! \cdots i_{k-1}! i_k!} p_1^{i_1} \cdots p_{k-1}^{i_{k-1}} p_k^{i_k}.$$

否则, $\mathrm{P}(X_1 = i_1, \cdots, X_{k-1} = i_{k-1}) = 0$. 称 $(X_1, \cdots, X_{k-1})$ 服从 k 项分布. 当 $k = 2$ 时, X_1 服从二项分布. 注意服从 k 项分布的随机向量是 $k-1$ 维的, 譬如, 服从二项分布的随机变量是一维的. □

例 2.4.3 (多项超几何分布) 今有 k 种等级的产品共 N 个, 其中第 i 种等级的产品有 N_i 个, $i = 1, \cdots, k$. 从中任取 n 个产品, 取到第 i 种等级的产品共 X_i 个, 则 $X_k = n - (X_1 + \cdots + X_{k-1})$. 求 $(X_1, \cdots, X_{k-1})$ 的联合分布列.

解 若 $i_1, \cdots, i_{k-1}$ 为非负整数且 $i_1 + \cdots + i_{k-1} \leqslant n$, 则记 $i_k := n - (i_1 + \cdots + i_{k-1})$, 推出

$$\mathrm{P}(X_1 = i_1, \cdots, X_{k-1} = i_{k-1}) = \frac{\mathrm{C}_{N_1}^{i_1} \cdots \mathrm{C}_{N_k}^{i_k}}{\mathrm{C}_N^n}.$$

否则, $P(X_1 = i_1, \cdots, X_{k-1} = i_{k-1}) = 0$. 称 $(X_1, \cdots, X_{k-1})$ 服从 k 项超几何分布. 当 $k = 2$ 时, X_1 服从超几何分布. □

二、连续型随机向量

先以二维情形为例介绍. 设 $p(\cdot, \cdot) : \mathbb{R}^2 \to \mathbb{R}$, $(x, y) \mapsto p(x, y)$. 若 $p(\cdot, \cdot)$ 为非负的可测函数, 并且 $\iint_{\mathbb{R}^2} p(x, y) \mathrm{d}x \mathrm{d}y = 1$, 则称 $p(\cdot, \cdot)$ 为**联合 (概率) 密度函数**.

注 2.4.4 上述积分可以理解为二重积分, 也可以理解为累次积分, 先对 x 积分或先对 y 积分均可. 本书涉及的联合密度函数均为连续函数或在有限条直线或曲线上不连续的函数, 因此可以认为上述积分为黎曼积分. 对于一般的可测函数, 上述积分指的是勒贝格积分, 定义参照上节的补充知识.

设 (X, Y) 是 $(\Omega, \mathscr{F}, P)$ 上的二维随机向量. 若存在概率密度函数 $p(\cdot, \cdot)$ 使得 (X, Y) 的**联合分布函数** $F_{X,Y}(x, y) = P(X \leqslant x, Y \leqslant y)$ 具有如下表达式:

$$F_{X,Y}(x, y) = \int_{-\infty}^{x} \left(\int_{-\infty}^{y} p(u, v) \mathrm{d}v \right) \mathrm{d}u, \quad \forall x, y \in \mathbb{R},$$

则称 (X, Y) 为**连续型随机向量**, 称 $p(\cdot, \cdot)$ 为 (X, Y) 的**联合 (概率) 密度函数**, 记为 $p_{X,Y}(\cdot, \cdot)$. 若 (x, y) 为联合密度函数的连续点, 则

$$\frac{\partial^2 F_{X,Y}(x, y)}{\partial x \partial y} = p_{X,Y}(x, y) = \lim_{\mathrm{Vol}_2(D) \to 0} \frac{P((X, Y) \in D)}{\mathrm{Vol}_2(D)},$$

其中 D 为以 (x, y) 为内点的区域, 譬如以 (x, y) 为中心且以 r 为半径的球. 令 $r \to 0$, 即 $\mathrm{Vol}_2(D) \to 0$.

注 2.4.5 设 (X, Y) 是连续型随机向量. 若 D 为圆、多边形、第一象限等二维几何区域, 则

$$P((X, Y) \in D) = \iint_D p_{X,Y}(x, y) \mathrm{d}x \mathrm{d}y.$$

上述积分可以理解为二重积分, 也可以理解为累次积分. 若 D 为曲线、折线等一维几何对象, 则 $P((X, Y) \in D) = 0$. 特别地, $P(X = Y) = 0$. 这些结论是很直观且容易接受的, 其严格证明可以在实变函数论或测度论中完成.

设 $\mu_1, \mu_2 \in \mathbb{R}$, $\sigma_1, \sigma_2 > 0$, $\rho \in (-1, 1)$. 记

$$I(u, v) = u^2 - 2\rho u v + v^2.$$

若 (X, Y) 的联合密度函数如下:

$$p(x, y) = \frac{1}{2\pi \sigma_1 \sigma_2 \sqrt{1 - \rho^2}} \exp \left\{ -\frac{1}{2(1 - \rho^2)} I\left(\frac{x - \mu_1}{\sigma_1}, \frac{y - \mu_2}{\sigma_2} \right) \right\},$$

则称 (X,Y) 服从**二维正态分布**, 记为 $(X,Y) \sim N(\mu_1, \mu_2, \sigma_1^2, \sigma_2^2, \rho)$. 由下面的例 2.4.6, $p(\cdot, \cdot)$ 确实为联合密度函数. 如图 2.3 所示, 将 $p(x,y)$ 视为 x(或 y) 的函数, 在忽略常数倍的意义下形如正态分布的密度函数. 此外, 从联合密度函数的表达式可见, 其等高线是椭圆.

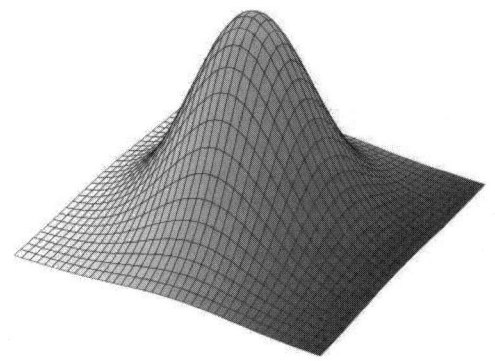

图 2.3 二维正态分布的联合密度函数的图像

例 2.4.6 $\int_{-\infty}^{\infty} p(x,y) \mathrm{d}y = \frac{1}{\sqrt{2\pi\sigma_1^2}} \mathrm{e}^{-\frac{(x-\mu_1)^2}{2\sigma_1^2}}$, $\int_{-\infty}^{\infty} p(x,y) \mathrm{d}x = \frac{1}{\sqrt{2\pi\sigma_2^2}} \mathrm{e}^{-\frac{(y-\mu_1)^2}{2\sigma_1^2}}$.

进一步,
$$\iint_{\mathbb{R}^2} p(x,y) \mathrm{d}x \mathrm{d}y = 1.$$

证 记 $u = \dfrac{x - \mu_1}{\sigma_1}$, $v = \dfrac{y - \mu_2}{\sigma_2}$, $C = \dfrac{1}{2\pi\sigma_1\sigma_2\sqrt{1-\rho^2}}$, 则

$$\begin{aligned}
\int_{-\infty}^{\infty} p(x,y)\mathrm{d}y &= C \int_{-\infty}^{\infty} \exp\left\{ -\frac{1}{2(1-\rho^2)} I(u,v) \right\} \mathrm{d}y \\
&= C \int_{-\infty}^{\infty} \exp\left\{ -\frac{(v-\rho u)^2 + (1-\rho^2)u^2}{2(1-\rho^2)} \right\} \sigma_2 \mathrm{d}v \\
&= C\sigma_2 \mathrm{e}^{-\frac{u^2}{2}} \int_{-\infty}^{\infty} \exp\left\{ -\frac{(v-\rho u)^2}{2(1-\rho^2)} \right\} \mathrm{d}v \\
&= C\sigma_2 \mathrm{e}^{-\frac{u^2}{2}} \cdot \sqrt{2\pi(1-\rho^2)} = \frac{1}{\sqrt{2\pi\sigma_1^2}} \mathrm{e}^{-\frac{u^2}{2}} = \frac{1}{\sqrt{2\pi\sigma_1^2}} \mathrm{e}^{-\frac{(x-\mu_1)^2}{2\sigma_1^2}}.
\end{aligned}$$

同理,
$$\int_{-\infty}^{\infty} p(x,y) \mathrm{d}x = \frac{1}{\sqrt{2\pi\sigma_2^2}} \mathrm{e}^{-\frac{(y-\mu_2)^2}{2\sigma_2^2}}.$$

进一步, 在以上结论中对第二个变元积分便知 $\iint_{\mathbb{R}^2} p(x,y) \mathrm{d}x \mathrm{d}y = 1$. □

一般地, 设 $p(\cdot) : \mathbb{R}^n \to \mathbb{R}$ 为非负可测函数. 若 $\int_{\mathbb{R}^n} p(x_1, \cdots, x_n) \mathrm{d}x_1 \cdots \mathrm{d}x_n = 1$, 则称 $p(\cdot)$ 为 n 维**联合 (概率) 密度函数**. 设 $\vec{X} = (X_1, \cdots, X_n)$ 是 n 维随机向量,

$\vec{x} = (x_1, \cdots, x_n) \in \mathbb{R}^n$. 称

$$F_{\vec{X}}(\vec{x}) := \mathrm{P}(X_1 \leqslant x_1, \cdots, X_n \leqslant x_n), \quad \forall \, \vec{x} \in \mathbb{R}^n$$

为随机向量 $\vec{X}$ 的**联合分布函数**, 也记为 $F_{X_1,\cdots,X_n}(x_1,\cdots,x_n)$. 若

$$F_{\vec{X}}(\vec{x}) = \int_{-\infty}^{x_1} \cdots \int_{-\infty}^{x_{n-1}} \left(\int_{-\infty}^{x_n} p(y_1, \cdots, y_n) \mathrm{d}y_n \right) \mathrm{d}y_{n-1} \cdots \mathrm{d}y_1,$$

则称 $\vec{X}$ 为**连续型随机向量**, 称上式中的被积函数为 $\vec{X}$ 的**联合 (概率) 密度函数**, 记为 $p_{\vec{X}}(\cdot)$.

设 S 为 $\mathbb{R}^n$ 中的开区域, 且 $0 < \mathrm{Vol}_n(S) < \infty$. 这里 Vol_n 表示 n 维体积, 如果从上下文维数已经明显, 无需再强调, 也可简写为 Vol. 若 n 维随机向量 $\vec{X}$ 满足对 S 的任意子区域 D, $\mathrm{P}(\vec{X} \in D) = \mathrm{Vol}_n(D)/\mathrm{Vol}_n(S)$, 则称 $\vec{X}$ 服从 S 上的**均匀分布**, 记为 $\vec{X} \sim U(S)$. 可以看出, $\vec{X} \sim U(S)$ 当且仅当 $\vec{X}$ 为连续型随机向量, 其联合密度为 $p_{\vec{X}}(\vec{x}) = \dfrac{1}{\mathrm{Vol}_n(S)} \cdot \mathbf{I}_{\{\vec{x} \in S\}}$.

例 2.4.7 设 $S = \{(x,y) \in \mathbb{R}^2 : x \geqslant 0, y \geqslant 0 \text{ 且 } x + y \leqslant 1\}$, $(X,Y) \sim U(S)$. 求 $\mathrm{P}(X \leqslant Y)$.

解 记 $D = \{(x,y) \in S : x \leqslant y\}$, 则 D 和 S 的面积分别为 $\dfrac{1}{4}$ 和 $\dfrac{1}{2}$. 因此

$$\mathrm{P}(X \leqslant Y) = \mathrm{P}((X,Y) \in D) = \frac{1/4}{1/2} = \frac{1}{2}. \qquad \square$$

*三、一般形式的随机向量

设 $\vec{X}$ 为 n 维随机向量. 称

$$\mu_{\vec{X}}(B) := \mathrm{P}(\vec{X} \in B), \quad \forall B \in \mathscr{B}^n$$

为 $\vec{X}$ 的**联合分布**. 由扩张的唯一性 (见附录 A 中的定理 A.0.3), $\vec{X}$ 的联合分布 $\mu_X(\cdot)$ 由其联合分布函数 $F_{\vec{X}}(\cdot)$ 完全确定. 设 $\vec{X} = (X_1, \cdots, X_n)$, $\vec{Y} = (Y_1, \cdots, Y_n)$ 都是 n 维随机向量. 若 $\vec{X}$ 与 $\vec{Y}$ 具有相同的联合分布函数, 则称 $\vec{X}$ 与 $\vec{Y}$ **同分布**, 记为 $\vec{X} \stackrel{\mathrm{d}}{=} \vec{Y}$. 若 $\mathrm{P}(\vec{X} = \vec{Y}) = 1$, 则称 $\vec{X}$ 与 $\vec{Y}$ **几乎必然相等**, 记为 $\vec{X} = \vec{Y}$ a.s.. 类似的记号也适用于不等式. 譬如, 若 $\mathrm{P}(Y \leqslant X^2) = 1$, 则称 Y 几乎必然小于或等于 X^2, 记为 $Y \leqslant X^2$ a.s.. 又譬如, 若 $\mathrm{P}(X^2 + Y^2 \leqslant 1) = 1$, 则记为 $X^2 + Y^2 \leqslant 1$ a.s..

例 2.4.8 设 $U \sim U(0, 2\pi)$. 令 $X = \cos U$, $Y = \sin U$, 则 (X,Y) 取值于单位圆周 S^1. 一方面, (X,Y) 不是离散型随机向量, 因为它取值于任意单点的概率都为 0. 另一方面, (X,Y) 以概率 1 属于单位圆周, 因此根据注 2.4.5, (X,Y) 不是连续型随机向量. $\square$

在例 2.4.8 中, 对 S^1 的任意弧 D, $\mathrm{P}((X,Y) \in D)$ 等于 D 的弧长与 S^1 的总长度之比. 一般地, 假设 $\vec{X}$ 是 n 维随机向量, S 为 $\mathbb{R}^n$ 中的 m 维几何对象, 且其 m 维体积为

正实数, 其中 $m \leqslant n$. 若对于 S 的任意子集 D, $\mathrm{P}(\vec{X} \in D)$ 等于 D 的 m 维体积与 S 的 m 维体积之比, 则称 $\vec{X}$ 服从 S 上的**均匀分布**. 譬如, 在例 2.4.8 中, $(X,Y) \sim U(S^1)$.

例 2.4.9 设 $(X,Y,Z) \sim U(S)$, 其中 $S = \{(x,y,z) : x,y,z \geqslant 0 \text{ 且 } x+y+z = 1\}$ 是 $\mathbb{R}^3$ 中的三角形 (二维区域). 对 S 的任意子集 D, 记 $\hat{D} = \{(x,y) : (x,y,z) \in D\}$. 反过来, 从 $\hat{D}$ 可以还原区域 D: $D = \{(x,y,1-x-y) : x,y \in \hat{D}\}$. 譬如, $\hat{S} = \{(x,y) : x,y \geqslant 0 \text{ 且 } x+y \leqslant 1\}$, 则 $\mathrm{P}((X,Y) \in \hat{D}) = \mathrm{P}((X,Y,Z) \in D) = \mathrm{Vol}_2(D)/\mathrm{Vol}_2(S) = \mathrm{Vol}_2(\hat{D})/\mathrm{Vol}_2(\hat{S})$. 因此, (X,Y) 是二维连续型随机向量, 它服从 $U(\tilde{S})$.

反过来, 若 $(\hat{X}, \hat{Y}) \sim U(\tilde{S})$, 令 $\hat{Z} = 1 - \hat{X} - \hat{Y}$, 则 $(\hat{X}, \hat{Y}, \hat{Z})$ 与 (X,Y,Z) 同分布, 因此它也服从 $U(S)$. □

在以上两例中, 随机变量的维数都高于其本质维数. 具体地, 在例 2.4.8 中, S^1 是 $\mathbb{R}^2$ 的子集, 但其本质维数是 1, 参数化表达为: $u \in [0, 2\pi)$ 对应 $(\cos u, \sin u)$. 在例 2.4.9 中, S 是 $\mathbb{R}^3$ 的子集, 但其本质维数是 2, 参数化表达为: $(x,y) \in \hat{S}$ 对应 $(x,y,1-x-y)$. 在某些情形, 参数化表达对于认识随机向量的分布有较大帮助, 以上两例都是. 但也存在并不适合进行参数化表达的情形, 此时应该通过具体模型中的特殊性质来研究随机向量的分布. 譬如下例就利用了球对称性.

例 2.4.10 设 $(X,Y,Z) \sim U(S)$, 其中 $S = \{(x,y,z) : x^2 + y^2 + z^2 = 1\}$ 是 $\mathbb{R}^3$ 中的单位球面, 则 (X,Y,Z) 的分布具有球对称性: 对 $\mathbb{R}^3$ 上的任意正交变换 f, $f(X,Y,Z) \stackrel{\mathrm{d}}{=} (X,Y,Z)$. 这是因为对任意 S 的子区域 D, $\hat{D} := \{(x,y,z) : f(x,y,z) \in D\}$ 与 D 具有相同的曲面面积, 于是 $\mathrm{P}(f(X,Y,Z) \in D) = \mathrm{P}((X,Y,Z) \in \hat{D}) = \mathrm{P}((X,Y,Z) \in D)$.

如果进行参数化表达, 取 $u \in [0, 2\pi]$, $v \in (-\pi/2, \pi/2)$, 将 (u,v) 对应于球面 (南北极除外) 上的点 $(\cos u \cdot \cos v, \cos u \cdot \sin v, \sin u)$, 则作为参数的 (U,V) 是二维连续型随机向量, 但其联合密度比较复杂, 并且从 (U,V) 的联合密度也不容易看出 (X,Y,Z) 的球对称性.

类似地, 设 $\vec{X}$ 是 n 维随机向量. 若 $\vec{X} \sim U(S^{n-1})$, 其中 S^{n-1} 是 $\mathbb{R}^n$ 中的单位球面 $\{(x_1, \cdots, x_n) : x_1^2 + \cdots + x_n^2 = 1\}$, 则对 $\mathbb{R}^n$ 上的任意正交变换 f, $f(\vec{X}) \stackrel{\mathrm{d}}{=} \vec{X}$. □

例 2.4.11(随机矩阵) 假设 m, n 是正整数, 将所有 $m \times n$ 的实矩阵组成的集合记为 $\mathbb{M}_{m,n}$. 设 $\{X_{ij} : i = 1, \cdots, m; j = 1, \cdots, n\}$ 是定义在概率空间 $(\Omega, \mathscr{F}, \mathrm{P})$ 上的一族随机变量. 将 X_{ij} 放在第 i 行第 j 列, 便得到一个 $m \times n$ 维矩阵, 记为 $\mathbf{M}$. 称它为随机矩阵.

随机矩阵是一种特殊的随机向量, 由于其特殊性, 带来许多有意思的新问题, 例如当 $m = n$ 时, 考察随机矩阵的最大特征值, 它是随机的, 其概率分布就很有意义. □

例 2.4.12(随机图 $G(n,p)$) 将完全图 K_n 中的每条边独立地以概率 p 保留, 以概率 $1 - p$ 删除, 便得到 K_N 的一个随机的子图, 记为 $G(n,p)$. 可以从以下两个角度理解 $G(n,p)$.

(1) 样本的角度: 将完全图的所有子图组成的集合记为 Ω, 其中有 $2^{C_N^2}$ 个元素. 对

任意子图 ω，若其中有 k 条边，则令 $p_\omega = p^k(1-p)^{C_n^2-k}$. 于是得到一个离散型概率空间 (参见例 1.5.14). 从该模型中随机取出一个样本，记为 $G(n,p)$.

(2) 随机变量的角度: 考虑成功率为 p 的伯努利试验这一概率模型，其样本 ω 为无穷长的 H-T 字符串. 将完全图 K_n 中的顶点编号 $1, 2, \cdots, n$. 对任意 $i > j$，将编号为 i 的顶点与编号为 j 的顶点之间的边为 (i,j)，则边相应地按如下顺序进行编号: $(2,1), (3,1), (3,2), (4,1), (4,2), (4,3), \cdots$. 若在伯努利试验中第 k 次出现正面，则将第 k 条边保留；否则将第 k 条边删除. 于是任意 ω 对应着 K_n 的一个子图，该子图记为 $G(n,p;\omega)$，简记为 $G(n,p)$. □

以上例子中的随机图本质上仍是随机向量，只是在特定场景具有特定含义.

习题

1. 设 (X,Y) 是二维随机向量，其联合分布函数记为 $F(x,y)$. 证明:
(1) $F(x,y)$ 关于 x 单调上升且关于 y 单调上升;
(2) 若 $x_1 < x_2$ 且 $y_1 < y_2$，则 $F(x_2, y_2) - F(x_1, y_2) - F(x_2, y_1) + F(x_1, y_1) \geqslant 0$;
(3) $\lim\limits_{x\to-\infty} F(x,y) = \lim\limits_{y\to-\infty} F(x,y) = 0$，且 $\lim\limits_{x,y\to\infty} F(x,y) = 1$;
(4) $F(x,y)$ 关于 x 右连续且关于 y 右连续.
(注: 称满足以上四条的二元函数为二维联合分布函数.)

2. 定义二元函数
$$F(x,y) = \begin{cases} 1, & x+y \geqslant 0, \\ 0, & x+y < 0. \end{cases}$$

证明: (1) 固定 y，$F(\cdot, y)$ 是分布函数; (2) 固定 x，$F(x, \cdot)$ 是分布函数; (3) 第 1 题中的 (2) 不成立.

3. 假设 $\vec{X}$ 是 $(\Omega, \mathscr{F})$ 上的 n 维随机向量. 证明: $\vec{X}$ 是从 $(\Omega, \mathscr{F})$ 到 $(\mathbb{R}^n, \mathscr{B}^n)$ 的可测映射，即对任意 n 维博雷尔集 B，$\{\vec{X} \in B\} \in \mathscr{F}$.

§2.5 边缘分布与独立性

一、边缘分布

设 $\vec{X}$ 是 n 维随机向量. 对任意 $1 \leqslant m < n$，$1 \leqslant i_1 < \cdots < i_m \leqslant n$，称 $\vec{Y} := (X_{i_1}, \cdots, X_{i_m})$ 为 $\vec{X}$ 的 m 维**边缘**，称 $\vec{Y}$ 的联合分布为 $\vec{X}$ 的 m 维**边缘 (联合) 分布**，

称 $\vec{Y}$ 的联合分布函数为 $\vec{X}$ 的**边缘 (联合) 分布函数**.

若 $\vec{X}$ 为离散型随机向量, 则其边缘均为离散型随机向量. 可由概率的可列可加性或有限可加性, 根据 $\vec{X}$ 的联合分布列求出其任意边缘分布对应的 (联合) 分布列. 称之为 $\vec{X}$ 的**边缘分布列**. 譬如, 设 (X,Y) 是二维离散型随机向量, 联合分布列为 $P(X = x_i, Y = y_j) = p_{ij}, i \in I, j \in J$, 则 X 的分布列与 Y 的分布列如下:

$$P(X = x_i) = \sum_{j \in J} p_{ij}, \quad i \in I;$$

$$P(Y = y_j) = \sum_{i \in I} p_{ij}, \quad j \in J.$$

例 2.5.1 (多项分布与超几何分布, 例 2.4.2 续) 某骰子有 k 个面, 第 i 个面出现的概率为 $p_i, i = 1, \cdots, k$. 其中, $p_1, \cdots, p_k > 0, p_1 + \cdots + p_k = 1$. 投掷该骰子 n 次, 第 i 个面出现了 X_i 次, 则 $(X_1, \cdots, X_{k-1})$ 服从 k 项分布. 其任意 ℓ 维边缘服从 $\ell + 1$ 项分布. 譬如, 若考虑 $(X_1, \cdots, X_\ell)$, 则将该骰子的第 $\ell + 1$ 到第 k 个面合并为新的第 $\ell + 1$ 个面, 便知 $(X_1, \cdots, X_\ell)$ 服从 $\ell + 1$ 项分布, 参数为 $p_1, p_2, \cdots, p_\ell, q_{\ell+1}$, 其中 $q_{\ell+1} = p_{\ell+1} + p_{\ell+2} + \cdots + p_k$.

(例 2.4.3 续) 今有 k 种等级的产品共 N 个, 其中第 i 种等级的产品有 N_i 个, $i = 1, \cdots, k$. 从中任取 n 个产品, 取到第 i 种等级的产品共 X_i 个, 则 $(X_1, \cdots, X_{k-1})$ 服从 k 项超几何分布. 其任意 ℓ 维边缘服从 $\ell+1$ 项超几何分布. 譬如, 若考虑 $(X_1, \cdots, X_\ell)$, 则将第 $\ell + 1$ 到第 k 种产品合并为新的第 $\ell + 1$ 种产品, 便知 $(X_1, \cdots, X_\ell)$ 服从 $\ell + 1$ 项超几何分布, 参数为 $N_1, N_2, \cdots, N_\ell, \hat{N}_{\ell+1}$, 其中 $\hat{N}_{\ell+1} = N_{\ell+1} + N_{\ell+2} + \cdots + N_k$. □

若 $\vec{X}$ 是连续型随机向量, 其边缘也是连续型随机变量或向量. 将它们的密度函数或联合密度函数称为 $\vec{X}$ 的**边缘密度函数**. 譬如, (X,Y) 是连续型随机向量, 则

$$P(X \leqslant x) = P(X \leqslant x, Y \in \mathbb{R}) = \int_{-\infty}^{x} \left(\int_{-\infty}^{\infty} p(u,y) \mathrm{d}y \right) \mathrm{d}u,$$

因此 X 是连续型随机变量. 同理, Y 也是连续型随机变量. 它们的密度函数分别为

$$p_X(x) = \int_{-\infty}^{\infty} p(x,y) \mathrm{d}y, \quad p_Y(y) = \int_{-\infty}^{\infty} p(x,y) \mathrm{d}x.$$

例 2.5.2 (二维正态分布) 设 $(X,Y) \sim N(\mu_1, \mu_2, \sigma_1^2, \sigma_2^2, \rho)$. 由例 2.4.6 知

$$X \sim N(\mu_1, \sigma_1^2), \quad Y \sim N(\mu_2, \sigma_2^2). \qquad \square$$

反过来, 当 X 与 Y 都是连续型随机变量时, 并不能推出 (X,Y) 是连续型随机向量. 譬如, 例 2.4.8 中, $X = \cos U, Y = \sin U$ 都是连续型随机变量, 其中 $U \sim U(0, 2\pi)$. 但 (X,Y) 不是连续型随机向量.

例 2.5.3 设 $\vec{X}$ 与 $\vec{Y}$ 都是 n 维随机向量. 若它们同分布, 则它们所有的边缘分布都相同, 即对任意 $1 \leqslant m < n, 1 \leqslant i_1 < \cdots < i_m \leqslant n, (X_{i_1}, \cdots, X_{i_m}) \stackrel{\mathrm{d}}{=} (Y_{i_1}, \cdots, Y_{i_m})$.

反之不然，所有边缘分布都相同并不能推出它们同分布. 反例如下：考虑例 2.3.12 的反例中的 X, Y. 令 $X_1 = X_2 = Y_1 = X$, $Y_2 = Y$, 则 $X_1 \stackrel{\mathrm{d}}{=} Y_1$, $X_2 \stackrel{\mathrm{d}}{=} Y_2$, 但 $\vec{X} = (X_1, X_2)$ 与 $\vec{Y} = (Y_1, Y_2)$ 不同分布. □

对于连续型随机变量，同分布等价于它们的联合密度函数相同. 这比所有边缘密度都相同的要求高.

二、随机变量的独立性

例 2.5.4(伯努利试验中的独立性) 考虑成功率为 p 的伯努利试验，其中 $0 < p < 1$. 若第 n 次出现正面，则记 $X_n = 1$, 否则记 $X_n = 0$. $X_1, X_2, \cdots$ 都是取值于 $\{0, 1\}$ 的随机变量，对任意 $x_1, \cdots, x_n \in \{0, 1\}$,

$$P(X_1 = x_1, \cdots, X_n = x_n) = P(X_1 = x_1) \cdots P(X_n = x_n).$$

直观上，关于 X_1 的事件 $\{X_1 = x_1\}$, 关于 X_2 的事件 $\{X_2 = x_2\}$, $\cdots$, 关于 X_n 的事件 $\{X_n = x_n\}$, 这 n 个事件发生与否，彼此间并不关联，互不影响. □

现将这一观念提炼升华. 假设以下涉及的随机变量都是定义在同一概率空间 $(\Omega, \mathscr{F}, P)$ 的随机变量.

定义 2.5.5 若对任意 $x_1, \cdots, x_n \in \mathbb{R}$,

$$P(X_1 \leqslant x_1, \cdots, X_n \leqslant x_n) = P(X_1 \leqslant x_1) \cdots P(X_n \leqslant x_n),$$

则称 $X_1, \cdots, X_n$ **相互独立**.

若对任意互不相等的 i, j, X_i 与 X_j 相互独立，则称 $X_1, \cdots, X_n$ **两两独立**.

若 $X_1, \cdots, X_n$ 相互独立，且对任意 i, $X_i \stackrel{\mathrm{d}}{=} X_1$, 则称它们**独立同分布**.

注 2.5.6 相互独立蕴涵着两两独立. 由扩张的唯一性（见附录 A 中的定理 A.0.3）可以证明，$X_1, \cdots, X_n$ 相互独立当且仅当对任意博雷尔集 $B_1, \cdots, B_n$,

$$P(X_1 \in B_1, \cdots, X_n \in B_n) = P(X_1 \in B_1) \cdots P(X_n \in B_n).$$

这表明 $\{X_1 \in B_1\}, \cdots, \{X_n \in B_n\}$ 这 n 个事件相互独立. 理由如下：对 $k = 2, \cdots, n$ 以及任意满足 $1 \leqslant i_1 < \cdots < i_k \leqslant n$ 的 $i_1, \cdots, i_k$, 在上式中将任意 $j \in \{1, \cdots, n\} \setminus \{i_1, \cdots, i_k\}$ 对应的 B_j 取为 $\mathbb{R}$, 便得到

$$P(X_{i_1} \in B_{i_1}, \cdots, X_{i_k} \in B_{i_k}) = P(X_{i_1} \in B_{i_1}) \cdots P(X_{i_k} \in B_{i_k}).$$

设 $X_1, \cdots, X_n$ 都是离散型随机变量. 将 X_i 的所有可能值组成的集合记为 D_i. 根据注 2.5.6, 则它们相互独立当且仅当 $\vec{X} = (X_1, \cdots, X_n)$ 的联合分布列等于所有的一维

边缘分布列的乘积, 即对任意 $x_1 \in D_1, \cdots, x_n \in D_n$,

$$P(X_1 = x_1, \cdots, X_n = x_n) = P(X_1 = x_1) \cdots P(X_n = x_n).$$

反过来, 若存在 D_1 上的函数 $f_1(\cdot), \cdots, D_n$ 上的函数 $f_n(\cdot)$, 使得对任意 $x_1 \in D_1, \cdots, x_n \in D_n$,

$$P(X_1 = x_1, \cdots, X_n = x_n) = f_1(x_1) \cdots f_n(x_n), \tag{2.5.1}$$

则 $X_1, \cdots, X_n$ 相互独立. 理由如下: 不妨假设所有的 $f_i(\cdot)$ 都是非负函数, 否则用 $|f_i(\cdot)|$ 代替 $f_i(\cdot)$. 记 $C_i = \sum\limits_{x_i \in D_i} f_i(x_i)$. 在 (2.5.1) 式中对 $x_1, \cdots, x_n$ 求和知 $C_1 \cdots C_n = 1$. 在 (2.5.1) 式中对 $x_2, \cdots, x_n$ 求和知

$$P(X_1 = x_1) = C f_1(x_1), \quad \forall x_1 \in D_1,$$

其中 $C = C_2 \cdots C_n = 1/C_1$. 上式给出 X_1 的分布列. 同理可得 $X_2, \cdots, X_n$ 的分布列, 它们均有如下表达式:

$$P(X_i = x_i) = \frac{1}{C_i} f_i(x_i), \quad \forall x_i \in D_i.$$

将上式代入 (2.5.1) 式. 由 $C_1 \cdots C_n = 1$ 知 $\vec{X}$ 的联合分布列等于所有的一维边缘分布列的乘积.

类似地, 设 $X_1, \cdots, X_n$ 都是连续型随机变量. 若它们相互独立, 则 $\vec{X} = (X_1, \cdots, X_n)$ 的联合分布函数为

$$\begin{aligned} F_{\vec{X}}(x_1, \cdots, x_n) &= P(X_1 \leqslant x_1) \cdots P(X_n \leqslant x_n) \\ &= \left(\int_{-\infty}^{x_1} p_{X_1}(y_1) \mathrm{d}y_1 \right) \cdots \left(\int_{-\infty}^{x_n} p_{X_n}(y_n) \mathrm{d}y_n \right) \\ &= \int_{-\infty}^{x_1} \cdots \int_{-\infty}^{x_{n-1}} \left(\int_{-\infty}^{x_n} p_{X_1}(y_1) \cdots p_{X_n}(y_n) \mathrm{d}y_n \right) \mathrm{d}y_{n-1} \cdots \mathrm{d}y_1. \end{aligned}$$

因此, $\vec{X}$ 是连续型随机向量, 其联合密度就是所有一维边缘密度的乘积 $p_{X_1}(x_1) \cdots p_{X_n}(x_n)$. 反过来, 若 $\vec{X}$ 是连续型随机向量, 且其联合密度有如下乘积形式:

$$p_{\vec{X}}(x_1, \cdots, x_n) = f_1(x_1) \cdots f_n(x_n), \quad x_1, \cdots, x_n \in \mathbb{R},$$

则 $X_1, \cdots, X_n$ 相互独立. 进一步, 不妨设所有 $f_i(\cdot)$ 都是非负函数, 记 $C_i = \int_{-\infty}^{\infty} f_i(x_i) \mathrm{d}x_i$, 则 $\dfrac{1}{C_i} f_i(\cdot)$ 是 X_i 的密度. 证明的过程与离散型随机变量的类似, 因此不再赘述.

由上面的结论, 我们可以根据联合分布列或联合密度函数是否可以分离变量来判断随机变量的独立性.

例 2.5.7(伯努利试验) 考虑成功率为 p 的伯努利试验, 其中 $0<p<1$. 若第 i 次试验成功, 则记 $X_i=1$, 否则记 $X_i=0$. 设第一次成功之前失败了 Y_1 次, 第 $i-1$ 次成功与第 i 次成功之前失败了 Y_i 次, 则对任意 $n\geqslant 2$, $X_1,\cdots,X_n$ 独立同分布且 $Y_1,\cdots,Y_n$ 独立同分布.

证 对任意 $x_1,\cdots,x_n\in\{0,1\}$,

$$P(X_1=x_1,\cdots,X_n=x_n)=p^{x_1+\cdots+x_n}(1-p)^{n-(x_1+\cdots+x_n)}=\prod_{i=1}^n(p^{x_i}(1-p)^{1-x_i}).$$

故 $X_1,\cdots,X_n$ 独立同分布.

Y_i 都取值于非负整数, $i=1,\cdots,n$. 对任意非负整数 $k_1,\cdots,k_n$, $\{Y_1=k_1,\cdots,Y_n=k_n\}$ 表示伯努利试验中前 $k_1+\cdots+k_n+n$ 次试验的结果为 k_1 个字符 T 接一个字符 H, 然后接 k_2 个字符 T 再接一个 H $\cdots\cdots$ 然后接 k_n 个字符 T 再接一个 H. 该事件的概率为 $(1-p)^{k_1}p\cdot(1-p)^{k_2}p\cdots(1-p)^{k_n}p$. 因为变量可以分离, 所以 $Y_1,\cdots,Y_n$ 相互独立. 进一步, 它们同分布, 且分布列为 $P(Y_i=k)=(1-p)^kp$, $k=0,1,2,\cdots$, 即 Y_i+1 服从参数为 p 的几何分布. □

例 2.5.8(二维正态分布) 设 $(X,Y)\sim N(\mu_1,\mu_2,\sigma_1^2,\sigma_2^2,\rho)$, 则 X 与 Y 相互独立当且仅当 $\rho=0$.

证 记 $u=\dfrac{x-\mu_1}{\sigma_1}$, $v=\dfrac{y-\mu_2}{\sigma_2}$, 则 (X,Y) 的联合密度函数如下:

$$p(x,y):=\frac{1}{2\pi\sigma_1\sigma_2\sqrt{1-\rho^2}}\exp\left\{-\frac{1}{2(1-\rho^2)}\left(u^2-2\rho uv+v^2\right)\right\}.$$

若 $\rho=0$, 则 (X,Y) 的联合密度函数为

$$q(x,y):=\frac{1}{2\pi\sigma_1\sigma_2}\mathrm{e}^{-\frac{(x-\mu_1)^2}{2\sigma_1^2}}\cdot\mathrm{e}^{-\frac{(y-\mu_2)^2}{2\sigma_2^2}}.$$

上式可以分离变量, 写成 $f(x)g(y)$ 的形式. 故 X 与 Y 相互独立.

反过来, 由例 2.5.2 知 $X\sim N(\mu_1,\sigma_1^2)$ 且 $Y\sim N(\mu_2,\sigma_2^2)$. 若 X 与 Y 相互独立, 则上式定义的 $q(x,y)$ 为 (X,Y) 的联合密度函数. 因为 $p(\cdot,\cdot)$ 与 $q(\cdot,\cdot)$ 均为 (X,Y) 的联合密度函数且均为连续函数, 所以 $p(x,y)\equiv q(x,y)$. 特别地, $p(\mu_1,\mu_2)=q(\mu_1,\mu_2)$, 于是 $\dfrac{1}{2\pi\sigma_1\sigma_2\sqrt{1-\rho^2}}=\dfrac{1}{2\pi\sigma_1\sigma_2}$. 从而 $\rho=0$. □

例 2.5.9 设 $\vec{X}=(X_1,\cdots,X_n)$ 与 $\vec{Y}=(Y_1,\cdots,Y_n)$ 是两个 n 维随机向量, 它们可以是不同的概率空间中的随机向量. 若 $X_1,\cdots,X_n$ 相互独立, $Y_1,\cdots,Y_n$ 相互独立, 且对 $i=1,\cdots,n$, $X_i\stackrel{\mathrm{d}}{=}Y_i$, 则 $\vec{X}\stackrel{\mathrm{d}}{=}\vec{Y}$. 这是因为它们的联合分布函数相等.

特别地, 若 $X_1,\cdots,X_n$ 独立同分布, 则对于 $1,\cdots,n$ 的任意全排列 $i_1,\cdots,i_n$,

$$(X_{i_1},\cdots,X_{i_n})\stackrel{\mathrm{d}}{=}(X_1,\cdots,X_n).$$

□

三、随机向量的独立性

设 $\vec{x} = (x_1, \cdots, x_n), \vec{y} = (y_1, \cdots, y_n)$ 是两个 n 维实向量. 若对任意 i, $x_i \leqslant y_i$ 恒成立, 则记 $\vec{x} \preceq \vec{y}$.

设 $\vec{X} = (X_1, \cdots, X_n), \vec{Y} = (Y_1, \cdots, Y_m)$ 为随机向量, 维数可以不相等. 若

$$\mathrm{P}(\vec{X} \preceq \vec{x}, \vec{Y} \preceq \vec{y}) = \mathrm{P}(\vec{X} \preceq \vec{x})\mathrm{P}(\vec{Y} \preceq \vec{y}), \quad \forall \vec{x} \in \mathbb{R}^n, \vec{y} \in \mathbb{R}^m,$$

则称 $\vec{X}$ 与 $\vec{Y}$ **相互独立**. 上式的含义是 $\vec{X}$ 与 $\vec{Y}$ 的联合分布函数等于 $\vec{X}$ 与 $\vec{Y}$ 这两个边缘分布函数的乘积.

一般地, 设 $\vec{X}^{(1)}, \cdots, \vec{X}^{(n)}$ 是随机向量, 维数分别为 $m_1, \cdots, m_n$. 若

$$\mathrm{P}(\vec{X}^{(i)} \preceq \vec{x}^{(i)}, i = 1, \cdots, n) = \prod_{i=1}^{n} \mathrm{P}(\vec{X}^{(i)} \preceq \vec{x}^{(i)}), \quad \forall \vec{x}^{(1)} \in \mathbb{R}^{m_1}, \cdots, \vec{x}^{(n)} \in \mathbb{R}^{m_n},$$

则称 $\vec{X}^{(1)}, \cdots, \vec{X}^{(n)}$ **相互独立**. 进一步, 若所有随机向量均同分布, 则称它们**独立同分布**.

注 2.5.10 与注 2.5.6 类似, 上述相互独立性蕴涵着对任意 $B_1 \in \mathscr{B}^{m_1}, \cdots$, $B_n \in \mathscr{B}^{m_n}$, 事件 $\{\vec{X}^{(1)} \in B_1\}, \cdots, \{\vec{X}^{(n)} \in B_n\}$ 相互独立.

命题 2.5.11 设 $\vec{X}^{(1)}, \cdots, \vec{X}^{(n)}$ 是随机向量, 维数分别为 $m_1, \cdots, m_n$. 若它们相互独立, 则对任意 $\mathbb{R}^{m_1}$ 上的博雷尔函数 $f_1(\cdot), \cdots, \mathbb{R}^{m_n}$ 上的博雷尔函数 $f_n(\cdot)$, $f_1(\vec{X}^{(1)}), \cdots, f_n(\vec{X}^{(n)})$ 相互独立.

证明留为习题.

设 $\vec{X}$ 与 $\vec{Y}$ 相互独立, 则 $\vec{X}$ 的任意边缘与 $\vec{Y}$ 的任意边缘之间也相互独立, 但 $\vec{X}$ 的各分量之间可能没有独立性. 譬如, 取两个相互独立的服从 $N(0,1)$ 的随机变量 X, Y, 令 $\vec{X} = (X, X^2, X^3), \vec{Y} = (Y, 2Y+1, \cos Y)$, 则 $\vec{X}$ 与 $\vec{Y}$ 相互独立, (X^2, X^3) 与 $\cos Y$ 相互独立, 但 $\vec{X}$ 的边缘 X^2 与 X^3 并不是相互独立的.

*四、耦合

耦合是现代概率论研究中一个非常重要而常用的工具. 给定两个概率分布, 所谓耦合就是以它们为边缘分布的联合分布. 每个这样的联合分布都叫作它们的耦合. 我们需要做的是, 根据具体问题构造一个特别的联合分布以达到某种目的.

定义 2.5.12 假设 μ_1, μ_2 是两个概率分布. 若 μ 是联合分布, 以 μ_1 和 μ_2 为边缘分布, 则称 μ 为 μ_1 与 μ_2 的**耦合**.

在上面的定义中, μ_1 和 μ_2 并不一定是随机变量的分布, 它们还可以是随机向量, 甚至取值不在 $\mathbb{R}^n$ 中的某抽象的随机元的分布. 更一般地, 多个概率分布的耦合就是一个高维的概率分布, 分别以它们为边缘分布.

当然，独立也是一种关系. 独立耦合是最简单的耦合，但往往没什么用场. 构造一个有用的耦合往往可以用于比较两个分布，这通常是靠限制 μ 在高维空间上的支撑区域去实现. 耦合的精髓是构造特定的二维联合分布，使得服从该联合分布的二维随机向量 (X_1, X_2) 的两个分量 X_1 与 X_2 之间有某种关系式，且该关系式可折射 μ_1 与 μ_2 之间的关系. 譬如，取 $X \sim \text{Exp}(1)$，则由例 2.2.9, $X/\lambda \sim \text{Exp}(\lambda)$. 若 $\lambda_1 > \lambda_2 > 0$，则 $X/\lambda_1 \leqslant X/\lambda_2$，这一不等式体现了指数分布 $\text{Exp}(\lambda)$ 关于 λ 的单调关系：λ 越大，对应的随机变量越小. 下面我们从更多具体的例子中体会耦合的精妙.

例 2.5.13 设 $U_1, \cdots, U_n$ 独立同分布，均服从 $U(0,1)$. 记 $X_{i,p} = \mathbf{I}_{\{U_i \leqslant p\}}$，则对任意 p, $X_{1,p}, \cdots, X_{n,p}$ 独立同分布，都服从 $B(1,p)$.

$Y_p = X_{1,p} + \cdots + X_{n,p}$，则 $Y_p \sim B(n,p)$. 若 $0 \leqslant p < q \leqslant 1$，则 $U_i \leqslant p$ 蕴涵着 $U_i \leqslant q$，即 $X_{i,p} \leqslant X_{i,q}$. 因此 $Y_p \leqslant Y_q$. 于是，$\{Y_q \leqslant m\} \subseteq \{Y_p \leqslant m\}$. 从而 $P(Y_q \leqslant m) \leqslant P(Y_p \leqslant m)$. 换言之，我们从耦合的角度轻易推出 $B(n,p)$ 的分布函数关于参数 p 单调下降. □

例 2.5.14 (随机图) 取定 $n \geqslant 2$. 将完全图 K_n 的所有子图组成的集合记为 Ω. 设 $A \subseteq \Omega$. 若对任意 $G \in A$,

$$\hat{G} \in \Omega \text{ 且 } G \text{ 是 } \hat{G} \text{ 的子图} \Rightarrow \hat{G} \in A,$$

则称 A 为**增事件**. 从例 2.4.12 中的 (1) 的角度看，可将 Ω 视为某概率模型的样本空间，因此 A 为事件，因为它是 Ω 的子集. 例如，"顶点 i 与顶点 j 连通""图中存在三角形"等，都是增事件.

下面研究例 2.4.12 中的 (2) 定义的随机图 $G(n,p)$. 取 $U_1, U_2, \cdots$ 独立同分布，都服从 $U(0,1)$. 记 $X_{k,p} = \mathbf{I}_{\{U_k \leqslant p\}}$，则对任意 p, $X_{1,p}, X_{2,p}, \cdots$ 独立同分布，都服从 $B(1,p)$. 若 $X_{k,p} = 1$，则将 K_n 中的第 k 条边保留；否则将第 k 条边删除. 于是得到随机图 $G(n,p)$. 若 $0 \leqslant p < q \leqslant 1$，则 $X_{k,p} = 1$ 蕴涵着 $X_{k,q} = 1$，即第 k 条边若出现在 $G(n,p)$ 中，则必定出现在 $G(n,q)$ 中. 换言之，$G(n,p)$ 是 $G(n,q)$ 的子图. 进一步，若 A 是增事件，则 $\{G(n,p) \in A\} \subseteq \{G(n,q) \in A\}$. 因此，$P(G(n,p) \in A) \leqslant P(G(n,q) \in A)$. 综上，$f(p) := P(G(n,p) \in A)$ 关于 p 单调上升. □

例 2.5.15 (运输问题) 某区域有 4 个城市. 某产品数量庞大，这 4 个城市依次生产了其中的 $10\%, 20\%, 30\%$ 和 40%. 现计划将所有产品均分给每个城市. 假设将产品从任一城市运输至另一城市的单位价格均相同. 试问：该如何运输使得所需的运输费用最小？

解 将每个产品理解为一个样本，记为 ω. 其产地对应着随机变量 X 的值 $X(\omega)$，即若 ω 产自第 i 个城市，则令 $X(\omega) = i$. 按题意，$P(X = i) = i \cdot 10\%, i = 1, \cdots, 4$，该分布列记为 μ. 一种运输方案等价于指定任意样本 ω 的销售地，记为 $Y(\omega)$，即若 ω 被运往第 j 个城市销售，则令 $Y(\omega) = j$. 换言之，运输方案对应着随机变量 Y. 按题意，

$P(Y=j) = 25\%, j = 1, \cdots, 4$, 该分布列记为 ν. μ 和 ν 如图 2.4 所示, 其中灰线的高度代表 μ_i, 蓝线的高度代表 ν_i.

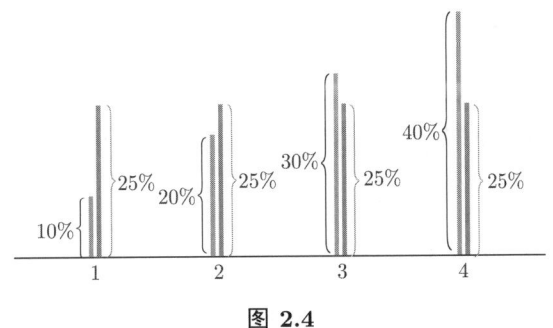

图 2.4

将 (X,Y) 的二维联合分布列 $P(X=i, Y=j) = \lambda_{ij}$, $i,j = 1, \cdots, 4$ 记为 λ. 它以 μ 和 ν 为边缘分布列, 即 λ 是 μ 与 ν 的耦合. 若采用随机变量 Y 对应的运输方案, 则所需的运输费为 $P(X \neq Y) = \sum_{i \neq j} \lambda_{ij}$ 与单位价格的乘积. 往求使得 $\sum_{i \neq j} \lambda_{ij} = 1 - \sum_{i=1}^{4} \lambda_{ii}$ 达到最小的 μ 与 ν 的耦合 λ. 一方面, $\lambda_{ii} \leqslant \min\{\mu_i, \nu_i\}$, 因此 $\sum_{i=1}^{4} \lambda_{ii} \leqslant 10\% + 20\% + 25\% + 25\% = 80\%$. 因此 $\sum_{i \neq j} \lambda_{ij} \geqslant 20\%$. 另一方面, 从直观上而言, 为减少运输成本, 应尽量不运输产品. 对于 $i = 1, 2$, 因为 $\mu_i \leqslant \nu_i$, 所以应该将第 i 个城市生产的产品全部保留在原地, 并且从外地再运输 $\nu_i - \mu_i$ 份量的产品至该地. 对于 $i = 3, 4$, 因为 $\mu_i > \nu_i$, 所以应该将第 i 个城市生产的产品中的 ν_i 份量保留在原地, 将多余的 $\mu_i - \nu_i$ 份量运输往外地. 具体地, 记 $A_i = \{X = i\}$, $i = 1, \cdots, 4$. 取 $B_i \subseteq A_i$, $i = 3, 4$ 使得 $P(B_3) = 5\%$, $P(B_4) = 15\%$. 令

$$\hat{Y}(\omega) = \begin{cases} 1, & \omega \in A_1 \cup B_4, \\ 2, & \omega \in A_2 \cup B_3, \\ 3, & \omega \in A_3 \setminus B_3, \\ 4, & \omega \in A_4 \setminus B_4. \end{cases}$$

于是 $P(X \neq \hat{Y}) = P(B_3) + P(B_4) = 20\%$. 这表明 $\hat{Y}$ 是最优运输方案. □

例 2.5.16 (小数定律) 假设 $X_1, \cdots, X_n$ 是相互独立的伯努利随机变量, 参数分别为 $p_1, \cdots, p_n$. 记 $X = X_1 + \cdots + X_n$, 则

$$\sum_{k=0}^{\infty} \left| P(X=k) - \frac{\lambda^k}{k!} e^{-\lambda} \right| \leqslant 2\lambda\delta,$$

其中 $\lambda = p_1 + \cdots + p_n$, $\delta = \max_{1 \leqslant i \leqslant n} p_i$.

证 设 $U_1, \cdots, U_n$ 独立同分布, 都服从均匀分布 $U(0,1)$.

固定 i. 先定义随机变量 Y_i. 若 $U_i \leqslant 1-p_i$, 则令 $Y_i = 0$; 否则令 $Y_i = 1$. 于是 Y_i 服从参数为 p_i 的伯努利分布. 特别地, $Y_i \stackrel{\mathrm{d}}{=} X_i$. 接下来, 定义随机变量 Z_i. 记 $p_{i,k} = \dfrac{p_i^k}{k!}\mathrm{e}^{-p_i}$, $i = 0, 1, 2, \cdots$, 它是泊松分布 $P(p_i)$ 的分布列. 记 $x_{i,k} = \sum\limits_{j=0}^{k} p_{i,j}$, $k = 0, 1, 2, \cdots$. 若 $U_i \in [0, x_{i,0})$, 则令 $Z_i = 0$; 若 $U_i \in [x_{i,k-1}, x_{i,k})$, 则令 $Z_i = k$, 其中 $k = 1, 2, \cdots$. 则 Z_i 服从参数为 p_i 的泊松分布. 进一步, 当 $U_i \leqslant 1 - p_i$ 时, $Y_i = Z_i = 0$; 当 $x_{i,0} \leqslant U_i \leqslant x_{i,1}$ 时, $Y_i = Z_i = 1$; 在其他情形, $Y_i \neq Z_i$. 因此

$$\mathrm{P}(Y_i \neq Z_i) = 1 - (1 - p_i) - p_i \mathrm{e}^{-p_i} = p_i(1 - \mathrm{e}^{-p_i}) \leqslant p_i^2.$$

其中用到了对任意 $x \geqslant 0$, $1 - x \leqslant \mathrm{e}^{-x}$.

由于 $U_1, \cdots, U_n$ 相互独立, 一方面, $Y_1, \cdots, Y_n$ 相互独立. 又因为 $Y_i \stackrel{\mathrm{d}}{=} X_i$, $i = 1, \cdots, n$, 所以 $Y := Y_1 + \cdots + Y_n \stackrel{\mathrm{d}}{=} X$. 另一方面, $Z_1, \cdots, Z_n$ 相互独立. 又因为 $Z_i \sim P(p_i)$, $i = 1, \cdots, n$, 所以 $Z := Z_1 + \cdots + Z_n \sim P(p_1 + \cdots + p_n) = P(\lambda)$. 从而

$$\sum_{k=0}^{\infty} \left| \mathrm{P}(X = k) - \frac{\lambda^k}{k!}\mathrm{e}^{-\lambda} \right| = \sum_{k=0}^{\infty} |\mathrm{P}(Y = k) - \mathrm{P}(Z = k)|.$$

因为

$$\begin{cases} \mathrm{P}(Y = k) = \mathrm{P}(Y = k, Y \neq Z) + \mathrm{P}(Y = k, Y = Z), \\ \mathrm{P}(Z = k) = \mathrm{P}(Z = k, Y \neq Z) + \mathrm{P}(Z = k, Y = Z), \end{cases}$$

且上述两个等式的右边第二项都是 $\mathrm{P}(Y = Z = k)$, 所以

$$\mathrm{P}(Y = k) - \mathrm{P}(Z = k) = \mathrm{P}(Y = k, Y \neq Z) - \mathrm{P}(Z = k, Y \neq Z).$$

于是,

$$\sum_{k=0}^{\infty} \left| \mathrm{P}(X = k) - \frac{\lambda^k}{k!}\mathrm{e}^{-\lambda} \right| = \sum_{k=0}^{\infty} |\mathrm{P}(Y = k, Y \neq Z) - \mathrm{P}(Z = k, Y \neq Z)|$$
$$\leqslant \sum_{k=0}^{\infty} \Big(\mathrm{P}(Y = k, Y \neq Z) + \mathrm{P}(Z = k, Y \neq Z) \Big) = 2\mathrm{P}(Y \neq Z).$$

其中最后一个等号是因为 $\{Y = k, Y \neq Z\}$, $k = 0, 1, 2, \cdots$ 与 $\{Z = k, Y \neq Z\}$, $k = 0, 1, 2, \cdots$ 都是 $\{Y \neq Z\}$ 的划分. 若 $Y_i = Z_i$, $i = 1, \cdots, n$, 则 $Y = Z$. 反过来, 若 $Y \neq Z$, 则存在 i 使得 $Y_i \neq Z_i$. 因此

$$\mathrm{P}(Y \neq Z) \leqslant \sum_{i=1}^{n} \mathrm{P}(Y_i \neq Z_i) \leqslant \sum_{i=1}^{n} p_i^2 \leqslant \sum_{i=1}^{n} p_i \delta = \lambda \delta.$$

综上, 结论成立. □

习题

1. 设 X_1, X_2, X_3 相互独立, 都服从 $U(0,1)$. 求三者中最大数大于其他两数之和的概率.

2. 设 (X,Y) 的联合密度函数为 $p(x,y)$. 分别在以下情形判断 X 和 Y 是否独立.

(1) $p(x,y) = \begin{cases} xe^{-(x+y)}, & x > 0 \text{ 且 } y > 0, \\ 0, & \text{其他}; \end{cases}$

(2) $p(x,y) = \begin{cases} 2, & 0 < x < y < 1, \\ 0, & \text{其他}. \end{cases}$

3. 设 $X \sim \text{Exp}(\lambda)$. (1) 求 $P(\lfloor X \rfloor = n, X - \lfloor X \rfloor \leqslant x)$; (2) 试问: $\lfloor X \rfloor$ 与 $X - \lfloor X \rfloor$ 相互独立吗? (其中 $\lambda > 0$, n 为非负整数, $x \in (0,1)$.)

4. 设 $n \geqslant 3$, $X_1, \cdots, X_n$ 独立同分布, $P(X_1 = 1) = P(X_1 = -1) = 1/2$. 令 $X_{n+1} = X_1$, $Y_i = X_i + X_{i+1}$, $Z_i = X_i X_{i+1}$, $i = 1, \cdots, n$. 证明: $Y_1, \cdots, Y_n$ 两两独立, 但不相互独立, 并且 $Z_1, \cdots, Z_n$ 也是这样.

5. 设随机变量 X 与它自己独立. 证明: X 是退化的.

6. 证明命题 2.5.11 及其逆命题.

7. 某人买了 50 张彩票, 假设每张中奖的机会为 0.01.

(1) 试估计以下事件的概率 (保留四位小数): 恰好 1 张中奖; 至少 1 张中奖; 至少 2 张中奖.

(2) 上述估计值与精确值之间的误差不超过多少?

8. 某人打靶命中靶心的概率为 0.01. 他在某俱乐部练习打靶, 每花 50 元可以打靶 100 次.

(1) 为使得他有八成把握能命中靶心, 试问: 他应该预算多少钱?

(2) 欲将把握提高至九成, 试问: 他应该增加多少预算?

§2.6 条件分布

一、离散型随机向量的条件分布

以二维随机向量为例进行介绍. 假设 (X,Y) 是离散型随机向量. X 与 Y 的所有可能取值分别记为 $\{x_i : i \in I\}$ 与 $\{y_j : j \in J\}$.

取定 $i \in I$. 在已知 $\{X = x_i\}$ 发生的条件下, 我们需采用条件概率 $P(\cdot|X = x_i)$ 来

进行计算, 而不是原始的概率 $P(\cdot)$. 此时, Y 的分布列如下:

$$p_{Y|X}(y_j|x_i) = P(Y = y_j | X = x_i), \quad j \in J.$$

称上述分布列为在 $\{X = x_i\}$ 发生的条件下, Y 关于 X 的**条件分布列**. 若 $|I| = N$, 即有 N 个指标 i, 则 Y 关于 X 的条件分布列有 N 个; 若 I 中有无穷个指标, 则 Y 关于 X 的条件分布列有无穷个. 根据全概公式, Y 的分布列与 Y 的所有关于 X 的条件分布列之间的关系式如下:

$$P(Y = y_j) = \sum_{i \in I} P(X = x_i) p_{Y|X}(y_j|x_i), \quad j \in J.$$

类似地, 可以定义 X 关于 Y 的条件分布. 根据乘法公式, 联合分布列可表达为边缘分布列与条件分布列的乘积:

$$P(X = x_i, Y = y_j) = P(X = x_i) P(Y = y_j | X = x_i).$$

例 2.6.1 将某昆虫所产的卵的数目记为 X. 假设 $X \sim P(\lambda)$, 且每个卵独立地以概率 p 孵化为幼虫, 以概率 $1 - p$ 不能孵化出幼虫, 其中 $0 < p < 1$. 将该昆虫的幼虫数记为 Y, 令 $Z = X - Y$, 则 $Y \sim P(\lambda p)$, $Z \sim P(\lambda(1-p))$, 且 Y 与 Z 相互独立.

证 按题设, 在 $X = n$ 的条件下, Y 关于 X 的条件分布列为 $B(n, p)$. 结合 $X \sim P(\lambda)$ 便可推出 (X, Y) 的联合分布列. 于是对任意非负整数 k, ℓ,

$$P(Y = k, Z = \ell) = P(X = k + \ell, Y = k) = P(X = k + \ell) P(Y = k | X = k + \ell)$$

$$= \frac{\lambda^{k+\ell}}{(k+\ell)!} e^{-\lambda(k+\ell)} \cdot C_{k+\ell}^{k} p^k (1-p)^\ell = \frac{(\lambda p)^k}{k!} e^{-\lambda k} \cdot \frac{(\lambda(1-p))^\ell}{\ell!} e^{-\lambda \ell}.$$

因此结论成立. □

二、连续型随机向量的条件分布

设 (X, Y) 是连续型随机向量. 设 $p_X(x) > 0$. 因为 $P(X = x) = 0$, 所以不可以直接用 $P(\cdot | X = x)$ 进行计算. 该条件概率没有意义. 下面通过取极限的办法寻找替代定义. 记

$$F_{Y|X}(y|x) := \lim_{\varepsilon \to 0+} P(Y \leqslant y | x - \varepsilon < X \leqslant x + \varepsilon). \tag{2.6.1}$$

假设下式中所涉及的被积函数具有很好的连续性, 则

$$F_{Y|X}(y|x) = \lim_{\varepsilon \to 0+} \frac{\int_{x-\varepsilon}^{x+\varepsilon} \int_{-\infty}^{y} p_{X,Y}(u, v) \mathrm{d}v \mathrm{d}u}{\int_{x-\varepsilon}^{x+\varepsilon} p_X(u) \mathrm{d}u}$$

$$= \frac{\int_{-\infty}^{y} p_{X,Y}(x,v)\mathrm{d}v}{p_X(x)} = \int_{-\infty}^{y} \frac{p_{X,Y}(x,v)}{p_X(x)}\mathrm{d}v.$$

固定 x, 将 $F_{Y|X}(y|x)$ 视为 y 的函数, 上式表明它确实是分布函数, 并且对应的密度函数为

$$p_{Y|X}(y|x) := \frac{p_{X,Y}(x,y)}{p_X(x)}.$$

称 $p_{Y|X}(\cdot|x)$ 为在 $\{X=x\}$ (发生) 的条件下, Y (关于 X) 的**条件密度函数**. 类似地, 可以定义 X 关于 Y 的条件密度函数. 与离散型类似, 联合密度可表达为边缘密度函数与条件密度函数的乘积:

$$p_{X,Y}(x,y) = p_X(x)p_{Y|X}(y|x).$$

例 2.6.2 (二维正态分布) 设 $(X,Y) \sim N(\mu_1, \mu_2, \sigma_1^2, \sigma_2^2, \rho)$. 求 $p_{Y|X}(y|x)$.

解 (X,Y) 的联合密度函数如下:

$$p(x,y) = \frac{1}{2\pi\sigma_1\sigma_2\sqrt{1-\rho^2}} \exp\left\{-\frac{1}{2(1-\rho^2)}\left(u^2 - 2\rho uv + v^2\right)\right\},$$

其中 $u = \frac{x-\mu_1}{\sigma_1}, v = \frac{y-\mu_2}{\sigma_2}$. 下面我们用两种方法求 $p_{Y|X}(y|x)$.

方法一 先求出 X 的边缘密度函数. 如前所求, $p_X(x) = \frac{1}{\sqrt{2\pi\sigma_1^2}}\mathrm{e}^{-\frac{(x-\mu_1)^2}{2\sigma_1^2}}$. 然后用联合密度函数除以边缘密度函数:

$$p_{Y|X}(y|x) = \frac{p(x,y)}{p_X(x)}$$

$$= \frac{\sqrt{2\pi}\sigma_1}{2\pi\sigma_1\sigma_2\sqrt{1-\rho^2}} \exp\left\{-\frac{1}{2(1-\rho^2)}\left(u^2 - 2\rho uv + v^2\right) + \frac{u^2}{2}\right\}$$

$$= \frac{1}{\sqrt{2\pi}\sigma_2\sqrt{1-\rho^2}} \exp\left\{-\frac{1}{2(1-\rho^2)}[(v-\rho u)^2 + (1-\rho^2)u^2] + \frac{u^2}{2}\right\}$$

$$= \frac{1}{\sqrt{2\pi(1-\rho^2)\sigma_2^2}} \exp\left\{-\frac{1}{2(1-\rho^2)}(v-\rho u)^2\right\}$$

$$= \frac{1}{\sqrt{2\pi(1-\rho^2)\sigma_2^2}} \exp\left\{-\frac{1}{2(1-\rho^2)}\left(\frac{y-\mu_2}{\sigma_2} - \rho\frac{x-\mu_1}{\sigma_1}\right)^2\right\}$$

$$= \frac{1}{\sqrt{2\pi(1-\rho^2)\sigma_2^2}} \exp\left\{-\frac{1}{2(1-\rho^2)\sigma_2^2}\left[y - \mu_2 - \rho\frac{\sigma_2}{\sigma_1}(x-\mu_1)\right]^2\right\}.$$

作为 y 的函数, 这是 $N\left(\mu_2 - \rho\frac{\sigma_2}{\sigma_1}(x-\mu_1), (1-\rho^2)\sigma_2^2\right)$ 的密度函数.

方法二 在 $p(x,y)$ 的表达式中, 将 x 视为常数, 将 y 视为变元. 整理如下:

$$p(x,y) = C_1 \exp\left\{-\frac{1}{2(1-\rho^2)}[(v-\rho u)^2 + (1-\rho^2)u^2]\right\}$$

$$= C_2(x) f_x(y),$$

其中 $C_1 = \dfrac{\sqrt{2\pi}\sigma_1}{2\pi\sigma_1\sigma_2\sqrt{1-\rho^2}}$ 与 $C_2(x) = C_1 \mathrm{e}^{-\frac{u^2}{2}} = C_1 \mathrm{e}^{-\frac{(x-\mu_1)^2}{2\sigma_1^2}}$ 都不依赖 y, 因此可视为常数,

$$f_x(y) = \exp\left\{-\frac{(v-\rho u)^2}{2(1-\rho^2)}\right\} = \exp\left\{-\frac{1}{2(1-\rho^2)\sigma_2^2}\left[y - \mu_2 - \rho\frac{\sigma_2}{\sigma_1}(x-\mu_1)\right]^2\right\}.$$

将关于 y 的函数 $f_x(y)$ 归一化:

$$p_{Y|X}(y|x) = C_3(x) f_x(y) = C_3(x) \exp\left\{-\frac{1}{2(1-\rho^2)\sigma_2^2}\left(y - \mu_2 - \rho\frac{\sigma_2}{\sigma_1}(x-\mu_1)\right)^2\right\},$$

则 $C_3(x) = \dfrac{1}{\sqrt{2\pi(1-\rho^2)\sigma_2^2}}$, 因为它必须是 $N\left(\mu_2 - \rho\dfrac{\sigma_2}{\sigma_1}(x-\mu_1), (1-\rho^2)\sigma_2^2\right)$ 的密度函数中的常数. □

在方法二中, 不需要先对 y 积分并求出 $p_X(x)$, 只需要将 $p(x,y)$ 视为 y 的函数归一化即可. 从最后一步看出, 条件密度函数是正态分布的密度函数形式, 因此可直接给出归一化常数 $C_3(x)$. 这大大简化了求 $p_{Y|X}(y|x)$ 的计算量. 我们还可以利用条件密度函数反过来求边缘密度, 譬如在例 2.6.2 中, 采用方法二, 进一步可推出

$$p_X(x) = \frac{p(x,y)}{p_{Y|X}(y|x)} = \frac{C_2(x)f(y)}{C_3(x)f(y)} = \frac{C_2(x)}{C_3(x)} = C_1 \mathrm{e}^{-\frac{u^2}{2}}$$

$$= C_1 \mathrm{e}^{-\frac{(x-\mu_1)^2}{2\sigma_1^2}} \cdot \sqrt{2\pi(1-\rho^2)\sigma_2^2} = \frac{1}{\sqrt{2\pi\sigma_1^2}} \mathrm{e}^{-\frac{(x-\mu_1)^2}{2\sigma_1^2}}.$$

在 $\{X = x\}$ 的条件下, Y 的条件密度函数就是正态分布 $N\left(\mu_2 - \rho\dfrac{\sigma_2}{\sigma_1}(x-\mu_1), (1-\rho^2)\sigma_2^2\right)$ 的密度函数. 因此, 可以说在 $\{X = x\}$ 的条件下, Y 服从正态分布 $N\left(\mu_2 - \rho\dfrac{\sigma_2}{\sigma_1}(x-\mu_1), (1-\rho^2)\sigma_2^2\right)$. 任意随机向量都可以定义条件分布.

*三、一般形式的条件分布

更一般地, 设 (2.6.1) 式定义的 $F_{Y|X}(y|x)$ 存在, 则它关于 y 是单调上升的函数, 故而其间断点至多可数. 若 y 是间断点, 则用 $\lim\limits_{z \to y+} F_{Y|X}(z|x)$ 代替 $F_{Y|X}(y|x)$, 以得到分布函数定义中的右连续性. 称 $F_{Y|X}(\cdot|x)$ 为在 $\{X = x\}$ 发生的条件下, Y 关于 X 的**条**

件分布函数. 称该分布函数对应的分布为在 $\{X=x\}$ 发生的条件下, Y 关于 X 的**条件分布**.

例 2.6.3 设 $(X,Y) \sim U(S^1)$, 其中 $S^1 = \{(x,y) : x^2 + y^2 = 1\}$, 则对任意 $x \in (-1, 1)$,
$$P(Y = \sqrt{1-x^2}|X=x) = P(Y = -\sqrt{1-x^2}|X=x) = \frac{1}{2}.$$

证 对任意 $y > \sqrt{1-x^2}$, 当 $\varepsilon \to 0$ 时, $|X - x| \leqslant \varepsilon$ 蕴涵着 $Y \leqslant y$. 因此
$$F_{Y|X}(y|x) = \lim_{\varepsilon \to 0+} P(Y \leqslant y | x - \varepsilon < X \leqslant x + \varepsilon) = 1.$$

对任意 $y \in (-\sqrt{1-x^2}, \sqrt{1-x^2})$, 当 $\varepsilon \to 0$ 时, $\{|X - x| \leqslant \varepsilon\}$ 可分解为两个等概事件 $A_{\varepsilon,+} := \{|X - x| \leqslant \varepsilon, Y > 0\}$ 与 $A_{\varepsilon,-} := \{|X - x| \leqslant \varepsilon, Y < 0\}$. 此时
$$F_{Y|X}(y|x) = \lim_{\varepsilon \to 0+} P(Y \leqslant y | x - \varepsilon < X \leqslant x + \varepsilon) = \frac{1}{2}.$$

对任意 $y < -\sqrt{1-x^2}$, 当 $\varepsilon \to 0$ 时, $|X - x| \leqslant \varepsilon$ 蕴涵着 $Y > y$. 因此
$$F_{Y|X}(y|x) = \lim_{\varepsilon \to 0+} P(Y \leqslant y | x - \varepsilon < X \leqslant x + \varepsilon) = 0.$$

当 $y = \sqrt{1-x^2}$ 时, 补充定义 $F_{Y|X}(y|x) = 1/2$; 当 $y = -\sqrt{1-x^2}$ 时, 补充定义 $F_{Y|X}(y|x) = 0$. 因此结论成立. □

例 2.6.4 (例 1.4.4 续) 在 $\mathbb{R}^3$ 的单位球面 $S = \{(x,y,z) \in \mathbb{R}^3 : x^2 + y^2 + z^2 = 1\}$ 上随机选四个点. 求这四个点不共半球的概率.

解 设 ξ_i, $i = 1,2,3,4$ 独立同分布, 都服从 $U(S)$. 由例 1.4.4, $A = $ "这四个点不共半球" $= \{\xi_4 \in \triangle_{-\xi_1,-\xi_2,-\xi_3}\}$.

由 ξ_1, ξ_2, ξ_3 相互独立且 $-\xi_i \stackrel{d}{=} \xi_i$, $i = 1, 2, 3$ 知 $(\pm\xi_1, \pm\xi_2, \pm\xi_3)$ 这 8 个随机向量同分布. 取随机变量 W_1, W_2, W_3, 使得 $P(W_i = 1) = P(W_i = -1) = 1/2$, 且它们与 ξ_1, ξ_2, ξ_3 相互独立. 记 $\eta_i = W_i \xi_i$, 则 (η_1, η_2, η_3) 与 $(-\xi_1, -\xi_2, -\xi_3)$ 同分布. 这是因为在 (W_1, W_2, W_3) 取任一固定值的条件下, (η_1, η_2, η_3) 都与 $(-\xi_1, -\xi_2, -\xi_3)$ 同分布. 于是 $P(A) = P(B)$, 其中 $B = \{\xi_4 \in \triangle_{\eta_1,\eta_2,\eta_3}\}$. 对 S 上线性无关的三个确定的点 $\alpha_1, \alpha_2, \alpha_3$, 在 $\{\xi_1 = \alpha_1, \xi_2 = \alpha_2, \xi_3 = \alpha_3\}$ 的条件下, (η_1, η_2, η_3) 等可能地取 $(\pm\alpha_1, \pm\alpha_2, \pm\alpha_3)$ 这 8 个随机向量之一. 又因为 ξ_4 属于且仅属于 $\triangle_{\pm\alpha_1,\pm\alpha_2,\pm\alpha_3}$ 这 8 个曲面三角形之一, 因此 $P(B|\xi_1 = \alpha_1, \xi_2 = \alpha_2, \xi_3 = \alpha_3) \equiv 1/8$. 由全概率公式, $P(B) = 1/8$. □

习题

1. 现有 X 个球, 其中 $X \sim P(\lambda)$. 将每个球独立地以概率 p 涂成黑色, 以概率 $1 - p$ 涂成红色. 将黑球的数目记为 Y. 求: (1) Y 的分布列; (2) 在 $\{Y = k\}$ 的条件下, X 的分布列.

2. 现有 X 个球, 其中 $X \sim P(\lambda)$. 将每个球独立地以概率 p_i 涂成第 i 种颜色, $i = 1, 2, \cdots, n$. 将第 i 种颜色的球数记为 Y_i. 证明: $Y_1, \cdots, Y_n$ 相互独立. (其中 $p_i > 0$, $i = 1, \cdots, n$ 且 $p_1 + \cdots + p_n = 1$.)

3. 设 Y 服从几何分布 $G(p)$, 在 $\{Y = n\}$ 的条件下 X 服从伽马分布 $\Gamma(n, \lambda)$. 试问: 在 $\{X = x\}$ 的条件下 Y 服从什么分布?

§2.7 随机变量的函数

一、随机变量的函数

设 $f(\cdot) : \mathbb{R} \to \mathbb{R}$ 是实函数. 对任意随机变量 X, 记 $Y = f(X)$, 具体地,
$$Y : \Omega \to \mathbb{R}, \quad Y(\omega) = f(X(\omega)).$$
称 Y 为随机变量 X 的函数. 对于离散型随机变量和连续型随机变量, 我们已在 §2.1 和 §2.2 的第二小节分别讨论了随机变量的函数. 本节的目标是利用 X 的分布求出 Y 的分布.

若 X 是离散型随机变量, 不妨设其分布列为 $\mathrm{P}(X = x_i) = p_i$, $i \in I$, 其中指标集 I 可数. 则 Y 也是离散型随机变量, 其所有可能值为 $\{f(x_i) : i \in I\}$, 记为 $\{y_j : j \in J\}$, 其中指标集 J 可数. 由于 f 未必是一对一的, 可以有这样的可能, $x_i \ne x_j$ 而 $f(x_i) = f(x_j)$. 因此 $|J| \leqslant |I|$. Y 的分布列如下:
$$\mathrm{P}(Y = y_j) = \sum_{i \in I : f(x_i) = y_j} p_i, \quad j \in J.$$

若 X 不是离散型的, 需要确保 Y 是随机变量, 即对任意 $y \in \mathbb{R}$, $\{Y \leqslant y\} \in \mathscr{F}$. 记 $D_y := \{x \in \mathbb{R} : f(x) \leqslant y\}$, 则
$$\{Y \leqslant y\} = \{\omega : Y(\omega) \leqslant y\} = \{\omega : X(\omega) \in D_y\} = \{X \in D_y\}.$$

根据引理 2.3.9, 若 D_y 是博雷尔集 (即 $D_y \in \mathscr{B}$), 则由 X 随机变量知 $\{X \in D_y\}$ 关于 $\mathscr{F}$ 可测. 因此, 我们要求 $f(\cdot)$ 是博雷尔函数, 以确保对所有的 y, D_y 都是博雷尔集. 本书只涉及连续函数和分段连续的函数, 它们都是博雷尔函数.

命题 2.7.1 设 f 是博雷尔函数, 若 $X \stackrel{\mathrm{d}}{=} Y$, 则 $f(X) \stackrel{\mathrm{d}}{=} f(Y)$.

证 设 X 是 $(\Omega, \mathscr{F}, \mathrm{P})$ 中的随机变量, Y 是 $(\hat{\Omega}, \hat{\mathscr{F}}, \hat{\mathrm{P}})$ 中的随机变量. 对任意 $y \in \mathbb{R}$, 记 $B = \{x : f(x) \leqslant y\}$, 则
$$\mathrm{P}(f(X) \leqslant x) = \mathrm{P}(X \in B) = \hat{\mathrm{P}}(Y \in B) = \hat{\mathrm{P}}(f(Y) \leqslant x).$$

因此 $f(X) \stackrel{\mathrm{d}}{=} f(Y)$. □

二、分布函数及其广义反函数

称满足命题 2.3.8 中三条性质的函数为分布函数. 具体地, 若 $F(\cdot): \mathbb{R} \to \mathbb{R}$ 满足以下三条, 则称 $F(\cdot)$ 为**分布函数**:

(1) 单调上升性: 若 $x \leqslant y$, 则 $F(x) \leqslant F(y)$;
(2) 规范性: $\lim_{x \to -\infty} F(x) = 0$, $\lim_{x \to \infty} F(x) = 1$;
(3) 右连续性: 对任意 $x \in \mathbb{R}$, $\lim_{y \searrow x} F(y) = F(x)$.

根据命题 2.3.8, 随机变量 X 的分布函数 $F_X(\cdot)$ 是分布函数.

设 $F(\cdot)$ 是分布函数. 若 $F(\cdot)$ 连续且严格单调上升, 则它存在反函数. 否则, $(0,1)$ 中的实数有可能在 $F(\cdot)$ 下没有原像或原像不唯一, 从而 $F(\cdot)$ 的反函数不存在. 一般地, 令

$$F^{-1}(\cdot): (0,1) \to \mathbb{R}, \quad u \mapsto \inf\{x \in \mathbb{R}: F(x) \geqslant u\}.$$

称 $F^{-1}(\cdot)$ 为 $F(\cdot)$ 的**广义反函数**. 若 $F(\cdot)$ 连续且严格单调上升, 则 $F^{-1}(\cdot)$ 就是 $F(\cdot)$ 的反函数. 在其他情形, $F^{-1}(\cdot)$ 可以作为反函数的替代, 并起到反函数的作用.

引理 2.7.2 设 $F(\cdot)$ 是分布函数, 则对任意 $x \in \mathbb{R}$ 与 $u \in (0,1)$, $F^{-1}(u) \leqslant x$ 当且仅当 $u \leqslant F(x)$. 进一步, $F(\cdot)$ 与 $F^{-1}(\cdot)$ 都是博雷尔函数.

证 记 $x_0 = F^{-1}(u)$. 按照 $F^{-1}(\cdot)$ 的定义, 一方面, 当 $x < x_0$ 时, $F(x) < u$; 另一方面, 当 $x > x_0$ 时, $F(x) \geqslant u$. 进一步, 由 $F(\cdot)$ 右连续知 $F(x_0) = \lim_{x \searrow x_0} F(x) \geqslant u$. 于是当 $x \geqslant x_0$ 时, $F(x) \geqslant u$. 因此 $x \geqslant x_0$ 当且仅当 $F(x) \geqslant u$.

进一步, 对任意 $u \in (0,1)$, $\{x: F(x) < u\} = (-\infty, F^{-1}(u)) \in \mathscr{B}$. 于是对任意 $u \in [0,1)$, $\{x: F(x) \leqslant u\} = \bigcap_{n=1}^{\infty} \{x: F(x) < u + \frac{1}{n}\} \in \mathscr{B}$; 对任意 $u < 0$, $\{x: F(x) \leqslant u\} = \varnothing \in \mathscr{B}$; 对任意 $u \geqslant 1$, $\{x: F(x) \leqslant u\} = \mathbb{R} \in \mathscr{B}$. 故 $F(\cdot)$ 是博雷尔函数.

对任意 x,

$$\{u \in (0,1): F^{-1}(u) \leqslant x\} = \{u \in (0,1): u \leqslant F(x)\} = \begin{cases} (0, F(x)], & \text{若 } F(x) < 1, \\ (0,1), & \text{若 } F(x) = 1. \end{cases}$$

因此 $\{u \in (0,1): F^{-1}(u) \leqslant x\} \in \mathscr{B}$. 故 $F^{-1}(\cdot)$ 是博雷尔函数. □

例 2.7.3 设 X 随机变量. 则 $F_X(\cdot)$ 为连续函数当且仅当 $F_X(X) \sim U(0,1)$.

证 必要性 首先将 $F_X(\cdot)$ 简记为 $F(\cdot)$. 往证对任意 $u \in (0,1)$, $F(F^{-1}(u)) = u$. 记 $x_0 = F^{-1}(u)$. 由引理 2.7.2 知 $x \geqslant x_0$ 当且仅当 $F(x) \geqslant u$. 于是一方面, $F(x_0) \geqslant u$; 另一方面, 对任意 $n \geqslant 1$, $F(x_0 - 1/n) < u$. 令 $n \to \infty$. 由 $F(\cdot)$ 的连续性知 $F(x) = \lim_{n \to \infty} F(x_0 - 1/n) \leqslant u$. 因此 $F(x_0) = u$.

其次, 记 $U = F_X(X)$. 往证对任意 $u \in (0,1)$, $P(U < u) = u$. 由引理 2.7.2, $\{x_0 \leqslant X\} = \{u \leqslant U\}$, 其中 $x_0 = F^{-1}(u)$. 于是 $P(U < u) = P(X < x_0)$. 因为 $F(\cdot)$ 连续, 所以 $P(X < x_0) = P(X \leqslant x_0) = F(x_0) = u$. 因此 $P(U < u) = u$.

最后, 对任意 $u \in (0,1)$, $P(U = u) \leqslant P(u \leqslant U < u + 1/n) = (u + 1/n) - u = 1/n$. 令 $n \to \infty$ 知 $P(U = u) = 0$. 从而 $F_U(u) = u$. 由 $F_U(\cdot)$ 的单调性和规范性知对任意 $u \leqslant 0$, $F_U(u) = 0$; 对任意 $u \geqslant 1$, $F_U(u) = 1$. 因此 $U \sim U(0,1)$.

充分性 反证法. 假设 $F_X(\cdot)$ 不连续. 任取一个间断点 x_0. 记 $a = P(X < x_0)$, $b = F_X(x_0)$, 则 $0 \leqslant a < b \leqslant 1$. $F_X(\cdot)$ 的值域与 (a,b) 不相交, 于是 $P(F_X(X) \in (a,b)) = 0$. 由此推出 $F_X(X)$ 不服从 $U(0,1)$. 矛盾! 因此 $F_X(\cdot)$ 为连续函数. □

命题 2.7.4 设 $F(\cdot)$ 是分布函数, 则 $F(\cdot)$ 是随机变量 $F^{-1}(U)$ 的分布函数, 其中 $U \sim U(0,1)$.

证 记 $X = F^{-1}(U)$. 由引理 2.7.2, X 是随机变量, 且

$$F_X(x) = P(X \leqslant x) = P(U \leqslant F(x)) = F(x),$$

其中最后一个等号是因为 $U \sim U(0,1)$. □

类似地, 设 $G(\cdot) : \mathbb{R} \to \mathbb{R}$ 满足 $1 - G(\cdot)$ 是分布函数, 则称 $G(\cdot)$ 为**尾分布函数**. 若 $G(\cdot)$ 是尾分布函数, 令

$$G^{-1}(\cdot) : (0,1) \to \mathbb{R}, \quad u \mapsto \inf\{x : G(x) \leqslant u\}.$$

称 $G^{-1}(\cdot)$ 为 G 的**广义反函数**.

推论 2.7.5 若 $G(\cdot)$ 是尾分布函数, 则 $G(\cdot)$ 是 $G^{-1}(U)$ 的尾分布函数, 其中 $U \sim U(0,1)$.

证明留为习题.

例 2.7.6(耦合) 设 $F_1(\cdot)$ 与 $F_2(\cdot)$ 是分布函数, 且对任意 $x \in \mathbb{R}$, $F_1(x) \leqslant F_2(x)$. 证明: 存在随机变量 X_1, X_2 使得 $F_i(\cdot)$ 是 X_i 的分布函数, $i = 1, 2$, 且 $X_1 \geqslant X_2$.

证 固定 $u \in (0,1)$. 对任意 $x \geqslant F_1^{-1}(u)$, 由引理 2.7.2, $u \leqslant F_1(x)$, 于是 $u \leqslant F_2(x)$. 按 $F_2^{-1}(u)$ 的定义, $x \geqslant F_2^{-1}(u)$. 由 x 的任意性知 $F_1^{-1}(u) \geqslant F_2^{-1}(u)$. 取 $U \sim U(0,1)$, 令 $X_1 = F_1^{-1}(U)$, $X_2 = F_2^{-1}(U)$, 则 $X_1 \geqslant X_2$. 由命题 2.7.4, $F_i(\cdot)$ 为 X_i 的分布函数, $i = 1, 2$. 因此结论成立. □

例 2.7.7 设 $F_1(\cdot)$ 与 $F_2(\cdot)$ 是分布函数. 令 $F(x) = \min\{F_1(x), F_2(x)\}$. 证明: $F(\cdot)$ 是分布函数.

证 取 $U \sim U(0,1)$. 令 $X_1 = F_1^{-1}(U)$, $X_2 = F_2^{-1}(U)$, $X = \max\{X_1, X_2\}$, 则对任意 $x \in \mathbb{R}$,

$$\{X \leqslant x\} = \{X_1 \leqslant x\} \cap \{X_2 \leqslant x\} = \{U \leqslant F_1(x)\} \cap \{U \leqslant F_2(x)\} = \{U \leqslant F(x)\}.$$

于是 $F(\cdot)$ 是 X 的分布函数, 从而它是分布函数. □

在例 2.7.7 中, 从分布函数的角度, 对任意 $x \in \mathbb{R}$, $F(x) \leqslant F_1(x)$ 且 $F(x) \leqslant F_2(x)$. 从随机变量的角度, $X \leqslant X_1$ 且 $X \leqslant X_2$. 这也从侧面回应了例 2.7.6 的结论.

例 2.7.8 设 $F_1(\cdot)$ 与 $F_2(\cdot)$ 是分布函数, $0 < p < 1$. 令 $F(x) = pF_1(x) + (1-p)F_2(x)$. 证明: $F(\cdot)$ 是分布函数.

解 可以直接验证 $F(\cdot)$ 满足分布函数定义的三条性质. 下面我们利用构造随机变量的方法来进行证明. 设 U, W 相互独立, 都服从均匀分布 $U(0,1)$, 则 $X_i := F_i^{-1}(U)$ 的分布函数为 $F_i(\cdot)$, $Y := \mathbf{I}_{\{W \leqslant p\}}$ 服从伯努利分布 $B(1, p)$, 且 Y 与 X_i 相互独立, $i = 1, 2$. 令 $Z = YX_1 + (1-Y)X_2$, 则对任意 $z \in \mathbb{R}$,

$$\mathrm{P}(Z \leqslant z) = \mathrm{P}(Y=1, Z \leqslant z) + \mathrm{P}(Y=0, Z \leqslant z)$$
$$= \mathrm{P}(Y=1, X_1 \leqslant z) + \mathrm{P}(Y=0, X_2 \leqslant z)$$
$$= pF_1(z) + (1-p)F_2(z) = F(z).$$

综上, $F(\cdot)$ 是 Z 的分布函数, 从而它是分布函数. □

注 2.7.9 任何一个分布函数 $F(\cdot)$ 可以分解为三部分, $F(\cdot) = c_1 F_d(\cdot) + c_2 F_c(\cdot) + c_3 F_s(\cdot)$, 其中 c_1, c_2, c_3 是非负实数, $c_1 + c_2 + c_3 = 1$, $F_d(\cdot)$ 是离散型的, $F_c(\cdot)$ 是连续型的, $F_s(\cdot)$ 是奇异型的.

任何一个函数 $F(\cdot)$, 如果满足命题 2.3.8 中的三条要求, 就称其为分布函数. 人们自然要问, 给定一个分布函数, 是否一定存在一个随机变量 X, 其分布函数 $F_X(\cdot)$ 正好就是 $F(\cdot)$? 答案是肯定的, 命题 2.7.4 已证. 正因为如此, 今后行文中我们不太区分 "分布函数" 与 "随机变量的分布函数". 而且一个分布函数可以同时是多个随机变量的分布函数, 这些随机变量甚至并不定义在同一概率空间上. 即使限制在同一概率空间上, 也可以有多个随机变量具有相同的分布函数. 为此我们引入两个相等的定义.

三、独立和

例 2.7.10 设 X, Y 相互独立, 都取整数值, 分布列为 $\mathrm{P}(X = n) = p_n$, $\mathrm{P}(Y = n) = q_n$, $n \in \mathbb{Z}$. 求 $X + Y$ 的分布列.

解 对任意整数 n,

$$\mathrm{P}(X+Y=n) = \sum_{k \in \mathbb{Z}} \mathrm{P}(X=k, Y=n-k) = \sum_{k \in \mathbb{Z}} p_k q_{n-k} = \sum_{\ell \in \mathbb{Z}} p_{n-\ell} q_\ell,$$

其中最后一个等号是将 $n - k$ 改写为 ℓ. □

例 2.7.11 设 X, Y 是相互独立的连续型随机变量，密度分别为 $p_X(\cdot)$ 与 $p_Y(\cdot)$. 求 $X+Y$ 的密度.

解 由相互独立性知 (X, Y) 是连续型随机向量，且联合密度为
$$p_{X,Y}(x, y) = p_X(x) p_Y(y).$$
记 $D_z = \{(x, y) \in \mathbb{R}^2 : x + y \leqslant z\}$，则
$$\begin{aligned} P(X+Y \leqslant z) &= \iint_{D_z} p_X(x) p_Y(y) \mathrm{d}x \mathrm{d}y \\ &= \int_{-\infty}^{\infty} \left(\int_{-\infty}^{z-x} p_Y(y) \mathrm{d}y \right) p_X(x) \mathrm{d}x \\ &= \int_{-\infty}^{\infty} \left(\int_{-\infty}^{z} p_Y(y-x) \mathrm{d}y \right) p_X(x) \mathrm{d}x \\ &= \int_{-\infty}^{z} \left(\int_{-\infty}^{\infty} p_X(x) p_Y(y-x) \mathrm{d}x \right) \mathrm{d}y. \end{aligned}$$
从而
$$p_{X+Y}(z) = \int_{-\infty}^{\infty} p_X(x) p_Y(z-x) \mathrm{d}x = \int_{-\infty}^{\infty} p_X(z-y) p_Y(y) \mathrm{d}y,$$
其中最后一个等号是将 $z - x$ 视为新变元并记为 y. □

设 $f(\cdot), g(\cdot)$ 为两个实函数. 记
$$h(z) = \int_{-\infty}^{\infty} f(x) g(z-x) \mathrm{d}x = \int_{-\infty}^{\infty} f(z-y) g(y) \mathrm{d}y.$$
若 $h(\cdot)$ 是良定的，则称 $h(\cdot)$ 为 $f(\cdot)$ 与 $g(\cdot)$ 的**卷积**，记为 $f * g$. 例 2.7.11 表明: 若 X 与 Y 是连续型随机变量且相互独立，则 $X+Y$ 的密度为 $p_X * p_Y$. 例 2.7.10 则表明离散型随机变量也有类似结论.

设 μ, ν 为 $(\mathbb{R}, \mathscr{B})$ 上的两个分布. 取 (X, Y) 满足:
$$X \sim \mu, \quad Y \sim \nu, \quad X \text{ 与 } Y \text{ 相互独立}.$$
称 $X+Y$ 的分布为 μ 与 ν 的**卷积**，记为 $\mu * \nu$.

设 $\{\mu_\alpha : \alpha \in I\}$ 是一族分布，其中 I 是指标集. 若对任意 $\alpha, \beta \in I$，存在 $\gamma \in I$ 使得 $\mu_\alpha * \mu_\beta = \mu_\gamma$，则称该分布族具有**可加性**或**再生性**. 换言之，可加性指的是某分布族对卷积运算封闭.

例 2.7.12 $B(n, p) * B(m, p) = B(n+m, p)$. 因此二项分布族 $\{B(n, p) : n = 1, 2, \cdots\}$ 具有可加性.

证 **方法一** 对任意 $n, m \geqslant 1$，设 $X \sim B(n, p), Y \sim B(m, p)$，且它们相互独立. 根据例 2.7.10, $X+Y$ 的分布列为
$$P(X+Y=i) = \sum_{k=0}^{n} C_n^k p^k (1-p)^{n-k} C_m^{i-k} p^{i-k} (1-p)^{m-(i-k)}$$

$$= \mathrm{C}_{n+m}^i p^i (1-p)^{n+m-i},$$

$i = 0, 1, \cdots, n+m$. 因此 $B(n,p) * B(m,p) = B(n+m,p)$. 从而结论成立.

方法二 对任意 $n, m \geqslant 1$, 取 $X_1, \cdots, X_m$ 独立同分布,

$$\mathrm{P}(X_1 = 1) = p, \quad \mathrm{P}(X_1 = 0) = 1 - p.$$

则 $S_n := X_1 + \cdots + X_n \sim B(n,p)$, $\hat{S}_m := X_{n+1} + \cdots + X_{n+m} \sim B(m,p)$, 且它们相互独立. 因为 $S_n + \hat{S}_m = X_1 + \cdots + X_{n+m} \sim B(n+m,p)$, 所以 $B(n,p) * B(m,p) = B(n+m,p)$. 从而结论成立. □

例 2.7.13 负二项分布族 $\{NB(r,p) : r = 1, 2, \cdots\}$ 和帕斯卡分布族 $\{P(r,p) : r = 1, 2, \cdots\}$ 均具有可加性.

证 对任意 $r, s \geqslant 1$. 取 $n = r + s$, 并考虑例 2.5.7 中定义的 $Y_1, \cdots, Y_n$, 则 $S_t := \sum_{i=1}^{r} Y_i$ 为伯努利试验中第 t 次成功前的失败次数, 因此 $S_t \sim NB(t,p)$. 由例 2.5.7, $Y_1, \cdots, Y_n$ 独立同分布. 因此 $\hat{S}_s := Y_{r+1} + \cdots + Y_{r+s}$ 与 S_r 独立, 并且 $\hat{S}_s$ 与 S_s 同分布, 故服从 $NB(s,p)$. 于是 $NB(r,p) * NB(s,p)$ 即为 $S_r + \hat{S}_s = S_{r+s}$ 的分布 $NB(r+s,p)$. 从而负二项分布族具有可加性. 在上述推导中用 $Y_i + 1$ 代替 Y_i 便知帕斯卡分布族具有可加性. □

例 2.7.14 $P(\lambda_1) * P(\lambda_2) = P(\lambda_1 + \lambda_2)$. 因此泊松分布族 $\{P(\lambda) : \lambda > 0\}$ 具有可加性.

证 假设 $X \sim P(\lambda_1), Y \sim P(\lambda_2)$, 且 X 与 Y 相互独立, 则对任意非负整数 n,

$$\begin{aligned}
\mathrm{P}(X + Y = n) &= \sum_{k=0}^{n} \mathrm{P}(X = k, Y = n - k) \\
&= \sum_{k=0}^{n} \frac{\lambda_1^k}{k!} \mathrm{e}^{-\lambda_1} \frac{\lambda_2^{n-k}}{(n-k)!} \mathrm{e}^{-\lambda_2} \\
&= \mathrm{e}^{-(\lambda_1 + \lambda_2)} \frac{1}{n!} \sum_{k=0}^{n} \mathrm{C}_n^k \lambda_1^k \lambda_2^{n-k} \\
&= \mathrm{e}^{-(\lambda_1 + \lambda_2)} \frac{(\lambda_1 + \lambda_2)^n}{n!},
\end{aligned}$$

此即 $P(\lambda_1 + \lambda_2)$ 的分布列. □

例 2.7.15 $\Gamma(\alpha_1, \lambda) * \Gamma(\alpha_2, \lambda) = \Gamma(\alpha_1 + \alpha_2, \lambda)$. 因此对任意 $\lambda > 0$, 伽马分布族 $\{\Gamma(\alpha, \lambda) : \alpha > 0\}$ 具有可加性.

证 取定 λ. 将 $\Gamma(\alpha, \lambda)$ 的密度函数记为 $p_\alpha(\cdot)$, 即

$$p_\alpha(x) = C_\alpha x^{\alpha - 1} \mathrm{e}^{-\lambda x} \cdot \mathbf{I}_{\{x > 0\}}, \quad \text{其中 } C_\alpha = \frac{\lambda^\alpha}{\Gamma(\alpha)}.$$

由例 2.7.11, $\Gamma(\alpha_1,\lambda) * \Gamma(\alpha_2,\lambda)$ 对应的密度如下: 当 $z \leqslant 0$ 时, $p(z) = 0$; 当 $z > 0$ 时,

$$\begin{aligned}
p(z) &= \int_{-\infty}^{\infty} p_{\alpha_1}(x) p_{\alpha_2}(z-x) \mathrm{d}x = \int_0^z C_{\alpha_1} x^{\alpha_1-1} \mathrm{e}^{-\lambda x} \cdot C_{\alpha_2}(z-x)^{\alpha_2-1} \mathrm{e}^{-\lambda(z-x)} \mathrm{d}x \\
&= C_{\alpha_1} C_{\alpha_2} \mathrm{e}^{-\lambda z} \int_0^z x^{\alpha_1-1}(z-x)^{\alpha_2-1} \mathrm{d}x \\
&= C_{\alpha_1} C_{\alpha_2} \mathrm{e}^{-\lambda z} \int_0^1 (tz)^{\alpha_1-1} ((1-t)z)^{\alpha_2-1} z \mathrm{d}t \quad (\text{其中 } t = x/z) \\
&= C_{\alpha_1} C_{\alpha_2} \mathrm{e}^{-\lambda z} \cdot C z^{\alpha_1+\alpha_2-1},
\end{aligned}$$

其中 $C = \int_0^1 t^{\alpha_1-1}(1-t)^{\alpha_2-1} \mathrm{d}t$. 综上,

$$p(z) = \hat{C} z^{\alpha_1+\alpha_2-1} \mathrm{e}^{-\lambda z} \cdot \mathbf{I}_{\{z>0\}},$$

其中 $\hat{C} = C_{\alpha_1} C_{\alpha_2} C$ 为常数. 此即为 $\Gamma(\alpha_1+\alpha_2,\lambda)$ 的密度函数. 因此结论成立. □

例 2.7.16 设 $X_1, \cdots, X_n$ 独立同分布, 都服从 $\mathrm{Exp}(\lambda)$. 令 $S_n = X_1 + \cdots + X_n$. 求 S_n 的分布.

解 $\mathrm{Exp}(\lambda)$ 即为 $\Gamma(1,\lambda)$. 由例 2.7.15 和数学归纳法知 $S_n \sim \Gamma(n,\lambda)$. □

例 2.7.17 设 $X_1, \cdots, X_n$ 独立同分布, 都服从 $N(0,1)$. 令 $S_n = X_1^2 + \cdots + X_n^2$. 求 S_n 的分布.

解 由命题 2.8.1 与命题 2.5.11, $X_1^2, \cdots, X_n^2$ 独立同分布. 由例 2.2.12, 它们都服从 $\Gamma(1/2,1/2)$. 由例 2.7.15 和数学归纳法知 $S_n \sim \Gamma(n/2,1/2)$. □

特别地, 在例 2.7.17 中取 $n = 2$ 便知, 若 X, Y 相互独立且都服从 $N(0,1)$, 则 $X^2 + Y^2 \sim \mathrm{Exp}(1/2)$.

习题

1. 设 X 与 Y 相互独立, 均服从 $U(0,1)$. 求 $X+Y$ 的密度函数.

2. 设 X 与 Y 相互独立, $X \sim N(\mu_1, \sigma_1^2)$, $Y \sim N(\mu_2, \sigma_2^2)$. (1) 求 $X+Y$ 的密度函数; (2) 取 $\mu_1 = \mu_2 = 10$, $\sigma_1 = \sigma_2 = 2$, 求满足 $\mathrm{P}(X+Y > x) = \mathrm{P}(X > 15)$ 的实数 x.

3. 设 X 与 Y 相互独立, $X \sim B(n,p)$, $Y \sim U(0,1)$. 求 $X+Y$ 的分布函数和密度函数.

4. 求指数分布 $\mathrm{Exp}(\lambda)$ 的分布函数的广义反函数与尾分布函数的广义反函数.

5. 设 $F_1(\cdot)$ 与 $F_2(\cdot)$ 是分布函数. 令 $F(x) = \max\{F_1(x), F_2(x)\}$. 证明: $F(\cdot)$ 是分布函数.

6. 设 $F(\cdot)$ 是分布函数, $G(x) = 1 - F(x)$.
(1) 证明: $G^{-1}(u) = F^{-1}(1-u)$.

(2) 设 $f : \mathbb{R} \to \mathbb{R}$ 是严格单调上升的连续函数, $\lim_{x \to -\infty} f(x) = -\infty$, $\lim_{x \to \infty} f(x) = \infty$. 证明: 复合函数 $F \circ f$ 是分布函数, $G \circ f$ 是尾分布函数.

(3) 设 $g : [0,1] \to [0,1]$ 是严格单调上升的连续函数, $g(0) = 0$, $g(1) = 1$. 证明: 复合函数 $g \circ F$ 是分布函数, $g \circ G$ 是尾分布函数.

7. (1) 设 $F(\cdot)$ 是分布函数, $U \sim U(0,1)$. 证明: $F(\cdot)$ 是 $F^{-1}(1-U)$ 的分布函数.

(2) 利用 (1) 证明推论 2.7.5.

§2.8 随机向量的变换

一、随机向量的变换

设 $f : \mathbb{R}^n \to \mathbb{R}^m$. 与 $n = m = 1$ 的情形类似, 若 $\vec{X}$ 是离散型的, 则 $\vec{Y} = f(\vec{X})$ 是离散型, 且 $\vec{Y}$ 的联合分布可以直接得到. 若 $\vec{X}$ 不是离散型的, 需要确保 $\vec{Y}$ 是随机向量. 若

$$\{\vec{x} \in \mathbb{R}^n : f(\vec{x}) \preceq \vec{y}\} \in \mathscr{B}^n, \quad \forall \vec{y} \in \mathbb{R}^m,$$

则称 $f(\cdot)$ 为**博雷尔函数**. 为清晰起见, 也说 $f(\cdot)$ 是 $\mathbb{R}^n$ 上的博雷尔函数, 或 $f(\cdot)$ 是 $\mathbb{R}^n$ 到 $\mathbb{R}^m$ 的博雷尔函数. 本书只涉及连续函数和分段连续的函数, 它们都是博雷尔函数. 若 $f(\cdot)$ 是博雷尔函数, 则对任意 n 维随机向量 $\vec{X}$, $f(\vec{X})$ 也是随机向量.

命题 2.8.1 设 $\vec{X}, \vec{Y}$ 是 n 维随机向量, 且 $\vec{X} \stackrel{d}{=} \vec{Y}$, 则对任意 $\mathbb{R}^n$ 上的博雷尔函数 $f(\cdot)$, $f(\vec{X}) \stackrel{d}{=} f(\vec{Y})$.

上述命题的证明与命题 2.7.1 的类似, 留为习题. 该命题的一个简单的应用如下: 假设 (W, V) 相互独立, $W \sim P(\lambda_1), V \sim P(\lambda_2)$. 令 $\lambda = \lambda_1 + \lambda_2, p = \dfrac{\lambda_1}{\lambda}$. 设 (X, Y, Z) 同例 2.6.1, 则 $W \stackrel{d}{=} Y, V \stackrel{d}{=} Z$. 由例 2.5.9, $(W, V) \stackrel{d}{=} (Y, Z)$. 于是由上述命题知 $W + V \stackrel{d}{=} Y + Z = X$, 从而 $W + V \sim P(\lambda_1 + \lambda_2)$. 这便给出例 2.7.14 的另一种证明.

设 $\vec{X}$ 是 n 维随机向量, 取值于开区域 D_1. 设 D_2 为 $\mathbb{R}^n$ 中的开区域, $f : D_1 \to D_2$ 为一一映射且雅可比 (Jacobi) 行列式总不为 0. 即若 $\vec{x} \neq \vec{y}$, 则 $f(\vec{x}) \neq f(\vec{y})$. 因此 $f(\cdot)$ 是可逆的, 其逆映射记为 $f^{-1}(\cdot)$. 记 $\vec{Y} = f(\vec{X})$. 记 $I(\vec{x}) = \det(\partial y_i / \partial x_j)_{i,j \leqslant n}$, $J(\vec{y}) = \det(\partial x_i / \partial y_j)_{i,j \leqslant n}$. 它们分别是 $f(\cdot)$ 和 $f^{-1}(\cdot) : D_2 \to D_1$ 的雅可比行列式. 则对任意 D_2 中的区域 D,

$$P(\vec{Y} \in D) = P(\vec{X} \in f^{-1}(D)) = \int \cdots \int_{f^{-1}(D)} p_{\vec{X}}(\vec{x}) dx_1 \cdots dx_n$$

$$= \int_D \cdots \int p_{\vec{X}}(f^{-1}(\vec{y})) \cdot |J(\vec{y})| \mathrm{d}y_1 \cdots \mathrm{d}y_n,$$

其中第三个等号用到变量变换 $\vec{y} = f(\vec{x})$. 综上,

$$p_{\vec{Y}}(\vec{y}) = \begin{cases} p_{\vec{X}}(\vec{x}) \cdot \dfrac{1}{|I(\vec{x})|} = p_{\vec{X}}(f^{-1}(\vec{y})) \cdot |J(\vec{y})|, & \vec{y} \in D_2, \\ 0, & \vec{y} \notin D_2. \end{cases}$$

这与 (2.2.2) 式类似.

若 $f(\cdot)$ 为多对一的函数, 则与 (2.2.3) 式类似, 我们应该按如下步骤求出 $\vec{Y}$ 的联合密度: 首先, 找出 $\vec{Y}$ 的取值范围 D; 其次, 对任意 $\vec{y} \in D$, 找出 $\vec{y}$ 的所有原像点 $\{\vec{x}^{(i)} : i \in I\}$; 再次, 在 $\vec{x}^{(i)}$ 的局部, $f(\cdot)$ 是一一映射, 其反函数记为 $g_i(\cdot)$, 即反解出 $\vec{x}^{(i)} = g_i(\vec{y})$; 最后, 求出 $f(\cdot)$ 的雅可比行列式 $I(\vec{x}) = \det(\partial y_i/\partial x_j)_{i,j \leqslant n}$ 或 $g_i(\cdot)$ 的雅可比行列式 $J_i(\vec{y}) = \det(\partial x_i/\partial y_j)_{i,j \leqslant n}$, 并得到

$$p_{\vec{Y}}(\vec{y}) = \begin{cases} \displaystyle\sum_{i \in I} p_X(\vec{x}^{(i)}) \cdot \dfrac{1}{|I(\vec{x}^{(i)})|} = \sum_{i \in I} p_X(g_i(\vec{y})) \cdot |J_i(\vec{y})|, & \vec{y} \in D, \\ 0, & \vec{y} \notin D. \end{cases}$$

例 2.8.2 设 $S = \{(x,y) \in \mathbb{R}^2 : x \geqslant 0, y \geqslant 0 \text{ 且 } x + y \leqslant 1\}$, $(X, Y) \sim U(S)$. 令 $Z = 1 - (X + Y)$. 求 (X, Z) 的联合分布.

解 记 $z = 1 - (x+y)$. 令 $f : (x, y) \mapsto (x, z)$, 则 f 是 S 上一对一的自映射, 且雅可比行列式恒为 -1. 因此对任意 $(x, z) \in S$, $p_{X,Z}(x, z) = p_{X,Y}(x, y) = 1/\mathrm{Vol}_2(S)$, 即 $(X, Z) \sim U(S)$. □

例 2.8.3 设 $\vec{X} = (X_1, \cdots, X_n) \sim U(S)$, 其中 S 是欧氏空间 $\mathbb{R}^n$ 中的一个锥体,

$$S = \Big\{(x_1, \cdots, x_n) \in \mathbb{R}^n : x_i \geqslant 0, i = 1, \cdots, n \text{ 且 } \sum_{i=1}^n x_i \leqslant 1\Big\},$$

令 $X_{n+1} = 1 - \sum_{i=1}^n X_i$. 证明: 若 $i_1, \cdots, i_{n+1}$ 是 $1, \cdots, n+1$ 的 (非随机的) 全排列, 则 $\vec{Y} := (X_{i_1}, \cdots, X_{i_n}) \sim U(S)$, $\vec{Z} := (X_{i_1}, \cdots, X_{i_{n+1}}) \sim U(\hat{S})$, 其中

$$\hat{S} = \Big\{(z_1, \cdots, z_{n+1}) \in \mathbb{R}^{n+1} : z_i \geqslant 0, i = 1, \cdots, n+1 \text{ 且 } \sum_{i=1}^{n+1} z_i = 1\Big\}.$$

证 结论 1. 对任意 $1, \cdots, n$ 的全排列 $i_1, \cdots, i_n$, $\vec{V} := (X_{i_1}, \cdots, X_{i_n}) \sim U(S)$. 这是因为 $f : \vec{x} = (x_1, \cdots, x_n) \mapsto \vec{v} := (x_{i_1}, \cdots, x_{i_n})$ 是 S 上一对一的自映射, 且雅可比行列式的绝对值恒为 1, 于是对任意 $\vec{v} \in S$, $p_{\vec{V}}(\vec{v}) = p_{\vec{X}}(\vec{x}) = 1/\mathrm{Vol}_n(S)$, 即 $\vec{V} \sim U(S)$.

结论 2. 仿照例 2.8.2, 可以证明 $(X_1, \cdots, X_{n-1}, X_{n+1}) \sim U(S)$.

结论 3. 仿照例 2.4.9, 可以证明 $(X_1, \cdots, X_{n+1}) \sim U(\hat{S})$.

若 $i_{n+1} = n+1$, 则 $i_1, \cdots, i_n$ 为 $1, \cdots, n$ 的全排列. 由结论 1 和结论 3 知 $\vec{Y} \sim U(S)$ 且 $\vec{Z} \sim U(\hat{S})$. 下设 $i_{n+1} = i \neq n+1$. 令 $\vec{V} = (V_1, \cdots, V_n) := (X_1, \cdots, X_{i-1}, X_{i+1}, \cdots, X_n, X_i)$, 则由结论 1, $\vec{V} \stackrel{\mathrm{d}}{=} \vec{X}$. 进一步, 由结论 2, 将 $\vec{V}$ 的最后一个分量改为 $1 - \sum_{i=1}^{n} V_i - X_{n+1}$ 后, 联合分布仍为 $U(S)$, 即 $\vec{W} := (X_1, \cdots, X_{i-1}, X_{i+1}, \cdots, X_n, X_{n+1}) \sim U(S)$. 再进一步, 因为 $i_1, \cdots, i_n$ 是 $1, \cdots, i-1, i+1, \cdots, n+1$ 的全排列, 所以由结论 1, $\vec{Y} \sim U(S)$. 最后, 由结论 3, $\vec{Z} \sim U(\hat{S})$. □

二、正态情形

先引入平面 $\mathbb{R}^2$ 上的两个映射. 第一个是将平面上所有点围绕原点右旋角度 α. 对任意 $\alpha \in (0, 2\pi)$, 令 $f_\alpha : (x, y) \mapsto (z_1, z_2)$, 其中

$$\begin{pmatrix} z_1 \\ z_2 \end{pmatrix} = \begin{pmatrix} \cos\alpha & -\sin\alpha \\ \sin\alpha & \cos\alpha \end{pmatrix} \begin{pmatrix} x \\ y \end{pmatrix}.$$

第二个是极坐标化. 令

$$g : S_1 \to S_2, \quad (r, \theta) \mapsto (x, y), \quad x = r\cos\theta, \ y = r\sin\theta,$$

其中

$$S_1 = \{(r, \theta) : r > 0, \theta \in [0, 2\pi)\}, \quad S_2 = \mathbb{R}^2 \setminus \{(0, 0)\}.$$

在 $\mathbb{R}^2$ 中去除原点是为了保证 g 是一一映射. 上述符号在本节通用.

例 2.8.4 设 X, Y 相互独立, 都服从 $N(0, 1)$, 则 $f_\alpha(X, Y) \stackrel{\mathrm{d}}{=} (X, Y)$.

证 对任意二维区域 D, 记 $f_\alpha^{-1}(D) := \{(x, y) : f_\alpha(x, y) \in D\}$. 令 $(Z_1, Z_2) = f_\alpha(X, Y)$.

$$\mathrm{P}\big((Z_1, Z_2) \in D\big) = \mathrm{P}\big((X, Y) \in f_\alpha^{-1}(D)\big) = \iint_{f_\alpha^{-1}(D)} p_{X,Y}(x, y) \mathrm{d}x \mathrm{d}y.$$

对上式右边作变量变换: $(z_1, z_2) = f_\alpha(x, y)$, 推出

$$\mathrm{P}\big((Z_1, Z_2) \in D\big) = \iint_D p_{X,Y}\big(f_\alpha^{-1}(z_1, z_2)\big) |J(z_1, z_2)| \mathrm{d}z_1 \mathrm{d}z_2,$$

其中

$$J(z_1, z_2) = \det \begin{pmatrix} \dfrac{\partial x}{\partial z_1} & \dfrac{\partial x}{\partial z_2} \\ \dfrac{\partial y}{\partial z_1} & \dfrac{\partial y}{\partial z_2} \end{pmatrix} = 1$$

为变量替换的雅可比行列式. 记 $(x,y) = f_\alpha^{-1}(z_1, z_2)$. 因为

$$p_{X,Y}\big(f_\alpha^{-1}(z_1, z_2)\big) = \frac{1}{2\pi}\mathrm{e}^{-(x^2+y^2)/2} = \frac{1}{2\pi}\mathrm{e}^{-(z_1^2+z_2^2)/2},$$

所以

$$\mathrm{P}\big((Z_1, Z_2) \in D\big) = \iint_D \frac{1}{2\pi}\mathrm{e}^{-(z_1^2+z_2^2)/2}\mathrm{d}z_1\mathrm{d}z_2.$$

从而结论成立. □

例 2.8.5 设 X, Y 相互独立, 都服从 $N(0,1)$. 记 $(R, \Theta) = g^{-1}(X, Y)$. 求 Θ 的分布.

解 对任意 $\alpha \in (0, 2\pi)$, 记 f_α, Z_1, Z_2 同例 2.8.4, 则

$$Z_1 = R\cos(\Theta + \alpha) = R\cos\hat\Theta_\alpha, \quad Z_2 = R\sin(\Theta + \alpha) = R\sin\hat\Theta_\alpha,$$

其中 $\hat\Theta_\alpha$ 取值于 $[0, 2\pi)$ 且满足 $(\Theta + \alpha - \hat\Theta_\alpha)/(2\pi)$ 为整数. 由例 2.8.4, (Z_1, Z_2) 与 (X, Y) 同分布, 因此 $\hat\Theta_a \stackrel{d}{=} \Theta$. 对任意 n, 将 $[0, 2\pi)$ 等分为 n 个小区间 $I_i = [2(i-1)\pi/n, 2i\pi/n)$, $i = 1, \cdots, n$. 取 $\alpha_i = 2(i-1)\pi/n$ 便知

$$\mathrm{P}(\Theta \in I_1) = \mathrm{P}(\hat\Theta_{\alpha_i} \in I_i) = \mathrm{P}(\Theta \in I_i), \quad i = 1, \cdots, n,$$

其中第一个等号用到 $\hat\Theta_\alpha$ 的定义, 第二个等号用到 $\hat\Theta_{\alpha_i} \stackrel{d}{=} \Theta$. 因此, $\mathrm{P}(\Theta \in I_i) = 1/n$, $i = 1, \cdots, n$. 这表明若 $y/(2\pi) \in (0, 1) \cap \mathbb{Q}$, 则 $\mathrm{P}(\Theta < y) = y/2\pi$. 对任意 $x \in (0, 2\pi)$,

$$F_\Theta(x) \leqslant \lim_{y/(2\pi)\in\mathbb{Q}, y \to x+} \mathrm{P}\left(\Theta < \frac{y}{2\pi}\right) \leqslant \frac{x}{2\pi}, \quad F_\Theta(x) \geqslant \lim_{y/(2\pi)\in\mathbb{Q}, y \to x-} \mathrm{P}\left(\Theta < \frac{y}{2\pi}\right) \geqslant \frac{x}{2\pi}.$$

从而 $F_\Theta(x) = x/2\pi$. 即 $\Theta \sim U(0, 2\pi)$. □

例 2.8.6 设 X, Y 相互独立, 都服从 $N(0,1)$. 记 $(R, \Theta) = g^{-1}(X, Y)$, 则 R 与 Θ 相互独立.

解 记 $(x, y) = g(r, \theta) := (r\cos\theta, r\sin\theta)$, 则

$$J(r, \theta) = \begin{vmatrix} \dfrac{\partial x}{\partial r} & \dfrac{\partial x}{\partial \theta} \\ \dfrac{\partial y}{\partial r} & \dfrac{\partial y}{\partial \theta} \end{vmatrix} = \begin{vmatrix} \cos\theta & -r\sin\theta \\ \sin\theta & r\cos\theta \end{vmatrix} = r.$$

于是

$$p_{R,\Theta}(r, \theta) = p_{X,Y}(x, y)|J(r, \theta)| = \frac{1}{2\pi}\mathrm{e}^{-(x^2+y^2)/2} \cdot r = \frac{1}{2\pi}r\mathrm{e}^{-r^2/2}, \quad r > 0, \theta \in [0, 2\pi).$$

这表明 R 与 Θ 相互独立. □

例 2.8.6 同时也给出例 2.8.5 的另一个解法. 此外, 由例 2.7.17 知 $X^2 + Y^2 \sim \mathrm{Exp}(1/2)$. 例 2.8.6 同时给出了 R 的密度函数, 因此给出例 2.2.8 的另一个解法.

例 2.8.7 设 U_1, U_2 相互独立, 都服从 $U(0,1)$. 令

$$Z_1 = \sqrt{-2\ln U_1}\cos(2\pi U_2), \quad Z_1 = \sqrt{-2\ln U_1}\sin(2\pi U_2),$$

则 Z_1, Z_2 相互独立, 都服从 $N(0,1)$.

证 设 X, Y, R, Θ 同例 2.8.6. $\operatorname{Exp}(1/2)$ 的尾分布函数为 $\mathrm{e}^{-x/2}\mathbf{I}_{\{x>0\}}$, 其反函数为 $-2\ln u$. 由推论 2.7.5, $-2\ln U_1 \sim \operatorname{Exp}(1/2)$. 令 $\hat{R} = \sqrt{-2\ln U_1}$, 则 $\hat{R}^2 \stackrel{\mathrm{d}}{=} R^2$, 从而 $\hat{R} \stackrel{\mathrm{d}}{=} R$. 可以验证 $\hat{\Theta} := 2\pi U_2 \stackrel{\mathrm{d}}{=} \Theta$, 它们都服从 $U(0, 2\pi)$. 因为 U_1 与 U_2 独立, 所以 $\hat{R}$ 与 $\hat{\Theta}$ 独立, 于是 $(\hat{R}, \hat{\Theta}) \stackrel{\mathrm{d}}{=} (R, \Theta)$ (理由见例 2.5.9). 由命题 2.8.1, $(Z_1, Z_2) \stackrel{\mathrm{d}}{=} (X, Y)$. 故结论成立. □

三、最大值、最小值

例 2.8.8 假设 $X_1, \cdots, X_n$ 相互独立. 对任意 i, 将 X_i 的分布函数与尾分布函数分别记为 $F_i(\cdot)$ 与 $G_i(\cdot)$. 记

$$W := \max\{X_1, \cdots, X_n\}, \quad V := \min\{X_1, \cdots, X_n\},$$

则

$$F_W(w) = \mathrm{P}(W \leqslant w) = \mathrm{P}(X_1 \leqslant w, \cdots, X_n \leqslant w) = \prod_{i=1}^{n} \mathrm{P}(X_i \leqslant w) = \prod_{i=1}^{n} F_i(w),$$

$$G_V(v) = \mathrm{P}(V > v) = \mathrm{P}(X_1 > v, \cdots, X_n > v) = \prod_{i=1}^{n} \mathrm{P}(X_i > v) = \prod_{i=1}^{n} G_i(v).$$

特别地, 若对任意 i, X_i 是连续型随机变量, 密度函数为 $p_i(\cdot)$, 则

$$p_W(w) = F_W'(w) = \sum_{i=1}^{n} p_i(x) \prod_{1 \leqslant j \leqslant n, j \neq i} F_j(w),$$

$$p_V(v) = -G_V'(v) = -\sum_{i=1}^{n} p_i(x) \prod_{1 \leqslant j \leqslant n, j \neq i} G_j(v). \quad \square$$

例 2.8.9 假设 $X_1, \cdots, X_n$ 相互独立, 均服从指数分布, 参数分别为 $\lambda_1, \cdots, \lambda_n$. 令 $Y = \min\{X_1, \cdots, X_n\}$, 设 $Y = X_W$, 则 $Y \sim \operatorname{Exp}(\lambda), \mathrm{P}(W = i) = \lambda_i/\lambda, i = 1, \cdots, n$, 且 Y 与 W 相互独立, 其中 $\lambda = \lambda_1 + \cdots + \lambda_n$.

证 对任意 $y \geqslant 0, i \in \{1, \cdots, n\}$,

$$\mathrm{P}(Y > y, W = i) = \frac{\lambda_i}{\lambda} \mathrm{e}^{-\lambda y}. \tag{2.8.1}$$

理由如下: 不妨假设所有 X_i 的值都互不相等. $\{Y > y, W = i\}$ 发生的充要条件是事件 $\{X_i > y\}$ 和事件 $\{X_1, \cdots, X_{i-1}, X_{i+1}, \cdots, X_n$ 都大于 $X_i\}$ 同时发生. 因此

$$\mathrm{P}(Y > y, W = i)$$
$$= \int_y^\infty \left(\int_{x_i}^\infty \cdots \int_{x_i}^\infty \lambda_1 \cdots \lambda_n \mathrm{e}^{-(\lambda_1 x_1 + \cdots + \lambda_n x_n)} \mathrm{d}x_1 \cdots \mathrm{d}x_{i-1} \mathrm{d}x_{i+1} \cdots \mathrm{d}x_n \right) \mathrm{d}x_i$$

$$= \int_y^\infty \lambda_i \mathrm{e}^{-\lambda x_i} \mathrm{e}^{-(\lambda-\lambda_i)x_i} \mathrm{d}x_i = \frac{\lambda_i}{\lambda} \mathrm{e}^{-\lambda y}.$$

一方面, 将 (2.8.1) 式的左右两边对 i 求和便可推出 $Y \sim \mathrm{Exp}(\lambda)$. 另一方面, 在 (2.8.1) 式中取 $y = 0$, 便得到 W 的分布列. 具体地, 对 $i = 1, \cdots, n, \mathrm{P}(W = i) = \lambda_i/\lambda$. 进一步, 用此式的左右两边分别减去 (2.8.1) 式的左右两边, 便得到 $\mathrm{P}(Y \leqslant y, W = i) = F_Y(y)\mathrm{P}(W = i)$. 该等式在 $y < 0$ 时也成立, 因为此时其左右两边都是 0. 综上, 对任意 y, w,

$$\mathrm{P}(Y \leqslant y, W \leqslant w) = \sum_{i:i \leqslant w} \mathrm{P}(Y \leqslant y, W = i) = \sum_{i:i \leqslant w} F_Y(y)\mathrm{P}(W = i) = F_Y(y)F_W(w).$$

因此 Y 与 W 相互独立. □

四、顺序统计量

假设 $X_1, \cdots, X_n$ 独立同分布. 对任意样本 ω, 把 $X_1(\omega), \cdots, X_n(\omega)$ 这 n 个实数从小到大排起来, 得到 n 个有序的实数, 记为 $X_{(1)}(\omega), \cdots, X_{(n)}(\omega)$, 其中 $X_{(1)}(\omega) \leqslant \cdots \leqslant X_{(n)}(\omega)$. 特别地,

$$X_{(1)}(\omega) = \min_{1 \leqslant i \leqslant n} X_i(\omega), \quad X_{(n)}(\omega) = \max_{1 \leqslant i \leqslant n} X_i(\omega).$$

将 ω 视为变元, 将这 n 个以 ω 为自变量的函数依次记为 $X_{(1)}, \cdots, X_{(n)}$. 它们都是随机变量, 称之为 $X_1, \cdots, X_n$ 的**顺序统计量**. 换言之, 考虑 $\mathbb{R}^n$ 上的如下自映射 $f(\cdot)$: 对任意 $\vec{x} \in \mathbb{R}^n$, 将 $x_1, \cdots, x_n$ 从小到大排起来得到 $x_{(1)} \leqslant \cdots \leqslant x_{(n)}$, 令 $f(\vec{x}) = (x_{(1)}, \cdots, x_{(n)})$. 可以验证 $f(\cdot)$ 是博雷尔函数, 于是 $(X_{(1)}, \cdots, X_{(n)}) = f(\vec{X})$ 是随机向量.

下面, 假设 X_1 是连续型随机变量, 其密度函数记为 $p(\cdot)$, 分布函数记为 $F(\cdot)$, 尾分布函数记为 $G(\cdot)$. 此时, 对任意 $i \neq j, \mathrm{P}(X_i = X_j) = 0$. 因此

$$\mathrm{P}(X_{(1)} < \cdots < X_{(n)}) = 1.$$

例 2.8.10 对 $k = 1, \cdots, n$, 求 $X_{(k)}$ 的密度函数.

解 由例 2.8.8, $X_{(1)}$ 和 $X_{(n)}$ 的密度函数分别为

$$nG(x)^{n-1}p(x), \quad nF(x)^{n-1}p(x).$$

一般地, 对任意 x, $X_{(k)} \leqslant x$ 当且仅当 $X_1, \cdots, X_n$ 中至少有 k 个不超过 x. 记 $A_i =$ "$X_1, \cdots, X_n$ 中恰有 i 个不超过 x", 则 $\mathrm{P}(X_{(k)} \leqslant x) = \sum_{i=k}^n \mathrm{P}(A_i)$. 将 A_i 按照 $X_1, \cdots, X_n$ 中是哪 i 个随机变量的值不超过 x 划分为 C_n^i 个互不相交的事件, 它们中的每一个事件的概率均为 $F(x)^i (1 - F(x))^{n-i}$. 综上,

$$\mathrm{P}(X_{(i)} \leqslant x) = \sum_{i=k}^n \mathrm{C}_n^i F(x)^i (1 - F(x))^{n-i}.$$

记 $f(y) = \sum_{i=k}^{n} C_n^i y^i (1-y)^{n-i}$, 则 $X_{(i)}$ 的分布函数形如 $f(F(x))$. 根据复合函数求导的链式法则, $X_{(i)}$ 的密度函数为 $f'(F(x))p(x)$. 下面计算 $f'(\cdot)$.

$$\begin{aligned}
f'(y) &= \sum_{i=k}^{n} C_n^i i y^{i-1} (1-y)^{n-i} - \sum_{i=k}^{n-1} C_n^i y^i (n-i)(1-y)^{n-i-1} \\
&= \sum_{i=k}^{n} n C_{n-1}^{i-1} y^{i-1} (1-y)^{n-i} - \sum_{i=k}^{n-1} n C_{n-1}^i y^i (1-y)^{n-i-1} \\
&= \sum_{i=k-1}^{n-1} n C_{n-1}^i y^i (1-y)^{n-i-1} - \sum_{i=k}^{n-1} n C_{n-1}^i y^i (1-y)^{n-i-1} \\
&= n C_{n-1}^{k-1} y^{k-1} (1-y)^{n-k}.
\end{aligned}$$

因此 $X_{(k)}$ 的密度函数为 $n C_{n-1}^{k-1} F(x)^{k-1} G(x)^{n-k} p(x)$. □

例 2.8.11 求 $(X_{(1)}, \cdots, X_{(n)})$ 的联合密度函数.

解 考虑 $D = \{\vec{x} \in \mathbb{R}^n : x_i \neq x_j, \forall i \neq j\}$, $\hat{D} = \{\vec{x} \in \mathbb{R}^n : x_1 < \cdots < x_n\}$, 则 $P(\vec{X} \in D) = 1$, 且 $f(\vec{x}) = (x_{(1)}, \cdots, x_{(n)})$ 为 D 到 $\hat{D}$ 上的 $n!$ 到 1 的映射. 由于雅可比行列式的绝对值全为 1, 因此 $(X_{(1)}, \cdots, X_{(n)})$ 在 $\vec{x} \in \hat{D}$ 的联合密度函数的值等于 $\vec{X}$ 的联合密度函数在 $\vec{x}$ 的原像的值之和, 从而等于 $n! p(x_1) \cdots p(x_n)$.

下面我们不用联合密度的变换公式, 直接从顺序统计量的定义出发求其联合密度函数. 先以 $n=2$ 为例来求解. 将 $(X_{(1)}, X_{(2)})$ 的联合密度函数与联合分布函数分别记为 $p(\cdot, \cdot)$ 与 $F(\cdot, \cdot)$.

情形 I 当 $x \geqslant y$ 时,

$$\{X_{(2)} \leqslant y\} \subseteq \{X_{(1)} \leqslant y\} \subseteq \{X_{(1)} \leqslant x\}.$$

因此 $F(x, y) = P(X_{(2)} \leqslant y)$, 它不依赖于 x. 于是 $\frac{\partial}{\partial x} F(x,y) = 0$, 从而 $p(x,y) = 0$.

情形 II 当 $x < y$ 时, 将 $\{X_{(2)} \leqslant y\}$ 分解为互不相交的两个事件 $\{X_{(2)} \leqslant x\}$ 与 $\{x < X_{(2)} \leqslant y\}$ 的并集. 得到 $F(x,y) = F_1(x,y) + F_2(x,y)$, 其中

$$F_1(x,y) := P(X_{(1)} \leqslant x, X_{(2)} \leqslant x), \quad F_2(x,y) := P(X_{(1)} \leqslant x < X_{(2)} \leqslant y).$$

因为 $F_1(x,y)$ 不依赖于 y, 所以 $\frac{\partial}{\partial y} F_1(x,y) = 0$, 从而 $\frac{\partial^2}{\partial x \partial y} F_1(x,y) = 0$. 下面研究 $\frac{\partial^2}{\partial x \partial y} F_2(x,y)$. 按 X_1 与 X_2 的大小关系, 将事件 $\{X_{(1)} \leqslant x < X_{(2)} \leqslant y\}$ 分成两种情形, 便知

$$\begin{aligned}
F_2(x,y) &= P(X_1 \leqslant x < X_2 \leqslant y) + P(X_2 \leqslant x < X_1 \leqslant y) \\
&= 2P(X_1 \leqslant x < X_2 \leqslant y) = 2 \int_x^y \left(\int_{-\infty}^x p(u) p(v) \mathrm{d}u \right) \mathrm{d}v.
\end{aligned}$$

其中第二个等号是因为 X_1 与 X_2 独立同分布. 于是 $\dfrac{\partial}{\partial y}F_2(x,y) = 2\displaystyle\int_{-\infty}^{x} p(u)p(y)\mathrm{d}u$. 进一步, $\dfrac{\partial^2}{\partial x\partial y}F_2(x,y) = 2p(x)p(y)$.

综上, 当 $n=2$ 时, $(X_{(1)}, X_{(2)})$ 的联合密度函数为 $2p(x)p(y) \cdot \mathbf{I}_{\{x<y\}}$.

一般地, 将 $(X_{(1)}, \cdots, X_{(n)})$ 的联合分布函数与联合密度分别记为 $F(\vec{x})$ 与 $p(\vec{x})$, 其中 $\vec{x} = (x_1, \cdots, x_n)$.

情形 I 存在 $i<j$ 使得 $x_i \geqslant x_j$, 则 $X_{(j)} \leqslant x_j$ 蕴涵着 $X_{(i)} \leqslant x_i$. 因此 $F(\vec{x})$ 不依赖于 x_j, 于是 $\dfrac{\partial}{\partial x_j}F(\vec{x}) = 0$, 从而 $p(\vec{x}) = 0$.

情形 II $x_1 < x_2 < \cdots < x_n$. 记 $A_i = \{X_{(i)} \leqslant x_i\}$. 对 $i = 2, \cdots, n$, 将 A_i 分解为 $\{X_{(i)} \leqslant x_{i-1}\} \triangleq B_i$ 与 $\{x_{i-1} < X_{(i)} \leqslant x_i\} \triangleq C_i$ 的并集. 则 $A_1 \cdots A_n$ 可以按如下方式最终分解为 $n-1$ 个互不相交的事件的并集:

$$A_1 \cdots A_n = A_1(B_2 + C_2)A_3 \cdots A_n = A_1 B_2 A_3 \cdots A_n + A_1 C_2 A_3 \cdots A_n$$
$$= A_1 B_2 A_3 \cdots A_n + (A_1 C_2 B_3 A_4 \cdots A_n + A_1 C_2 C_3 A_4 \cdots A_n)$$
$$= \cdots = \bigcup_{i=2}^{n} A_1 C_2 \cdots C_{i-1} B_i A_{i+1} \cdots A_n + A_1 C_2 \cdots C_n.$$

因此 $F(\vec{x}) = F_1(\vec{x}) + F_2(\vec{x})$, 其中

$$F_1(\vec{x}) = \sum_{i=2}^{n} \mathrm{P}(A_1 C_2 \cdots C_{i-1} B_i A_{i+1} \cdots A_n), \quad F_2(\vec{x}) = \mathrm{P}(A_1 C_1 \cdots C_n).$$

对任意 $i \geqslant 2$, $\mathrm{P}(A_1 C_2 \cdots C_{i-1} B_i A_{i+1} \cdots A_n)$ 不依赖于 x_i. 因此 $\dfrac{\partial^n}{\partial x_1 \cdots \partial x_n}F_1(\vec{x}) = 0$. 对于 $F_2(\vec{x})$, 按 $X_1, \cdots, X_n$ 的大小关系将事件 $A_1 C_2 \cdots C_n$ 分解为 $n!$ 个等概率事件, 推出

$$F_2(\vec{x}) = \mathrm{P}(X_{(1)} \leqslant x_1 < X_{(2)} \leqslant x_2 < \cdots \leqslant x_{n-1} < X_{(n)} \leqslant x_n)$$
$$= n!\mathrm{P}(X_1 \leqslant x_1 < X_2 \leqslant x_2 < \cdots \leqslant x_{n-1} < X_n \leqslant x_n)$$
$$= n!\int_{x_{n-1}}^{x_n} \cdots \int_{x_1}^{x_2} \int_{-\infty}^{x_1} p(y_1) \cdots p(y_n)\mathrm{d}y_1 \mathrm{d}y_2 \cdots \mathrm{d}y_n.$$

将上式右边依次对 $x_n, \cdots, x_1$ 求偏导, 便知 $p(\vec{x}) = n!p(x_1)p(x_2)\cdots p(x_n)$.

综上, $p(\vec{x}) = n!p(x_1)p(x_n)\cdots p(x_n) \cdot \mathbf{I}_{\{x_1 < x_2 < \cdots < x_n\}}$. $\square$

例 2.8.12 设 $U_1, \cdots, U_n$ 独立同分布, 都服从均匀分布 $U(0,1)$. 由例 2.8.11, $(U_{(1)}, \cdots, U_{(n)})$ 的联合密度函数为 $n! \cdot \mathbf{I}_{\{0 < u_1 < u_2 < \cdots < u_n < 1\}}$. 记

$$X_1 = U_{(1)}; \quad X_i = U_{(i)} - U_{(i-1)}, \ i = 2, \cdots, n; \quad X_{n+1} = 1 - U_{(n)},$$

则对任意 $1,\cdots,n+1$ 的全排列 $i_1,\cdots,i_{n+1}$, $(X_{i_1},\cdots,X_{i_{n+1}})$ 服从 D 上的均匀分布，其中
$$D := \Big\{\vec{x} \in \mathbb{R}^{n+1} : x_i > 0, i = 1,\cdots,n+1 \text{ 且 } \sum_{i=1}^{n+1} x_i = 1\Big\}.$$

证 考虑映射 $f:(u_1,\cdots,u_n) \mapsto (x_1,\cdots,x_n)$，其中 $x_1 = u_1$; $x_i = u_i - u_{i-1}, i = 2,\cdots,n$. 它是 $(0,1)^n$ 到 $S = \Big\{(x_1,\cdots,x_n) \in \mathbb{R}^n : x_i > 0, i = 1,2,\cdots,n \text{ 且 } \sum_{i=1}^{n} x_i < 1\Big\}$ 的一一映射, 雅可比行列式为 1. 因此 $(X_1,\cdots,X_n)$ 的联合密度为 $n! \cdot \mathbf{I}_{\{0 < u_1 < u_2 < \cdots < u_n < 1\}} = n! \cdot \mathbf{I}_{\{x_1 > 0,\cdots,x_n > 0; x_1 + \cdots + x_n < 1\}}$. 由例 2.8.3 知结论成立. □

例 2.8.13 在单位圆周 $S^1 = \{(x,y) : x^2 + y^2 = 1\}$ 上随机取两个点, 将 S^1 分为两段. 求 $(1,0)$ 位于优弧的概率.

证 在 S^1 上随机取两个点, 等价于取 U_1, U_2 独立同分布, 都服从 $U(0,1)$, 其中第 i 个点为 $\big(\cos(2\pi U_i), \sin(2\pi U_i)\big), i = 1,2$. 则 $(1,0)$ 所在的弧的长度为 $2\pi\big(U_{(1)} + (1 - U_{(2)})\big)$, 该弧为优弧当且仅当 $U_{(1)} + (1 - U_{(2)}) > 1/2$, 等价地, 另一段弧的长度 $U_{(2)} - U_{(1)} < 1/2$. 因此所求概率为

$$\begin{aligned}
\mathrm{P}\left(U_{(2)} - U_{(1)} < \frac{1}{2}\right) &= \int_0^1 \int_0^1 \mathbf{I}_{\{u_2 < u_1 + 1/2\}} \cdot 2 \cdot \mathbf{I}_{\{0 < u_1 < u_2 < 1\}} \mathrm{d}u_2 \mathrm{d}u_1 \\
&= 2\int_0^{1/2} \int_{u_1}^{u_1+1/2} \mathrm{d}u_2 \mathrm{d}u_1 + 2\int_{1/2}^1 \int_{u_1}^1 \mathrm{d}u_2 \mathrm{d}u_1 \\
&= 2\int_0^{1/2} \frac{1}{2} \mathrm{d}u_1 + 2\int_{1/2}^1 (1 - u_1) \mathrm{d}u_1 = \frac{1}{2} + \frac{1}{4} = \frac{3}{4}. \quad \square
\end{aligned}$$

习题

1. 设 (X,Y) 服从单位圆盘 $D = \{(x,y) : x^2 + y^2 \leqslant 1\}$ 上的均匀分布. 令 $R = \sqrt{X^2 + Y^2}$, $\Theta = \arctan(Y/X)$. 求 (R, Θ) 的联合密度函数.

2. 设 $X_1,\cdots,X_5$ 相互独立, 都服从 $\mathrm{Exp}(\lambda)$. 对任意 $a > 0$, 求 $\mathrm{P}(\min\{X_1,\cdots,X_5\} \leqslant a)$ 和 $\mathrm{P}(\max\{X_1,\cdots,X_5\} \leqslant a)$.

3. 设 X 与 Y 独立, 且都服从 $U(0,1)$. 求以下随机向量 (U,V) 的联合密度:

(1) $U = X + Y, V = X/Y$; (2) $U = X, V = X/Y$;

(3) $U = X + Y, V = X/(X+Y)$; (4) $U = \sqrt{X^2 + Y^2}, V = \arctan(Y/X)$.

4. 设 $X_1,\cdots,X_n$ 独立同分布, 共同的分布函数 $F(\cdot)$ 为连续函数; Y 与 $(X_1,\cdots,X_n)$ 相互独立, 分布函数也是 $F(\cdot)$. 求:

(1) $\mathrm{P}(Y > X_{(n)})$; (2) $\mathrm{P}(Y > X_{(1)})$; (3) $\mathrm{P}(X_{(i)} < Y < X_{(j)}), 1 \leqslant i < j \leqslant n$.

§2.9 随机变量序列

一、随机变量序列

设 $(\Omega, \mathscr{F}, P)$ 是概率空间, $X_1, X_2, \cdots$ 为其上的一列随机变量, 称之为随机变量序列.

定义 2.9.1 若对任意 $n \geqslant 2$, $X_1, X_2, \cdots, X_n$ 相互独立, 则称 $X_1, X_2, \cdots$ **相互独立**, 可简称**独立**.

若对任意 $i \neq j$, X_i 与 X_j 相互独立, 则称 $X_1, X_2, \cdots$ **两两独立**.

若 $X_1, X_2, \cdots$ 相互独立, 且对任意 i, $X_i \stackrel{\mathrm{d}}{=} X_1$, 则称它们**独立同分布**.

关于独立同分布的随机变量序列, 事实上前文已经有所涉及. 譬如, 考虑成功率为 p 的伯努利试验, 其中 $0 < p < 1$. 若第 i 次试验成功, 则记 $X_i = 1$, 否则记 $X_i = 0$. 设第一次成功之前失败了 Y_1 次, 第 $i-1$ 次成功与第 i 次成功之前失败了 Y_i 次. 由例 2.5.7 知 $X_1, X_2, \cdots$ 独立同分布且 $Y_1, Y_2, \cdots$ 独立同分布. 再如, 设 $X_1, X_2, \cdots$ 独立同分布. 将 $X_1 + \cdots + X_n$ 的分布记为 μ_n, 则仿照例 2.7.12 和例 2.7.13 知分布族 $\{\mu_n : n = 1, 2, \cdots\}$ 具有可加性.

设 $\{X_1, X_2, \cdots\}$ 是随机变量序列. 对任意 ω, $\limsup\limits_{n \to \infty} X_n(\omega) \in \mathbb{R} \cup \{\infty, -\infty\}$. 将映射 $\omega \mapsto \limsup\limits_{n \to \infty} X_n(\omega)$ 记为 $\limsup\limits_{n \to \infty} X_n$. $\liminf\limits_{n \to \infty} X_n$ 类似. 若 $\limsup\limits_{n \to \infty} X_n(\omega) = \liminf\limits_{n \to \infty} X_n(\omega)$, 则将此共同极限记为 $\lim\limits_{n \to \infty} X_n(\omega)$. 将其视为 ω 的函数, 记为 $\lim\limits_{n \to \infty} X_n$.

例 2.9.2 设 $X_1, X_2, \cdots$ 为随机变量序列, 则 $\sup\limits_{n \geqslant 1} X_n$, $\inf\limits_{n \geqslant 1} X_n$, $\limsup\limits_{n \to \infty} X_n$ 与 $\liminf\limits_{n \to \infty} X_n$ 都是广义随机变量. 特别地, 若 $\lim\limits_{n \to \infty} X_n$ 存在, 则它是广义随机变量; 进一步, 若它有限, 则它是随机变量.

证 设 $a \in \mathbb{R}$. 对任意 ω, $\sup\limits_{n \geqslant 1} X_n(\omega) > a$ 当且仅当存在 $n \geqslant 1$ 使得 $X_n(\omega) > a$. 换言之 $\left\{\sup\limits_{n \geqslant 1} X_n > a\right\} = \bigcup\limits_{n=1}^{\infty} \{X_n > a\} \in \mathscr{F}$. 由 a 的任意性知 $\sup\limits_{n \geqslant 1} X_n$ 为广义随机变量. 类似推导可得 $\inf\limits_{n \geqslant 1} X_n$ 是广义随机变量.

进一步, 根据上述推导, 若 $X_1, X_2, \cdots$ 都是广义随机变量, 则 $\sup\limits_{n \geqslant 1} X_n$ 与 $\inf\limits_{n \geqslant 1} X_n$ 是广义随机变量. 特别地, $Y_N := \sup\limits_{n \geqslant N} X_n$ 是广义随机变量, 于是 $\limsup\limits_{n \to \infty} X_n = \inf\limits_{N \geqslant 1} Y_N$ 是广义随机变量. 类似推导可得 $\liminf\limits_{n \to \infty} X_n$ 是广义随机变量.

最后, 若 $\lim\limits_{n \to \infty} X_n$ 存在, 则 $\lim\limits_{n \to \infty} X_n = \limsup\limits_{n \to \infty} X_n$ 是广义随机变量. 又若它不取值 $\pm \infty$, 则它是随机变量. $\square$

二、无穷维随机向量

设 $X_1, X_2, \cdots$ 为一列随机向量, 记为 $\mathbf{X}$. 记 $\mathbb{R}^\infty := \{\mathbf{x} = (x_1, x_2, \cdots) : x_i \in \mathbb{R}, i = 1, 2, \cdots\}$, 则 $\mathbf{X}$ 可视为从 Ω 到 $\mathbb{R}^\infty$ 的映射, 定义如下:

$$\mathbf{X}: \Omega \to \mathbb{R}^\infty, \quad \omega \mapsto (X_1(\omega), X_2(\omega), \cdots).$$

可将 $\mathbf{X}$ 视为无穷维随机向量.

对任意正整数 n 和 $1 \leqslant i_1 < \cdots < i_n$, 称 $(X_{i_1}, \cdots, X_{i_n})$ 为 $\mathbf{X}$ 的**有限维边缘**, 称其联合分布与联合分布函数分别为 $\mathbf{X}$ 的**有限维边缘分布**与**有限维边缘分布函数**. 记

$$\mathscr{P} := \{\{\mathbf{x} : x_{i_1} \leqslant a_1, \cdots, x_{i_n} \leqslant a_n\} : n \geqslant 1; 1 \leqslant i_1 < \cdots < i_n; a_r \in \mathbb{R}, r = 1, \cdots, n\}.$$

$\mathscr{P}$ 对集合的交运算封闭. 记 $\sigma(\mathscr{P}) = \mathscr{B}^\infty$, 则 $\mathbf{X}$ 为 $(\Omega, \mathscr{F})$ 到 $(\mathbb{R}^\infty, \mathscr{B}^\infty)$ 的可测映射, 对任意 $D \in \mathscr{B}^\infty$, $\{\omega : \mathbf{X}(\omega) \in D\} \in \mathscr{F}$. 称 $\mu_\mathbf{X} : D \mapsto \mathrm{P}(\mathbf{X} \in D)$ 为 $\mathbf{X}$ 的分布. 由扩张的唯一性 (见附录 A 中的定理 A.0.3) 知 $\mathbf{X}$ 的分布由它在 $\mathscr{P}$ 上的限制 (即全体有限维边缘分布) 完全决定.

譬如, 设 $X_1, X_2, \cdots$ 独立同分布. 若指定了 X_1 的分布, 则 $\mathbf{X}$ 在 $\mathbb{R}^\infty$ 上的分布便完全确定了. 设 $X_1, X_2, \cdots$ 是概率空间 $(\Omega, \mathscr{F}, \mathrm{P})$ 上的一列随机变量, 记为 $\mathbf{X}$; 又设 $Y_1, Y_2, \cdots$ 是概率空间 $(\hat\Omega, \hat{\mathscr{F}}, \hat{\mathrm{P}})$ 上的一列随机变量, 记为 $\mathbf{Y}$. 若对任何 $n \geqslant 1$,

$$(X_1, \cdots, X_n) \stackrel{\mathrm{d}}{=} (Y_1, \cdots, Y_n),$$

则称 $\mathbf{X}$ 与 $\mathbf{Y}$ **同分布**, 记为 $\mathbf{X} \stackrel{\mathrm{d}}{=} \mathbf{Y}$. 两个随机变量序列同分布, 则它们的任意统计学性质 (即只依赖于分布的性质) 相同. 例如,

$$\mathrm{P}\Big(\bigcup_{n=1}^\infty \{X_n \geqslant 0\}\Big) = \mathrm{P}\Big(\bigcup_{n=1}^\infty \{Y_n \geqslant 0\}\Big).$$

假设以下随机变量都定义在同一概率空间 $(\Omega, \mathscr{F}, \mathrm{P})$ 中. 设 $X_1, X_2, \cdots$ 和 $Y_1, Y_2, \cdots$ 是两列随机变量序列, 分别记为 $\mathbf{X}$ 和 $\mathbf{Y}$. 若对任意正整数 n, m, $(X_1, \cdots, X_n)$ 与 $(Y_1, \cdots, Y_m)$ 相互独立, 则称这两列随机变量序列 $\mathbf{X}$ 与 $\mathbf{Y}$ **相互独立**. 不难把两列随机变量序列的相互独立概念推广到多列随机变量序列的相互独立.

与注 2.5.10 和命题 2.5.11 类似, 若随机向量相互独立, 则关于它们的事件、它们的函数之间也是相互独立的. 譬如, 若 $\mathbf{X}$ 与 $\mathbf{Y}$ 相互独立, 则事件 $\bigcup_{n=1}^\infty \{X_n \geqslant 0\}$ 与事件 $\bigcap_{n=1}^\infty \{Y_1 + \cdots + Y_n \geqslant 0\}$ 相互独立; 若 $\lim_{n\to\infty} X_n$ 与 $\lim_{n\to\infty} \frac{1}{n}(Y_1 + \cdots + Y_n)$ 存在且有限, 则它们相互独立. 若有限或可列个随机变量族相互独立且都同分布, 则称它们**独立同分布**.

三、随机变量族

假设 I 是非空集合，它是指标集. 若对任意指标 $\alpha \in I$，X_α 是 $(\Omega, \mathscr{F})$ 上的随机变量，则称 $\{X_\alpha : \alpha \in I\}$ 为一族随机变量，记为 $\mathbf{X}$.

假设 $\mathrm{P}(\cdot)$ 是 $(\Omega, \mathscr{F})$ 上的概率. 称形如 $(X_{\alpha_1}, \cdots, X_{\alpha_n})$ 的随机向量为 $\mathbf{X}$ 的**有限维边缘**，称其 n 维联合分布与联合分布函数分别为 $\mathbf{X}$ 的**有限维边缘分布**与**有限维边缘分布函数**.

设 $\mathbf{X} = \{X_\alpha : \alpha \in I\}$ 是 $(\Omega, \mathscr{F}, \mathrm{P})$ 上的随机变量族，$\mathbf{Y} = \{Y_\alpha : \alpha \in I\}$ 是 $(\hat{\Omega}, \hat{\mathscr{F}}, \hat{\mathrm{P}})$ 上的随机变量族. 若对任意 $n \geqslant 1$, $\alpha_1, \cdots, \alpha_n \in I$,

$$(X_{\alpha_1}, \cdots, X_{\alpha_n}) \stackrel{\mathrm{d}}{=} (Y_{\alpha_1}, \cdots, Y_{\alpha_n}),$$

则称 $\mathbf{X}$ 与 $\mathbf{Y}$ **同分布**，记为 $\mathbf{X} \stackrel{\mathrm{d}}{=} \mathbf{Y}$.

假设以下随机变量都是同一概率空间 $(\Omega, \mathscr{F}, \mathrm{P})$ 中的. 设 $\mathbf{X} = \{X_\alpha : \alpha \in I\}$ 与 $\mathbf{Y} = \{Y_\beta : \beta \in J\}$ 是两族随机变量，它们的指标集 I 与 J 可以不一样. 若 $\mathbf{X}$ 的任意有限维边缘 $(X_{\alpha_1}, \cdots, X_{\alpha_n})$ 与 $\mathbf{Y}$ 的任意有限维边缘 $(Y_{\beta_1}, \cdots, Y_{\beta_m})$ 相互独立，则称 $\mathbf{X}$ 与 $\mathbf{Y}$ **相互独立**. 对于 n 族随机变量 $\mathbf{X}^{(1)}, \cdots, \mathbf{X}^{(n)}$，可以类似地定义它们相互独立.

例 2.9.3 设 $\mathbf{X}^{(1)}, \cdots, \mathbf{X}^{(n)}$ 是相互独立的随机变量族，则对任意 $r \geqslant 2$ 以及 $n_0 := 1 \leqslant n_1 < \cdots < n_{r-1} < n_r := n$，令 $\mathbf{Y}^{(s)} = \bigcup_{i=n_{s-1}+1}^{n_s} \mathbf{X}^{(i)}, s = 1, \cdots, r$，$\mathbf{Y}^{(1)}, \cdots, \mathbf{Y}^{(r)}$ 相互独立. □

四、随机过程

设 $\mathbf{X} = \{X_\alpha : \alpha \in I\}$ 为一族随机变量. 若 I 为 $\mathbb{R}$ 的子集，将 $\mathbb{R}$ 视为时间轴，则将 $\alpha \in I$ 理解为时间，并称 $\mathbf{X}$ 为**随机过程**. 譬如以下两例. 将 $\mathbf{x} = \{x_\alpha : \alpha \in I\}$ 理解为 $\mathbb{R}$ 中的一条轨道，则可将随机过程 $\mathbf{X}$ 理解为**随机轨道**.

例 2.9.4 (随机游动，例 1.7.6 续) 假设 $\xi_1, \xi_2, \cdots$ 是独立同分布的随机变量序列. 令 $S_n = \xi_1 + \cdots + \xi_n$. 称 $\{S_n : n = 0, 1, 2, \cdots\}$ 为**随机游动**. 特别是，若 $\mathrm{P}(\xi_1 = 1) = \mathrm{P}(\xi_1 = -1) = 1/2$，则 $\{S_n : n = 0, 1, 2, \cdots\}$ 为**简单 (对称) 随机游动**. 例 2.2.4 中的模型本质上就是简单随机游动. 下面，我们利用简单随机游动的思想给出例 1.7.6 的另一种解法.

解 将 m 位持有面值 50 元钞票的购票者视为男生，将 n 位持有面值 100 元钞票的购票者视为女生. 假设 $m \geqslant n$. 模型对应于 m 位男生和 n 位女生的混排模型 (参见例 1.3.14). "在队列中选出 n 个序号给女生"这一操作 (即例 1.3.14 解答过程中的第一步) 完全决定了 "售票员无需提前预备面值 50 元的钞票"这一事件是否发生. 因此可忽略 m 位男生的全排列和 n 位女生的全排列 (即例 1.3.14 解答过程中的第二步和第三步), 只考虑"为所有女生挑位置"的模型 (下称"挑位置模型"). 该模型的样本空间中有 C_{n+m}^n 个样本, 它们等可能出现.

若队列中的第 k 位是男生, 则让简单随机游动往上走一步 (即 $\xi_k = 1$), 否则让简单随机游动往下走一步 (即 $\xi_k = -1$). 于是挑位置模型中的每个样本对应着一条简单随机游动的从 0 出发且 $n+m$ 步后到达 $m-n$ 的轨道. 这样的轨道一共有 C_{n+m}^m 条, 它们是等可能出现的. "售票员无需提前预备面值 50 元的钞票"这一事件对应于"没有途经 -1 的轨道". 下面考虑所有 (从 0 出发且最后到达 $m-n$ 的) "途经 -1 的轨道". 它们和所有从 0 出发途经 -1 最后到达 $-(m-n+2)$ 的轨道在如下变换之下建立一一对应关系: 在轨道第一次到达 -1 时改变其运动方向 (即若原轨道往上走, 则新轨道往下走; 若原轨道往下走, 则新轨道往上走). 由于从 0 出发最后到达 $-(m-n+2)$ 的轨道必须途经 -1, 因此 "途经 -1 的轨道"的数目等于从 0 出发最后到达 $-(m-n+2)$ 的轨道数目 C_{n+m}^{m+1}. 综上, 所求为 $1 - C_{n+m}^{m+1}/C_{n+m}^m = (m+1-n)/(m+1)$. 上述变换本质是简单随机游动的反射原理, 我们将在本书下册进行详细介绍. □

例 2.9.5(泊松过程)   设 $\xi_1, \xi_2, \cdots$ 独立同分布, 都服从 $\mathrm{Exp}(\lambda)$. 令 $S_n = \xi_1 + \cdots + \xi_n$. 对任意非负实数 t, 令

$$X_t := |\{n \geqslant 1 : S_n \leqslant t\}| = \sup\{n \geqslant 0 : S_n \leqslant t\}. \tag{2.9.1}$$

称 $\{X_t : t \geqslant 0\}$ 为**泊松过程**. 对任意 $t > 0$, 证明: $X_t \sim P(\lambda t)$.

证   对任意 $t > 0$ 与 $k \in \mathbb{Z}_+$,

$$\{X_t = k\} = \{S_k \leqslant t < S_k + \xi_{k+1}\}.$$

当 $k = 0$ 时, $\mathrm{P}(X_t = 0) = \mathrm{P}(\xi_1 > t) = \mathrm{e}^{-\lambda t}$.

下面假设 $k \geqslant 1$. 由例 2.9.3 与命题 2.5.11, S_k 与 ξ_{k+1} 相互独立. 又 S_k 的密度由例 2.7.16 给出. 因此

$$\begin{aligned}
\mathrm{P}(X_t = k) &= \int_0^t \int_{t-x}^\infty \frac{\lambda^k}{(k-1)!} x^{k-1} \mathrm{e}^{-\lambda x} \cdot \lambda \mathrm{e}^{-\lambda y} \mathrm{d}y \mathrm{d}x \\
&= \int_0^t \frac{\lambda^k}{(k-1)!} x^{k-1} \mathrm{e}^{-\lambda x} \cdot \mathrm{e}^{-\lambda(t-x)} \mathrm{d}x \\
&= \frac{\lambda^k}{(k-1)!} \mathrm{e}^{-\lambda t} \int_0^t x^{k-1} \mathrm{d}x = \frac{\lambda^k}{(k-1)!} \mathrm{e}^{-\lambda t} \cdot \frac{t^k}{k} = \frac{(\lambda t)^k}{k!} \mathrm{e}^{-\lambda t}.
\end{aligned}$$

综上, $X_t \sim P(\lambda t)$. □

直观上, 假设放射性物质放射粒子的间隔时间为 $\xi_1, \xi_2, \cdots$, 则 X_t 表示时刻 t 之前该物质放射出的粒子总数. 考虑例 2.1.5 中的细分时间方案, 以及例 2.2.1 与例 2.5.7 的结论, 便知关于 $\xi_1, \xi_2, \cdots$ 的假设是合理的.

例 2.9.6 符号及其假设同例 2.9.5. 则对任意 $n \geqslant 1$, 在 $\{X_t = n\}$ 的条件下, $(S_1, \cdots, S_n)$ 服从 $\{(x_1, \cdots, x_n) : 0 < x_1 < \cdots < x_n < t\}$ 上的均匀分布. 特别地, 在 $\{X_t = 1\}$ 的情形下, S_1 服从 $U(0, t)$.

证 设 $\xi_1, \xi_2, \cdots$ 同例 2.9.5. 设 $n = 1$. 对任意 $s \in (0, t)$,

$$P(S_1 \leqslant s | X_t = 1) = \frac{P(S_1 \leqslant s, X_t = 1)}{P(X_t = 1)}$$

$$= \frac{P(\xi_1 \leqslant s, \xi_2 > t - \xi_1)}{P(X_t = 1)} = \frac{\int_0^s \int_{t-u}^\infty \lambda e^{-\lambda u} \cdot \lambda e^{-\lambda v} dv du}{e^{-\lambda t} \lambda t}$$

$$= \frac{\int_0^s \lambda e^{-\lambda u} e^{-\lambda(t-u)} du}{e^{-\lambda t} \lambda t} = \frac{\int_0^s \lambda e^{-\lambda t} du}{e^{-\lambda t} \lambda t} = \frac{s}{t}.$$

因此在 $\{X_t = 1\}$ 的条件下, S_1 服从 $U(0, 1)$.

设 $n \geqslant 2$. $(S_1, \cdots, S_n)$ 的联合密度函数为

$$p_{S_1, \cdots, S_n}(u_1, \cdots, u_n) = \lambda^n e^{-\lambda u_n} \cdot \mathbf{I}_{0 < u_1 < \cdots < u_n},$$

且该随机向量与 ξ_{n+1} 独立. 若 $\{X_t = n\}$ 发生, 则 $\{0 < S_1 < \cdots < S_n < t\}$ 发生. 因此只用考虑如下情形的参数: $0 < x_1 < y_1 < x_2 < y_2 < \cdots < x_n < y_n < t$. 对于此情形,

$$P(x_i < S_i \leqslant y_i, i = 1, \cdots, n \text{ 且 } X_t = n)$$

$$= P(x_i < S_i \leqslant y_i, i = 1, \cdots, n \text{ 且 } \xi_{n+1} > t - S_n)$$

$$= \int_{x_1}^{y_1} \cdots \int_{x_n}^{y_n} \int_{t-u_n}^\infty \lambda^n e^{-\lambda u_n} \cdot \lambda e^{-\lambda z} dz du_n \cdots du_1$$

$$= \int_{x_1}^{y_1} \cdots \int_{x_n}^{y_n} \lambda^n e^{-\lambda u_n} \cdot e^{-\lambda(t-u_n)} du_n \cdots du_1$$

$$= \lambda^n e^{-\lambda t} (y_1 - x_1) \cdots (y_n - x_n).$$

从而

$$P(x_i < S_i \leqslant y_i, i = 1, \cdots, n | X_t = n) = \frac{\lambda^n e^{-\lambda t}(y_1 - x_1) \cdots (y_n - x_n)}{e^{-\lambda t}(\lambda t)^n / n!}$$

$$= n! \frac{1}{t^n} (y_1 - x_1) \cdots (y_n - x_n) = \int_{x_1}^{y_1} \cdots \int_{x_n}^{y_n} n! \frac{1}{t^n} \cdot \mathbf{I}_{\{0 < u_1 < \cdots < u_n < t\}} du_n \cdots du_1.$$

上式表明在 $\{X_t = n\}$ 的条件下, $(S_1, \cdots, S_n)$ 的联合密度为 $n! \frac{1}{t^n} \cdot \mathbf{I}_{\{0 < u_1 < \cdots < u_n < t\}}$. 因此结论成立. □

例 2.9.7 符号及其假设同例 2.9.5. 又设 Y 与 $\{\xi_1, \xi_2, \cdots\}$ 相互独立且 Y 服从参数为 p 的几何分布, 其中 $0 < p < 1$. 令 $W = S_Y$, 即在事件 $\{Y = n\}$ 上, 令 $W = S_n$. 求 W 的分布.

解 W 取正实数值. 对任意 $x > 0$, 由全概率公式,

$$P(W > x) = \sum_{n=0}^{\infty} P(Y = n, W > x) = \sum_{n=0}^{\infty} P(Y = n, S_n > x) = \sum_{n=0}^{\infty} P(Y = n) P(S_n > x)$$

$$= \sum_{n=1}^{\infty} (1-p)^{n-1} p \int_x^{\infty} \frac{\lambda^n}{\Gamma(n)} u^{n-1} e^{-\lambda u} du$$

$$= \int_x^{\infty} \sum_{n=1}^{\infty} (1-p)^{n-1} p \frac{\lambda^n}{(n-1)!} u^{n-1} e^{-\lambda u} du$$

$$= \lambda p \int_x^{\infty} \sum_{m=0}^{\infty} \frac{(\lambda(1-p)u)^m}{m!} e^{-\lambda u} du = \lambda p \int_x^{\infty} e^{\lambda(1-p)u} e^{-\lambda u} du$$

$$= \int_x^{\infty} \lambda p e^{-\lambda p u} du = e^{-\lambda p x}.$$

这是 $\mathrm{Exp}(\lambda p)$ 的尾分布函数. 因此 $W \sim \mathrm{Exp}(\lambda p)$. □

习题

1. 假设 $X_1, X_2, \cdots$ 独立同分布, 将它们共同的分布函数记为 $F(\cdot)$. 记 $a = \inf\{x : F(x) > 0\}$, $b = \sup\{x : F(x) < 1\}$. 令 $Y_n = \min\{X_1, \cdots, X_n\}$, $Z_n = \max\{X_1, \cdots, X_n\}$. 证明: $P\left(\lim_{n \to \infty} Y_n = a\right) = P\left(\lim_{n \to \infty} Z_n = b\right) = 1$. (注: 有可能 $a = -\infty, b = \infty$.)

§2.10 综合练习题

1. 设 (X, Y) 的联合密度函数如下:

$$p(x, y) = C(y^2 - x^2) e^{-y}, \quad -y \leqslant x \leqslant y, 0 < y < \infty.$$

求: (1) 常数 C; (2) 边缘密度函数 $p_X(\cdot)$ 和 $p_Y(\cdot)$.

2. 设 (X, Y) 的联合密度函数如下:

$$p(x, y) = C\left(x^2 + \frac{xy}{2}\right), \quad 0 < x < 1, 0 < y < 2.$$

求: (1) 常数 C; (2) 边缘密度函数 $p_X(\cdot)$; (3) $P(X > Y)$; (4) $P(Y > 1/2 | X < 1/2)$.

3. 设 (X, Y) 的联合密度函数如下:

$$p(x, y) = \begin{cases} x + y, & 0 < x < 1 \text{ 且 } 0 < y < 1, \\ 0, & \text{其他}. \end{cases}$$

(1) X 和 Y 是否独立? (2) 求边缘密度函数 $p_X(\cdot)$; (3) 求 $P(X+Y<1)$.

4. 设 (X,Y) 的联合密度函数如下:
$$p(x,y) = xe^{-x(y+1)}, \quad x>0, y>0.$$
求: (1) 在 $\{Y=y\}$ 的条件下, X 的条件密度函数; (2) 在 $\{X=x\}$ 的条件下, Y 的条件密度函数; (3) $Z=XY$ 的密度函数.

5. 某系统由一个元件组成, 该元件的寿命为连续型随机变量 X, 密度函数如下 (单位: 月):
$$p(x) = \begin{cases} Cxe^{-x/2}, & x>0, \\ 0, & x \leqslant 0. \end{cases}$$
(1) 求常数 C; (2) 求该系统能正常工作 5 个月的概率; (3) 设元件失效后可更换一个同款新元件, 试问: 该系统能正常工作 5 个月的概率变为多少?

6. 设 (X,Y) 的联合密度函数如下:
$$p(x,y) = \begin{cases} \frac{1}{4}(1+xy), & |x|<1, |y|<1, \\ 0, & \text{其他}. \end{cases}$$
证明: (1) X 与 Y 不是相互独立的; (2) X^2 与 Y^2 是相互独立的.

7. 设 X,Y 相互独立, $X \sim N(0,1)$, $P(Y=1) = P(Y=-1) = 1/2$. 令 $Z=XY$.
(1) 证明: $Z \sim N(0,1)$.
(2) 证明: (X,Z) 不是连续型随机向量.
(3) X 和 Z 是否相互独立? Y 和 Z 是否相互独立?

8. 设 $a>0$. 在区间 $(0,a)$ 上随机选两个点. 试求两点之间距离的分布函数与密度函数.

9. 设 X,Y 相互独立, 都服从 $\text{Exp}(\lambda)$. 令 $W := X-Y$.
(1) 证明: W 的密度函数为 $p_W(w) = \frac{\lambda}{2}e^{-\lambda|w|}$. (注: 称 W 服从参数为 λ 的拉普拉斯分布.)
(2) 证明: $F_W(w) = \frac{1}{2}(F_X(w) + F_{-X}(w))$. (注: 参见例 2.7.8.)

10. 设 X 与 Y 相互独立, 都服从 $N(0,1)$. 令 $U=X$, $V=X/Y$.
(1) 求 (U,V) 的联合密度.
(2) 利用 (1), 证明: X/Y 服从柯西分布 $C(0,1)$.

11. 设 X 与 Y 相互独立, $X \sim \text{Exp}(\lambda_1)$, $Y \sim \text{Exp}(\lambda_2)$. 求: (1) X/Y 的密度函数; (2) $P(X_1<X_2)$.

12. 盒中有两种电池, 第 i 种的数目占比为 p_i, 每一种电池的使用时间服从 $\text{Exp}(\lambda_i)$, 其中 $i=1,2$, $p_1,p_2>0$ 且 $p_1+p_2=1$. 现随机取出一个电池, 发现使用 t 小时后仍正常使用. 求它还能再继续使用 s 小时的概率.

13. (1) 设 $Y \sim U(0,5)$. 求关于 x 的一元二次方程 $4x^2 + 4xY + Y + 2 = 0$ 的两个根都为实数的概率.

(2) 假设 X, Y, Z 相互独立, 都服从 $U(0,1)$. 求关于 x 的一元二次方程 $Xx^2 + Yx + Z = 0$ 的两个根都是实数的概率.

14. 设 (X, Y) 的联合密度函数为 $p(\cdot, \cdot)$. 证明: 随机变量 $X + Y$ 是连续型的, 且其密度函数如下:
$$p(z) = \int_{-\infty}^{+\infty} p(x, z-x) \mathrm{d}x.$$

15. 设 X 与 Y 相互独立, $\hat{X}$ 与 $\hat{Y}$ 相互独立, $X \stackrel{\mathrm{d}}{=} \hat{X}$ 且 $Y \stackrel{\mathrm{d}}{=} \hat{Y}$. 证明: $X + Y \stackrel{\mathrm{d}}{=} \hat{X} + \hat{Y}$. (因此, 分布的卷积是良定的.)

第三章

数学期望与特征函数

§3.1 数学期望的定义

一、数学期望的含义

随机变量的**数学期望**, 简称**期望**, 指的是随机变量的取值在某种意义下的平均值. 因此也称之为**均值**.

例 3.1.1 (空间平均) 假设某班级中有 N 位学生, 他们的身高分别为 $i_1, \cdots, i_N$ (单位: 厘米). 很自然地, 该班级的平均身高为 $\bar{i} := (i_1 + \cdots + i_N)/N$. 从古典概型的角度看, 将每位学生视为一个样本 ω, 将其身高视为随机变量 X 在 ω 上的取值, 则 $\Omega = \{1, \cdots, N\}$, $X(1) = i_1, \cdots, X(N) = i_N$. 于是, 该班级的 "身高" 即可视为随机变量 X. 假设该班级中总共出现 K 个互不相等的身高, 即 X 有 K 个可能值. 将它们从小到大依次记为 $x_1, \cdots, x_K$. 设恰有 N_k 位同学身高为 i_k, $k = 1, \cdots, K$, 其中 $N_1 + \cdots + N_K = N$, 则 X 的分布列即为

$$P(X = x_k) = \frac{N_k}{N} \stackrel{\triangle}{=} p_k, \quad k = 1, \cdots, K.$$

则 $i_1 + \cdots + i_N = N_1 x_1 + \cdots + N_K x_K$, 从而

$$\bar{i} = \frac{N_1 x_1 + \cdots + N_K x_K}{N} = p_1 x_1 + \cdots + p_K x_K.$$

称上式右边为身高的所有可能值 (等价地, 所有出现的身高) 的加权平均值. 综上, 该班级身高的平均值 $\bar{i}$ 与所有可能值的加权平均值吻合. □

例 3.1.2 (时间平均) 接上例. 采用放回抽样模型. 在该班级中每次随机选出一位同学, 记下其身高, 随机将该同学放回班级中, 重复 n 次操作. 将记下的身高依次记为 $a_1, \cdots, a_n$, 称它们为对该班级的身高的**观测值**. 设这 n 个观测值中恰有 n_k 个等于 x_k, $k = 1, \cdots, K$, 其中 $n_1 + \cdots + n_K = n$. 按照概率的频率含义, 当 n 充分大时, 身高 x_k 出现的频率 n_k/n 约等于 p_k. 根据例 3.1.1 的结论, 进一步可推出

$$\bar{i} \approx \frac{n_1}{n} \cdot x_1 + \cdots + \frac{n_K}{n} \cdot x_K = \frac{1}{n}(a_1 + \cdots + a_n) \stackrel{\triangle}{=} \bar{a}.$$

因此, 该班级中的平均身高 $\bar{i}$ 与身高观测值的平均值 $\bar{a}$ 吻合. □

随机变量 X 的数学期望指其所有可能值的加权平均, 也指对该随机变量进行重复独立观测时, 大量观测值的算术平均. 如果只有有限个样本, 以上定义是很自然的. 下面我们来看如何将这一定义推广到无限情形.

二、离散型随机变量的数学期望

假设 X 是离散型随机变量, 其分布列为 $\{(x_k, p_k) : k \in I\}$, 其中 I 为可数的指标集.

1. 非负情形

设 X 是非负的, 即所有 x_k 均非负. 此时, 级数

$$EX := \sum_{k \in I} p_k x_k$$

良定, 即求和结果不受求和顺序的影响. 将它称为 X 的**数学期望**, 简称**期望**.

例 3.1.3(伯努利分布) 设 $X \sim B(1,p)$, 则 $EX = p$.

证 $P(X=1) = p, P(X=0) = 1-p$. 因此 $EX = 1 \cdot p + 0 \cdot (1-p) = p$. □

特别地, 对任意事件 A, $\mathbf{I}_A \sim B(1,p)$, 其中 $p = P(A)$. 因此, $E\mathbf{I}_A = P(A)$.

例 3.1.4(二项分布) 设 $X \sim B(n,p)$, 则 $EX = np$.

证 记

$$x_k = k, \quad p_k = b(n,p;k) := C_n^k p^k (1-p)^{n-k}, \quad k = 0, 1, \cdots, n,$$

则对 $k = 1, \cdots, n$,

$$x_k \cdot p_k = k \cdot \frac{n!}{k!(n-k)!} p^k (1-p)^{n-k} = np \cdot \frac{(n-1)!}{(k-1)!(n-k)!} p^{k-1}(1-p)^{n-k}$$
$$= np \cdot b(n-1, p; k-1).$$

因此,

$$EX = \sum_{k=0}^{n} x_k p_k = \sum_{k=1}^{n} x_k p_k = np \sum_{k=1}^{n} b(n-1, p; k-1) = np \sum_{k'=0}^{n-1} b(n-1, p; k') = np,$$

其中倒数第二个等号用到变量替换 $k' = k-1$, 最后一个等号用到 $\{b(n-1,p;k') : k' = 0, 1, \cdots, n-1\}$ 是 $B(n-1, p)$ 对应的分布列. □

例 3.1.5(超几何分布) 设 $X \sim H(N, M, n)$, 则 $EX = nM/N$.

证 记

$$x_k = k, \quad p_k = h(N, M, n; k) := \frac{C_M^k C_{N-M}^{n-k}}{C_N^n}, \quad k = 0, 1, \cdots, n.$$

对任意整数 i, 记 $i' = i - 1$, 则对 $k = 1, \cdots, n$,

$$x_k \cdot C_M^k = k \cdot \frac{M!}{k!(M-k)!} = M \cdot \frac{M'!}{k'!(M'-k')!} = M \cdot C_{M'}^{k'}.$$

因为 $N - M = N' - M'$, $n - k = n' - k'$, 所以 $C_{N-M}^{n-k} = C_{N'-M'}^{n'-k'}$. 又

$$C_N^n = \frac{N!}{n!(N-n)!} = \frac{N}{n} \cdot \frac{N'!}{n'!(N'-n')!} = \frac{N}{n} \cdot C_{N'}^{n'}.$$

综上,

$$x_k \cdot p_k = \frac{x_k \cdot C_M^k \cdot C_{N-M}^{n-k}}{C_N^n} = \frac{M \cdot C_{M'}^{k'} \cdot C_{N'-M'}^{n'-k'}}{\frac{N}{n} \cdot C_{N'}^{n'}} = \frac{nM}{N} \cdot h(N', M', n'; k').$$

因为 $\{h(N', M', n'; k') : k' = 0, 1, \cdots, n'\}$ 是 $H(N', M', n')$ 对应的分布列,所以

$$EX = \sum_{k=0}^{n} x_k \cdot p_k = \sum_{k=1}^{n} x_k \cdot p_k = \frac{nM}{N} \sum_{k'=0}^{n'} h(N', M', n'; k') = n \cdot \frac{M}{N}. \qquad \square$$

在具体的模型中,设有 N 个产品,其中恰有 M 个为次品,则次品率为 $p := M/N$. 从中随机抽取 n 个产品 (不放回抽样),则上述结论表明这 n 个产品中的次品数目 X_n 的期望为 np. 若改为放回抽样,则由例 3.1.5 知, n 个产品中的次品数目 Y_n 的期望也是 np. 综上,尽管 X_n 与 Y_n 的分布不相同,但 $EX_n = EY_n$.

例 3.1.6(泊松分布) 设 $X \sim P(\lambda)$,则 $EX = \lambda$.

证 记

$$x_k = k, \quad p_k = \frac{\lambda^k}{k!} e^{-\lambda}, \quad k = 0, 1, 2, \cdots,$$

则对 $k = 1, \cdots, n$,

$$x_k \cdot p_k = k \cdot \frac{\lambda^k}{k!} e^{-\lambda} = \lambda \cdot \frac{\lambda^{k-1}}{(k-1)!} e^{-\lambda} = \lambda \cdot p_{k-1},$$

因此,

$$EX = \sum_{k=0}^{\infty} x_k p_k = \sum_{k=1}^{\infty} x_k p_k = \lambda \sum_{k=1}^{\infty} p_{k-1} = \lambda \sum_{k'=0}^{\infty} p_{k'} = \lambda,$$

其中 $k' = k - 1$. $\qquad \square$

命题 3.1.7 设 $\delta > 0$, X 取值于 $\delta \mathbb{Z}_+ := \{n\delta : n = 0, 1, 2, \cdots\}$,则

$$EX = \delta \sum_{m=1}^{\infty} P(X \geqslant m\delta) = \delta \sum_{n=0}^{\infty} P(X > n\delta).$$

证 记 $x_k = k\delta$, $p_k = P(X = k\delta)$,则

$$EX = \sum_{k=0}^{\infty} x_k p_k = \delta \sum_{k=0}^{\infty} k \cdot p_k = \delta \sum_{k=1}^{\infty} \sum_{m=1}^{k} p_k = \delta \sum_{m=1}^{\infty} \sum_{k=m}^{\infty} p_k$$
$$= \delta \sum_{m=1}^{\infty} P(X \geqslant m\delta) = \delta \sum_{n=0}^{\infty} P(X > n\delta),$$

在最后一个等号中, $n = m - 1$, $P(X \geqslant m\delta) = P(X > n\delta)$ 是因为 X 取值于 $\delta \mathbb{Z}_+$. $\qquad \square$

例 3.1.8(几何分布) 设 $X \sim G(p)$, 则 $EX = 1/p$.

证 记
$$x_k = k, \quad p_k = (1-p)^{k-1}p, \quad k = 1, 2, \cdots.$$

在命题 3.1.7 中取 $\delta = 1$, 推出
$$EX = \sum_{n=0}^{\infty} P(X > n) = \sum_{n=0}^{\infty} (1-p)^n = \frac{1}{p}. \qquad \square$$

例 3.1.9 设 $U_1, U_2, \cdots$ 独立同分布, $U_1 \sim U(0,1)$. 对任意 $n \geqslant 1$, 记 $S_n = U_1 + \cdots + U_n$. 令
$$X = \inf\{n \geqslant 1 : S_n > 1\}.$$

求 EX.

解 对任意 $n \geqslant 1$, 记 $\vec{s} = (s_1, \cdots, s_n)$, $D_1 = \{\vec{s} : 0 < s_1 < \cdots < s_n\}$, $D_2 = \{\vec{s} : s_1 < 1, s_2 - s_1 < 1, \cdots, s_n - s_{n-1} < 1\}$, 则 $(S_1, \cdots, S_n)$ 的联合密度为 $p(s_1, \cdots, s_n) = \mathbf{I}_{\{\vec{s} \in D_1 D_2\}}$. 不难看出, 若 $s_n \leqslant 1$, 则 $\vec{s} \in D_1$ 蕴涵着 $\vec{s} \in D_2$. 因此
$$P(X \geqslant n+1) = P(S_n \leqslant 1) = \int_0^1 \left(\int \cdots \int \mathbf{I}_{\{\vec{s} \in D_1\}} \mathrm{d}s_{n-1} \cdots \mathrm{d}s_1 \right) \mathrm{d}s_n$$
$$= \int_0^1 \frac{s_n^{n-1}}{(n-1)!} \mathrm{d}s_n = \frac{1}{n!}.$$

令 $n \to \infty$ 便知 $P(X = \infty) = 0$. 因此 X 是随机变量, 而非仅仅是广义随机变量. 进一步, 由命题 3.1.7, $EX = \sum_{n=0}^{\infty} P(X \geqslant n+1) = 1 + \sum_{n=1}^{\infty} \frac{1}{n!} = e.$ $\square$

2. 一般情形

对于一般的离散型随机变量 X, 需先检查级数 $\sum_{k \in I} x_k p_k$ 是否良定, 即求和结果是否不受求和顺序的影响. 为此, 引入**正部**与**负部**的概念: 对任意实数 x, 记
$$x^+ := \max\{x, 0\}, \quad x^- = \max\{-x, 0\}.$$

若 $x = 0$, 则 $x^+ = x^- = 0$; 否则, x^+ 与 x^- 中恰好有一个为 0. 对任意 x,
$$x = x^+ - x^-, \quad |x| = x^+ + x^-.$$

若 $x_+ := \sum_{k \in I} x_k^+ p_k$ 与 $x_- := \sum_{k \in I} x_k^- p_k$ 中至少有一个收敛, 则级数 $\sum_{k \in I} x_k p_k$ 良定, 且它等于 $x_+ - x_-$. 此时, 称该级数 $\sum_{k \in I} x_k p_k$ 为 X 的**数学期望**, 简称**期望**, 记为 $E(X)$ 或 EX, 我们说 X 的期望存在或 EX 存在. 进一步, 若 x_+ 与 x_- 都收敛, 则我们说 X 的期望有限或 EX 有限. 若 $x_+ = x_- = \infty$, 则级数 $\sum_{k \in I} x_k p_k$ 依赖于求和顺序, 它不是良定的, 因而 X 的期望及其符号 EX 无意义. 此时我们说 X 的期望不存在或 EX 不存在.

例 3.1.10(空间平均) 考虑古典概型, 设 $\Omega = \{1, 2, \cdots, n\}$, 则对任意随机变量 X,
$$EX = \frac{1}{n}(X(1) + \cdots + X(n)).$$

证 其所有可能值为 $\{X(i) : i \in \Omega\}$, 不妨记为 $\{x_1, \cdots, x_K\}$, 其中 $1 \leqslant K \leqslant n$ 且 $x_1, \cdots, x_K$ 互不相等. 对任意 k, 记 $n_k = |\{i \in \Omega : X(i) = x_k\}|$, $p_k = n_k/n$, 则 X 的分布列为 $P(X = x_k) = p_k, k = 1, \cdots, n$. 于是
$$EX = \sum_{k=1}^{n} x_k p_k = \frac{1}{n}\sum_{k=1}^{n} x_k n_k = \frac{1}{n}(X(1) + \cdots + X(n)).$$

因此, EX 是样本空间 Ω 上的所有值 $\{X(i) : i \in \Omega\}$ 的平均值. □

例 3.1.11 记 $X^+ = \max\{X, 0\}$, $X^- = \max\{-X, 0\}$, 则 $EX^\pm = x_\pm$ 且 $E|X| = x_+ + x_-$.

证 记 $J = \{k : x_k > 0\}$, 则 X^+ 的分布列为 $\{(x_k, p_k) : k \in J\} \bigcup \{(0, p_-)\}$, 其中 $p_- = \sum_{k \in I \setminus J} p_k$. 于是 $EX^+ = \sum_{k \in J} x_k p_k + 0 \cdot p = \sum_{k \in J} x_k p_k = x_+$. 同理, $EX^- = x_-$.

对于 $E|X|$, 若 $k \neq \ell$ 使得 $x_k = -x_\ell$, 则 $|x_k| = |x_\ell|$ 为 $|X|$ 的可能值, 它对应的权重为 $p_k + p_\ell$. 在 $E|X|$ 的定义的级数中, 该可能值乘以对应的权重即为 $|x_k|(p_k + p_\ell) = |x_k|p_k + |x_\ell|p_\ell$. 因此 $E|X| = \sum_{k \in I} |x_k| p_k = x_+ + x_-$. □

若 X 是非负的随机变量, 则 EX 总是存在的, 但它有可能等于 ∞. 对任意随机变量 X, $|X|$ 是非负随机变量, 因此 $E|X|$ 总存在. 若 $E|X| < \infty$, 则 x_+ 与 x_- 均收敛, 于是 EX 存在且有限. 综上, 按 $x_\pm$ 是实数还是正无穷分为以下四种情况:

(i) $x_+, x_- < \infty$, 此时 EX 存在且有限;

(ii) $x_+ = \infty, x_- < \infty$, 此时 $EX = \infty$;

(iii) $x_+ < \infty, x_- = \infty$, 此时 $EX = -\infty$;

(iv) $x_+ = x_- = \infty$, 此时 EX 无意义.

数学期望本质上是分布的数字特征. 具体地, 若 $X \stackrel{d}{=} Y$, 则 EX 与 EY 属于以上四种情况中的同一种, 且在前三种情况下, $EX = EY$. 因此, 可以定义分布的 **(数学) 期望**, 它指的是服从该分布的随机变量的期望.

三、连续型随机变量的数学期望

假设 X 是连续型随机变量, 密度记为 $p_X(\cdot)$. 取定 $\delta > 0$. 用 $x_k := k\delta, k \in \mathbb{Z}$ 将实数轴划分为一列长度为 δ 的小区间. 当 $X \in I_k := (x_k, x_{k+1}]$ 时, 随机变量 X 的值近似于 x_k, 该事件的概率近似为 $p_k := p_X(x_k) \cdot \Delta x_k$. 直观上, EX 应该近似为
$$\sum_{k \in \mathbb{Z}} x_k p_k \xrightarrow{\delta \to 0+} \int_{-\infty}^{\infty} x \cdot p_X(x) \mathrm{d}x.$$

与离散型情形类似, 为了保证上述积分良定, 我们要求如下定义的 x_+ 与 x_- 不能同时为正无穷.

$$x_+ := \int_0^\infty x \cdot p(x)\mathrm{d}x = \lim_{M\to\infty}\int_0^M x \cdot p_X(x)\mathrm{d}x,$$

$$x_- := \int_{-\infty}^0 |x| \cdot p(x)\mathrm{d}x = \lim_{M\to\infty}\int_{-M}^0 |x| \cdot p_X(x)\mathrm{d}x.$$

当 x_+ 与 x_- 不同时为无穷时,

$$\mathrm{E}X := \int_{-\infty}^\infty x \cdot p_X(x)\mathrm{d}x = \lim_{M,N\to\infty}\int_{-M}^N x \cdot p_X(x)\mathrm{d}x$$

是良定的. 称上式定义的 $\mathrm{E}X$ 为 X 的**数学期望**, 简称**期望**. 当 x_+ 与 x_- 同时为无穷时, 上式右边的极限依赖于 M 与 N 之间的关系, X 的期望及其符号 $\mathrm{E}X$ 无意义. 与离散情形类似, 数学期望本质上是分布的数字特征. 因此, 可以定义分布的 **(数学) 期望**, 它指的是服从该分布的随机变量的期望.

例 3.1.12 (均匀分布) 设 $X \sim U(a,b)$. 因为 X 取值于 $[a,b]$, 因此, $x_+, x_- < \infty$, $\mathrm{E}X$ 存在且有限. 具体地,

$$\mathrm{E}X = \int_a^b x \cdot \frac{1}{b-a}\mathrm{d}x = \frac{(b^2-a^2)/2}{b-a} = \frac{a+b}{2}. \qquad \square$$

例 3.1.13 (标准正态分布) 设 $X \sim N(0,1)$, 则

$$\mathrm{E}X = \int_{-\infty}^\infty x \cdot \phi(x)\mathrm{d}x = 0, \quad \text{其中 } \phi(x) = \frac{1}{\sqrt{2\pi}}\mathrm{e}^{-x^2/2}.$$

具体地, 以上积分绝对收敛, 因此 $\mathrm{E}X$ 存在且有限; 进一步, 被积函数为奇函数, 因此积分为 0. $\qquad \square$

在以上两例中, 随机变量的分布都有对称中心, 例如, $U(a,b)$ 的中心为 $(a+b)/2$, $N(0,1)$ 的中心为 0. 一般地, 设 X 为连续型随机变量. 若 X 的期望存在, 且存在 $c \in \mathbb{R}$ 使得对任意 $a > 0$, $p_X(c+a) = p_X(c-a)$, 则 $\mathrm{E}X = a$.

例 3.1.14 (柯西分布) 设 X 服从柯西分布 $C(0,1)$, 其密度为 $p_X(x) = \pi^{-1}(1+x^2)^{-1}$. 虽然对任意 $a > 0$, $p_X(a) = p_X(-a)$, 但是 $\mathrm{E}X \neq 0$. 这是因为

$$\int_0^\infty x \cdot p_X(x)\mathrm{d}x = \int_{-\infty}^0 |x| \cdot p_X(x)\mathrm{d}x = \infty.$$

从而 $\mathrm{E}X$ 不存在. $\qquad \square$

命题 3.1.15 设 X 为连续型随机变量, 取非负实数, 则

$$\mathrm{E}X = \int_0^\infty \mathrm{P}(X > x)\mathrm{d}x.$$

证 将 X 的密度和尾分布函数分别记为 $p(\cdot)$ 和 $G(\cdot)$. 按数学期望的定义, 上式的左边为 $\mathrm{E}X = \int_0^\infty x \cdot p(x)\mathrm{d}x$; 将上式右边记为 c, 即 $c = \int_0^\infty G(x)\mathrm{d}x$. 往证 $\mathrm{E}X = c$. 若 $\mathrm{E}X$ 与 c 均为正无穷, 则结论自然成立. 下设 $\mathrm{E}X < \infty$ 或 $c < \infty$.

$G'(x) = -p_X(x)$. 因此对任意 $a > 0$, 由分部积分公式,

$$\int_0^a x \cdot p_X(x)\mathrm{d}x = -a \cdot G(a) + \int_0^a G(x)\mathrm{d}x.$$

往证当 $a \to \infty$ 时, $a \cdot G(a) \to 0$, 于是在上式中令 $a \to \infty$ 便知 $\mathrm{E}X = c$.

若 $\mathrm{E}X < \infty$, 则

$$a \cdot G(a) = a \cdot \int_a^\infty p(x)\mathrm{d}x \leqslant \int_a^\infty x \cdot p(x)\mathrm{d}x \stackrel{a \to \infty}{\longrightarrow} 0.$$

若 $c < \infty$, 则由 $G(\cdot)$ 为单调下降的函数知

$$a \cdot G(a) = 2\int_{a/2}^a G(a)\mathrm{d}x \leqslant 2\int_{a/2}^a G(x)\mathrm{d}x \leqslant 2\int_{a/2}^\infty G(x)\mathrm{d}x \stackrel{a \to \infty}{\longrightarrow} 0.$$

综上, 命题成立. □

对于例 3.1.13 中的随机变量 X, 因为对任意 $x \geqslant 1$, $\dfrac{1}{1+x^2} \geqslant \dfrac{1}{2x^2}$, 所以

$$\mathrm{P}(X > x) = \frac{1}{\pi}\int_x^\infty \frac{1}{1+y^2}\mathrm{d}y \geqslant \frac{1}{\pi}\int_x^\infty \frac{1}{2y^2}\mathrm{d}y = \frac{1}{2\pi x}.$$

这导致 $\int_1^\infty \mathrm{P}(X > x)\mathrm{d}x = \infty$. 从而 X 的期望不存在.

例 3.1.16(指数分布) 设 $X \sim \mathrm{Exp}(\lambda)$, 则 X 取非负实数, 且对任意 $x > 0$, $G_X(x) = \mathrm{e}^{-\lambda x}$. 因此

$$\mathrm{E}X = \int_0^\infty \mathrm{e}^{-\lambda x}\mathrm{d}x = \frac{1}{\lambda}.$$

□

四、数学期望的一般定义

下面我们给出数学期望的一般定义. 它统一了前面的离散型和连续型的两种定义. 本节着重于理论完美, 而非计算功效.

1. 非负随机变量的数学期望

假设随机变量 X 的取值为非负实数. 对任意 $\delta > 0$, 按如下方式定义随机变量 $\tilde{X}_\delta$: 若 $X = 0$, 则 $\tilde{X}_\delta = 0$; 若 $X \in ((k-1)\delta, k\delta]$, 则令 $\tilde{X}_\delta = k\delta$, 其中 $k = 1, 2, \cdots$. 直观上, 随机变量 X 与 $\tilde{X}_\delta$ 的取值的误差不超过 δ, 即 $|X - \tilde{X}_\delta| \leqslant \delta$. 现在进行重复独立试验. 将第 m 次试验中 X 与 $\tilde{X}_\delta$ 的观测值分别记为 a_m 与 b_m, 则 $|a_m - b_m| \leqslant \delta$. 于是,

在 n 次试验中, X 的观测值的平均值 $\bar{a} = (a_1 + \cdots + a_n)/n$ 与 $\tilde{X}_\delta$ 的观测值的平均值 $\bar{b} = (b_1 + \cdots + b_n)/n$ 的误差不超过 δ, 即 $|\bar{a} - \bar{b}| \leqslant \delta$. 让 $n \to \infty$, 依据数学期望是大量观测值的算术平均这一直观含义, $|EX - E\tilde{X}_\delta| \leqslant \delta$. 因此, $EX = \lim\limits_{\delta \to 0} E\tilde{X}_\delta$.

下面, 我们用两种方法求 $E\tilde{X}_\delta$ 及其在 $\delta \to 0$ 时的极限. 方法一: 按照离散型随机变量的数学期望的定义计算,

$$E\tilde{X}_\delta = \sum_{k=0}^{\infty} (k+1)\delta \cdot P(\tilde{X}_\delta = (k+1)\delta)$$
$$= \delta + \sum_{k=0}^{\infty} k\delta \cdot P(k\delta < \tilde{X}_\delta \leqslant (k+1)\delta) = \delta + \sum_{k=0}^{\infty} x_k \cdot \Delta F_X(x_k),$$

其中 $x_k = k\delta$, $\Delta F_X(x_k) = F_X(x_{k+1}) - F_X(x_k)$. 令 $\delta \to 0$, 由实变函数的知识, 右边的极限存在. 称之为**勒贝格-斯蒂尔切斯 (Lebesgue-Stieltjes) 积分**, 记为 $\int_0^\infty x \mathrm{d}F_X(x)$.

方法二: 利用命题 3.1.7,

$$E\tilde{X}_\delta = \delta \sum_{n=0}^{\infty} P\left(\tilde{X}_\delta > n\delta\right) = \delta + \delta \sum_{n=1}^{\infty} P(X > n\delta) \xrightarrow{\delta \to 0} \int_0^\infty G_X(x) \mathrm{d}x.$$

为了与离散型和连续型的数学期望的定义统一, 称方法一的结果 $\int_0^\infty x \mathrm{d}F_X(x)$ 为 X 的**数学期望**, 简称**期望**, 记为 EX. 方法二则着重于计算. 与命题 3.1.7 和命题 3.1.15 类似, 如下命题成立.

命题 3.1.17 设 X 为取非负实数值的随机变量, 则

$$EX = \int_0^\infty P(X > x) \mathrm{d}x.$$

注 3.1.18 对任意 $\delta > 0$, 按如下方式定义随机变量 $\hat{X}_\delta$: 对任意 $k \geqslant 0$, 若 $X \in [k\delta, (k+1)\delta)$, 则令 $\hat{X}_\delta = k\delta$. 则 $|\hat{X}_\delta - \tilde{X}_\delta| \leqslant \delta$, 因此上述 $\tilde{X}_\delta$ 可用 $\hat{X}_\delta$ 替代. 于是

$$EX = \lim_{\delta \to 0} E\hat{X}_\delta = \lim_{\delta \to 0} \delta \sum_{m=1}^{\infty} P(\hat{X}_\delta \geqslant m\delta) = \int_0^\infty P(X \geqslant x) \mathrm{d}x.$$

推论 3.1.19 设 X 为取非负实数值的随机变量, 则以下三条等价:

(i) $EX < \infty$;

(ii) 对任意 $\delta > 0$, $\sum\limits_{n=0}^{\infty} P(X > n\delta) < \infty$;

(iii) 存在 $\delta > 0$, 使得 $\sum\limits_{n=0}^{\infty} P(X > n\delta) < \infty$.

2. 一般随机变量的数学期望

设 X 是随机变量, 则 $X^+ = \max\{X,0\}$ 与 $X^- = \max\{-X,0\}$ 都是非负的随机变量. 对任意 $\delta > 0$, 按如下方式定义随机变量 Y_δ: 若 $X = 0$, 则 $Y_\delta = 0$; 对任意 $k \geqslant 1$, 若 $X \in ((k-1)\delta, k\delta]$, 则令 $Y_\delta = k\delta$; 若 $X \in [-k\delta, -(k-1)\delta)$, 则令 $Y_\delta = -k\delta$. 直观上, $|X - Y_\delta| \leqslant \delta$, 因此 $\mathrm{E}X = \lim_{\delta \to 0} \mathrm{E}Y_\delta$. 为此, 先检查 $\mathrm{E}Y_\delta$ 是否良定. 因为 $Y_\delta^{\pm}$ 即为 $X^{\pm}$ 对应的 $\tilde{X}_\delta^{\pm}$. 由推论 3.1.19, $\mathrm{E}Y_\delta$ 良定当且仅当 $\mathrm{E}X^+$ 与 $\mathrm{E}X^-$ 不同时为无穷. 根据命题 3.1.17 和注 3.1.18,

$$\mathrm{E}X^+ = \int_0^\infty \mathrm{P}(X^+ > x)\mathrm{d}x = \int_0^\infty \mathrm{P}(X > x)\mathrm{d}x, \tag{3.1.1}$$

$$\mathrm{E}X^- = \int_0^\infty \mathrm{P}(X^- \geqslant x)\mathrm{d}x = \int_0^\infty \mathrm{P}(X \leqslant -x)\mathrm{d}x. \tag{3.1.2}$$

当 $\mathrm{E}X^+$ 与 $\mathrm{E}X^-$ 不同时为正无穷时, $\mathrm{E}Y_\delta = \sum_{k \in \mathbb{Z}} x_k \cdot \Delta F_X(x_k)$ 在 $\delta \to 0$ 时的极限存在, 其中 $x_k = k\delta$, $\Delta F(x_k) = F(x_{k+1}) - F(x_k)$. 此极限为勒贝格-斯蒂尔切斯积分, 记为 $\int_{-\infty}^\infty x \mathrm{d}F_X(x)$. 称之为 X 的**数学期望**, 简称**期望**, 记为 $\mathrm{E}X$. 此时称 X 的期望存在或 $\mathrm{E}X$ 存在. 若 $\mathrm{E}X^+$ 与 $\mathrm{E}X^-$ 都收敛, 则称 X 的期望有限或 $\mathrm{E}X$ 有限. 与例 3.1.11 类似,

$$\mathrm{E}X = \mathrm{E}X^+ - \mathrm{E}X^- = \int_0^\infty G(x)\mathrm{d}x - \int_{-\infty}^0 F(x)\mathrm{d}x.$$

当 $\mathrm{E}X^+ = \mathrm{E}X^- = \infty$ 时, X 的期望及其符号 $\mathrm{E}X$ 没有意义. 此时称 X 的期望不存在或 $\mathrm{E}X$ 不存在. 与前面的结论一样, 期望是分布的数字特征, 因此可以谈论某分布的期望.

注 3.1.20 对于离散型或连续型随机变量, 此处定义的期望与前文中用分布列或密度定义的期望一致.

例 3.1.21 $\mathrm{E}|X| = \mathrm{E}X^+ + \mathrm{E}X^-$.

证 对任意 $x > 0$,

$$\mathrm{P}(|X| > x) = \mathrm{P}(X > x) + \mathrm{P}(X < -x) = \mathrm{P}(X^+ > x) + \mathrm{P}(X^- > x).$$

将等式两边对 x 在 $(0,\infty)$ 上积分, 便知结论成立. □

推论 3.1.22 若 X 有界, 即存在 $M > 0$ 使得 $\mathrm{P}(|X| \leqslant M)$, 则 $|\mathrm{E}X| \leqslant M$.

证 $\mathrm{E}X^+ = \int_0^\infty \mathrm{P}(X > x)\mathrm{d}x$. 当 $x > M$ 时, $\mathrm{P}(X > x) = 0$. 因此

$$\mathrm{E}X^+ = \int_0^M \mathrm{P}(X > x)\mathrm{d}x \leqslant M.$$

同理, $\mathrm{E}X^- \leqslant M$. 从而 X 的期望存在, 且 $\mathrm{E}X = \mathrm{E}X^+ - \mathrm{E}X^- \in [-M, M]$. □

例 3.1.23 假设某人赴约, 若早到 t 时间 (单位: 小时), 则损失为 at(单位: 元); 若迟到 t 时间, 则损失为 bt, 其中 a, b 为已知参数且 $a, b > 0$. 设他路上所需时间为非负随

机变量, 记为 X, 其分布函数 $F(\cdot)$ 为已知的连续函数, 在正半轴严格单调上升, 对应的期望存在且有限. 试问: 为尽量降低平均损失, 他应该提前多久出发?

解 设提前 t 时间出发. 若 $\{X \leqslant t\}$ 发生, 则他早到 $t - X$ 时间, 损失为 $a(t-X)$; 若 $\{X > t\}$ 发生, 则他迟到 $X - t$ 时间, 损失为 $b(X-t)$. 因此, 他的损失为

$$Y := a(t-X) \cdot \mathbf{I}_{\{X \leqslant t\}} + b(X-t) \cdot \mathbf{I}_{\{X > t\}} = b(X-t) + (a+b)(t-X) \cdot \mathbf{I}_{\{X \leqslant t\}}.$$

平均损失为 $\mathrm{E}Y = b\mathrm{E}X - bt + (a+b)\mathrm{E}(t-X) \cdot \mathbf{I}_{\{X \leqslant t\}}$. 将它记为 $f(t)$. 往求 $f(\cdot)$ 的最小值点.

固定 t, 对任意 s,

$$\begin{aligned} f(s) - f(t) &= -b(s-t) + (a+b)\mathrm{E}\big((s-X) \cdot \mathbf{I}_{\{X \leqslant s\}} - (t-X) \cdot \mathbf{I}_{\{X \leqslant t\}}\big) \\ &= -b(s-t) + (a+b)\mathrm{E}\big((s-X) \cdot \mathbf{I}_{\{X \leqslant t\}} - (t-X) \cdot \mathbf{I}_{\{X \leqslant t\}} + W_s\big) \\ &= -b(s-t) + (a+b)F(t) \cdot (s-t) + (a+b)\mathrm{E}W_s, \end{aligned}$$

其中

$$W_s = \begin{cases} (s-X) \cdot \mathbf{I}_{\{t < X \leqslant s\}}, & s \geqslant t, \\ -(s-X) \cdot \mathbf{I}_{\{s < X \leqslant t\}}, & s < t. \end{cases}$$

因为 $|\mathrm{E}W_s| \leqslant |s-t| \cdot |F(s) - F(t)|$ 且 $F(\cdot)$ 连续, 所以当 $s \to t$ 时, $\mathrm{E}W_s = o(s-t)$. 于是推出 $f'(t) = (a+b)F(t) - b$. 从而 $f(\cdot)$ 的最小值点为 $t_0 = F^{-1}\left(\dfrac{a}{a+b}\right)$. 因此, 他应该提前 t_0 时间出发. □

五、随机变量函数的数学期望

假设 X 是离散型随机变量, 分布列为 $\{(x_k, p_k) : k \in I\}$, 则 $f(X)$ 也是离散型随机变量. 不难验证其期望 $\mathrm{E}f(X)$ 存在当且仅当级数 $\sum\limits_{k \in I} f(x_k) p_k$ 有意义, 此时 $\mathrm{E}f(X) = \sum\limits_{k \in I} f(x_k) p_k$. 假设 X 是离散型随机向量, 则上述 x_k 改为 $\vec{x}_k$ 即可. 这里的关键点是我们省略了确定离散型随机变量 $f(X)$ 的分布列这一步.

例 3.1.24 设 $X \sim P(\lambda)$. 对任意 $r \geqslant 1$, 求 $\mathrm{E}X(X-1)\cdots(X-r+1)$.

解 记

$$p_k = \frac{\lambda^k}{k!}\mathrm{e}^{-\lambda}, \quad f(k) = k(k-1)\cdots(k-r+1), \quad k = 0, 1, 2, \cdots.$$

当 $k \leqslant r-1$ 时, $f(k) = 0$; 当 $k \geqslant r$ 时,

$$f(k)p_k = \frac{\lambda^k}{(k-r)!}\mathrm{e}^{-\lambda} = \lambda^r \cdot p_{k-r}.$$

因此
$$EX(X-1)\cdots(X-r+1) = \sum_{k=r}^{\infty} f(k)p_k = \lambda^r \sum_{k=r}^{\infty} p_{k-r} = \lambda^r.\qquad \square$$

例 3.1.25 设 $X \sim B(n,p)$. 对 $r = 1, 2, \cdots, n$, 求 $EX(X-1)\cdots(X-r+1)$.

解 记 $q = 1 - p$,
$$b(n,k) = \frac{n!}{k!(n-k)!} p^k q^{n-k}, \quad f(k) = k(k-1)\cdots(k-r+1), \quad k = 0, 1, 2, \cdots.$$

当 $k \leqslant r - 1$ 时, $f(k) = 0$; 当 $r \leqslant k \leqslant n$ 时, 记 $k' = k - r, n' = n - r$,
$$f(k)b(n,k) = f(n) \frac{n'!}{k'!(n'-k')!} p^k q^{n-k} = f(n) p^r b(n', k').$$

因此
$$EX(X-1)\cdots(X-r+1) = \sum_{k=r}^{\infty} f(k)p_k = f(n)p^r \sum_{k'=0}^{n'} b(n',k')$$
$$= f(n)p^r = n(n-1)\cdots(n-r+1)p^r.\qquad \square$$

下面讨论连续型随机变量或随机向量的函数的期望. 若 $Y = f(X)$, X 是随机变量, Y 也是随机变量. 只要计算出分布函数或概率密度函数, 就可以按照定义计算其数学期望 EY. 实际上, 这一步可以省略, 利用下一命题, 直接求其期望.

命题 3.1.26 设 X 是连续型随机变量, $f(\cdot)$ 是严格单调上升的函数, 且函数值非负, 则
$$Ef(X) = \int_{-\infty}^{\infty} f(x) \cdot p_X(x) dx.$$

证 下面用两种方法进行证明.

方法一 由命题 3.1.18,
$$Ef(X) = \int_0^{\infty} P(f(X) > y) dy = \int_0^{\infty} P\left(X > f^{-1}(y)\right) dy$$
$$= \int_0^{\infty} \int_{f^{-1}(y)}^{\infty} p_X(x) dx dy = \int_{-\infty}^{\infty} \int_0^{f(x)} p_X(x) dy dx = \int_{-\infty}^{\infty} f(x) \cdot p_X(x) dx.$$

方法二 记 $Y = f(X)$. 由密度变换公式, $p_Y(y) = p_X(x)/f'(x)$, 其中 $x = f^{-1}(y)$. 因此,
$$EY = \int_0^{\infty} y \cdot p_Y(y) dy = \int_{-\infty}^{\infty} f(x) \cdot \frac{p_X(x)}{f'(x)} f'(x) dx = \int_{-\infty}^{\infty} f(x) \cdot p_X(x) dx,$$

其中第二个等号用到变量替换 $x = f^{-1}(y)$. $\qquad \square$

更一般地, 设 $f(\cdot)$ 是连续可导或分段连续可导的函数, 记

$$a_+ := \int_{-\infty}^{\infty} \max\{f(x), 0\} \cdot p_X(x) dx,$$

$$a_- := \int_{-\infty}^{\infty} \max\{-f(x), 0\} \cdot p_X(x) dx.$$

若 a_+ 与 a_- 不同时为正无穷, 则下式右边的积分有意义, $f(X)$ 的期望存在且

$$Ef(X) = \int_{-\infty}^{\infty} f(x) \cdot p_X(x) dx.$$

若 $a_+ = a_- = \infty$, 则上式等号右边的积分也无意义, 且 $f(X)$ 的期望不存在.

例 3.1.27 设 $X \sim N(0,1)$, 求 $E|X|$.

解

$$E|X| = \int_{-\infty}^{\infty} |x| \cdot p_X(x) dx = 2\int_0^{\infty} x \cdot \frac{1}{\sqrt{2\pi}} e^{-x^2/2} dx = \frac{2}{\sqrt{2\pi}} \int_0^{\infty} e^{-y} dy = \frac{2}{\sqrt{2\pi}},$$

其中 $y = \dfrac{x^2}{2}$. □

例 3.1.28 设 $X \sim N(0,1)$, 求 EX^k, $k = 1, 2, \cdots$.

解 首先, 由 $p_X(x)$ 的表达式知 $E|X|^k < \infty$. 其次, 若 k 为奇数, 则 $X^k \stackrel{d}{=} -X^k$, 因此 $EX^k = 0$. 下设 $k = 2n$, 其中 n 为正整数. 记 $a_n = EX^{2n}$, 则

$$a_n = \int_{-\infty}^{\infty} x^{2n} \cdot p_X(x) dx = 2\int_0^{\infty} x^{2n} \cdot \frac{1}{\sqrt{2\pi}} e^{-x^2/2} dx.$$

进一步, 根据分部积分公式,

$$a_n = -\frac{2}{\sqrt{2\pi}} \int_0^{\infty} x^{2n-1} de^{-x^2/2}$$

$$= -\frac{2}{\sqrt{2\pi}} x^{2n-1} \cdot e^{-x^2/2} \Big|_{x=0}^{\infty} + \frac{2}{\sqrt{2\pi}} \int_0^{\infty} e^{-x^2/2} dx^{2n-1}$$

$$= (2n-1) \cdot \frac{2}{\sqrt{2\pi}} \int_0^{\infty} x^{2(n-1)} \cdot e^{-x^2/2} dx = (2n-1) a_{n-1}.$$

由数学归纳法以及 $a_0 = EX^0 = 1$, 可以推出 $a_n = (2n-1)!! = (2n-1)(2n-3)\cdots 1$. □

称 EX^k 为 X 的 k **阶矩**. 设 EX 存在且有限, 称 $E(X - EX)^k$ 为 X 的 k **阶中心矩**.

例 3.1.28 给出了标准正态分布的所有整数阶矩. 特别地, $X \sim N(0,1)$, 则 $EX^2 = E(X - EX)^2 = 1$. 一般地, k 可以不是整数, 甚至可以是负数.

例 3.1.29 设 $r > s > 0$. 若 $E|X|^r < \infty$, 则 $E|X|^s < \infty$.

证 当 $x \geqslant 1$ 时, $x^{1/r} < x^{1/s}$. 因此 $P(|X| > x^{1/s}) \leqslant P(|X| > x^{1/r})$. 于是

$$E|X|^s = \int_0^{\infty} P(|X| > x^{1/s}) dx \leqslant \int_0^1 P(|X| > x^{1/s}) dx + \int_1^{\infty} P(|X| > x^{1/s}) dx$$

$$\leqslant 1 + \int_1^\infty P(|X| > x^{1/r})\mathrm{d}x \leqslant 1 + \mathrm{E}|X|^r.$$

因此结论成立. □

例 3.1.30 对任意 $r > 0$ 和 $a > 0$,

$$\mathrm{E}|X|^r \cdot \mathbf{I}_{\{|X| \leqslant a\}} = \int_0^a rx^{r-1}P(x < |X| \leqslant a)\mathrm{d}x \leqslant \int_0^a rx^{r-1}P(|X| > x)\mathrm{d}x.$$

证 $\mathrm{E}|X|^r \cdot \mathbf{I}_{\{|X| \leqslant a\}} = \int_0^\infty P(|X|^r \cdot \mathbf{I}_{\{|X| \leqslant a\}} > y)\mathrm{d}y = \int_0^\infty P(y^{1/r} < |X| \leqslant a)\mathrm{d}y$

$$= \int_0^\infty P(x < |X| \leqslant a)rx^{r-1}\mathrm{d}x = \int_0^a rx^{r-1}P(x < |X| \leqslant a)\mathrm{d}x$$

$$\leqslant \int_0^a rx^{r-1}P(|X| > x)\mathrm{d}x. \qquad \square$$

推而广之, 若 $Z = f(X,Y)$, 其中 (X,Y) 是随机向量, 如果知道 X,Y 的联合密度函数 $p(x,y)$, 也可参照命题 3.1.26 直接判断随机变量 Z 的数学期望是否存在. 如果 $\iint_{\mathbb{R}^2} |f(x,y)|p(x,y)\mathrm{d}x\mathrm{d}y < \infty$, 则

$$\mathrm{E}Z = \iint_{\mathbb{R}^2} f(x,y)p(x,y)\mathrm{d}x\mathrm{d}y.$$

对于离散型的随机向量, 或者更高维的随机向量, 也有类似的计算公式, 不再赘述. 下一节我们很自然地会遇到要计算 $X+Y$, XY 的数学期望的情况. 以下约定, 若是具有乘积、商等表达式的随机变量, 求期望时不用加括号. 譬如 $\mathrm{E}XY$ 表示 XY 的期望, 不表示 $\mathrm{E}X$ 乘以 Y (即 cY, 其中 $c = \mathrm{E}X$); $\mathrm{E}X^2$ 表示 X^2 的期望, 不表示 $\mathrm{E}X$ 的平方, 后者用 $(\mathrm{E}X)^2$ 表示. 若是加、减等表达式的随机变量, 求期望时需要加括号. 譬如 $\mathrm{E}(X+Y)$ 表示 $X+Y$ 的期望; $\mathrm{E}X + Y$ 表示 $c+Y$, 其中 $c = \mathrm{E}X$.

习题

1. 某高校设有班车往返于两个校区. 学校希望估计每辆班车内师生的平均数. 以下提供两种方法, 哪一种是正确的? 请给出解释.

(1) 随机地调查 n 位师生, 问他们所乘的班车内有多少师生, 然后计算平均值;

(2) 随机地选 n 辆班车, 计算车内师生人数的平均值.

2. 设随机变量 X 的分布列如下:

$$P(X = n) = \frac{4}{n(n+1)(n+2)}, \quad n = 1, 2, \cdots.$$

证明: (1) 上式确实是概率分布列, 即 $\sum_{n=1}^\infty P(X = n) = 1$; (2) $\mathrm{E}X = 2$; (3) $\mathrm{E}X^2 = \infty$. (注: 称 X 服从优尔-西蒙 (Yule-Simons) 分布.)

3. 设随机变量 X 取非负整数值, $a_i \geq 0$, $i = 1, 2, \cdots$. 证明如下结论:

(1) $\sum_{i=1}^{\infty}(a_1 + \cdots + a_i)\mathrm{P}(X = i) = \sum_{i=1}^{\infty} a_i \mathrm{P}(X \geq i)$;

(2) $\mathrm{E}X(X+1) = 2\sum_{i=1}^{\infty} i\mathrm{P}(X \geq i)$.

4. 在波利亚坛子模型中, 设 $b = r = c = 1$. 将第一次抽取到黑球时的操作次数记为 X. 求 $\mathrm{E}X$.

5. 设有 n 个坛子. 每个坛子中装有 a 只黑球, b 只白球. 从第一个坛子中取出一球, 记下颜色后放入第二个坛子, 然后从第二个坛子中取出一球, 记下颜色后放入第三个坛子, 如此下去. 最后, 从第 n 个坛子中取出一球并记下颜色. 求取到的黑球总数的期望. (注: 参见 §1.7 中的习题第 6 题.)

6. 设 X 服从参数为 p 的几何分布, 求 $\mathrm{E}\dfrac{1}{X}$. (提示: $\dfrac{a^k}{k} = \int_0^a x^{k-1}\mathrm{d}x$.)

7. 在某条路上, 若发生火灾, 则其位置为随机变量, 记为 X. 现计划在某处 (其位置记为 c) 设置一个消防站, 目标是 $\mathrm{E}|X - c|$ 达到最小. 对以下情况分别求出 c:

(1) 这条路长为 a, 其中 $0 < a < \infty$, $X \sim U(0, a)$;

(2) 这条路有起点 (视为原点) 且为无限长, $X \sim \mathrm{Exp}(\lambda)$.

8. 帕累托 (Pareto) 分布的密度函数如下:

$$p(x) = \begin{cases} a^r r x^{-(r+1)}, & x \geq a, \\ 0, & x < a, \end{cases}$$

其中 r, a 为参数, $r > 0$, $a > 0$. 试问: β 取何值时, 该分布的 β 阶矩存在?

9. 设 X 为非负随机变量. 证明: 对任意 $r > 0$, $\mathrm{E}X^r = \int_0^{\infty} rx^{r-1}\mathrm{P}(X > x)\mathrm{d}x$.

10. 假设 $X \sim P(\lambda)$.

(1) 设 $f(\cdot)$ 是 $\mathbb{Z}_+$ 上的非负函数, 则 $\mathrm{E}Xf(X) = \mathrm{E}f(X+1)$.

(2) 证明: 对任意 $n \geq 1$, $\mathrm{E}X^n = \lambda\mathrm{E}(X+1)^{n-1}$, 并利用该结果计算 $\mathrm{E}X^3$.

11. 假设 $Z \sim N(0, 1)$.

(1) 设 $f : \mathbb{R} \to \mathbb{R}$ 连续可导, 试问: $f(\cdot)$ 满足什么条件时, $\mathrm{E}f'(Z) = \mathrm{E}Zf(Z)$?

(2) 利用 (1) 证明 $\mathrm{E}Z^{n+1} = n\mathrm{E}Z^{n-1}$.

(3) 利用 (2) 求 $\mathrm{E}Z^4$.

12. 设 $X \sim N(\mu, \sigma^2)$. 试求 $\mathrm{E}|X - \mu|^k$, 其中 k 为正整数.

13. 假设某人参加公平的某种游戏, 他每一局独立地等可能输或赢 1 分, 一旦赢便停止游戏. 令 W 表示停止游戏时他的净赢分数. 求: (1) $\mathrm{P}(W > 0)$; (2) $\mathrm{P}(W < 0)$; (3) $\mathrm{E}W$.

14. 设连续掷一枚骰子, 一直到 6 个面都出现为止. 求点数 1 出现次数的期望.

15. 设 X, Y 相互独立, 均服从 $N(\mu, \sigma^2)$. 证明: $\mathrm{E}\max\{X, Y\} = \mu + \dfrac{\sigma}{\sqrt{\pi}}$.

16. 袋中装有 15 个球, 其中有 i 个贴有号码 i, $i = 1, 2, 3, 4, 5$. 甲、乙二人按如下

规则玩游戏: 甲先给乙 a 元; 然后甲从袋中随机摸出一球, 并让乙猜号码; 最后乙返还甲的费用 (单位: 元) 为他猜的号码与真正的号码之差的 (情形 I) 平方, 或 (情形 II) 绝对值. 对以上两种情形分别讨论: (1) 乙的最佳策略; (2) a 的合理定价.

17. (1) 设 X 为离散型随机变量, 其所有可能值为 $1, 2, \cdots$, 且 $\mathrm{P}(X = k)$ 关于 k 单调下降. 证明: 对任意 $k \geqslant 1$, $\mathrm{P}(X = k) \leqslant 2 \cdot \dfrac{\mathrm{E}X}{k^2}$.

(2) 设 X 为非负的连续型随机变量且具有非增的密度函数. 证明: 对任意 $x > 0$, $f(x) \leqslant 2 \cdot \dfrac{\mathrm{E}X}{x^2}$.

18. 某海港向停泊的轮船供给净水, 首次供水的价格是每吨 a 元, 若用完后需要第二次供应, 则每吨价格为 $1.5a$ 元; 若用不完, 则剩余的水每吨加收 $0.25a$ 元. 设某轮船的净水用量是密度函数为 $p(\cdot)$ 的随机变量. 为节约其用水总开支, 试求其最佳首次供水量.

§3.2 数学期望的性质

一、数学期望的线性性质

命题 3.2.1 设 $a \in \mathbb{R}$ 且 $\mathrm{E}X$ 存在, 则 $\mathrm{E}(aX) = a\mathrm{E}X$.

证 若 $a = 0$, 则等式成立, 因为两边均为 0.

若 $a > 0$, 则

$$\mathrm{E}(aX)^+ = \int_0^\infty \mathrm{P}(aX > x)\mathrm{d}x = \int_0^\infty \mathrm{P}\left(X > \frac{x}{a}\right)\mathrm{d}x = a\int_0^\infty \mathrm{P}(X > y)\mathrm{d}y = a\mathrm{E}X^+,$$

其中 $y = ax$. 同理, $\mathrm{E}(aX)^- = a\mathrm{E}X^-$. 于是 aX 的期望存在, 且

$$\mathrm{E}(aX) = \mathrm{E}(aX)^+ - \mathrm{E}(aX)^- = a\mathrm{E}X^+ - a\mathrm{E}X^- = a\mathrm{E}X.$$

因为 $X^+ = (-X)^-$, $X^- = (-X)^+$, 所以

$$\mathrm{E}(-X) = \mathrm{E}(-X)^+ - \mathrm{E}(-X)^- = \mathrm{E}X^- - \mathrm{E}X^+ = -\mathrm{E}X.$$

进一步, 若 $a < 0$, 则

$$\mathrm{E}(aX) = \mathrm{E}(-(-a)X) = -\mathrm{E}((-a)X) = -(-a)\mathrm{E}X = a\mathrm{E}X.$$

综上, 命题成立. □

命题 3.2.2 设 $\mathrm{E}X$ 和 $\mathrm{E}Y$ 都存在, 且它们不是一个等于正无穷, 另一个等于负无穷的情形. 则 $\mathrm{E}(X + Y)$ 存在且 $\mathrm{E}(X + Y) = \mathrm{E}X + \mathrm{E}Y$.

证 仅对 (X,Y) 为连续型随机向量且 $\mathrm{E}|X|, \mathrm{E}|Y| < \infty$ 的情形证明. 记 $f(x,y) = x + y$, 则

$$\mathrm{E}(X+Y) = \mathrm{E}f(X,Y) = \iint_{\mathbb{R}^2} f(x,y) p_{(X,Y)}(x,y) \mathrm{d}x \mathrm{d}y = \iint_{\mathbb{R}^2} (x+y) p_{(X,Y)}(x,y) \mathrm{d}x \mathrm{d}y$$

$$= \iint_{\mathbb{R}^2} x p_{(X,Y)}(x,y) \mathrm{d}x \mathrm{d}y + \iint_{\mathbb{R}^2} y p_{(X,Y)}(x,y) \mathrm{d}x \mathrm{d}y$$

$$= \int_{-\infty}^{\infty} x \left(\int_{-\infty}^{\infty} p_{(X,Y)}(x,y) \mathrm{d}y \right) \mathrm{d}x + \int_{-\infty}^{\infty} y \left(\int_{-\infty}^{\infty} p_{(X,Y)}(x,y) \mathrm{d}x \right) \mathrm{d}y$$

$$= \int_{-\infty}^{\infty} x p_X(x) \mathrm{d}x + \int_{-\infty}^{\infty} y p_Y(y) \mathrm{d}y = \mathrm{E}X + \mathrm{E}Y.$$

特别地, $\mathrm{E}|X|, \mathrm{E}|Y| < \infty$, 因此以上涉及的积分全都绝对收敛. □

由数学归纳法, 若 $\mathrm{E}X_1, \cdots, \mathrm{E}X_n$ 都存在, 且它们中不同时出现 ∞ 与 $-\infty$, 则

$$\mathrm{E}(X_1 + \cdots + X_n) = \mathrm{E}X_1 + \cdots + \mathrm{E}X_n.$$

该公式最大的优越性在于不必求出随机变量之和的分布列 (或密度函数) 就可以得到其数学期望. 以下是该公式的应用.

1. 随机数目的数学期望

设有 n 个对象, 将第 i 个对象满足某"特定要求"的事件记为 A_i. 令 $X_i = \mathbf{I}_{A_i}$, 则 $X = X_1 + \cdots + X_n$ 为这 n 个对象中满足该特定要求的对象的数目. 于是

$$\mathrm{E}X = \mathrm{E}X_1 + \cdots + \mathrm{E}X_n = \mathrm{P}(A_1) + \cdots + \mathrm{P}(A_n).$$

上式中的 n 个事件可以没有相互独立或两两独立的性质 (譬如例 3.2.3), 它们的概率也可以不相等. 一般而言, X 的分布列非常难计算, 因此利用定义来计算 $\mathrm{E}X$ 是不现实的 (譬如例 3.2.4 和例 3.2.5).

例 3.2.3(二项分布与超几何分布的期望) 在成功率为 p 的伯努利试验中, 记 $A_i = $ "第 i 次抛到正面". 记 $X_i = \mathbf{I}_{A_i}$, 则 $S_n = X_1 + \cdots + X_n$ 为前 n 次试验中出现正面的总数, $S_n \sim B(n,p)$. 因此, 二项分布 $B(n,p)$ 的数学期望为

$$\mathrm{E}S_n = \mathrm{E}X_1 + \cdots + \mathrm{E}X_n = \mathrm{P}(A_1) + \cdots + \mathrm{P}(A_n) = p + \cdots + p = np.$$

设有 N 个产品, 其中有 M 个为次品, $N - M$ 个为合格品. 从中不放回地取出 n 个, 记 $B_i = $ "第 i 个取出的产品为次品", $Y_i = \mathbf{I}_{B_i}$, 则 $T_n = Y_1 + \cdots + Y_n$ 为取出的这 n 个产品中的次品的数目, $T_n \sim H(N,M,n)$. 因此, 超几何分布 $H(N,M,n)$ 的数学期望为

$$\mathrm{E}T_n = \mathrm{E}Y_1 + \cdots + \mathrm{E}Y_n = \mathrm{P}(B_1) + \cdots + \mathrm{P}(B_n) = n \cdot \frac{M}{N}. \qquad \square$$

例 3.2.4 (匹配问题)   现有 n 双不同颜色的鞋, 将它们随机地进行左右配对 (一只左鞋配一只右鞋). 假设恰有 X 双的左鞋与右鞋的颜色统一. 求 EX.

解   **方法一**   用期望的定义计算. 记 $p_{n,k} = P(X=k)$. 由例 1.6.9,

$$p_{n,k} = \frac{1}{k!} \sum_{j=0}^{n-k} (-1)^j \frac{1}{j!}, \quad k = 0, 1, \cdots, n.$$

于是,

$$EX = \sum_{k=1}^{n} k p_{n,k} = \sum_{k=1}^{n} k \cdot \frac{1}{k!} \sum_{j=0}^{n-k} (-1)^j \frac{1}{j!} = \sum_{k'=0}^{n'} \frac{1}{k'!} \sum_{j=0}^{n'-k'} (-1)^j \frac{1}{j!} = \sum_{k'=0}^{n'} p_{n',k'} = 1.$$

其中 $k' = k-1, n' = n-1$.

方法二   用随机数目的期望公式计算. 记 $A_i =$ "与第 i 种颜色的鞋匹配成功", $X_i = \mathbf{I}_{A_i}$, 则 $P(A_i) \equiv 1/n$, 且 $X = X_1 + \cdots + X_n$. 因此 $EX = n \cdot 1/n = 1$.   □

例 3.2.5 (随机图)   试问: 例 2.4.12 中定义的随机图 $G(n,p)$ 中平均有多少个三角形? 多少个顶点数为 k 的完全子图?

解   完全图 K_n 中总共有 $N = C_n^3$ 个三角形. 记 $A_i =$ "第 i 个三角形在 $G(n,p)$ 中", 则 $G(n,p)$ 中三角形的数目为 $X = \mathbf{I}_{A_1} + \cdots + \mathbf{I}_{A_N}$. 因为 A_i 发生当且仅当第 i 个三角形的三条边都在 $G(n,p)$ 中, 所以 $P(A_i) = p^3$. 从而 $EX = N \cdot p^2 = C_n^3 p^3$. 特别地, 当 $n \to \infty$ 且 $np \to \lambda$ 时, $EX \to \lambda^3/6$.

一般地, 设 k 为整数且 $k \geqslant 3$. K_n 中总共有 $M := C_n^k$ 个顶点数为 k 的完全子图. 将 $G(n,p)$ 包含了其中的第 i 个完全子图的事件记为 B_i, 则 $G(n,p)$ 中的顶点数为 k 的完全子图总共有 $Y = \mathbf{I}_{B_1} + \cdots + \mathbf{I}_{B_M}$ 个. $P(B_i) = p^{C_k^2}$, 因为 K_k 中有 C_k^2 条边. 从而 $EY = C_n^k \cdot p^{C_k^2}$.   □

2. 具有对称性的模型

例 3.2.6   设 $U_1, \cdots, U_n$ 独立同分布, 都服从均匀分布 $U(0,1)$. 将它们的顺序统计量记为 $U_{(1)}, \cdots, U_{(n)}$, 求 $EU_{(i)}$.

解   记

$$X_1 = U_{(1)}; \quad X_i = U_{(i)} - U_{(i-1)}, \ i = 2, \cdots, n; \quad X_{n+1} = 1 - U_{(n)}.$$

因为 $0 \leqslant X_1 \leqslant 1$, 所以其期望存在且有限. 由例 2.8.12, $X_1, \cdots, X_{n+1}$ 同分布, 因此它们的期望相等. 进一步, 由 $X_1 + \cdots + X_{n+1} = 1$ 知 $(n+1)EX_1 = 1$, 故 $EX_1 = \dfrac{1}{n+1}$. 于是 $U_{(i)} = X_1 + \cdots + X_i$ 的期望为 $EU_{(i)} = iEX_1 = \dfrac{i}{n+1}$.   □

例 3.2.7   设 $X_1, \cdots, X_n$ 独立同分布, 且 $X_1 > 0$ a.s., 则

$$E\frac{X_1 + \cdots + X_k}{X_1 + \cdots + X_n} = \frac{k}{n}, \quad k = 1, \cdots, n.$$

证 记 $Y_i = \dfrac{X_i}{X_1 + \cdots + X_n}$, $S_k = Y_1 + \cdots + Y_k$, 则所求为 ES_k.

因为 $0 \leqslant Y_i \leqslant 1$, 所以其期望存在. 记 $f(x_1, \cdots, x_n) = \dfrac{x_1}{x_1 + \cdots + x_n}$. 对任意 i, 因为 $\vec{X} := (X_1, \cdots, X_n)$ 与 $\vec{Y} := (X_i, \cdots, X_n, X_1, \cdots, X_{i-1})$ 同分布 (参见例 2.5.9), 所以 $Y_1 = f(\vec{X})$ 与 $Y_i = f(\vec{Y})$ 同分布. 将它们共同的期望记为 a.

取 $k = n$. 由 $S_n = 1$ 知 $1 = ES_n = EY_1 + \cdots + EY_n = na$. 因此 $a = 1/n$. 从而 $ES_k = EY_1 + \cdots + EY_k = k \cdot a = k/n$. □

例 3.2.8(例 1.4.4 和例 2.6.4 续) 在 $\mathbb{R}^3$ 的单位球面 $S = \{(x, y, z) \in \mathbb{R}^3 : x^2 + y^2 + z^2 = 1\}$ 上随机选四个点, $A =$ "这四个点不共半球". 求 $P(A)$.

解 设 ξ_i, $i = 1, 2, 3, 4$ 独立同分布, 都服从 $U(S)$. 由例 1.4.4,
$$P(A) = E|\triangle_{-\xi_1, -\xi_2, -\xi_3}|/(4\pi),$$
其中 $|\triangle_{-\xi_1, -\xi_2, -\xi_3}|$ 表示曲面三角形的面积, 4π 为 S 的面积.

ξ_1, ξ_2, ξ_3 及其它们的对径点将 S 划分为 8 个曲面三角形: $\triangle_{\pm\xi_1, \pm\xi_2, \pm\xi_3}$. 由例 2.6.4, $|\triangle_{\pm\xi_1, \pm\xi_2, \pm\xi_3}|$ 这 8 个随机变量同分布, 从而它们具有相同的期望. 又因为这 8 个随机变量之和恒等于 S 的面积 4π, 所以它们中的每一个的期望都是 $4\pi/8$. 从而 $P(A) = 1/8$. □

3. 收集票券

商家为扩大销售, 常常在商品包装袋里塞进一个纪念品, 如明星相片、某个电子游戏里的角色卡片等, 品类个数是明确的, 以此鼓励消费者为收集全套纪念品而多买商品. 此类活动可以归结为摸球模型. 由于特定的应用场景, 称该模型为**收集票券模型**.

例 3.2.9 现有 n 张不同颜色的卡片, 每次随机抽取一张, 记下颜色后放回. 试问: 为见到所有颜色, 平均需要抽多少次? 为见到一半数目的颜色, 平均需要抽多少次?

解 设在抽到第 Y_r 次时首次见过 r 种不同的颜色, $r = 1, \cdots, n$, 则所求为 EY_n.

记 $W_1 = Y_1$, $W_r = Y_r - Y_{r-1}$, $r = 2, \cdots, n$, 则 $W_1 = 1$; 对 $r = 2, \cdots, n$, W_r 服从几何分布 $G(p_r)$, 其中 $p_r = 1 - \dfrac{r-1}{n}$, 因此 $EW_r = \dfrac{n}{n-r+1}$. 从而

$$EY_n = EW_1 + \cdots + EW_n = 1 + \frac{n}{n-1} + \cdots + \frac{n}{n-n+1} = n\left(1 + \frac{1}{2} + \frac{1}{3} + \cdots + \frac{1}{n}\right).$$

进一步, 若目标为见过一半数目的颜色, 譬如, 见过 $\lceil n/2 \rceil$ 种不同的颜色, 则需抽取 $Y_{\lceil n/2 \rceil}$ 次. 其期望为

$$EY_{\lceil n/2 \rceil} = 1 + \frac{n}{n-1} + \cdots + \frac{n}{n - \lceil n/2 \rceil + 1}$$
$$= n\left[\left(1 + \frac{1}{2} + \cdots + \frac{1}{n}\right) - \left(1 + \frac{1}{2} + \frac{1}{3} + \cdots + \frac{1}{n - \lceil n/2 \rceil}\right)\right].$$

特别地, 当 $n \to \infty$ 时, EY_n 的等价无穷大为 $n \ln n$, 即 $EY_n/(n \ln n) \to 1$; 而 $EY_{\lceil n/2 \rceil}$ 的等价无穷大为 $n((\ln n + c) - (\ln(n/2) + c)) = n \ln 2$. □

例 3.2.10 现有大量卡片, 总共有 n 种不同的颜色, 第 i 种颜色的卡片数目的比例为 p_i, 其中 $p_1, \cdots, p_n > 0$, $\sum_{i=1}^{n} p_i = 1$. 每次随机抽取一张, 记下颜色后放回. 试问: 为见到所有颜色, 平均需要抽多少次?

解 设在抽取第 X 次时首次见过所有颜色, 则所求为 $\mathrm{E}X$. 记 X_i 为首次见到第 i 种卡片的时间, 则 $X = \max\{X_1, \cdots, X_n\}$. 可用归纳法证明: 对任意 n 个实数 $x_1, \cdots, x_n$,

$$\max_{1 \leqslant i \leqslant n} x_i = \sum_{r=1}^{n} (-1)^{r-1} \sum_{1 \leqslant i_1 < \cdots < i_r \leqslant n} \min_{1 \leqslant s \leqslant r} x_{i_s}. \tag{3.2.1}$$

由上式, 只需要求出 $\min_{1 \leqslant s \leqslant r} X_{i_s}$ 的期望. 该随机变量表示看到这 r 种颜色中的某种就算成功, 因此它服从几何分布, 成功概率为 $p_{i_1} + \cdots + p_{i_r}$. 从而其期望为 $\dfrac{1}{p_{i_1} + \cdots + p_{i_r}}$. 将这个值改写为 $\int_0^\infty \mathrm{e}^{-(p_{i_1}+\cdots+p_{i_r})x} \mathrm{d}x$ 便可推出

$$\begin{aligned}
\mathrm{E}X &= \sum_{r=1}^{n} (-1)^{r-1} \sum_{1 \leqslant i_1 < \cdots < i_r \leqslant n} \mathrm{E} \min_{1 \leqslant s \leqslant r} X_{i_s} \\
&= \sum_{r=1}^{n} (-1)^{r-1} \sum_{1 \leqslant i_1 < \cdots < i_r \leqslant n} \int_0^\infty \mathrm{e}^{-(p_{i_1}+\cdots+p_{i_r})x} \mathrm{d}x \\
&= \int_0^\infty \sum_{r=1}^{n} (-1)^{r-1} \sum_{1 \leqslant i_1 < \cdots < i_r \leqslant n} \mathrm{e}^{-(p_{i_1}+\cdots+p_{i_r})x} \mathrm{d}x \\
&= \int_0^\infty \left(1 - \prod_{i=1}^{n}(1-\mathrm{e}^{-p_i x})\right) \mathrm{d}x. \quad \square
\end{aligned}$$

特别地, 设 $\xi_1, \cdots, \xi_n$ 相互独立且 $\xi_i \sim \mathrm{Exp}(p_i)$, 则

$$\prod_{i=1}^{n}(1-\mathrm{e}^{-p_i x}) = \mathrm{P}(\xi_1, \cdots, \xi_n \leqslant x) = \mathrm{P}\Big(\max_{1 \leqslant i \leqslant n} \xi_i \leqslant x\Big).$$

于是例 3.2.10 中的 $\mathrm{E}X$ 还可以写为 $\int_0^\infty \mathrm{P}\Big(\max_{1 \leqslant i \leqslant n} \xi_i > x\Big) \mathrm{d}x = \mathrm{E} \max_{1 \leqslant i \leqslant n} \xi_i$.

二、数学期望的其他性质

命题 3.2.11 若 X 与 Y 相互独立且它们的期望都存在, 则 $\mathrm{E}(XY)$ 存在且

$$\mathrm{E}(XY) = (\mathrm{E}X)(\mathrm{E}Y).$$

证 仅对 X, Y 都是离散型随机变量且期望都是实数的情形进行证明. 记 $Z = XY$. 设 X, Y, Z 的分布列分别为 $\{(x_i, p_i) : i \in I\}$, $\{(y_j, q_j) : j \in J\}$, $\{(z_k, r_k) : k \in K\}$, 则

$$r_k = \sum_{i\in I, j\in J: x_i y_j = z_k} p_i q_j.$$ 因此

$$\begin{aligned} \mathrm{E}Z &= \sum_{k\in K} z_k r_k = \sum_{k\in K} z_k \sum_{i\in I, j\in J: x_i y_j = z_k} p_i q_j \\ &= \sum_{i\in I, j\in J, k\in K: x_i y_j = z_k} z_k p_i q_j = \sum_{i\in I, j\in J} \left(\sum_{k\in K: x_i y_j = z_k} z_k \right) p_i q_j. \end{aligned}$$

对任意给定的 i, j, 只有一个 k 使得 $z_k = x_i y_j$, 从而 $\sum_{k\in K: x_i y_j = z_k} z_k = x_i y_j$. 因此

$$\mathrm{E}Z = \sum_{i\in I, j\in J} x_i y_j p_i q_j = \left(\sum_{i\in I} x_i p_i \right) \cdot \left(\sum_{j\in J} y_j q_j \right) = (\mathrm{E}X)(\mathrm{E}Y).$$

特别地, 以上级数均绝对收敛. □

例 3.2.12 考虑成功率为 p 的伯努利试验, 设 $A_i =$ "第 i 次试验成功", $X_i = \mathbf{I}_{A_i}$, 则 $S_n = X_1 + \cdots + X_n \sim B(n, p)$.

$$\mathrm{E}(S_n - \mathrm{E}S_n)^2 = \sum_{i,j=1}^n \mathrm{E}(X_i - p)(X_j - p).$$

当 $i = j$ 时, $\mathrm{E}(X_i - p)(X_j - p) = \mathrm{E}(X_i - p)^2 = p(1-p)^2 + (1-p)p^2 = pq$, 其中 $q = 1 - p$; 当 $i \neq j$ 时, $X_i - p$ 与 $X_j - p$ 独立, 因此 $\mathrm{E}(X_i - p)(X_j - p) = 0$. 从而 $\mathrm{E}(S_n - \mathrm{E}S_n)^2 = npq$.

$$\mathrm{E}(S_n - \mathrm{E}S_n)^4 = \sum_{i,j,k,\ell=1}^n a_{ijk\ell},$$

其中 $a_{ijk\ell} := \mathrm{E}(X_i - p)(X_j - p)(X_k - p)(X_\ell - p)$. 下面分情况讨论 $a_{ijk\ell}$ 的值.

情形 I 若 i, j, k, ℓ 中的某一个, 譬如 i, 与其他三个都不相等, 则 $(X_i - p)$ 与 $(X_j - p)(X_k - p)(X_\ell - p)$ 独立, 于是

$$a_{ijk\ell} = (\mathrm{E}(X_i - p)) \cdot \mathrm{E}(X_j - p)(X_k - p)(X_\ell - p) = 0.$$

情形 II i, j, k, ℓ 为两对互不相等的值, 譬如 $i = j, k = \ell$ 且 $i \neq k$. 此时 $(X_i - p)^2$ 与 $(X_k - p)^2$ 独立, 于是

$$a_{ijk\ell} = \left(\mathrm{E}(X_i - p)^2\right) \cdot \left(\mathrm{E}(X_k - p)^2\right) = (pq) \cdot (pq) = p^2 q^2.$$

这样的求和项有 $\mathrm{C}_n^2 \mathrm{C}_4^2 = 3n(n-1)$ 个.

情形 III $i = j = k = \ell$. 此时,

$$a_{ijk\ell} = \mathrm{E}(X_i - p)^4 = p(1-p)^4 + (1-p)p^4 = pq(p^3 + q^3).$$

这样的求和项有 n 个. 综上, $\mathrm{E}(S_n - \mathrm{E}S_n)^4 = npq(p^3 + q^3) + 3n(n-1)p^2 q^2$. □

命题 3.2.13 设 EX 与 EY 都存在且有限. 若 $X \geqslant Y$ a.s., 则 $EX \geqslant EY$.

证 首先假设 Y 为非负的随机变量. 对任意 $x \geqslant 0, Y > x$ 蕴涵着 $X > x$. 从而

$$EY = \int_0^\infty P(Y > x)dx \leqslant \int_0^\infty P(X > x)dx = EX.$$

对一般的随机变量, $X \geqslant Y$ 蕴涵着 $X^+ \geqslant Y^+$, $X^- \leqslant Y^-$. 于是 $EX^+ \geqslant EY^+$, $EX^- \leqslant EY^-$. 从而 $EX = EX^+ - EX^- \geqslant EY^+ - EY^- = EY$. □

定理 3.2.14 (马尔可夫 (Markov) 不等式) 设 X 是非负的随机变量, 则对任意 $\varepsilon > 0$,

$$P(X \geqslant \varepsilon) \leqslant \frac{EX}{\varepsilon}, \quad \forall \varepsilon > 0.$$

证 不妨设 $EX < \infty$. 否则不等式显然成立. 记 $A = \{X \geqslant \varepsilon\}, Y = X/\varepsilon$. 若 $\omega \in A$, 则 $Y(\omega) \geqslant 1 = \mathbf{I}_A(\omega)$; 若 $\omega \notin A$, 则 $Y(\omega) \geqslant 0 = \mathbf{I}_A(\omega)$. 综上, $Y(\omega) \geqslant \mathbf{I}_A(\omega)$ 对任意 ω 均成立. 由命题 3.2.13, $P(A) = E\mathbf{I}_A \leqslant EY = EX/\varepsilon$. □

上述证明的关键步骤如下: 将事件 A 的概率视为随机变量 $E\mathbf{I}_A$ 的数学期望; 根据事件 A 构造随机变量 Y, 使得 $Y \geqslant \mathbf{I}_A$; 由命题 3.2.13, $E\mathbf{I}_A \leqslant EY$. 于是, EY 可以作为 $P(A)$ 的上估计.

推论 3.2.15 设 EX 存在且有限, $E|X - EX|^r$ 存在, 其中 $r > 0$, 则对任意 $\varepsilon > 0$,

$$P(|X - EX| > \varepsilon) \leqslant \frac{E|X - EX|^r}{\varepsilon^r}.$$

证 记 $\hat{X} = |X - EX|^r, \hat{\varepsilon} = \varepsilon^r$, 由定理 3.2.14,

$$P(|X - EX| > \varepsilon) = P(\hat{X} \geqslant \hat{\varepsilon}) \leqslant E\hat{X}/\hat{\varepsilon} = E|X - EX|^r/\varepsilon^r.$$ □

推论 3.2.16 若 $E|X| = 0$, 则 $P(X = 0) = 1$.

证 由定理 3.2.14, 对任意 $n \geqslant 1$, $P(|X| > 1/n) \leqslant n \cdot E|X| = 0$. 由 $\{|X| > 0\} = \bigcup_{n=1}^\infty \{|X| > 1/n\}$ 及概率的次可列可加性, $P(|X| > 0) \leqslant \sum_{n=1}^\infty P(|X| > 1/n) = 0$. 从而结论成立. □

利用附录 A 中的命题 A.0.2 可以证明如下结论.

命题 3.2.17 (詹森 (Jensen) 不等式) 设 $\vec{X}$ 是 n 维随机向量, 期望存在且有限, $f(\cdot) : \mathbb{R}^n \to \mathbb{R}$ 是凸函数且 $Ef(\vec{X})$ 存在且有限, 则 $f(E\vec{X}) \leqslant Ef(\vec{X})$.

三、数学期望与尾分布函数的收敛性

命题 3.2.18 设 X 为非负的随机变量且 $EX < \infty$, 则

$$\lim_{x \to \infty} xP(X > x) = 0, \quad \lim_{x \to \infty} EX \cdot \mathbf{I}_{\{X > x\}} = 0.$$

证 (1) 记 $P(X > x) \triangleq G(x)$. 对任意 $x > 0$,
$$x \cdot G(x) = 2\int_{x/2}^{x} G(x)\mathrm{d}y \leqslant 2\int_{x/2}^{x} G(y)\mathrm{d}y \leqslant 2\int_{x/2}^{\infty} G(y)\mathrm{d}y \xrightarrow{x\to\infty} 0.$$

上式的最后一步是因为 $EX = \int_0^\infty G(y)\mathrm{d}y < \infty$. 该结论的证明与命题 3.1.15 证明的最后一步类似.

(2) 对任意 $x > 0$,
$$EX \cdot \mathbf{I}_{\{X>x\}} = \int_0^\infty P(X \cdot \mathbf{I}_{\{X>x\}} > y)\mathrm{d}y = \int_0^\infty P(X > x, X > y)\mathrm{d}y$$
$$= \int_0^x P(X > x)\mathrm{d}y + \int_x^\infty P(X > y)\mathrm{d}y.$$

上式右端第一项即为 $xP(X > x)$, 由 (1), 它在 $x \to \infty$ 时趋于 0; 第二项即为 $\int_x^\infty G(y)\mathrm{d}y$, 由 $EX < \infty$ 知第二项在 $x \to \infty$ 时趋于 0. 因此 $\lim_{x\to\infty} EX \cdot \mathbf{I}_{\{X>x\}} = 0$. □

命题 3.2.19 设 EX 存在, 则
$$\lim_{x\to\infty} EX \cdot \mathbf{I}_{\{|X|\leqslant x\}} \to EX.$$

证 对任意 $x > 0$, $(X \cdot \mathbf{I}_{\{|X|\leqslant x\}})^+ = X^+ \cdot \mathbf{I}_{\{|X|\leqslant x\}}$. 一方面, 因为 $X^+ \cdot \mathbf{I}_{\{|X|\leqslant x\}} \leqslant X^+$, 所以 $E(X \cdot \mathbf{I}_{\{|X|\leqslant x\}})^+ \leqslant EX^+$. 另一方面, 对任意 $y > 0$, $(X \cdot \mathbf{I}_{\{|X|\leqslant x\}})^+ > y$ 当且仅当 $|X| \leqslant x$ 且 $X^+ > y$, 等价地, $|X| \leqslant x$ 且 $X > y$, 即 $y < X \leqslant x$. 于是对任意 $M > 0$,

$$E(X \cdot \mathbf{I}_{\{|X|\leqslant x\}})^+ = \int_0^\infty P((X \cdot \mathbf{I}_{\{|X|\leqslant x\}})^+ > y)\mathrm{d}y \geqslant \int_0^M P(y < X \leqslant x)\mathrm{d}y$$
$$= \int_0^M \big(P(X > y) - P(X > x)\big)\mathrm{d}y = \int_0^M P(X > y)\mathrm{d}y - M \cdot P(X > x).$$

令 $x \to \infty$, 再令 $M \to \infty$, 推出
$$\liminf_{x\to\infty} E(X \cdot \mathbf{I}_{\{|X|\leqslant x\}})^+ \geqslant \int_0^M P(X > y)\mathrm{d}y \xrightarrow{M\to\infty} EX^+.$$

因此, $\lim_{x\to\infty} E(X \cdot \mathbf{I}_{\{|X|\leqslant x\}})^+ = EX^+$. 类似地, 可以推出 $\lim_{x\to\infty} E(X \cdot \mathbf{I}_{\{|X|\leqslant x\}})^- = EX^-$. 因此结论成立. □

习题

1. 考虑成功率为 p 的伯努利试验. 对于 $k \geqslant 2$, 若第 k 次的抛掷结果与上一次的不同, 则称第 k 次出现了一次改变. 试问: 在前 n 次试验中平均出现了多少次改变? (其

中 $0<p<1, n\geqslant 2$. 譬如, $n=6$, 试验结果为 HHTHHT, 则出现了 3 次改变, 分别出现在第 $3, 4, 6$ 次试验.)

2. 设有 N 人参加某晚宴. 每个人到达后若发现已到达的客人中有他的朋友, 则他坐在有朋友的一桌, 否则他就新开一桌. 称两人为 "一对", 设在这 C_N^2 对中, 每一对独立地以概率 p 为朋友关系. 试问: 晚宴平均开了多少桌?

3. 现有 n 个球, 将每个球独立地等可能装入 N 个坛子之一. (1) 平均有多少个空坛子? (2) 平均有多少个坛子中恰好有 k 个球? (其中 $1\leqslant k\leqslant n, N\geqslant 2$)

4. 模型同例 3.2.10. 试问: 抽取 n 次时平均见过多少种颜色?

5. 某大楼共有 N 层. 设在一楼有 X 个人进入电梯, X 服从泊松分布 $P(10)$. 设他们中的每个人独立地等可能到达第 2 到第 N 层中的任一层, 且在其他楼层没有人进电梯到更高楼层. 试问: 该电梯在 2 层 (含) 以上平均停多少次? (其中 N 为正整数且 $N\geqslant 3$)

6. 设 $A_1, A_2, \cdots, A_n$ 为事件. 令 $C_k=$ "A_i 中至少 k 个事件发生", 证明:

$$\sum_{k=1}^n P(C_k) = \sum_{k=1}^n P(A_k).$$

7. 设 X 为随机变量, $\theta\in\mathbb{R}$ 且 $\theta\neq 0$. 证明: 若 $EX<0$ 和 $Ee^{\theta X}=1$ 都成立, 则 $\theta>0$.

8. 设 $g:\mathbb{R}\to(0,\infty)$ 单调上升. 证明: 对任意 $a\in\mathbb{R}$, $P(X\geqslant a)\leqslant Eg(X)/g(a)$.

9. 设 $n\geqslant 2$, $X_1, \cdots, X_n$ 相互独立且它们的期望都存在且有限. 证明: $X_1\cdots X_n$ 的期望存在且 $EX_1\cdots X_n=(EX_1)\cdots(EX_n)$.

10. 证明 (3.2.1) 式.

11. 设 X, Y 是离散型随机变量. 证明命题 3.2.2 成立.

*§3.3 条件期望

一、在事件 A 发生的条件下的数学期望

设 $P(A)>0$. 由命题 1.6.3, 条件概率 $P_A: \mathscr{F}\to\Omega$, $B\mapsto P(B|A)$ 是概率. 下面用 $P_A(\cdot)$ 代替 $P(\cdot)$ 计算随机变量 Y 的期望, 记为 E_AY 或 $E(Y|A)$.

设 Y 为非负随机变量, 则

$$E_AY = \int_0^\infty P_A(Y>y)dy = \int_0^\infty \frac{P(\{Y>y\}\cap A)}{P(A)}dy = \int_0^\infty \frac{P(Y\cdot\mathbf{I}_A>y)}{P(A)}dy = \frac{E(Y\cdot\mathbf{I}_A)}{P(A)}.$$

若 $E(Y \cdot \mathbf{I}_A)$ 有限, 则 $E_A Y$ 有限. 特别地, EY 有限蕴涵着 $E_A Y$ 有限. 若 $E(Y \cdot \mathbf{I}_A)$ 发散, 则 $E_A Y$ 发散.

设 Y 是随机变量. 若 $E(Y^+ \cdot \mathbf{I}_A)$ 与 $E(Y^- \cdot \mathbf{I}_A)$ 不同时发散, 则

$$E_A Y = E_A Y^+ - E_A Y^- = \frac{E(Y^+ \cdot \mathbf{I}_A) - E(Y^- \cdot \mathbf{I}_A)}{P(A)} = \frac{E(Y \cdot \mathbf{I}_A)}{P(A)}.$$

若 $E(Y^+ \cdot \mathbf{I}_A)$ 与 $E(Y^- \cdot \mathbf{I}_A)$ 均有限, 则 $E_A Y$ 有限. 特别地, 若 EY 存在, 则 $E_A Y$ 存在; 进一步, 若 EY 有限, 则 $E_A Y$ 有限. 由上式, $E_A Y$ 的直观含义是 Y 在事件 A 中的加权平均值, 并且

$$P(A) \cdot E_A Y = E(Y \cdot \mathbf{I}_A).$$

命题 3.3.1 设 Y 与 $\mathbf{I}_A$ 相互独立, 则 $E_A Y = EY$.

证 $E(Y \cdot \mathbf{I}_A) = (EY) \cdot E(\mathbf{I}_A) = (EY) \cdot P(A)$, 故结论成立. □

若 $E(Y^+ \cdot \mathbf{I}_A)$ 与 $E(Y^- \cdot \mathbf{I}_A)$ 同时发散, 则 $E_A Y$ 不存在.

二、离散型

假设 X, Y 是离散型随机变量, EY 存在且有限. 将 X 的所有可能取值记为 $\{x_i : i \in I\}$. 假设对任意 i, $E(Y|X = x_i)$ 存在且有限. 特别地, 这一假设在 EY 存在且有限时成立. 将 Y 的所有可能取值记为 $\{y_j : j \in J\}$. 记

$$\varphi(x_i) := E(Y|X = x_i) = \sum_{j \in J} y_j P(Y = y_j | X = x_i), \quad \forall i \in I. \tag{3.3.1}$$

假设 $\varphi(x_i)$ 存在且有限, 即为假设以上级数都是绝对收敛的.

称 $\varphi(X)$ 为 Y 关于 X 的**条件期望**, 记为 $E(Y|X)$. 需要特别注意的是, $E(Y|X) = \varphi(X)$ 是随机变量, 是 X 的函数, 且它在事件 $\{X = x_i\}$ 上的取值为 Y 在该事件中的加权平均值 $\varphi(x_i)$. 换言之, 将 $\{X = x_i\}, i \in I$ 视为基本事件. 它们构成样本空间的划分, 使得任意样本属于且仅属于其中一个基本事件. $E(Y|X)$ 在样本 ω 上的取值就是 Y 在 ω 所属的基本事件上的加权平均值. 从严格意义上讲, $\bigcup_{i \in I} \{X = x_i\}$ 可能并不是样本空间, 而只是几乎必然发生的事件, 即 $E(Y|X)$ 是几乎必然定义的随机变量. 因此以下涉及 $E(Y|X)$ 的结论时, 总会出现代表几乎必然的符号 a.s..

命题 3.3.2 设 X, Y 如上.

(1) 对任意 $c \in \mathbb{R}$, $E(c|X) = c$ a.s..

(2) $E(X|X) = X$ a.s..

(3) 若 X, Y 独立, 则 $E(Y|X) = EY$ a.s..

证 (1), (2) 的证明留为习题. 往证 (3). 由 X, Y 独立知 $\mathbf{I}_{\{X = x_i\}}$ 与 Y 独立. 于是由命题 3.3.1, $\varphi(x_i) \equiv EY$. 从而 $E(Y|X) = \varphi(X) = EY$ a.s.. □

命题 3.3.3(条件期望的线性性质)　设 X, Y 如上.

(1) 设 Z 是离散型随机变量, 期望存在且有限, 则
$$\mathrm{E}(Y+Z|X) = \mathrm{E}(Y|X) + \mathrm{E}(Z|X) \text{ a.s..}$$

(2) 对任意函数 $f(\cdot)$, $\mathrm{E}\big(f(X) \cdot Y|X\big) = f(X) \cdot \mathrm{E}(Y|X)$ a.s..

证　设 $\{x_i : i \in I\}$ 如上. 对任意 $i \in I$, 记 $A_i = \{X = x_i\}$.

(1) 记 $W = Y + Z$. 按照定义, $\mathrm{E}(Y|X) = \varphi(X)$, $\mathrm{E}(Z|X) = \psi(X)$, $\mathrm{E}(W|X) = \vartheta(x)$, 其中
$$\varphi(x_i) = \mathrm{E}_{A_i}Y, \quad \psi(x_i) = \mathrm{E}_{A_i}Z, \quad \vartheta(x_i) = \mathrm{E}_{A_i}W, \quad \forall i \in I.$$

由期望的线性性质, 对任意 $i \in I$, $\vartheta(x_i) = \varphi(x_i) + \psi(x_i)$. 换言之, $\vartheta(\cdot)$ 与 $\varphi(\cdot) + \psi(\cdot)$ 为相同的函数. 因此 $\vartheta(X) = \varphi(X) + \psi(X)$ a.s., 此即 $\mathrm{E}(W|X) = \mathrm{E}(Y|X) + \mathrm{E}(Z|X)$ a.s..

(2) 记 $W = f(X) \cdot Y$, $\varphi(x_i) = \mathrm{E}_{A_i}Y$, $\psi(x_i) = \mathrm{E}_{A_i}W$. 对任意 $i \in I$, 令 $W_i = f(x_i) \cdot Y$, 则 $\mathrm{P}_{A_i}(W = W_i) \geqslant \mathrm{P}_{A_i}(X = x_i) = 1$, 即当采用 $\mathrm{P}_{A_i}(\cdot)$ 时, W 与 W_i 几乎必然相等, 因此它们的期望 $\mathrm{E}_{A_i}W$ 与 $\mathrm{E}_{A_i}W_i$ 相等. 于是 $\psi(x_i) = \mathrm{E}_{A_i}W = \mathrm{E}_{A_i}W_i = f(x_i)\mathrm{E}_{A_i}Y = f(x_i)\varphi(x_i)$. 由 i 的任意性知 $\psi(\cdot)$ 与 $f(\cdot)\varphi(\cdot)$ 为完全相等的函数. 因此 $\psi(X) = f(X)\varphi(X)$ a.s., 此即 $\mathrm{E}(W|X) = f(X) \cdot \mathrm{E}(Y|X)$ a.s.. □

命题 3.3.4(重期望公式)　设 $\mathrm{E}Y$ 存在且有限, 则 $\mathrm{E}Y = \mathrm{E}\mathrm{E}(Y|X)$.

证　设 $\{x_i : i \in I\}$ 如上. 记 $\varphi(x_i) = \mathrm{E}(Y|X = x_i)$, 则 $\mathrm{E}(Y \cdot \mathbf{I}_{\{X=x_i\}}) = \varphi(x_i)\mathrm{P}(X = x_i)$. 两边对 i 求和便知结论成立. 具体地, 设 Y 的所有可能取值为 $\{y_j : j \in J\}$, 则由 (3.3.1) 式,

$$\begin{aligned}
\mathrm{E}\varphi(X) &= \sum_{i \in I} \varphi(x_i)\mathrm{P}(X = x_i) = \sum_{i \in I}\sum_{j \in J} y_j \mathrm{P}(Y = y_j|X = x_i)\mathrm{P}(X = x_i) \\
&= \sum_{i \in I}\sum_{j \in J} y_j \mathrm{P}(Y = y_j, X = x_i) = \sum_{j \in J} y_j \left(\sum_{i \in I} \mathrm{P}(Y = y_j, X = x_i)\right) \\
&= \sum_{j \in J} y_j \mathrm{P}(Y = y_j) = \mathrm{E}Y.
\end{aligned}$$

因为 $\mathrm{E}Y$ 存在且有限, 所以上述级数均绝对收敛, 从而可以随机交换求和顺序. □

例 3.3.5(例 1.6.8 续)　在波利亚坛子模型中, 将操作 n 次后坛中的黑球比例记为 Y_n. 对任意 $n \geqslant 0$, 求 $\mathrm{E}(Y_{n+1}|Y_n)$ 和 $\mathrm{E}Y_{n+1}$.

解　将操作 n 次后坛中的黑球数记为 X_n, 则 $Y_n = X_n/(b + r + nc)$. X_n 的所有可能取值为 $\{x_i : i = 0, 1, \cdots, n\}$, Y_n 的所有可能取值为 $\{y_i : i = 0, 1, \cdots, n\}$, 其中 $x_i = b + ic$, $y_i = x_i/(b + r + nc) = (b + ic)/(b + r + nc)$. 对任意 i, 记 $A = \{Y = y_i\} = \{X = x_i\}$. 往求 $\mathrm{E}(Y_{n+1}|A)$. 将第 $n+1$ 次摸到黑球的事件记为 B_n, 则 $\mathrm{P}(B_n|A) = y_i$. 因为

$$X_{n+1} = \begin{cases} X_n + c, & B_n \text{ 发生}, \\ X_n, & B_n \text{ 不发生}, \end{cases}$$

即 $X_{n+1} = X_n + c \cdot \mathbf{I}_{D_n}$, 所以

$$\mathrm{E}(X_{n+1}|A) = x_i + c\mathrm{P}(B_n|A) = x_i + cy_i = (b+r+nc)y_i + cy_i = [b+r+(n+1)c]y_i.$$

于是 $\mathrm{E}(Y_{n+1}|A) = \mathrm{E}\left(\left.\dfrac{X_{n+1}}{b+r+(n+1)c}\right|A\right) = y_i$. 综上, $\mathrm{E}(Y_{n+1}|Y_n) = Y_n$.

根据重期望公式, $\mathrm{E}Y_{n+1} = \mathrm{E}\mathrm{E}(Y_{n+1}|Y_n) = \mathrm{E}Y_n$. 由此递推式知 $\mathrm{E}Y_{n+1} = \mathrm{E}Y_0$. 由于 $Y_0 \equiv b/(b+r)$, 故 $\mathrm{E}Y_{n+1} \equiv b/(b+r)$. □

例 3.3.6 设 $\xi_1, \xi_2, \cdots$ 独立同分布, 均服从 $B(1,p)$, 其中 $0 < p < 1$. 记 $T_k = \inf\{n \geqslant k : \xi_n = \xi_{n-1} = \cdots = \xi_{n-k+1} = 1\}$, 它表示伯努利试验中首次连续成功 k 次的时刻. 求 $\mathrm{E}T_k$.

解 将 $\mathrm{E}T_k$ 简记为 t_k. 下面, 求 t_k 关于 k 的递推式.

对任意 $m \geqslant 0$, 记

$$T_k^{(m)} := \inf\{n \geqslant k : \xi_{m+n} = \xi_{m+n-1} = \cdots = \xi_{m+n-k+1} = 1\}.$$

它表示忽略前 m 次试验, 将第 $m+1$ 次视为第一次试验时, 为了连续成功 k 次所需的试验次数. 因此 $T_k^{(0)} = T_k$, 且对任意 $m \geqslant 1$, $T_k^{(m)} \stackrel{\mathrm{d}}{=} T_k$. 假设 $A_{k,n} = \{T_k = n\}$ 发生. 若 $\xi_{n+1} = 1$, 则 $T_{k+1} = n+1$; 若 $\xi_{n+1} = 0$, 则 $T_{k+1} = n+1+T_k^{(n+1)}$, 即 T_{k+1} 与

$$W_{k+1}^{(n)} := \mathbf{I}_{\{\xi_{n+1}=1\}} \cdot (n+1) + \mathbf{I}_{\{\xi_{n+1}=0\}} \cdot (n+1+T_{k+1}^{(n+1)})$$

在事件 $A_{k,n}$ 上的值相等. 从而 $\mathrm{E}(T_{k+1}|A_{k,n}) = \mathrm{E}(W_{k+1}^{(n)}|A_{k,n})$. 因为 $A_{k,n}$ 是否发生依赖于 $\xi_1, \cdots, \xi_n$, 并且 $T_k^{(n+1)}$ 依赖于 $\xi_{n+2}, \xi_{n+3}, \cdots$, 所以 $\mathbf{I}_{A_{k,n}}, \xi_{n+1}, T_{k+1}^{(n+1)}$ 相互独立. 于是由命题 3.3.1,

$$\mathrm{E}(W_{k+1}^{(n)}|A_{k,n}) = \mathrm{E}W_{k+1}^{(n)} = p(n+1) + (1-p)(n+1+t_{k+1}) = n+1+(1-p)t_{k+1}.$$

综上,

$$\mathrm{E}(T_{k+1}|T_k = n) = n+1+(1-p)t_{k+1}.$$

此即 $\mathrm{E}(T_{k+1}|T_k) = T_k + 1 + (1-p)t_{k+1}$ a.s.. 由重期望公式, $t_{k+1} = t_k + 1 + (1-p)t_{k+1}$, 解得 $t_{k+1} = \dfrac{1}{p}(t_k + 1)$. 由此递推式可以推出 $t_k = \dfrac{1}{p} + \dfrac{1}{p^2} + \cdots + \dfrac{1}{p^{k-1}} + \dfrac{1}{p^{k-1}}t_1$. 不难看出 $T_1 \sim G(p)$, 从而 $t_1 = \dfrac{1}{p}$. 故 $t_k = \dfrac{1-p^k}{p^k(1-p)}$. □

命题 3.3.7 设 $X, Y_1, Y_2, \cdots$ 相互独立, 期望均存在且有限. X 取值于非负整数; 对任意 $n \geqslant 1$, $Y_n \stackrel{\mathrm{d}}{=} Y_1$. 令 $Z = \sum_{i=1}^{X} Y_i$, 则 $\mathrm{E}Z = (\mathrm{E}X)(\mathrm{E}Y_1)$.

证 记 $x = \mathrm{E}X$, $y = \mathrm{E}Y_1$. 令 $S_n = Y_1 + \cdots + Y_n$. 记 $A_n = \{X = n\}$. 对任意 $n \geqslant 0$, 因为 Z 与 S_n 在事件 A_n 上的值相等, 所以 $\mathrm{E}_{A_n} Z = \mathrm{E}_{A_n} S_n$. 又因为 S_n 与 X 独立, 所以 $\mathrm{E}_{A_n} S_n = \mathrm{E}S_n = ny$. 于是我们推出 $\varphi(n) := \mathrm{E}(Z|X = n) = yn$, 从而 $\mathrm{E}(Z|X) = \varphi(X) = yX$. 根据重期望公式, $\mathrm{E}Z = \mathrm{E}\mathrm{E}(Z|X) = \mathrm{E}(yX) = yx$. □

一般地, 设 $\vec{X} = (X_1, \cdots, X_n)$ 为离散型随机向量, 其所有可能取值记为 $\{\vec{x}_i : i \in I\}$. 记 $A_i = \{\vec{X} = \vec{x}_i\}$. 对任意随机变量 Y (不需要假设 Y 为离散型), 若 $\mathrm{E}Y$ 存在且有限, 则对任意 $i \in I$,

$$\varphi(\vec{x}_i) := \mathrm{E}(Y|\vec{X} = \vec{x}_i) = \frac{\mathrm{E}(Y \cdot \mathbf{I}_{A_i})}{\mathrm{P}(A_i)}$$

存在且有限. 称 $\varphi(\vec{X})$ 为 Y 关于 $\vec{X}$ 的**条件期望**, 记为 $\mathrm{E}(Y|\vec{X})$ 或 $\mathrm{E}(Y|X_1, \cdots, X_n)$. 对任意事件 B, 称 $\mathrm{E}(\mathbf{I}_B|\vec{X})$ 为 B 关于 $\vec{X}$ 的条件概率, 记为 $\mathrm{P}(B|\vec{X})$ 或 $\mathrm{P}(B|X_1, \cdots, X_n)$.

三、连续型

假设 (X, Y) 是连续型随机变量, $\mathrm{E}Y$ 存在且有限. 若 $p_X(x) > 0$, 则令

$$\varphi(x) := \int_{-\infty}^{\infty} y p_{Y|X}(y|x) \mathrm{d}y. \tag{3.3.2}$$

否则令 $\varphi(x) = 0$. 称 $\varphi(X)$ 为 Y 关于 X 的**条件期望**, 记为 $\mathrm{E}(Y|X)$. 对任意 x, 也将 $\varphi(x)$ 记为 $\mathrm{E}(Y|X = x)$. 此时, 命题 3.3.2、命题 3.3.3 和命题 3.3.4 的结论均成立. 固定 x, 若两个随机变量 Y 与 Z 在事件 $\{X = x\}$ 上的值相等, 即对任意 $\omega \in \{X = x\}$, $Y(\omega) = Z(\omega)$, 则 $\mathrm{E}(Y|X = x) = \mathrm{E}(Z|X = x)$. 对于离散型随机变量, 这一结论是显而易见的; 对于连续型随机变量, 严格的证明需要用到测度论知识, 超过了本书的范围. 下面我们用重期望公式给出例 3.1.9 的另一个证明.

例 3.3.8 (例 3.1.9 续) 设 $U_1, U_2, \cdots$ 独立同分布, $U_1 \sim U(0, 1)$. 对任意 $n \geqslant 1$, 记 $S_n = U_1 + \cdots + U_n$. 令

$$X = \inf\{n \geqslant 1 : S_n > 1\}.$$

求 $\mathrm{E}X$.

解 先验证 $\mathrm{E}X < \infty$. 令 $p := \mathrm{P}(U_1 + U_2 > 1)$, 则 $p \geqslant \mathrm{P}(U_1 > 1/2, U_2 > 1/2) = 1/4$. 于是

$$\mathrm{P}(S_{2n} \leqslant 1) \leqslant \mathrm{P}(U_1 + U_2 \leqslant 1, U_3 + U_4 \leqslant 1, \cdots, U_{2(n-1)+1} + U_{2n} \leqslant 1)$$

$$= \mathrm{P}(U_1 + U_2 \leqslant 1)^n = (1-p)^n.$$

从而 $\mathrm{P}(X > 2n) \leqslant \mathrm{P}(S_{2n} \leqslant 1) \leqslant (1-p)^n$. 进一步,

$$\mathrm{E}X = \int_0^\infty \mathrm{P}(X > x) \mathrm{d}x = \sum_{n=0}^\infty \int_{2n}^{2(n+1)} \mathrm{P}(X > x) \mathrm{d}x$$

$$\leqslant 2 + 2\sum_{n=1}^{\infty}\int_{2n}^{2(n+1)} P(X > 2n) \leqslant 2\sum_{n=0}^{\infty}\int_{2n}^{2(n+1)}(1-p)^n < \infty.$$

对任意 $a > 0$, 令

$$X_a = \inf\{n \geqslant 1 : S_n > a\}, \quad \hat{X}_a = \inf\{n \geqslant 1 : U_2 + \cdots + U_{n+1} > a\},$$

则 $\hat{X}_a \stackrel{\mathrm{d}}{=} X_a$ 且 $\hat{X}_a$ 与 U_1 独立. 与 EX 有限的证明类似, 可以证明 $EX_a < \infty$.

记 $f(a) = EX_a$. 类似于例 3.3.6 中的递推式, 我们将证明 $f(a) = 1 + \int_0^a f(y)\mathrm{d}y$. 对任意 $a > 0$, 若 $U_1 > a$, 则 $X_a = 1$; 若 $U_1 \leqslant a$, 则 $X_a = 1 + \hat{X}_{a-U_1}$. 换言之,

$$X_a = \mathbf{I}_{\{U_1 > a\}} + \mathbf{I}_{\{U_1 \leqslant a\}} \cdot (1 + \hat{X}_{a-U_1}) = 1 + \mathbf{I}_{\{U_1 \leqslant a\}} \cdot \hat{X}_{a-U_1}.$$

于是, $f(a) = 1 + EY_a$, 其中 $Y_a = \mathbf{I}_{\{U_1 \leqslant a\}} \cdot \hat{X}_{a-U_1}$.

记 $\varphi(x) = E(Y_a | X = x)$. 对任意 $x \leqslant a$, 在事件 $\{U_1 = x\}$ 上, Y_a 与 $\hat{X}_{a-x}$ 的值相等, 因此 $\varphi(x) = E(\hat{X}_{a-x} | U_1 = x)$. 由 $\hat{X}_{a-x}$ 与 U_1 相互独立知

$$\varphi(x) = E\hat{X}_{a-x} = EX_{a-x} = f(a-x).$$

对任意 $x > a$, 在事件 $\{U_1 = x\}$ 上, Y_a 的值为 0, 因此 $\varphi(x) = 0$. 综上, $\varphi(x) = \mathbf{I}_{\{x \leqslant a\}} \cdot f(a-x)$. 由重期望公式,

$$EY_a = E\mathbf{I}_{\{U_1 > a\}} \cdot f(a - U_1) = \int_0^1 \mathbf{I}_{\{x \leqslant a\}} \cdot f(a-x)\mathrm{d}x.$$

对任意 $a \leqslant 1$, 记 $y = a - x$ 便可推出 $EY_a = \int_0^a f(a-x)\mathrm{d}x = \int_0^a f(y)\mathrm{d}y$. 因此

$$f(a) = 1 + \int_0^a f(y)\mathrm{d}y.$$

对上式两边求导知 $f'(a) = f(a)$, 即 $f(a) = Ce^a$, 其中 C 为常数. 由 $f(0) = 1$ 知 $C = 1$. 因此当 $a \leqslant 1$ 时, $f(a) = e^a$. 从而所求为 $f(1) = e$. □

习题

1. 袋中装有 N 只球, 其中白球数为随机变量, 其数学期望为 n. 从该袋中摸一球, 求摸到白球的概率.

2. 假设 X 是离散型随机变量. 设 $f(\cdot)$ 是凸函数, EY 与 $Ef(Y)$ 均存在且有限. 证明: $f(E(Y|X)) \leqslant E(f(Y)|X)$.

3. 甲袋中装有 i 个白球和 $N-i$ 个黑球, 乙袋中装有 j 个白球和 $N-j$ 个黑球. 每一次从两袋中各随机摸出一球, 交换后放入另一袋中. 将 n 次操作后甲袋中的白球数记为 X_n. (1) 求 $E(X_{n+1}|X_n)$. (2) 利用 (1) 的结论求 EX_n.

4. 在波利亚坛子模型中, 记 $B_n =$ "第 $n+1$ 次摸到黑球". 设 Y_n 如例 3.3.5 中定义. 对任意 $n \geqslant 0$, 求 $P(B_{n+1}|Y_n)$ 并利用它求出 $P(B_{n+1})$.

§3.4 方差

一、方差的定义

定义 3.4.1 设 EX 存在且有限. 称 $E(X-EX)^2$ 为 X 的**方差**, 记为 $\text{Var}(X)$ 或 $D(X)$. 称 $\sqrt{\text{Var}(X)}$ 为 X 的**标准差**, 记为 σ_X.

方差即为二阶中心距, 它是分布的数字特征. 因此可以说某分布的方差. 设 EX 存在且有限. 由 $X^2 = (X-c)^2 + 2cX - c^2$ 知 $EX^2 = \text{Var}(X) + (EX)^2$. 因此 $\text{Var}(X) < \infty$ 当且仅当 $EX^2 < \infty$; $\text{Var}(X) = \infty$ 当且仅当 $EX^2 = \infty$. 反过来, 设 $EX^2 < \infty$, 则由詹森不等式知 EX 存在且有限. 令 $Y = (X-c)^2 = X^2 - 2cX + c^2$, 其中 $c = EX$, 便知 $\text{Var}(X) < \infty$ 且

$$E(X-EX)^2 = EX^2 - (EX)^2.$$

在计算 X 的方差时, 上式右边的表达式往往比左边 (方差的定义) 更方便.

例 3.4.2 (伯努利分布) 设 $X \sim B(1,p)$, 则 $X^2 = X$. 因此

$$\text{Var}(X) = EX^2 - (EX)^2 = p - p^2 = p(1-p). \qquad \square$$

例 3.4.3 (二项分布) 设 $X \sim B(n,p)$. 由例 3.1.25, $EX(X-1) = n(n-1)p^2$. 因此

$$\begin{aligned}\text{Var}(X) &= EX(X-1) + EX - (EX)^2 \\ &= n(n-1)p^2 + np - (np)^2 \\ &= np - np^2 = np(1-p).\end{aligned} \qquad \square$$

例 3.4.4 (超几何分布) 设 $X \sim H(N, M, n)$. 记

$$h(N, M, n; k) := \frac{C_M^k C_{N-M}^{n-k}}{C_N^n}, \quad k = 0, 1, \cdots, n.$$

由例 3.1.5 知, $k \cdot h(N, M, n; k) = \dfrac{nM}{N} \cdot h(N-1, M-1, n-1; k-1)$. 进一步,

$$\begin{aligned}(k-1) \cdot k \cdot h(N, M, n; k) &= \frac{nM}{N} \cdot (k-1) \cdot h(N-1, M-1, n-1; k-1) \\ &= \frac{nM}{N} \cdot \frac{(n-1)(M-1)}{N-1} \cdot h(N-2, M-2, n-2; k-2).\end{aligned}$$

因此 $EX(X-1) = \dfrac{nM}{N} \cdot \dfrac{(n-1)(M-1)}{N-1}$. 于是

$$\begin{aligned} \mathrm{Var}(X) &= EX(X-1) + EX - (EX)^2 \\ &= \dfrac{nM}{N} \cdot \dfrac{(n-1)(M-1)}{N-1} + \dfrac{nM}{N} - \dfrac{nM}{N} \cdot \dfrac{nM}{N} \\ &= \dfrac{nM}{N} \left(\dfrac{(n-1)(M-1)}{N-1} + 1 - \dfrac{nM}{N} \right) = \dfrac{nM}{N} \left(1 - \dfrac{M}{N} \right) \cdot \dfrac{N-n}{N-1}. \quad \Box \end{aligned}$$

在具体的模型中, 设有 N 个产品, 其中恰有 M 个为次品, 则次品率为 $p := M/N$. 从中不放回地抽取 n 个产品, 并将其中的次品数目记为 X_n; 若改为放回抽样, 则将其中的次品数目记为 Y_n. 根据以上两例的结论, X_n 的方差为 $np(1-p) \cdot \dfrac{N-n}{N-1}$, Y_n 的方差为 $np(1-p)$. 因此 $\mathrm{Var}(X_n) \leqslant \mathrm{Var}(Y_n)$, 等号成立当且仅当 $n = 1$.

例 3.4.5(泊松分布) 设 $X \sim P(\lambda)$. 由例 3.1.24, $EX(X-1) = \lambda^2$. 因此

$$\mathrm{Var}(X) = EX(X-1) + EX - (EX)^2 = \lambda. \quad \Box$$

例 3.4.6(指数分布) 设 $X \sim \mathrm{Exp}(\lambda)$.

$$\begin{aligned} EX^2 &= \int_0^\infty x^2 \cdot \lambda e^{-\lambda x} dx = -\int_0^\infty x^2 de^{-\lambda x} = \int_0^\infty e^{-\lambda x} dx^2 \\ &= 2\int_0^\infty x \cdot e^{-\lambda x} dx = -\dfrac{2}{\lambda} \int_0^\infty x de^{-\lambda x} = \dfrac{2}{\lambda} \int_0^\infty e^{-\lambda x} dx = \dfrac{2}{\lambda^2}. \end{aligned}$$

因此 $\mathrm{Var}(X) = EX^2 - (EX)^2 = \dfrac{2}{\lambda^2} - \dfrac{1}{\lambda^2} = \dfrac{1}{\lambda^2}$. $\quad \Box$

例 3.4.7 设 $U_1, \cdots, U_n$ 独立同分布, 都服从均匀分布 $U(0,1)$. 求 $\min\limits_{1 \leqslant i \leqslant n} U_i$ 的方差.

解 记 $X = \min\limits_{1 \leqslant i \leqslant n} U_i$, 则由例 2.8.8 知 X 的密度函数为 $p(x) = n(1-x)^{n-1} \cdot \mathbf{I}_{\{0 \leqslant x \leqslant 1\}}$. 因此 $EX^2 = \int_0^1 nx^2(1-x)^{n-1} dx = \dfrac{2}{(n+1)(n+2)}$. 又由例 3.2.6 知 $EX = \dfrac{1}{n+1}$. 因此

$$\mathrm{Var}(X) = \dfrac{2}{(n+1)(n+2)} - \dfrac{1}{(n+1)^2} = \dfrac{n}{(n+1)^2(n+2)}. \quad \Box$$

二、线性变换的方差

命题 3.4.8 设 EX 存在且有限, 则对任意 $a, b \in \mathbb{R}$, $\mathrm{Var}(aX+b) = a^2 \mathrm{Var}(X)$.

证 记 $\mu = EX$, $Y = aX + b$, 则 $EY = a\mu + b$, 故 $Y - EY = a(X - \mu)$. 进一步,

$$\mathrm{Var}(aX + c) = E(Y - EY)^2 = E\big(a^2(X-\mu)^2\big) = a^2 E(X-\mu)^2 = a^2 \mathrm{Var}(X). \quad \Box$$

例 3.4.9(正态分布) 设 $X \sim N(\mu, \sigma^2)$, 则 $\mathrm{Var}(X) = \sigma^2$.

证 设 $Z \sim N(0,1)$. 由例 3.1.28, $\mathrm{E}Z^2 = 1$. 又因为 $\mathrm{E}Z = 0$, 所以 $\mathrm{Var}(Z) = 1$. 设 $X \sim N(\mu, \sigma^2)$, 则 $Z := (X-\mu)/\sigma \sim N(0,1)$. 于是 $X = \mu + \sigma Z$ 的方差为
$$\sigma^2 \cdot \mathrm{Var}(Z) = \sigma^2. \qquad \square$$

设 $\mathrm{E}X^2 < \infty$ 且 $0 < \mathrm{Var}(X) < \infty$, 则
$$\frac{X - \mathrm{E}X}{\sqrt{\mathrm{Var}(X)}}$$

是期望为 0, 方差为 1 的随机变量. 称之为 X 的**标准化**, 记为 X^*. 特别地, 若 X 服从正态分布, 则其标准化 X^* 服从标准正态分布.

例 3.4.10(均匀分布) 设 $X \sim U(0,1)$, 则 $\mathrm{E}X = 1/2$, $\mathrm{E}X^2 = \int_0^1 x^2 \mathrm{d}x = 1/3$, 因此
$$\mathrm{Var}(X) = \mathrm{E}X^2 - (\mathrm{E}X)^2 = 1/3 - (1/2)^2 = 1/12.$$

设 $X \sim U(a,b)$. $Y = (X-a)/(b-a) \sim U(0,1)$. 于是 $X = a + (b-a)Y$ 的方差为 $(b-a)^2 \cdot \mathrm{Var}(Y) = (b-a)^2/12$. 特别地,
$$X^* = \frac{X - (b-a)/2}{\sqrt{(b-a)^2/12}} \sim U(-\sqrt{3}, \sqrt{3}). \qquad \square$$

命题 3.4.11 现有 n 个事件 $A_1, \cdots, A_n$. 记 $X_i = \mathbf{I}_{A_i}$, $X = X_1 + \cdots + X_n$, 则
$$\mathrm{Var}(X) = \sum_{i=1}^n p_i(1-p_i) + 2\sum_{1 \leqslant i < j \leqslant n}(p_{ij} - p_i p_j),$$

其中 $p_i = \mathrm{P}(A_i)$, $p_{ij} = \mathrm{P}(A_i A_j)$.

证
$$(X - \mathrm{E}X)^2 = \sum_{i=1}^n (X_i - \mathrm{E}X_i)^2 + 2\sum_{1 \leqslant i < j \leqslant n}(X_i - \mathrm{E}X_i)(X_j - \mathrm{E}X_j).$$

关于上式右边第一项,
$$\mathrm{E}(X_i - \mathrm{E}X_i)^2 = \mathrm{Var}(X_i) = p_i(1-p_i).$$

关于第二项,
$$(X_i - \mathrm{E}X_i)(X_j - \mathrm{E}X_j) = X_i X_j - (\mathrm{E}X_i)X_j - (\mathrm{E}X_j)X_i + (\mathrm{E}X_i)(\mathrm{E}X_j),$$

故
$$\mathrm{E}(X_i - \mathrm{E}X_i)(X_j - \mathrm{E}X_j) = \mathrm{E}X_i X_j - (\mathrm{E}X_i)\mathrm{E}X_j - (\mathrm{E}X_j)\mathrm{E}X_i + (\mathrm{E}X_i)(\mathrm{E}X_j)$$
$$= \mathrm{E}(X_i X_j) - (\mathrm{E}X_i)(\mathrm{E}X_j) = \mathrm{P}(A_i A_j) - \mathrm{P}(A_i)\mathrm{P}(A_j)$$
$$= p_{ij} - p_i p_j.$$

从而命题成立. $\qquad \square$

例 3.4.12 (二项分布的中心矩) 试求二项分布的二、三、四阶中心矩.

解 考虑成功率为 p 的伯努利试验, 设 $A_i =$ "第 n 次试验成功", $X_i = \mathbf{I}_{A_i}$, 则 $S_n = X_1 + \cdots + X_n \sim B(n,p)$. $\mathrm{P}(A_i) \equiv p_i$, $\mathrm{P}(A_i A_j) \equiv p^2$. 由命题 3.4.11, $\mathrm{Var}(S_n) = npq$, 其中 $q = 1 - p$.

进一步,

$$\mathrm{E}(S_n - \mathrm{E}S_n)^3 = \sum_{i,j,k=1}^n \mathrm{E}(X_i - p)(X_j - p)(X_k - p)$$
$$= n\mathrm{E}(X_1 - p)^3 + 3n(n-1)\mathrm{E}(X_1 - p)^2(X_2 - p)$$
$$+ n(n-1)(n-2)\mathrm{E}(X_1 - p)(X_2 - p)(X_3 - p),$$

其中

$$\mathrm{E}(X_1 - p)^3 = p(1-p)^3 + (1-p)p^3 = pq(p^2 + q^2),$$
$$\mathrm{E}(X_1 - p)^2(X_2 - p) = \big(\mathrm{E}(X_1 - p)^2\big) \cdot \mathrm{E}(X_2 - p) = 0,$$

同理 $\mathrm{E}(X_1 - p)(X_2 - p)(X_3 - p) = 0$. 因此 $\mathrm{E}(S_n - \mathrm{E}S_n)^3 = npq(p^2 + q^2)$.

$$\mathrm{E}(S_n - \mathrm{E}S_n)^4 = \sum_{i,j,k,\ell=1}^n \mathrm{E}(X_i - p)(X_j - p)(X_k - p)(X_\ell - p)$$
$$= n\mathrm{E}(X_1 - p)^4 + 4n(n-1)\mathrm{E}(X_1 - p)^3(X_2 - p)$$
$$+ \mathrm{C}_n^2 \mathrm{C}_4^2 \mathrm{E}(X_1 - p)^2(X_2 - p)^2 + n\mathrm{C}_{n-1}^2 \mathrm{C}_4^1 \mathrm{C}_3^1 \mathrm{E}(X_1 - p)^2(X_2 - p)(X_3 - p)$$
$$+ \mathrm{C}_n^4 4! \mathrm{E}(X_1 - p)(X_2 - p)(X_3 - p)(X_4 - p),$$

其中

$$\mathrm{E}(X_1 - p)^4 = p(1-p)^4 + (1-p)p^4 = pq(p^3 + q^3),$$
$$\mathrm{E}(X_1 - p)^2(X_2 - p)^2 = \big(\mathrm{E}(X_1 - p)^2\big)^2 = (pq)^2.$$

故 $\mathrm{E}(S_n - \mathrm{E}S_n)^4 = npq(p^3 + q^3) + 6\mathrm{C}_n^2 p^2 q^2$. □

例 3.4.13 (随机图, 例 3.2.5 续) 考虑例 2.4.12 中定义的随机图 $G(n,p)$. 将该图中的三角形的数目记为 X. 求 $\mathrm{Var}(X)$.

解 将完全图 K_n 的顶点编号 $1, 2, \cdots, n$. 同例 3.2.5, 完全图 K_n 中总共有 $N = \mathrm{C}_n^3$ 个三角形. 记 $A_i =$ "第 i 个三角形在 $G(n,p)$ 中", 则 $X = \mathbf{I}_{A_1} + \cdots + \mathbf{I}_{A_N}$, $p_i = \mathrm{P}(A_i) \equiv p^3$. 不妨设第一个三角形的顶点为 $1, 2, 3$. 在第 $2, \cdots, N$ 个三角形中, 有 $3(n-3) \triangleq M$ 个三角形与第一个三角形恰有一条共同的边, 它们的顶点形如 $(1,2,r), (1,3,r), (2,3,r)$, 其中 $r \geqslant 4$, 不妨设它们是第 $2, 3, \cdots, M+1$ 个三角形. 于是当 $j = 2, \cdots, M+1$ 时,

$p_{ij} = p^5$. 剩下的 $N-1-M$ 个三角形与第一个三角形没有公共的边. 于是当 $j \geqslant M+2$ 时, A_1 与 A_j 独立, 从而 $p_{1j} = p_1 p_j$. 综上,

$$a_1 := \sum_{2 \leqslant j \leqslant N} (p_{1j} - p_1 p_j) = M(p^5 - p^3 \cdot p^3) = 3(n-3)p^5(1-p).$$

根据模型的对称性, 对任意 i,

$$a_i := \sum_{1 \leqslant j \leqslant N, j \neq i} (p_{ij} - p_i p_j) = a_1.$$

因此

$$\mathrm{Var}(X) = N \cdot p_1 + N \cdot a_1 = \mathrm{C}_n^3 p^3 (1-p^3) + \mathrm{C}_n^3 3(n-3) p^5 (1-p). \qquad \square$$

三、不等式

定理 3.4.14 (切比雪夫 (Chebyshev) 不等式) 设 $\mathrm{E} X^2 < \infty$, 则对任意 $\varepsilon > 0$,

$$\mathrm{P}(|X - \mathrm{E} X| \geqslant \varepsilon) \leqslant \frac{\mathrm{Var}(X)}{\varepsilon^2}.$$

这是推论 3.2.15 的特殊情形, $\alpha = 2$ 时的结论. 特别地, 将上式中的 ε 改写为 $\lambda \cdot \sigma_X$, 其中 $\lambda > 0$, 则上式转化为

$$\mathrm{P}(|X - \mathrm{E} X| \geqslant \lambda \cdot \sigma_X) \leqslant \frac{1}{\lambda^2}.$$

推论 3.4.15 若 $\mathrm{Var}(X) = 0$, 则 X 为退化的随机变量.

证 在定理 3.4.14 中取 $\varepsilon = 1/n$, 便知 $\mathrm{P}(|X - \mathrm{E} X| > 1/n) = 0$. 因此

$$\mathrm{P}(|X - \mathrm{E} X| > 0) \leqslant \sum_{n=1}^{\infty} \mathrm{P}(|X - \mathrm{E} X| > 1/n) = 0.$$

从而结论成立.

亦可将推论 3.2.16 中的随机变量取为 $(X - \mathrm{E} X)^2$, 便知 $\mathrm{P}\left((X - \mathrm{E} X)^2 = 0\right) = 1$, 即 $\mathrm{P}(X = c) = 1$, 其中 $c = \mathrm{E} X$. $\qquad \square$

例 3.4.16 (单边切比雪夫不等式) 设 $\mathrm{E} X = 0$, $\mathrm{Var}(X) = \sigma^2$, 则

$$\mathrm{P}(X \geqslant \varepsilon) \leqslant \frac{\sigma^2}{\sigma^2 + \varepsilon^2}, \quad \forall \varepsilon > 0.$$

证 对任意 $x \geqslant 0$, $\{X \geqslant \varepsilon\} \subseteq \{X + x \geqslant \varepsilon + x\}$, 所以

$$\mathrm{P}(X \geqslant \varepsilon) \leqslant \mathrm{P}(X + x \geqslant \varepsilon + x) \leqslant \frac{\mathrm{E}(X+x)^2}{(\varepsilon+x)^2} = \frac{x^2 + \sigma^2}{(x+\varepsilon)^2} \triangleq f(x),$$

$$f'(x) = \frac{2x}{(x+\varepsilon)^2} - \frac{2(x^2+\sigma^2)}{(x+\varepsilon)^3} = 2 \cdot \frac{x(x+\varepsilon) - (x^2+\sigma^2)}{(x+\varepsilon)^3} = 2 \cdot \frac{\varepsilon x - \sigma^2}{(x+\varepsilon)^3}.$$

因此 $x_0 = \dfrac{\sigma^2}{\varepsilon} > 0$ 为 $f(\cdot)$ 的最小值点, 且 $f(x_0) = \dfrac{\sigma^4/\varepsilon^2 + \sigma^2}{(\sigma^2/\varepsilon + \varepsilon)^2} = \dfrac{\sigma^2}{\sigma^2 + \varepsilon^2}$. 从而结论成立. $\qquad \square$

习题

1. 利用命题 3.4.11 求例 3.2.4 中的 X 的方差.

2. 将随机图 $G(n,p)$ 中顶点数为 4 的完全子图的数目记为 Y. 利用命题 3.4.11 求 $\mathrm{Var}(Y)$. (注: 参见例 3.2.5.)

3. 证明: 若 X 服从两点分布, 且非退化, 则 X 的标准化的分布列如下:
$$\mathrm{P}(X^* = 1) = \mathrm{P}(X^* = -1) = 1/2.$$

4. 设 $\mathrm{P}(0 \leqslant X \leqslant c) = 1$. 证明: $\mathrm{Var}(X) \leqslant c^2/4$.

§3.5 协方差和相关系数

一、柯西-施瓦茨 (Cauchy-Schwarz) 不等式

引理 3.5.1 (柯西-施瓦茨不等式) 设 $\mathrm{E}X^2 < \infty, \mathrm{E}Y^2 < \infty$, 则
$$(\mathrm{E}XY)^2 \leqslant (\mathrm{E}X^2) \cdot (\mathrm{E}Y^2).$$

进一步, 等号成立当且仅当存在常数 c 使得 $Y = cX$ a.s. 或 $X = cY$ a.s..

证 若 $\mathrm{E}X^2 = 0$, 则 $\mathrm{P}(X = 0) = 1$. 此时, $(\mathrm{E}XY)^2 = (\mathrm{E}X^2) \cdot (\mathrm{E}Y^2) = 0$, 且 $X = 0 \cdot Y$ a.s.. 结论成立.

下设 $\mathrm{E}X^2 > 0$. 因为 $|XY| \leqslant (X^2 + Y^2)/2$, 因此 $\mathrm{E}|XY| < \infty$, 即 $\mathrm{E}XY$ 存在且有限. 对任意 $t \in \mathbb{R}$,
$$f(t) := \mathrm{E}(tX - Y)^2 = (\mathrm{E}X^2) \cdot t^2 - 2(\mathrm{E}XY) \cdot t + \mathrm{E}Y^2$$

为 t 的二次函数. 其最小值点记为 c, 则
$$c = \frac{\mathrm{E}XY}{\mathrm{E}X^2}, \quad f(c) = \frac{(\mathrm{E}X^2) \cdot (\mathrm{E}Y^2) - (\mathrm{E}XY)^2}{\mathrm{E}X^2}.$$

由 $(cX - Y)^2$ 是非负随机变量知 $f(c) \geqslant 0$, 因此 $(\mathrm{E}XY)^2 \leqslant (\mathrm{E}X^2) \cdot (\mathrm{E}Y^2)$. 进一步, 等号成立当且仅当 $f(c) = 0$. 这等价于 $(cX - Y)^2 = 0$ a.s., 即 $Y = cX$ a.s.. □

例 3.5.2 $\mathrm{E}(YZ|X)^2 \leqslant \mathrm{E}(Y^2|X) \cdot \mathrm{E}(Z^2|X)$ a.s.. 特别地, $\mathrm{E}(Y|X)^2 \leqslant \mathrm{E}(Y^2|X)$ a.s..

证 我们仅对离散型随机向量进行证明. 设 X 的所有可能取值为 $\{x_i : i \in I\}$. 记 $A_i = \{X = x_i\}$, $\varphi(x_i) = \mathrm{E}_{A_i}Y$, $\psi(x_i) = \mathrm{E}_{A_i}Z$, $\vartheta(x_i) = \mathrm{E}_{A_i}YZ$. 由柯西-施瓦茨不等式, 对任意 $i \in I$, $\vartheta(x_i)^2 \leqslant \varphi(x_i)^2 \psi(x_i)^2$. 从而 $\vartheta(X)^2 \leqslant \varphi(X)^2 \psi(X)^2$ a.s.. 此即 $\mathrm{E}(YZ|X)^2 \leqslant \mathrm{E}(Y^2|X) \cdot \mathrm{E}(Z^2|X)$ a.s.. 特别地, 取 $Z \equiv 1$ 便知 $\mathrm{E}(Y|X)^2 \leqslant \mathrm{E}(Y^2|X)$. □

设 $m \in \mathbb{R}$. 若 $P(X \geqslant m) \geqslant 1/2$ 且 $P(X \leqslant m) \geqslant 1/2$, 则称 m 为 X 的**中位点**. 中位点必定存在, 譬如, $F_X^{-1}(1/2)$ 是 X 的中位点. 但它可能不唯一. 譬如, $X \sim B(1, 1/2)$, 则 X 的所有中位点组成 $[0, 1]$.

*例 3.5.3 设 EX 存在且有限. 证明: 若 m 是 X 的中位点, 则 $|m - EX| \leqslant \sigma_X$.

证 将 σ_X 简记为 σ. 若 $\sigma = \infty$, 则结论自然成立, 下设 $\sigma < \infty$. 不妨设 $EX = 0$, 否则分别用 $X - EX$ 与 $m - EX$ 代替 X 与 m 即可. 往证 $|m| \leqslant \sigma$. 为此, 只需证明 $m \leqslant \sigma$, 因为 $-m$ 是 $-X$ 的中位点, 从而若 $m \leqslant \sigma$ 成立, 则用 $-X$ 与 $-m$ 分别代替 X 与 m 便可推出 $-m \leqslant \sigma_{-X} = \sigma$, 即 $m \geqslant -\sigma$. 于是推出 $|m| \leqslant \sigma$.

下面用反证法证明 $m \leqslant \sigma$. 谬设 $m > \sigma$. 证明分三步完成.

第一步, 证明
$$P(X \leqslant \sigma) = \frac{1}{2}, \quad P(\sigma < X < m) = 0.$$

一方面, $P(X \leqslant \sigma) \leqslant P(X < m) \leqslant 1/2$, 其中最后一个不等号是因为由 m 是中位点知 $P(X \geqslant m) \geqslant 1/2$. 另一方面, 仿照切比雪夫不等式可推出

$$P(X > \sigma) = P(X + \sigma > 2\sigma) \leqslant P\left((X + \sigma)^2 \geqslant (2\sigma)^2\right)$$
$$\leqslant \frac{E(X + \sigma)^2}{4\sigma^2} = \frac{EX^2 + 2\sigma EX + \sigma^2}{4\sigma^2} = \frac{1}{2},$$

其中最后一个等号用到 $EX^2 = \mathrm{Var}(X) = \sigma^2$. 于是 $P(X > \sigma) \leqslant 1/2$. 由以上两方面可推出 $1/2 \leqslant P(X \leqslant \sigma) \leqslant P(X < m) \leqslant 1/2$. 因此 $P(X \leqslant \sigma) = P(X < m) = 1/2$. 于是 $P(\sigma < X < m) = P(X < m) - P(X \leqslant \sigma) = 0$.

第二步, 记 $Y = (-X) \cdot \mathbf{I}_{\{X \leqslant \sigma\}}$. 我们证明

$$EY \geqslant \frac{m}{2}, \quad (EY)^2 \leqslant \frac{1}{2} EY^2.$$

将随机变量 X 按取值拆分成三段. 具体地,

$$X = X \cdot \mathbf{I}_{\{X \leqslant \sigma\}} + X \cdot \mathbf{I}_{\{\sigma < X < m\}} + X \cdot \mathbf{I}_{\{X \geqslant m\}}.$$

由第一步的结论知上式右边第二项的期望为 0, 具体地 $0 \leqslant EX \cdot \mathbf{I}_{\{\sigma < X < m\}} \leqslant m \cdot P(\sigma < X < m) = 0$. 于是
$$EX \cdot \mathbf{I}_{\{X \leqslant \sigma\}} + EX \cdot \mathbf{I}_{\{X \geqslant m\}} = EX = 0.$$

从而
$$EY = -EX \cdot \mathbf{I}_{\{X \leqslant \sigma\}} = EX \cdot \mathbf{I}_{\{X \geqslant m\}} \geqslant m \cdot P(X \geqslant m) \geqslant \frac{m}{2},$$

其中最后一个不等式用到 m 是中位点的假设. 记 $Z = \mathbf{I}_{\{X \leqslant \sigma\}}$, 则 $Y = YZ$ 且由第一步的结论知 $EZ^2 = P(X \leqslant \sigma) = 1/2$. 于是由柯西-施瓦茨不等式,

$$(EY)^2 = (EYZ)^2 \leqslant \left(EY^2\right)\left(EZ^2\right) = \frac{1}{2} EY^2.$$

第三步, 导出矛盾. 由第二步的结论,

$$\mathrm{E}X^2 \cdot \mathbf{I}_{\{X \leqslant \sigma\}} = \mathrm{E}Y^2 \geqslant 2(\mathrm{E}Y)^2 \geqslant 2 \cdot \left(\frac{m}{2}\right)^2 = \frac{m^2}{2}.$$

进一步, 因为 $\mathrm{E}X = 0$, 所以

$$\sigma^2 = \mathrm{E}X^2 = \mathrm{E}X^2 \cdot \mathbf{I}_{\{X \leqslant \sigma\}} + \mathrm{E}X^2 \cdot \mathbf{I}_{\{X > \sigma\}} \geqslant \frac{m^2}{2} + \sigma^2 \cdot \mathrm{P}(X > \sigma) = \frac{m^2}{2} + \frac{\sigma^2}{2},$$

其中最后一个等号用到了第一步的结论 $\mathrm{P}(X \leqslant \sigma) = 1/2$. 上式蕴涵着 $\sigma^2 \geqslant m^2$. 这与 $0 < \sigma < m$ 矛盾! 因此谬设不成立. 综上, 我们推出 $m \leqslant \sigma$. □

柯西-施瓦茨不等式可推广为如下更一般的赫尔德 (Hölder) 不等式. 柯西-施瓦茨不等式对应着 $p = q = 2$ 的特殊情形.

命题 3.5.4(赫尔德不等式) 设 $p, q \geqslant 1$ 且 $\frac{1}{p} + \frac{1}{q} = 1$. 若 $\mathrm{E}|X|^p < \infty$ 且 $\mathrm{E}|Y|^q < \infty$, 则

$$|\mathrm{E}XY| \leqslant (\mathrm{E}|X|^p)^{\frac{1}{p}} (\mathrm{E}|Y|^q)^{\frac{1}{q}}.$$

证 若 $\mathrm{E}|X|^p = 0$ 或者 $\mathrm{E}|Y|^q = 0$, 则上式不等号两边均为 0, 结论自然成立. 下设 $\mathrm{E}|X|^p > 0$ 且 $\mathrm{E}|Y|^q > 0$. 设 $0 < \alpha < 1$. 令

$$f(x) = \alpha x + 1 - \alpha - x^{\alpha} \geqslant 0.$$

由 $f'(x) = \alpha - \alpha x^{\alpha-1}$ 知 $x = 1$ 为 $[0, \infty)$ 上的最小值点, 从而对任意 $x \geqslant 0$, $f(x) \geqslant f(1) = 0$. 进一步, 对任意 $a, b > 0$, 取 $x = a/b$, $\alpha = 1/p$ 便可推出 $a^{\frac{1}{p}} b^{\frac{1}{q}} \leqslant \frac{a}{p} + \frac{b}{q}$. 该不等式在 $a = 0$ 或 $b = 0$ 时自然成立. 特别地, 取 $a = \frac{|X|^p}{\mathrm{E}|X|^p}$, $b = \frac{|Y|^q}{\mathrm{E}|Y|^q}$, 便得到如下不等式:

$$\frac{|XY|}{(\mathrm{E}X^p)^{\frac{1}{p}} (\mathrm{E}Y^q)^{\frac{1}{q}}} \leqslant \frac{1}{p} \cdot \frac{|X|^p}{\mathrm{E}|X|^p} + \frac{1}{q} \cdot \frac{|Y|^q}{\mathrm{E}|Y|^q}.$$

两边取期望, 推出 $\mathrm{E}|XY| \leqslant (\mathrm{E}|X|^p)^{\frac{1}{p}} (\mathrm{E}|Y|^q)^{\frac{1}{q}} < \infty$. 这蕴涵着 $\mathrm{E}XY$ 的期望存在且有限. 最后, $|\mathrm{E}XY| \leqslant \mathrm{E}|XY|$, 因此结论成立. □

二、协方差

假设 $\mathrm{E}X^2 < \infty$, $\mathrm{E}Y^2 < \infty$, 则 $\mathrm{E}X$ 和 $\mathrm{E}Y$ 存在且有限, 且 $\mathrm{Var}(X) < \infty$, $\mathrm{Var}(Y) < \infty$. 由柯西-施瓦茨不等式, $(X - \mathrm{E}X)(Y - \mathrm{E}Y)$ 的期望存在且有限.

定义 3.5.5 设 $\mathrm{E}X^2 < \infty$, $\mathrm{E}Y^2 < \infty$. 称 $\mathrm{E}(X - \mathrm{E}X)(Y - \mathrm{E}Y)$ 为 X, Y 的**协方差**, 记为 $\mathrm{Cov}(X, Y)$, 或 $\sigma_{X,Y}$, 或 σ_{XY}. 若 $\mathrm{Cov}(X, Y) = 0$, 则称 X 与 Y **线性不相关**, 简称**不相关**. 若 $\mathrm{Cov}(X, Y) \geqslant 0$, 则称 X, Y **正相关**; 若 $\mathrm{Cov}(X, Y) \leqslant 0$, 则称 X, Y **负相关**.

由 $(X+Y) - \mathrm{E}(X+Y) = (X - \mathrm{E}X) + (Y - \mathrm{E}Y)$ 知

$$\mathrm{Var}(X+Y) = \mathrm{Var}(X) + \mathrm{Var}(Y) + 2\mathrm{Cov}(X,Y).$$

命题 3.5.6 设 $X_1, \cdots, X_n$ 两两不相关, 则

$$\mathrm{Var}(X_1 + \cdots + X_n) = \mathrm{Var}(X_1) + \cdots + \mathrm{Var}(X_n).$$

证 $\mathrm{Var}(X_1 + \cdots + X_n) = \mathrm{Var}(X_1) + \cdots + \mathrm{Var}(X_n) + 2\sum_{1 \leqslant i < j \leqslant n} \mathrm{Cov}(X_i, X_j)$. 因此结论成立. □

由 $(X - \mathrm{E}X)(Y - \mathrm{E}Y) = XY - (\mathrm{E}X)Y - (\mathrm{E}Y)X + (\mathrm{E}X)(\mathrm{E}Y)$ 知

$$\mathrm{Cov}(X,Y) = \mathrm{E}(XY) - (\mathrm{E}X)(\mathrm{E}Y).$$

命题 3.5.7 设 $\mathrm{E}X^2 < \infty, \mathrm{E}Y^2 < \infty$, 且 X, Y 相互独立, 则 X, Y 不相关.

证 因为 X 与 Y 相互独立, 所以 $\mathrm{E}XY = (\mathrm{E}X)(\mathrm{E}Y)$. 从而 $\mathrm{Cov}(X,Y) = 0$, 即 X 与 Y 不相关. □

下面的例子表明上述命题的逆命题不成立. 总结起来就是两个随机变量相互独立蕴涵着它们不相关, 但它们不相关并不能推出它们相互独立.

例 3.5.8 设 $X \sim N(0,1)$. 令 $Y = X^2$, 则 X, Y 不相关也不独立.

证 $\mathrm{E}X = 0$ 且 $\mathrm{E}XY = \mathrm{E}X^3 = 0$, 因此 $\mathrm{Cov}(X,Y) = 0$, 即 X 与 Y 不相关.

因为 $\mathrm{P}(|X| \leqslant 1, Y \leqslant 1) = \mathrm{P}(|X| \leqslant 1) > \mathrm{P}(|X| \leqslant 1)\mathrm{P}(Y \leqslant 1)$, 所以 X 与 Y 不相互独立. □

例 3.5.9 设 X, Y 都服从伯努利分布, 且 X, Y 不相关, 则 X, Y 相互独立.

证 记 $A = \{X = 1\}, B = \{Y = 1\}$, 则 $X = \mathbf{I}_A$ a.s., $Y = \mathbf{I}_B$ a.s..

由 X, Y 不相关知 $\mathrm{E}XY = (\mathrm{E}X)(\mathrm{E}Y)$, 即

$$\mathrm{P}(X = Y = 1) = \mathrm{P}(X = 1)\mathrm{P}(Y = 1).$$

用 $\mathrm{P}(X = 1)$ 减去上式两边, 上式即变为

$$\mathrm{P}(X = 1, Y = 0) = \mathrm{P}(X = 1)\mathrm{P}(Y = 0).$$

类似地,

$$\mathrm{P}(X = 0, Y = 1) = \mathrm{P}(X = 0)\mathrm{P}(Y = 1).$$

进一步, 再用 $\mathrm{P}(X = 0)$ 减去上式两边, 上式即变为

$$\mathrm{P}(X = 0, Y = 0) = \mathrm{P}(X = 0)\mathrm{P}(Y = 0).$$

因此, X, Y 独立. □

例 3.5.10 设 A, B 为事件. 记 $X = \mathbf{I}_A, Y = \mathbf{I}_B$. 例 3.5.9 表明 A, B 独立当且仅当 X, Y 不相关. 类似地, A, B 正相关当且仅当 X, Y 正相关; A, B 负相关当且仅当 X, Y 负相关. 关于事件正相关与负相关的定义, 参见注 1.8.3 的下一段文字. □

例 3.5.11 设有 N 个产品, 其中恰有 M 个为次品, 其中 $N > M \geqslant 2$. 下设 $2 \leqslant n \leqslant M$.

放回抽样 n 次, 记 $A_i =$ "第 i 个产品是次品", $X_i = \mathbf{I}_{A_i}$, 则这 n 个产品中的次品数 $X = X_1 + \cdots + X_n \sim B(n, p)$, 其中 $p = M/N$. 因为 $X_1, \cdots, X_n$ 两两独立, 所以

$$\mathrm{Var}(X) = \mathrm{Var}(X_1) + \cdots + \mathrm{Var}(X_n) = np(1-p).$$

不放回抽样 n 次, 记 $B_i =$ "第 i 个产品是次品", $Y_i = \mathbf{I}_{B_i}$, 则这 n 个产品中的次品数 $Y = Y_1 + \cdots + Y_n \sim H(N, M, n)$. 若 $1 \leqslant i < j \leqslant n$, B_i, B_j 负相关. 具体地,

$$\mathrm{P}(B_i B_j) = \mathrm{P}(B_1 B_2) = p \cdot \frac{M-1}{N-1} < p^2 = \mathrm{P}(B_i)\mathrm{P}(B_j).$$

因此 $\mathrm{Cov}(Y_i, Y_j) < 0$. 又因为 $\mathrm{Var}(Y_i) = \mathrm{Var}(X_i) \equiv p(1-p)$, 所以

$$\mathrm{Var}(Y) = \mathrm{Var}(Y_1) + \cdots + \mathrm{Var}(Y_n) + 2 \sum_{1 \leqslant i < j \leqslant n} \mathrm{Cov}(Y_i, Y_j) < \mathrm{Var}(X).$$

进一步, 当 $i < j$ 时,

$$\mathrm{Cov}(Y_i, Y_j) = \mathrm{P}(B_i B_j) - \mathrm{P}(B_i)\mathrm{P}(B_j) = \frac{M}{N} \cdot \frac{M-1}{N-1} - \frac{M}{N} \cdot \frac{M}{N} = -\frac{M}{N} \cdot \frac{N-M}{N(N-1)}.$$

因此

$$\mathrm{Var}(Y) = n \cdot \frac{M}{N} \cdot \frac{N-M}{N} - n(n-1) \cdot \frac{M}{N} \cdot \frac{N-M}{N(N-1)} = \frac{nM}{N} \cdot \frac{N-M}{N} \cdot \frac{N-n}{N-1}. \quad \square$$

设随机变量 X, Y 的方差都容易计算. 上面的例子是利用协方差 $\mathrm{Cov}(X, Y)$ 来计算 $\mathrm{Var}(X+Y)$. 反过来, 也可以利用 $\mathrm{Var}(X+Y)$ 计算 $\mathrm{Cov}(X, Y)$, 见以下两例.

例 3.5.12 盒中有 K 种颜色的球共 N 个, 第 k 种颜色的球比例为 p_k, $k = 1, \cdots, K$. 从中有放回地抽取 n 次, 每次一个球. 将这 n 个球中第 k 种颜色的球的数目记为 X_k. 求 $\mathrm{Cov}(X_k, X_\ell)$.

解 令 $A_i =$ "第 i 个球是第 k 种颜色", $B_i =$ "第 i 个球是第 ℓ 种颜色". 记 $Y_i = \mathbf{I}_{A_i}, Z_i = \mathbf{I}_{B_i}, W_i = Y_i + Z_i = \mathbf{I}_{A_i \cup B_i}$, 则

$$X_k = Y_1 + \cdots + Y_n \sim B(n, p_k), \quad X_\ell = Z_1 + \cdots + Z_n \sim B(n, p_\ell).$$

$$X_k + X_\ell = W_1 + \cdots + W_n \sim B(n, p_k + p_\ell).$$

因此,

$$\mathrm{Var}(X_k) = np_k(1-p_k), \quad \mathrm{Var}(X_\ell) = np_\ell(1-p_\ell),$$

$$\text{Var}(X_k + X_\ell) = n(p_k + p_\ell)(1 - p_k - p_\ell).$$

于是

$$2\text{Cov}(X_k, X_\ell) = \text{Var}(X_k + X_\ell) - \text{Var}(X_k) - \text{Var}(X_\ell) = -2np_k p_\ell,$$

即 $\text{Cov}(X_k, X_\ell) = -np_k p_\ell$. □

例 3.5.13(例 3.2.6 续) 设 $U_1, \cdots, U_n$ 独立同分布, 都服从均匀分布 $U(0,1)$. 将它们的顺序统计量记为 $U_{(1)}, \cdots, U_{(n)}$. 记

$$X_1 = U_{(1)}; \quad X_i = U_{(i)} - U_{(i-1)}, \; i = 2, \cdots, n; \quad X_{n+1} = 1 - U_{(n)}.$$

求 $\text{Cov}(X_i, X_j)$.

解 因为 $0 \leqslant X_1 \leqslant 1$, 所以其期望和方差存在且有限. 由例 2.8.12, 对任意 i, $X_i \stackrel{\text{d}}{=} X_1$, 且对任意 $i \neq j$, $(X_i, X_j) \stackrel{\text{d}}{=} (X_1, X_2)$.

设 $i = j$, $\text{Cov}(X_i, X_j) = \text{Var}(X_i) = \text{Var}(X_1)$, 由例 3.4.7, 它等于 $\dfrac{n}{(n+1)^2(n+2)}$, 将它记为 σ^2.

设 $i \neq j$, $\text{Cov}(X_i, X_j) = \text{Cov}(X_1, X_2)$, 将此协方差记为 c, 则

$$\text{Var}(X_1 + \cdots + X_{n+1}) = (n+1)\sigma^2 + n(n+1)c.$$

因为 $X_1 + \cdots + X_{n+1} \equiv 1$, 其方差为 0. 因此 $c = -\dfrac{1}{n}\sigma^2 = -\dfrac{1}{(n+1)^2(n+2)}$. □

*例 3.5.14 设 $f(\cdot), g(\cdot)$ 是 $\mathbb{R}$ 上的有界、单调上升的函数. 证明: 对任意随机变量 X, $f(X)$ 与 $g(X)$ 正相关.

证 因为 $f(\cdot), g(\cdot)$ 有界, 所以 $\text{E}f(X)^2 < \infty$ 且 $\text{E}g(X)^2 < \infty$. 取与 X 独立同分布的随机变量, 不妨记为 Y. 由 $f(\cdot)$ 与 $g(\cdot)$ 均单调上升知 $Z := (f(X) - f(Y))(g(X) - g(Y)) \geqslant 0$. 从而 $\text{E}Z \geqslant 0$.

$$\begin{aligned}
\text{E}Z &= \text{E}\big(f(X)g(X) + f(Y)g(Y) - f(X)g(Y) - f(Y)g(X)\big) \\
&= \text{E}f(X)g(X) + \text{E}f(Y)g(Y) - \text{E}f(X)g(Y) - \text{E}f(Y)g(X) \\
&= \text{E}f(X)g(X) + \text{E}f(Y)g(Y) - (\text{E}f(X))(\text{E}g(Y)) - (\text{E}f(Y))(\text{E}g(X)) \\
&= 2\text{E}f(X)g(X) - 2(\text{E}f(X))(\text{E}g(X)),
\end{aligned}$$

其中最后两个等号分别用到 X 与 Y 独立和同分布. 综上, $\text{E}f(X)g(X) \geqslant (\text{E}f(X))(\text{E}g(X))$. 因此 $f(X)$ 与 $g(X)$ 正相关. □

定义 3.5.15 设 $(X_1, \cdots, X_n)$ 是随机向量.

若 $\text{E}X_1, \cdots, \text{E}X_n$ 均存在且有限, 则称 $(\text{E}X_1, \cdots, \text{E}X_n)$ 为 $(X_1, \cdots, X_n)$ 的**数学期望**.

若 $EX_1^2,\cdots,EX_n^2$ 均有限, 则称 $\boldsymbol{\Sigma}=(\sigma_{ij})_{n\times n}$ 为 $(X_1,\cdots,X_n)$ 的**协方差矩阵**, 其中 $\sigma_{ij}=\mathrm{Cov}(X_i,X_j), i,j=1,\cdots,n$.

*命题 3.5.16 设 $\mathrm{E}X_1^2<\infty,\cdots,\mathrm{E}X_n^2<\infty$, 则 $(X_1,\cdots,X_n)$ 的协方差矩阵 $\boldsymbol{\Sigma}$ 非负定. 进一步, $\boldsymbol{\Sigma}$ 正定的充要条件为

$$a_0+a_1X_1+\cdots+a_nX_n=0 \text{ a.s.} \Rightarrow a_0=a_1=\cdots=a_n=0, \tag{3.5.1}$$

其中 $a_0,a_1,\cdots,a_n\in\mathbb{R}$.

证 记 $\sigma_{ij}=\mathrm{Cov}(X_i,X_j)$, 则对任意 i,j, $\sigma_{ij}=\sigma_{ji}$. 对任意 $\vec{a}=(a_1,\cdots,a_n)\in\mathbb{R}^n$, 令 $f(\vec{a}):=\vec{a}\boldsymbol{\Sigma}\vec{a}^{\mathrm{T}}$, 则

$$\begin{aligned}f(\vec{a})&=\sum_{i,j=1}^n a_i\sigma_{ij}a_j=\sum_{i,j=1}^n a_i a_j \mathrm{E}(X_i-\mathrm{E}X_i)(X_j-\mathrm{E}X_j)\\ &=\mathrm{E}\sum_{i,j=1}^n a_i a_j(X_i-\mathrm{E}X_i)(X_j-\mathrm{E}X_j)\\ &=\mathrm{E}\bigg(\sum_{i=1}^n a_i(X_i-\mathrm{E}X_i)\bigg)^2\geqslant 0.\end{aligned}$$

因此 $\boldsymbol{\Sigma}$ 非负定. 往证 $\boldsymbol{\Sigma}$ 正定的充要条件为 (3.5.1) 式.

必要性 设 $\boldsymbol{\Sigma}$ 正定. 若 $a_0+a_1X_1+\cdots+a_nX_n=0$ a.s., 两边求期望知 $a_0=-a_1\mathrm{E}X_1-\cdots-a_n\mathrm{E}X_n$. 因此 $\sum_{i=1}^n a_i(X_i-\mathrm{E}X_i)=a_0+a_1X_1+\cdots+a_nX_n=0$ a.s.. 于是 $f(\vec{a})=0$, 其中 $\vec{a}=(a_1,\cdots,a_n)$. 由 $\boldsymbol{\Sigma}$ 正定推出 $a_1=\cdots=a_n=0$. 最后, $a_0=-a_1\mathrm{E}X_1-\cdots-a_n\mathrm{E}X_n=0$. 因此 (3.5.1) 式成立.

充分性 设 (3.5.1) 式成立. 若 $\vec{a}=(a_1,\cdots,a_n)$ 满足 $f(\vec{a})=0$, 即 $\sum_{i=1}^n a_i(X_i-\mathrm{E}X_i)=0$ a.s.. 该等式即为 $a_0+a_1X_1+\cdots+a_nX_n=0$ a.s., 其中 $a_0:=-a_1\mathrm{E}X_1-\cdots-a_n\mathrm{E}X_n$. 由 (3.5.1) 式知 $a_1=\cdots=a_n=0$. 因此 $\boldsymbol{\Sigma}$ 正定. □

三、相关系数

定义 3.5.17 设 $0<\mathrm{Var}(X)<\infty, 0<\mathrm{Var}(Y)<\infty$. 称 $\dfrac{\mathrm{Cov}(X,Y)}{\sqrt{\mathrm{Var}(X)\cdot\mathrm{Var}(Y)}}$ 为 X 与 Y 的**相关系数**, 记为 $\rho_{X,Y}$ 或 ρ_{XY}.

例 3.5.18 设 $U\sim U(0,2\pi), a\in[0,2\pi)$. 令 $X=\cos U, Y=\cos(U+a)$, 求 $\rho_{X,Y}$.

解
$$\mathrm{E}X=\int_0^{2\pi}\cos u\,\mathrm{d}u=0,$$

$$\mathrm{Var}(X)=\mathrm{E}X^2=\frac{1}{2\pi}\int_0^{2\pi}\cos^2 u\,\mathrm{d}u=\frac{1}{2\pi}\int_0^{2\pi}\frac{1}{2}\big(1+2\cos(2u)\big)\mathrm{d}u=\frac{1}{2}.$$

同理, $EY = 0$, $\mathrm{Var}(Y) = 1/2$.

$$\mathrm{Cov}(X,Y) = EXY = \frac{1}{2\pi}\int_0^{2\pi} \cos u \cdot \cos(u+a)\mathrm{d}u$$
$$= \frac{1}{2\pi}\int_0^{2\pi} \frac{1}{2}\big(\cos(2u+a) + \cos a\big)\mathrm{d}u = \frac{1}{2}\cos a.$$

因此, $\rho_{X,Y} = \cos a$. 特别地, 若 $a = \dfrac{\pi}{2}$ 或 $\dfrac{3\pi}{2}$, 则 X 与 Y 不相关且不独立. □

例 3.5.19 设 $(X,Y) \sim N(\mu_1,\mu_2;\sigma_1^2,\sigma_2^2;\rho)$, 则 $\rho_{X,Y} = \rho$.

证 记 $u = \dfrac{x-\mu_1}{\sigma_1}$, $v = \dfrac{y-\mu_2}{\sigma_2}$, $C = \dfrac{1}{2\pi\sigma_1\sigma_2\sqrt{1-\rho^2}}$. 由例 2.4.6, $X \sim N(\mu,\sigma_1^2)$, $Y \sim N(\mu_2,\sigma_2^2)$. 故

$$\mathrm{Cov}(X,Y) = \mathrm{E}(X-\mu_1)(Y-\mu_2) = \int_{-\infty}^{\infty}\int_{-\infty}^{\infty}(x-\mu_1)(y-\mu_2)\cdot p_{X,Y}(x,y)\mathrm{d}x\mathrm{d}y$$
$$= \int_{-\infty}^{\infty}\int_{-\infty}^{\infty}(\sigma_1 u)(\sigma_2 v)\cdot C\exp\Big\{-\frac{u^2-2\rho uv+v^2}{2(1-\rho^2)}\Big\}\sigma_1\sigma_2\mathrm{d}u\mathrm{d}v$$
$$= C\sigma_1^2\sigma_2^2\int_{-\infty}^{\infty}u\Big(\int_{-\infty}^{\infty}v\exp\Big\{-\frac{(v-\rho u)^2+(1-\rho^2)u^2}{2(1-\rho^2)}\Big\}\mathrm{d}v\Big)\mathrm{d}u$$
$$= C\sigma_1^2\sigma_2^2\sqrt{2\pi(1-\rho^2)}$$
$$\cdot \int_{-\infty}^{\infty}u\mathrm{e}^{-u^2/2}\Big(\frac{1}{\sqrt{2\pi(1-\rho^2)}}\int_{-\infty}^{\infty}v\exp\Big\{-\frac{(v-\rho u)^2}{2(1-\rho^2)}\Big\}\mathrm{d}v\Big)\mathrm{d}u.$$

圆括号内关于 v 的积分即为 $N(\rho u, 1-\rho^2)$ 的期望, 它等于 ρu. 将前面的常数化简: $C\sigma_1^2\sigma_2^2\sqrt{2\pi(1-\rho^2)} = \sigma_1\sigma_2/\sqrt{2\pi}$. 我们进一步推出

$$\mathrm{Cov}(X,Y) = \frac{\sigma_1\sigma_2}{\sqrt{2\pi}}\int_{-\infty}^{\infty}u\mathrm{e}^{-u^2/2}\cdot\rho u\mathrm{d}u = \rho\sigma_1\sigma_2\int_{-\infty}^{\infty}\frac{1}{\sqrt{2\pi}}u^2\mathrm{e}^{-u^2/2}\mathrm{d}u = \rho\sigma_1\sigma_2,$$

其中最后一个积分即为 $N(0,1)$ 的二阶矩, 它等于 1. 最后, X,Y 的协方差系数为

$$\rho_{X,Y} = \frac{\mathrm{Cov}(X,Y)}{\sqrt{\mathrm{Var}(X)\mathrm{Var}(Y)}} = \frac{\rho\sigma_1\sigma_2}{\sqrt{\sigma_1^2\sigma_2^2}} = \rho. \qquad \square$$

因此, 二维正态的五个参数的含义如下: μ_1, μ_2 分别为 X, Y 的期望; σ_1^2, σ_2^2 分别为 X, Y 的方差; ρ 为 X 与 Y 的协方差系数.

由例 3.5.19 看出, 设 (X,Y) 服从二维正态分布, 则 X 与 Y 不相关当且仅当 X 与 Y 独立. 下面的例子表明, 若仅假设 X 和 Y 都服从一维正态分布, 即便 (X,Y) 是连续型随机向量, 由 X 与 Y 不相关也不能推出 X 与 Y 独立.

*例 **3.5.20** 试构造随机向量 (X,Y), 使得 X,Y 都服从 $N(0,1)$, 它们不相关也不独立.

解 我们将给出两种构造. 第一种构造是取相互独立的随机变量 Z, ξ, η, 满足 $Z \sim N(0,1)$, 且 ξ, η 都等可能地取 ± 1. 令 $X = \xi Z, Y = \eta Z$, 则 X, Y 都服从 $N(0,1)$,

$$\mathrm{E}XY = \mathrm{E}\xi\eta Z^2 = (\mathrm{E}\xi) \cdot (\mathrm{E}\eta) \cdot (\mathrm{E}Z^2) = 0 = (\mathrm{E}X) \cdot (\mathrm{E}Y),$$

即 X 与 Y 不相关. 但因为 $|X| \equiv |Y|$, 所以它们也不独立, 并且 (X, Y) 不是二维连续型随机向量.

第二种构造如下. 将 $N(0,1)$ 的密度记为 $\phi(\cdot)$, 即 $\phi(x) = \frac{1}{\sqrt{2\pi}}\mathrm{e}^{-x^2/2}$. 当 $|x| \leqslant 1$ 时,

$$\phi(x) \geqslant \frac{1}{\sqrt{2\pi}}\mathrm{e}^{-1/2} \geqslant \frac{1}{5}.$$

令

$$f(x) = \begin{cases} \dfrac{1}{5}, & -1 < x < -\dfrac{1}{\sqrt{2}} \text{ 或 } 0 < x < \dfrac{1}{\sqrt{2}}, \\ -\dfrac{1}{5}, & -\dfrac{1}{\sqrt{2}} < x < 0 \text{ 或 } \dfrac{1}{\sqrt{2}} < x < 1, \\ 0, & \text{其他}. \end{cases}$$

结论 1: $\int_{-\infty}^{\infty} f(x)\mathrm{d}x = 0$. 这是因为 f 是奇函数.

结论 2: $\int_{-\infty}^{\infty} xf(x)\mathrm{d}x = 0$. 这是因为 $xf(x)$ 是偶函数且

$$\int_0^\infty xf(x)\mathrm{d}x = \frac{1}{5}\int_0^{1/\sqrt{2}} x\mathrm{d}x - \frac{1}{5}\int_{1/\sqrt{2}}^1 x\mathrm{d}x = 0.$$

令 $p(x,y) = \phi(x)\phi(y) + f(x)f(y)$. 则当 $|x|, |y| \leqslant 1$ 时, $|f(x)f(y)| \leqslant 1/25 \leqslant \phi(x)\phi(y)$, 故 $p(x,y) \geqslant 0$; 否则 $f(x)f(y) = 0$, 故 $p(x,y) = \phi(x)\phi(y) \geqslant 0$. 于是 $p(x,y)$ 为非负函数. 由结论 1, $p(x,y)$ 是二维联合密度函数.

下设 (X, Y) 为二维连续型随机向量, 且其联合密度函数为 $p(\cdot, \cdot)$. 由结论 1, X, Y 都服从 $N(0,1)$. 进一步, X 与 Y 不独立, 否则 $\tilde{p}(x,y) := \phi(x)\phi(y)$ 也是 (X, Y) 的联合密度. 由于 $p(\cdot, \cdot)$ 与 $\tilde{p}(\cdot, \cdot)$ 均为连续函数, 所以它们相等, 矛盾! 最后, 由结论 2, $\mathrm{Cov}(X, Y) = \mathrm{E}XY = 0$, 即 X 与 Y 不相关. □

四、最优预测

例 3.5.21 设 $\mathrm{E}Y^2 < \infty$. 对任意 $a \in \mathbb{R}$, 令 $f(a) = \mathrm{E}(Y-a)^2$. 求 $f(\cdot)$ 的最小值及其最小值点.

解 $(Y-a)^2 = Y^2 - 2aY + a^2$ 的期望存在且有限. 设 a_0 为 $f(\cdot)$ 的最小值点. 对任意 a, 由 $Y - a = (Y - a_0) + (a_0 - a)$ 知

$$f(a) = \mathrm{E}(Y - a_0 + a_0 - a)^2 = \mathrm{E}(Y - a_0)^2 + 2(a_0 - a)\mathrm{E}(Y - a_0) + (a_0 - a)^2.$$

使得 a_0 成为最小值点的一个充分条件是 $\mathrm{E}(Y - a_0) = 0$, 即 $a_0 = \mathrm{E}Y$. 因为此时

$$f(a) = \mathrm{E}(Y - a_0)^2 + (a_0 - a)^2 = f(a_0) + (a_0 - a)^2 \geqslant f(a_0).$$

往证 $a_0 = \mathrm{E}Y$ 是唯一的最小值点. 若 a 是最小值点, 则 $f(a_0) \geqslant f(a)$. 综合该结论与上面的不等式, 推出 $f(a) = f(a_0)$, 因此 $(a_0 - a)^2 = 0$, 即 $a = a_0$.

特别地, 取 $a = 0$, 则 $f(a) = \mathrm{E}Y^2$. 因此, $f(\cdot)$ 的最小值

$$f(a_0) = f(0) - (a_0 - 0)^2 = \mathrm{E}Y^2 - (\mathrm{E}Y)^2 = \mathrm{Var}(Y). \quad \square$$

例 3.5.22 设 $\mathrm{E}X^2 < \infty, \mathrm{E}Y^2 < \infty$ 且 $0 < \mathrm{Var}(X) < \infty$. 对任意 $a, b \in \mathbb{R}$, 令 $Q(a,b) = \mathrm{E}\big(Y - (a+bX)\big)^2$. 求二元函数 $Q(\cdot,\cdot)$ 的最小值及其最小值点.

解 $\big(Y - (a+bX)\big)^2$ 的期望存在且有限. 设 (a_0, b_0) 为 $Q(\cdot,\cdot)$ 的最小值点. 固定 b, 由例 3.5.21,

$$f_b(a) := \mathrm{E}\big(Y - (a+bX)\big)^2 = \mathrm{E}\big((Y-bX) - a\big)^2$$

唯一的最小值点为

$$a(b) := \mathrm{E}(Y - bX) = \mathrm{E}Y - b\mathrm{E}X.$$

于是

$$Q(a,b) \geqslant Q(a(b), b) = \mathrm{E}(Y_0 - bX_0)^2 \stackrel{\triangle}{=} g(b),$$

其中 $X_0 := X - \mathrm{E}X$, $Y_0 := Y - \mathrm{E}Y$. 设 b_0 为 $g(\cdot)$ 的最小值点.

$$g(b) = \mathrm{E}(Y_0 - b_0 X_0 + b_0 X_0 - bX_0)^2$$
$$= \mathrm{E}(Y_0 - b_0 X_0)^2 + 2(b_0 - b)\mathrm{E}(Y_0 - b_0 X_0)X_0 + (b_0 - b)^2 \mathrm{E}X_0^2.$$

使得 b_0 成为最小值点的一个充分条件是 $\mathrm{E}(Y_0 - b_0 X_0)X_0 = 0$, 即

$$b_0 = \frac{\mathrm{E}X_0 Y_0}{\mathrm{E}X_0^2} = \frac{\mathrm{Cov}(X,Y)}{\mathrm{Var}(X)}.$$

因为此时

$$g(b) = \mathrm{E}(Y_0 - b_0 X_0)^2 + (b_0 - b)^2 \mathrm{E}X_0^2 = g(b_0) + (b_0 - b)^2.$$

类似于例 3.5.21, 不难看出 b_0 是 $g(\cdot)$ 唯一的最小值点. 因此 $Q(\cdot,\cdot)$ 的最小值点为 (a_0, b_0), 其中

$$a_0 = a(b_0) = \mathrm{E}Y - \frac{\mathrm{Cov}(X,Y)}{\mathrm{Var}(X)} \cdot \mathrm{E}X, \quad b_0 = \frac{\mathrm{Cov}(X,Y)}{\mathrm{Var}(X)}.$$

特别地, 取 $b = 0$, 则 $g(b) = \mathrm{E}Y_0^2 = \mathrm{Var}(Y)$. 因此, $Q(\cdot,\cdot)$ 的最小值为

$$g(b_0) = g(b) - b_0^2 = \mathrm{Var}(Y) - \frac{\mathrm{Cov}(X,Y)^2}{\mathrm{Var}(X)^2} = \mathrm{Var}(Y)\big(1 - \rho_{X,Y}^2\big). \quad \square$$

以上两例均可采用初等的数学工具进行解答. 具体地, 在例 3.5.21 中, $f(a) = \mathrm{E}(Y - a)^2 = a^2 - 2(\mathrm{E}Y)a + \mathrm{E}Y^2$. 这是 a 的二次方程, 用中学数学的知识即可求出最小值及其最小值点. 以上两例的解答重点在于新方法的引入. 用此新方法, 我们可以解决更复杂的问题, 譬如下例.

例 3.5.23 设 X 是离散型随机变量, 其所有可能取值记为集合 S, $\mathrm{E}Y^2 < \infty$. 对任意函数 $\psi(\cdot): S \to \mathbb{R}$, 令 $Q(\psi) = \mathrm{E}(Y - \psi(X))^2$. 求 $Q(\cdot)$ 的最小值.

解 对任意 $x \in S$, 记 $\varphi(x) = \mathrm{E}(Y|X = x)$. 因为 Y 的期望存在且有限, 所以 $\varphi(\cdot)$ 是 S 上的函数. 此时 $\varphi(X) = \mathrm{E}(Y|X)$. 往证 $Q(\cdot)$ 在 $\varphi(\cdot)$ 达到最小值. 对 S 上的任意函数 $\psi(\cdot)$,

$$Q(\psi) = \mathrm{E}(Y - \psi(X))^2 = \mathrm{E}(Y - \varphi(X))^2 + \mathrm{E}(\varphi(X) - \psi(X))^2 + 2\mathrm{E}W,$$

其中 $W = (\varphi(X) - \psi(X))(Y - \varphi(X))$. 由条件期望的线性,

$$\mathrm{E}(W|X) = (\varphi(X) - \psi(X))\Big(\mathrm{E}(Y|X) - \varphi(X)\Big) = 0.$$

因此

$$Q(\psi) = \mathrm{E}(Y - \varphi(X))^2 + \mathrm{E}(\varphi(X) - \psi(X))^2 = Q(\varphi) + \mathrm{E}(\varphi(X) - \psi(X))^2 \geqslant Q(\varphi).$$

换言之, $Q(\cdot)$ 在 $\varphi(\cdot)$ 达到最小值. 特别地, 取 $\psi \equiv 0$ 则 $Q(\psi) = \mathrm{E}Y^2$. 因此所求为 $Q(\varphi) = \mathrm{E}Y^2 - \mathrm{E}(\varphi(X) - 0)^2 = \mathrm{E}Y^2 - \mathrm{E}(\mathrm{E}(Y|X)^2)$. □

类似地, 对连续型随机变量, 上例中的结论也成立.

*五、几何含义

例 3.5.24 考虑古典概型. 记 $\Omega = \{1, 2, \cdots, n\}$. 设 X 是随机变量. 记 $X(1) = x_1, \cdots, X(n) = x_n$. 将 X 等同于 n 维实向量 $\vec{x} = (x_1, \cdots, x_n)$, 则所有随机变量组成的集合等同于 $\mathbb{R}^n$.

随机变量 Y 等同于 $\vec{y} = (y_1, \cdots, y_n)$, 其中 $y_i = Y(i)$, $i = 1, \cdots, n$, 则由例 3.1.10 知

$$\mathrm{E}XY = \frac{1}{n}\big(X(1)Y(1) + \cdots + X(n)Y(n)\big) = \frac{1}{n}\sum_{i=1}^{n} x_i y_i.$$

若忽略前面的倍数 $1/n$, 则 $\mathrm{E}XY$ 即为它们 (视为实向量 $\vec{x}, \vec{y}$) 在 $\mathbb{R}^n$ 中的内积 $\langle \vec{x}, \vec{y} \rangle := \sum_{i=1}^{n} x_i y_i$. □

一般地, 给定 $(\Omega, \mathscr{F}, \mathrm{P})$. 将其上所有随机变量组成的集合记为 $\mathbf{X}$, 其中几乎必然相等的随机变量视为同一元素, 则 $\mathbf{X}$ 是线性空间, 因为随机变量之和及其常数倍均为随机变量. 记

$$L^2 := \{X \in \mathbf{X} : \mathrm{E}X^2 < \infty\}, \quad L_0^2 := \{X \in L^2 : \mathrm{E}X = 0\},$$

则 L^2 是 $\mathbf{X}$ 的线性子空间, L_0^2 是 L^2 的线性子空间. 对任意 $c \in \mathbb{R}$, 将 c 等同于恒等于 c 的退化的随机变量, 则 $\mathbb{R}$ 可视为 L^2 的线性子空间.

令 $\langle X, Y\rangle := \mathrm{E}XY$. 不难验证 $\langle \cdot, \cdot \rangle$ 是 L^2 上的内积, 即如下三条成立:

(1) 对称: 对任意 $X, Y \in L^2$, $\langle X, Y\rangle = \langle Y, X\rangle$;

(2) 线性: 对任意 $X, Y, Z \in L^2$ 以及 $a \in \mathbb{R}$, $\langle aX + Y, Z\rangle = a\langle X, Z\rangle + \langle Y, Z\rangle$;

(3) 正定: 对任意 $X \in L^2$, $\langle X, X\rangle \geqslant 0$, 且 $\langle X, X\rangle = 0$ 当且仅当 $X = 0$ a.s..

该内积诱导了线性空间 L^2 中向量的长度及向量之间的距离. 具体地, X 的长度为 $\|X\| := \sqrt{\langle X, X\rangle} = \sqrt{\mathrm{E}X^2}$. X 与 Y 的距离为 $d(X, Y) := \|X - Y\| = \sqrt{\mathrm{E}(X - Y)^2}$. 称该距离为 L^2 距离.

用下角标 0 表示随机变量减去其期望. 具体地, 对任意 $X \in L^2$, 记 $X_0 = X - \mathrm{E}X$, 则 $X_0 \in L_0^2$. 对任意 $c \in \mathbb{R} \subseteq L^2$, $\langle X_0, c\rangle = \mathrm{E}X_0 \cdot c = c\mathrm{E}X_0 = 0$. 由 $X = X_0 + \mathrm{E}X$ 知 L_0^2 与 $\mathbb{R}$ 互为 L^2 中的正交补空间. X_0 与 $\mathrm{E}X$ 分别为 X 在 L_0^2 与 $\mathbb{R}$ 中的正交投影. 下面考虑 L^2 中所有向量在 L_0^2 中的正交投影.

X_0 的长度: $\|X_0\| = \sigma_X$, 即 $\mathrm{Var}(X) = \|X_0\|^2$.

X_0 与 Y_0 的内积: $\langle X_0, Y_0\rangle = \mathrm{E}X_0Y_0$, 即 $\mathrm{Cov}(X, Y) = \langle X_0, Y_0\rangle$.

X_0 与 Y_0 之间的夹角: 夹角 $\theta_{X,Y} \in [0, \pi]$, 其余弦值为

$$\cos\theta_{X_0,Y_0} = \frac{\langle X_0, Y_0\rangle}{\|X_0\| \cdot \|Y_0\|} = \frac{\mathrm{Cov}(X, Y)}{\sqrt{\mathrm{Var}(X)\mathrm{Var}(Y)}},$$

即 $\rho_{X,Y} = \cos\theta_{X_0,Y_0}$.

例 3.5.21 等价于求 Y 在 $\mathbb{R}$ 上的正交投影, 因此答案是 $\mathrm{E}Y$. 例 3.5.22 等价于求 Y 在 L^2 的线性子空间 $\{a + bX : a, b \in \mathbb{R}\}$ 上的正交投影. 该线性子空间是二维的, 恒等于 1 的随机变量与 X 的标准化 X_0^* 组成其上一组标准正交基. 因此 Y 在其上的正交投影为 $\hat{Y} = a + bX^*$, 其中 $a = \langle Y, 1\rangle = \mathrm{E}Y$, $b = \langle Y, X^*\rangle = \langle Y_0, X^*\rangle = \|Y_0\|\cos\theta_{Y_0,X^*} = \|Y_0\|\rho_{X,Y}$. 此 $\hat{Y}$ 即为例 3.5.22 中给出的解答. 例 3.5.22 中考虑的线性子空间为 $L_X = \{\psi(X) : \psi(\cdot)$ 为博雷尔函数且 $\mathrm{E}\psi(X)^2 < \infty\}$, 该例的结论为 Y 在 L_X 上的正交投影是 $\mathrm{E}(Y|X)$.

用线性空间的语言叙述命题 3.5.16 的第二个结论, 即为如下推论.

推论 3.5.25 设 $X_1, \cdots, X_n \in L^2$. $\mathbf{\Sigma}$ 为 $(X_1, \cdots, X_n)$ 的协方差矩阵, 则 $\mathbf{\Sigma}$ 正定的充要条件是 $1, X_1, \cdots, X_n$ 是 L^2 中的一组线性无关的向量.

注 3.5.26 设 $X, Y \in L^2$. 若由 $a, b \in \mathbb{R}$ 且 $aX + bY = 0$ a.s. 可以推断 $a = b = 0$, 则称 X, Y 线性无关. 这是将 X, Y 视为向量空间 L^2 中的向量, 并采用线性代数中的语言. 作为随机变量, X 与 Y 不相关指的是 $\mathrm{Cov}(X, Y) = 0$. 又若 $X, Y \in L_0^2$, 则它们线性无关当且仅当它们不相关.

习题

1. 设 X, Y 为随机变量, $a, b, c, d \in \mathbb{R}$. 证明: $\mathrm{Cov}(a+bX, c+dY) = bd\mathrm{Cov}(X,Y)$.

2. 设 (X,Y) 的联合密度函数如下:

$$p(x,y) = \begin{cases} 2\mathrm{e}^{-2x}/x, & x > y > 0, \\ 0, & \text{其他}. \end{cases}$$

求 $\mathrm{Cov}(X,Y)$.

3. 设 X, Y 相互独立, $X \sim N(0,1)$, $\mathrm{P}(Y=1) = \mathrm{P}(Y=-1) = 1/2$. 令 $Z = XY$. 证明: $\mathrm{Cov}(X,Z) = 0$. (注: 参见第二章综合练习题第 7 题.)

4. 设 X, Y 都服从两点分布. 证明: X 与 Y 不相关当且仅当它们相互独立.

5. 设随机变量 $X_1, X_2, \cdots, X_{n+m}$ 独立同分布, 非退化, 方差存在且有限, 其中 $n \geqslant m \geqslant 1$. 试求 $S = X_1 + \cdots + X_n$ 与 $T = X_{m+1} + \cdots + X_{m+n}$ 的相关系数.

6. 设 (X,Y) 服从二维正态分布, $\mathrm{E}X = \mathrm{E}Y = 0$, $\mathrm{Var}(X) = \mathrm{Var}(Y) = 1$. 记 $\rho = \rho_{X,Y}$. 证明: (1) $\rho = \cos(p\pi)$, 其中 $p = \mathrm{P}(XY<0)$; (2) $\mathrm{E}\max\{X,Y\} = \sqrt{(1-\rho)/\pi}$.

7. 设 Y, X_1, X_2 的二阶矩均存在且有限. 求使得 $\mathrm{E}(Y-(a+bX_1+cX_2))^2$ 达到最小的实数 a, b, c.

8. 设 $\mathrm{E}Y^2 < \infty$, $\mathrm{E}X^4 < \infty$. 求使得 $\mathrm{E}(Y-(a+bX+cX^2))^2$ 达到最小的实数 a, b, c.

9. 试给出赫尔德不等式中等号成立的充要条件.

§3.6 概率方法

一、一阶矩方法

例 3.6.1 设有 52 棵树围成一个圈, 15 只小松鼠生活在这些树上. 证明: 存在 7 棵相连的树, 其上至少住了 3 只小松鼠.

解 从某棵树开始沿逆时针方向将树编号为 $1, 2, \cdots, 52$. 记 $\Omega = \{1, 2, \cdots, 52\}$. 因为树围成一个圈, 所以考虑 Ω 上的距离: 对任意 $x, y \in \Omega$, 若 $x \leqslant y$, 则 $d(x,y) = d(y,x) := \min\{y-x, 52+x-y\}$. 若 $d(x,y) \leqslant 3$, 则称编号为 x 的树在编号为 y 的树附近. 每棵树的附近都有 7 棵树: 它自己、沿顺时针方向数 3 棵、沿逆时针方向数 3 棵.

设第 i 只小松鼠生活在编号为 a_i 的树上. 随机挑选一棵树, 记为 ω. 等价地, 考虑 Ω 上的古典概型. 记 $A_i = \{\omega : d(a_i, \omega) \leqslant 3\}$, 它表示挑中了 a_i 附近的 7 棵树之一, 因此 $\mathrm{P}(A_i) = 7/52$. 换一个角度看, A_i 也表示第 i 只小松鼠生活在随机挑选

的树 ω 的附近. 于是 $X(\omega) := \sum_{i=1}^{15} \mathbf{I}_{A_i}$ 表示 ω 附近的 7 棵树上生活的小松鼠的总数. $EX = \sum_{i=1}^{15} P(A_i) = 15 \times 7/52 = 105/52 > 2$. 这表明存在 ω 使得 $X(\omega) \geqslant 3$, 即编号为 ω 的树附近的 7 棵相连的树上至少住了 3 只小松鼠. □

*例 3.6.2 设 G 是有 n 个顶点的完全图, 将其中每条边独立地等可能染成红色或蓝色, 得到的随机的彩色图仍然记为 $G(n, 1/2)$, 因为我们可以将红边视为保留的边, 蓝边视为删除的边. 从例 2.4.12 中样本的角度理解, 这对应着一个古典概型, 样本就是将 G 的每条边染成红色或蓝色的染色方案. 将 $G(n, 1/2)$ 中的有 k 个顶点的同色的完全 (子) 图的数目记为 Z. 仿照例 3.2.5, 可以推出 $EZ = 2C_n^k 2^{-k(k-1)/2}$.

若 $2C_n^k < 2^{k(k-1)/2}$, 则 $EZ < 1$. 于是存在 $\omega \in \Omega$ 使得 $Z(\omega) = 0$, 即存在子图 ω 使得在其中找不到有 k 个顶点的同色的完全 (子) 图. 特别地, 当 n 充分大时, 若 $k \geqslant 2\log_2 n$, 则

$$n \leqslant 2^{k/2} \leqslant 2^{k/2} \frac{k}{e \cdot 2^{1/2+1/k}} \leqslant 2^{(k-1)/2 - 1/k} (k!)^{1/k}.$$

于是 $N^k \leqslant 2^{k(k-1)/2 - 1} k!$, 从而 $2C_n^k < 2^{k(k-1)/2}$. 综上, 当 n 充分大时, 对任意 $k \geqslant 2\log_2 n$, 存在一种染色方法使得 G 染色后没有同色的 k-完全 (子) 图. □

二、二阶矩方法

引理 3.6.3 假设 X 取值非负整数, $P(X = 0) \neq 1$, 则 $P(X \geqslant 1) \geqslant \dfrac{(EX)^2}{EX^2}$.

证 $EX = EX \cdot \mathbf{I}_{\{X \geqslant 1\}}$. 由柯西-施瓦茨不等式,

$$(EX)^2 \leqslant (EX^2) \cdot E\mathbf{I}_{\{X \geqslant 1\}}^2 = (EX^2) \cdot P(X \geqslant 1).$$
□

*例 3.6.4 考虑例 2.4.12 中定义的随机图 $G(n, p)$. 该图中的三角形的数目记为 X, 将该图中的 4 个顶点的完全 (子) 图的数目记为 Y.

由例 3.2.5 与例 3.4.13, $\mu := EX = C_n^3 p^3$, $\sigma^2 := \text{Var}(X) = C_n^3 p^3 (1 - p^3) + C_n^3 3(n-3) p^5 (1 - p)$.

情形 I 设 $n \to \infty$, $np \to 0$, 则

$$P(\text{图}G(n,p)\text{中存在三角形}) = P(X \geqslant 1) \leqslant EX \leqslant \frac{1}{6}(np)^3 \to 0.$$

因此以趋于 1 的概率, 在随机图 $G(n, p)$ 中不存在三角形.

情形 II 设 $n \to \infty$, $np \to \infty$, 则

$$P(\text{图}G(n,p)\text{中不存在三角形}) = P(X = 0) = P(|X - \mu| \geqslant \mu).$$

由切比雪夫不等式,

$$P(|X - \mu| \geqslant \mu) \leqslant \frac{\sigma^2}{\mu^2} = \frac{1 - p^3}{C_n^3 p^3} + \frac{3(n-3)(1-p)}{C_n^3 p} \leqslant \frac{n^3}{C_n^3} \cdot \frac{1}{(np)^3} + \frac{3n(n-3)}{C_n^3} \cdot \frac{1}{np} \to 0.$$

因此以趋于 1 的概率, 在随机图 $G(n,p)$ 中存在三角形.

由例 3.2.5, $\nu := \mathrm{E}Y = \mathrm{C}_n^4 p^6$. 仿照例 3.4.13 可证

$$\tau := \mathrm{Var}(Y) = 6\mathrm{C}_n^4 \mathrm{C}_{n-4}^2 p^{11}(1-p) + 4\mathrm{C}_n^4 \mathrm{C}_{n-4}^1 p^9(1-p^3) + \mathrm{C}_n^4 p^6(1-p^6).$$

情形 III 设 $n \to \infty$, $n^2 p^3 \to 0$, 则

$$\mathrm{P}(\text{图 } G(n,p) \text{ 中存在 4 个顶点的完全 (子) 图}) = \mathrm{P}(Y \geqslant 1) \leqslant \mathrm{E}Y \leqslant \frac{1}{24}(n^2 p^3)^2 \to 0.$$

因此以趋于 1 的概率, 在随机图 $G(n,p)$ 中不存在 4 个顶点的完全 (子) 图.

情形 IV 设 $n \to \infty$, $n^2 p^3 \to \infty$, 则

$$\mathrm{P}(\text{图 } G(n,p) \text{ 中不存在 4 个顶点的完全 (子) 图}) = \mathrm{P}(X=0) = \mathrm{P}(|X-\mu| \geqslant \mu) \leqslant \frac{\tau}{\nu^2}$$

$$= \frac{6\mathrm{C}_{n-4}^2}{\mathrm{C}_n^4 p} + \frac{4\mathrm{C}_{n-4}^1}{\mathrm{C}_n^4 p^3} + \frac{1}{\mathrm{C}_n^4 p^6} \leqslant \frac{3n^{2+2/3}}{\mathrm{C}_n^4} \cdot \frac{1}{(n^2 p^3)^{1/3}} + \frac{4n^3}{\mathrm{C}_n^4} \cdot \frac{1}{n^2 p^3} + \frac{n^4}{\mathrm{C}_n^4} \cdot \frac{1}{(n^2 p^3)^2} \to 0.$$

因此以趋于 1 的概率, 在随机图 $G(n,p)$ 中存在 4 个顶点的完全 (子) 图. □

习题

1. 验证例 3.6.4 中的等式 $\mathrm{Var}(Y) = 6\mathrm{C}_n^4 \mathrm{C}_{n-4}^2 p^{11}(1-p) + 4\mathrm{C}_n^4 \mathrm{C}_{n-4}^1 p^9(1-p^3) + \mathrm{C}_n^4 p^6(1-p^6)$.

§3.7 母函数

本节中涉及的所有随机变量均取非负整数值.

一、定义

<u>定义 3.7.1</u> 设 X 的分布列为 $\mathrm{P}(X=k) = p_k$, $k = 0, 1, 2, \cdots$. 记

$$g_X(s) := \sum_{k=0}^{\infty} p_k s^k, \quad |s| \leqslant 1.$$

称 $g_X(\cdot)$ 为 X 的**母函数**.

上述级数绝对收敛, 其收敛半径大于或等于 1. 以下总假设 $s \in [-1, 1]$. 不难看出, 若 $X \stackrel{\mathrm{d}}{=} Y$, 则对任意 s, $g_X(s) = g_Y(s)$. 因此可以说某分布的母函数.

例 3.7.2 (伯努利分布与二项分布) 设 $X \sim B(1,p)$, 则 $g_X(s) = (1-p) + ps$. 设 $X \sim B(n,p)$, 则

$$g_X(s) = \sum_{k=0}^{n} C_n^k p^k (1-p)^{n-k} s^k = \sum_{k=0}^{n} C_n^k (ps)^k (1-p)^{n-k} = [(1-p) + ps]^n. \quad \square$$

例 3.7.3 (几何分布) 设 $X \sim G(p)$, 则

$$g_X(s) = \sum_{k=1}^{\infty} (1-p)^{k-1} p s^k = ps \sum_{k=1}^{\infty} ((1-p)s)^{k-1} = \frac{ps}{1-(1-p)s}. \quad \square$$

例 3.7.4 (泊松分布) 设 $X \sim P(\lambda)$, 则

$$g_X(s) = \sum_{k=0}^{\infty} \frac{\lambda^k}{k!} e^{-\lambda} \cdot s^k = \sum_{k=0}^{\infty} \frac{(\lambda s)^k}{k!} e^{-\lambda} = e^{\lambda(s-1)}. \quad \square$$

命题 3.7.5 假设 X, Y 是取值非负整数的随机变量, 则以下三条等价:
(1) $X \stackrel{d}{=} Y$;
(2) 对任意 $s \in [-1,1]$, $g_X(s) = g_Y(s)$;
(3) 存在 $0 < \delta < 1$ 使得对任意 $s \in [0,\delta]$, $g_X(s) = g_Y(s)$.

证 不难验证 (1) 蕴涵着 (2), 且 (2) 蕴涵着 (3). 下面证明 (3) 蕴涵着 (1). 记 $g_X(s) = \sum_{k=0}^{\infty} p_k s^k$. 它在 $(-1,1)$ 上无穷次可导, 将其 n 阶导函数记为 $g_X^{(n)}(\cdot)$, 则

$$g_X^{(n)}(s) = \sum_{k=n}^{\infty} p_k k(k-1) \cdots (k-n+1) s^{k-n}.$$

令 $s=0$ 便知 $P(X=n) = \frac{1}{n!} g_X^{(n)}(0)$. 因此 (3) 蕴涵着 (1). $\quad \square$

注 3.7.6 对任意 $s \in [-1,1]$, 将以 s 为底的指数函数记为 $f_s(\cdot)$, 即 $f_s(x) := s^x$. 则根据随机变量的函数的期望公式, $g_X(s)$ 是 $f_s(X)$ 的数学期望. 根据命题 3.7.5, X 的分布列由 $\{Ef_s(X) : s \in [-\delta, \delta]\}$ 完全确定.

二、性质

性质 1 (母函数的乘积) 设 $n \geq 2$, $X_1, \cdots, X_n$ 相互独立, 则对任意 $s \in [-1,1]$,

$$g_{X_1 + \cdots + X_n}(s) = g_{X_1}(s) \cdots g_{X_n}(s).$$

证 $Es^{X_1 + \cdots + X_n} = Es^{X_1} \cdots s^{X_n} = (Es^{X_1}) \cdots (Es^{X_n}) = g_{X_1}(s) \cdots g_{X_n}(s). \quad \square$

例 3.7.7 (二项分布) 设 $X_1, \cdots, X_n$ 独立同分布且 $X_1 \sim B(1,p)$, 则 $S_n = X_1 + \cdots + X_n \sim B(n,p)$. 由性质 1, $g_{S_n}(s) = g_{X_1}(s) \cdots g_{X_n}(s) = ((1-p) + ps)^n$. $\quad \square$

性质 2(母函数的凸组合)　设 $P(A) = p$, $\mathbf{I}_A$ 与 X 独立, 且 $\mathbf{I}_A$ 与 Y 独立. 令 $Z = \mathbf{I}_A \cdot X + \mathbf{I}_{A^c} \cdot Y$, 则对任意 $s \in [-1,1]$, $g_Z(s) = p \cdot g_X(s) + (1-p) \cdot g_Y(s)$.

证　若 A 发生, 则 $s^Z = s^X$; 否则 $s^Z = s^Y$. 因此 $s^Z = \mathbf{I}_A \cdot s^X + \mathbf{I}_{A^c} \cdot s^Y$. 于是

$$\mathrm{E}s^Z = \mathrm{E}\mathbf{I}_A \cdot s^X + \mathrm{E}\mathbf{I}_{A^c} \cdot s^Y.$$

进一步, 由独立性知

$$\mathrm{E}s^Z = (\mathrm{E}\mathbf{I}_A)(\mathrm{E}s^X) + (\mathrm{E}\mathbf{I}_{A^c})(\mathrm{E}s^Y) = p \cdot g_X(s) + (1-p) \cdot g_Y(s). \qquad \square$$

性质 3(母函数的复合函数)　设 $X, Y_1, Y_2, \cdots$ 相互独立, 且对任意 $n \geqslant 1$, $Y_n \overset{\mathrm{d}}{=} Y_1$. 令 $Z = Y_1 + \cdots + Y_X$, 则 $g_Z(x) = g_X\bigl(g_{Y_1}(s)\bigr)$.

证　$\mathrm{E}(s^Z | X = 0) = 1$,

$$\mathrm{E}(s^Z | X = n) = \mathrm{E}(s^{Y_1 + \cdots + Y_n} | X = n) = \mathrm{E}(s^{Y_1 + \cdots + Y_n})$$
$$= \mathrm{E}s^{Y_1} \cdots s^{Y_n} = (\mathrm{E}s^{Y_1}) \cdots (\mathrm{E}s^{Y_n}) = \bigl(g_{Y_1}(s)\bigr)^n.$$

因此 $\mathrm{E}(s^Z | X) = \bigl(g_{Y_1}(s)\bigr)^X$. 因为 $|g_{Y_1}(s)| \leqslant 1$, 所以由重期望公式知 $\mathrm{E}s^Z = \mathrm{E}\mathrm{E}(s^Z | X) = g_X\bigl(g_{Y_1}(s)\bigr)$. $\qquad \square$

例 3.7.8(复合泊松分布)　设 $X, Y_1, Y_2, \cdots$ 以及 Z 如性质 3 中所述. 若 $X \sim P(\lambda)$, 则称 Z 服从**复合泊松分布**. 其母函数为

$$g_Z(s) = g_X\bigl(g(s)\bigr) = \mathrm{e}^{\lambda(g(s)-1)},$$

其中 $g(\cdot)$ 为 Y_1 的母函数.

特别地, 若 $Y_1 \sim B(1,p)$, 则 $g(s) = 1 - p + ps$. 从而 $\mathrm{e}^{\lambda\bigl((1-p+ps)-1\bigr)} = \mathrm{e}^{\lambda p(s-1)}$, 即 $Z \sim P(\lambda p)$. 此结论亦可参见例 2.6.1. $\qquad \square$

性质 4(母函数与矩)　将 $g_X(\cdot)$ 的 n 阶导函数记为 $g_X^{(n)}(\cdot)$. 当 s 单调上升到 1 时, $g_X^{(n)}(s)$ 单调上升到

$$m_n := \sum_{k=n}^{\infty} p_k k(k-1) \cdots (k-n+1) = \mathrm{E}X(X-1) \cdots (X-n+1).$$

上述级数有可能发散, 此时 $\mathrm{E}X(X-1) \cdots (X-n+1) = \infty$. 当上述级数收敛时, $g^{(n)}(1)$ 存在且等于 m_n.

推论 3.7.9　$\mathrm{E}X = \lim\limits_{s \to 1-} g_X'(s)$.

例 3.7.10　设 $X \sim P(\lambda)$, 则 $\mathrm{E}X = \lim\limits_{s \to 1-} g_X'(s) = \lim\limits_{s \to 1-} \lambda \mathrm{e}^{\lambda(s-1)} = \lambda$. $\qquad \square$

推论 3.7.11　设 $X, Y_1, Y_2, \cdots$ 以及 Z 如性质 3 中所述, 则 $\mathrm{E}Z = (\mathrm{E}X)(\mathrm{E}Y)$.

证 由性质 3, $g_Z(x) = g_X(g_{Y_1}(s))$. 于是

$$EZ = \lim_{s \to 1-} g_Z'(s) = \lim_{s \to 1-} g_X'(g_{Y_1}(s)) \cdot g_{Y_1}'(s).$$

当 $s \to 1-$ 时, $t := g_{Y_1}(s)$ 单调上升到 1, 因此

$$\lim_{s \to 1-} g_X'(g_{Y_1}(s)) = \lim_{t \to 1-} g_X'(t) = EX.$$

又因为 $\lim_{s \to 1-} g_{Y_1}'(s) = EY_1$. 因此结论成立. □

例 3.7.12 (分支过程) 假设所有孩子都跟父亲姓. 在某个家族中, 我们用 $\xi_{n,i}$ 表示第 n 代第 i 个男丁的儿子数, 用 X_n 表示第 n 代的男丁总数, 则如下的递归式成立: $X_{n+1} := \sum_{i=1}^{X_n} \xi_{n,i}$. 设 $X_0 = 1$, $\{\xi_{n,i} : n \geqslant 0, i \geqslant 1\}$ 独立同分布. 称 $\{X_n\}$ 为**分支过程** (有些文献中也写作分枝过程). 将 $\xi_{0,1}$ 简记为 ξ, 其分布列如下:

$$p_k = P(\xi = k), \quad k = 0, 1, 2, \cdots.$$

若 $p_1 = 1$, 则对任意 n, $X_n = 1$ a.s.. 下设 $p_1 \neq 1$. 求 X_n 的母函数与期望.

证 将 ξ 的母函数记为 $g(\cdot)$, 其 n 次复合记为 $g^{(n)}(\cdot)$. 由性质 3, $g_{X_{n+1}}(s) = g_{X_n} \circ g(s)$. 由数学归纳法以及 $g_{X_1}(\cdot) = g(\cdot)$ 知 X_n 的母函数为 $g^{(n)}(\cdot)$.

进一步, 记 $m = \sum_{k=0}^{\infty} k \cdot p_k$. 由推论 3.7.11, $EX_{n+1} = (EX_n) \cdot (E\xi) = mEX_n$. 由数学归纳法以及 $EX_1 = m$ 知 $EX_n = m^n$. □

三、随机向量的母函数

记 $\vec{X} = (X_1, \cdots, X_n)$. 对任意 $\vec{s} = (s_1, \cdots, s_n) \in [-1, 1]^n$, 记 $g(\vec{s}) := Es_1^{X_1} \cdots s_n^{X_n}$. 称 $g(\cdot)$ 为 $\vec{X}$ 的**母函数**, 记为 $g_{\vec{X}}(\cdot)$. 则 $\vec{X} \stackrel{d}{=} \vec{Y}$ 当且仅当 $g_{\vec{X}}(\cdot) \equiv g_{\vec{Y}}(\cdot)$, 证明留为习题. 不难看到, 若 $\vec{X}$ 的母函数为 $g(\vec{s})$, 则 X_1 的母函数形如 $g_{X_1}(s) = g(s, 1, \cdots, 1)$. 类似可得 X_k 的母函数.

命题 3.7.13 $X_1, \cdots, X_n$ 相互独立当且仅当对任意 $\vec{s} \in [-1, 1]^n$,

$$g_{\vec{X}}(\vec{s}) = g_{X_1}(s_1) \cdots g_{X_n}(s_n).$$

证 必要性 若 $X_1, \cdots, X_n$ 相互独立, 则

$$g_{\vec{X}}(\vec{s}) = Es_1^{X_1} \cdots s_n^{X_n} = (Es_1^{X_1}) \cdots (Es_n^{X_n}) = g_{X_1}(s_1) \cdots g_{X_n}(s_n).$$

充分性 取 $Y_1, \cdots, Y_n$ 相互独立, 且 $Y_i \stackrel{d}{=} X_i$, $i = 1, \cdots, n$, 则 $\vec{Y} = (Y_1, \cdots, Y_n)$ 的母函数为 $g_{\vec{Y}}(\vec{s}) = g_{Y_1}(s_1) \cdots g_{Y_n}(s_n) = g_{X_1}(s_1) \cdots g_{X_n}(s_n) = g_{\vec{X}}(\vec{s})$, 即 $g_{\vec{Y}}(\cdot) \equiv g_{\vec{X}}(\cdot)$. 因此 $\vec{Y} \stackrel{d}{=} \vec{X}$. 从而 $X_1, \cdots, X_n$ 相互独立. □

§3.7 母函数   179

例 3.7.14(例 3.7.8 续) 设 $X, Y_1, Y_2, \cdots$ 相互独立, 且对任意 $n \geqslant 1, Y_n \sim B(1, p)$, 其中 $0 < p < 1$. 令 $Z = Y_1 + \cdots + Y_X, W = X - Z$. 若 $X \sim P(\lambda)$, 则 Z 与 W 相互独立.

证 首先, 计算 (Z, W) 的母函数 $g_{Z,W}(s,t) := \mathrm{E}s^Z t^W$. 记 $g(s) = g_X(s) = \mathrm{e}^{\lambda(s-1)}$. 根据 W 的定义, 它也可以写成 X 个随机变量之和, 具体地, $W = (1-Y_1) + \cdots + (1-Y_X)$. 于是 $s^Z t^W$ 可以写成 X 个随机变量的乘积, 具体地, $s^Z t^W = \left(s^{Y_1} t^{1-Y_1}\right) \cdots \left(s^{Y_X} t^{1-Y_X}\right)$. 记 $T_n = \left(s^{Y_1} t^{1-Y_1}\right) \cdots \left(s^{Y_n} t^{1-Y_n}\right)$. 因为 T_n 是 $(Y_1, \cdots, Y_n)$ 的函数, 所以它与 X 独立. 当 $X = n$ 时, $s^Z t^W = T_n$, 因此

$$\mathrm{E}(s^Z t^W | X = n) = \mathrm{E}(T_n | X = n) = \mathrm{E}T_n = \left(\mathrm{E}s^{Y_1} t^{1-Y_1}\right) \cdots \left(\mathrm{E}s^{Y_n} t^{1-Y_n}\right) = \left(\mathrm{E}s^{Y_1} t^{1-Y_1}\right)^n,$$

其中 $\mathrm{E}s^{Y_1} t^{1-Y_1} = ps + (1-p)t$, 这表明 $\mathrm{E}(s^Z t^W | X) = (ps + (1-p)t)^X$. 于是,

$$g_{Z,W}(s,t) = \mathrm{E}s^Z t^W = \mathrm{E}\mathrm{E}(s^Z t^W | X) = \mathrm{E}\left(ps + (1-p)t\right)^X$$
$$= g\left(ps + (1-p)t\right) = \mathrm{e}^{\lambda\left(ps + (1-p)t - 1\right)} = \mathrm{e}^{\lambda\left(p(s-1)\right)} \cdot \mathrm{e}^{\lambda\left((1-p)(t-1)\right)}.$$

其次, 分别取 $t = 1$ 和 $s = 1$ 便可得到 Z 和 W 的母函数

$$g_Z(s) = \mathrm{e}^{\lambda\left(p(s-1)\right)} \quad \text{和} \quad g_W(t) = \mathrm{e}^{\lambda\left((1-p)(t-1)\right)}.$$

最后, 综上可推出 $g_{Z,W}(s,t) = g_Z(s) \cdot g_W(t)$. 因此 Z 与 W 相互独立. □

*例 3.7.15 设 $X, Y_1, Y_2, \cdots$ 以及 Z, W 同例 3.7.14. 若 Z 与 W 相互独立, 则 X 服从泊松分布.

证 将 X 的母函数记为 $g(\cdot)$, 则需证明 $g(s)$ 形如 $\mathrm{e}^{\lambda(s-1)}$. 由例 3.7.14, (Z, W) 的母函数为 $g_{Z,W}(s,t) = g(ps + (1-p)t)$. 分别取 $t = 1$ 和 $s = 1$, 推出 Z 与 W 的母函数形如

$$g_Z(s) = g\left(ps + (1-p)\right), \quad g_W(s) = g\left(p + (1-p)t\right).$$

根据假设, Z, W 相互独立, 即 $g_{Z,W}(s,t) = g_Z(s)g_W(t)$. 综上,

$$g\left(ps + (1-p)t\right) = g\left(ps + (1-p)\right) \cdot g\left(p + (1-p)t\right), \quad \forall s, t \in [-1, 1].$$

记 $f(s) = -\ln g(1-s)$, 即 $g(s) = \mathrm{e}^{-f(1-s)}$, 则问题转化为需证 $f(s)$ 形如 λs. 往证 $f(s) = \lambda s$, 其中 $\lambda = f(1)$. 令 $x = p(1-s), y = (1-p)(1-t)$, 则上式变形为

$$f(x + y) = f(x) + f(y), \quad \forall x \in [0, 2p], y \in [0, 2(1-p)].$$

对任意 $n \geqslant 1$, 若 $\frac{1}{n} < \min\{p, 1-p\}$. 对任意正整数 $k \leqslant 2pn, \ell \leqslant 2(1-p)n$, $f\left(\frac{k+\ell}{n}\right) = f\left(\frac{k}{n}\right) + f\left(\frac{\ell}{n}\right)$. 因此对任意 $i \leqslant \lfloor 2pn \rfloor + \lfloor 2(1-p)n \rfloor$, $f\left(\frac{i}{n}\right) = if\left(\frac{1}{n}\right)$. 特别地, 取 $i = n$ 知 $f\left(\frac{1}{n}\right) = \frac{1}{n} f(1)$, 从而 $f\left(\frac{i}{n}\right) = \frac{i}{n} f(1)$. 由 n 的任意性以及 $f(\cdot)$ 为连续函数知对任意 $x \in [0, 2], f(x) = xf(1)$. 因此结论成立, 其中 $\lambda = f(1)$. □

四、矩母函数

假设 X 取值非负整数，记 $P(X = k) = p_k$, $k = 0, 1, 2, \cdots$. 将级数 $g_X(s) = \sum_{k=0}^{\infty} p_k s^k = \mathrm{E}s^X$ 的收敛半径记为 r_0，则自变量 s 可取遍区间 $(-r_0, r_0]$. 当 $s > r_0$ 时，函数值为 ∞. s 还可以取复数 $x + \mathrm{i}y$，只要 $x^2 + y^2 < r_0^2$，级数 $g_X(s)$ 便有意义.

还可将 s 写为 e^t. 此时，母函数 $g_X(s)$ 可改写为 $\mathrm{E}\mathrm{e}^{tX}$. 取消随机变量 X 取非负整数值的假设. 称 $M_X(t) := \mathrm{E}\mathrm{e}^{tX}$ 为 X 的**矩母函数**，其中 t 是实数. 如果 X 是连续型随机变量，$p(x)$ 是其密度函数，则 $M_X(t) = \int_{-\infty}^{\infty} p(x)\mathrm{e}^{tx}\mathrm{d}x$，它是密度函数 $p(\cdot)$ 的拉普拉斯变换. 矩母函数有一短处：对某些 t, 函数值可能为 ∞. 通过引入复数值随机变量，即以傅里叶 (Fourier) 变换代替拉普拉斯变换，这个问题得到完美解决. 这正是下一节要介绍的内容.

习题

1. 设 $g_X(\cdot)$ 在 $z = 1$ 二阶可导. 试用 $g'_X(1)$ 和 $g''_X(1)$ 表达 $\mathrm{Var}(X)$.
2. 证明：$\vec{X} \stackrel{\mathrm{d}}{=} \vec{Y}$ 当且仅当 $g_{\vec{X}}(\cdot) \equiv g_{\vec{Y}}(\cdot)$.
3. 试用母函数的性质 1 证明二项分布族 $\{B(n, p) : n \geqslant 1\}$、泊松分布族 $\{P(\lambda) : \lambda > 0\}$ 与帕斯卡分布族 $\{P(r, p) : r \geqslant 1\}$ 均具有再生性.
4. 试用母函数的性质 1 与性质 4 求帕斯卡分布 $P(r, p)$ 的期望及方差.

§3.8 特征函数

一、复数运算与复值随机变量

记 $\mathrm{i} = \sqrt{-1}$. 对任意 $x, y \in \mathbb{R}$，复数 $x + \mathrm{i}y$ 可视为 $\mathbb{R}^2$ 中的向量 (x, y). 分别称 x 与 y 为 $x + \mathrm{i}y$ 的**实部**与**虚部**. 本节涉及的运算如下：

共轭：$\overline{x + \mathrm{i}y} := x - \mathrm{i}y = x + \mathrm{i}(-y)$;

加减法：$(x + \mathrm{i}y) \pm (u + \mathrm{i}w) := (x \pm u) + \mathrm{i}(y \pm w)$;

乘法：$(x + \mathrm{i}y)(u + \mathrm{i}w) := (xu - yw) + \mathrm{i}(xw + yu)$.

模：$\|x + \mathrm{i}y\| := \sqrt{x^2 + y^2}$.

设 X, Y 都是同一样本空间 $(\Omega, \mathscr{F}, \mathrm{P})$ 上的随机变量，则 $X + \mathrm{i}Y$ 为**复值随机变量**，它本质上是二维随机向量 (X, Y) 的改写. 若 X, Y 的期望均存在且有限，则 $X + \mathrm{i}Y$ 的

期望定义为
$$\mathrm{E}(X+\mathrm{i}Y) := \mathrm{E}X + \mathrm{i}\mathrm{E}Y,$$
它是复数. 根据期望的线性性质, $\mathrm{E}\overline{X+\mathrm{i}Y} = \overline{\mathrm{E}(X+\mathrm{i}Y)}$.

命题 3.8.1 设 $\mathrm{E}X$ 与 $\mathrm{E}Y$ 存在且有限, 则 $\|\mathrm{E}(X+\mathrm{i}Y)\| \leqslant \mathrm{E}\|X+\mathrm{i}Y\|$.

证 不妨设 $\mathrm{E}\|X+\mathrm{i}Y\| < \infty$, 否则命题自然成立. 令 $f(x,y) = \sqrt{x^2+y^2}$, 则 $f(\cdot,\cdot)$ 为凸函数. 由詹森不等式, $f(\mathrm{E}X,\mathrm{E}Y) \leqslant \mathrm{E}f(X,Y)$, 此即命题结论. $\square$

命题 3.8.2 设 $(X_1,Y_1),\cdots,(X_n,Y_n)$ 相互独立, 所有随机变量的期望均存在且有限, 则
$$\mathrm{E}(X_1+\mathrm{i}Y_1)\cdots(X_n+\mathrm{i}Y_n) = \big(\mathrm{E}(X_1+\mathrm{i}Y_1)\big)\cdots\big(\mathrm{E}(X_n+\mathrm{i}Y_n)\big).$$

证 由数学归纳法, 只需验证 $n=2$ 的情形.

$$\mathrm{E}(X_1+\mathrm{i}Y_1)(X_2+\mathrm{i}Y_2) = \mathrm{E}X_1X_2 - \mathrm{E}Y_1Y_2 + \mathrm{i}(\mathrm{E}X_1Y_2 + \mathrm{E}Y_1X_2)$$
$$= (\mathrm{E}X_1)(\mathrm{E}X_2) - (\mathrm{E}Y_1)(\mathrm{E}Y_2) + \mathrm{i}\big((\mathrm{E}X_1)(\mathrm{E}Y_2) + (\mathrm{E}Y_1)(\mathrm{E}X_2)\big)$$
$$= (\mathrm{E}X_1+\mathrm{i}\mathrm{E}Y_1)(\mathrm{E}X_2+\mathrm{i}\mathrm{E}Y_2).$$

因此命题成立. $\square$

对任意 $x,y\in\mathbb{R}$, 则 $\mathrm{e}^{x+\mathrm{i}y} := \mathrm{e}^x\cos y + \mathrm{i}\mathrm{e}^x\sin y$. 对任意复数 z, $\mathrm{e}^z = \sum_{k=0}^{\infty}\dfrac{z^k}{k!}$. 设 $z(\cdot):\mathbb{R}\to\mathbb{C}$, 其实部与虚部分别记为 $x(\cdot),y(\cdot)$, 则记 $\int_a^b z(t)\mathrm{d}t := \int_a^b x(t)\mathrm{d}t + \mathrm{i}\int_a^b y(t)\mathrm{d}t$.

引理 3.8.3 设 $z(\cdot):\mathbb{R}\to\mathbb{C}$, 则对任意 $a<b$, $\left\|\int_a^b z(t)\mathrm{d}t\right\| \leqslant \int_a^b \|z(t)\|\mathrm{d}t$.

引理 3.8.4 对任意非负整数 n 和任意实数 y,
$$\left\|\mathrm{e}^{\mathrm{i}y} - \sum_{m=0}^{n}\frac{(\mathrm{i}y)^m}{m!}\right\| \leqslant \min\left\{\frac{2|y|^n}{n!},\frac{|y|^{n+1}}{(n+1)!}\right\}.$$

证 $\cos b - \cos a = -\int_a^b \sin t\,\mathrm{d}t$, $\sin b - \sin a = \int_a^b \cos t\,\mathrm{d}t$. 因此,
$$\mathrm{e}^{\mathrm{i}b} - \mathrm{e}^{\mathrm{i}a} = \int_a^b \big(-\sin t + \mathrm{i}\cos t\big)\mathrm{d}t = \int_a^b \mathrm{i}\mathrm{e}^{\mathrm{i}t}\mathrm{d}t = \mathrm{i}\int_a^b \mathrm{e}^{\mathrm{i}t}\mathrm{d}t.$$

根据上式, 由数学归纳法可证, 对任意 $y\geqslant 0$,
$$\mathrm{e}^{\mathrm{i}y} - \sum_{m=0}^{n}\frac{(\mathrm{i}y)^m}{m!} = \mathrm{i}^n\int_0^y\int_0^{u_1}\cdots\int_0^{u_{n-1}}(\mathrm{e}^{\mathrm{i}u_n}-1)\mathrm{d}u_n\cdots\mathrm{d}u_2\mathrm{d}u_1$$
$$= \mathrm{i}^{n+1}\int_0^y\int_0^{u_1}\cdots\int_0^{u_{n-1}}\int_0^{u_n}\mathrm{e}^{\mathrm{i}u_{n+1}}\mathrm{d}u_{n+1}\mathrm{d}u_n\cdots\mathrm{d}u_2\mathrm{d}u_1.$$

一方面，
$$\left\|e^{iy} - \sum_{m=0}^{n} \frac{(iy)^m}{m!}\right\| \leqslant \int_0^y \int_0^{u_1} \cdots \int_0^{u_{n-1}} |e^{iu_n} - 1| du_n \cdots du_2 du_1 \leqslant 2\frac{y^n}{n!};$$

另一方面，
$$\left\|e^{iy} - \sum_{m=0}^{n} \frac{(iy)^m}{m!}\right\| \leqslant \int_0^y \int_0^{u_1} \cdots \int_0^{u_{n-1}} \int_0^{u_n} |e^{iu_{n+1}}| du_{n+1} du_n \cdots du_2 du_1 \leqslant \frac{y^{n+1}}{(n+1)!}.$$

因此结论对 $y \geqslant 0$ 成立. 类似地可证, 结论对 $y < 0$ 也成立. □

二、特征函数的定义

定义 3.8.5 给定随机变量 X. 令
$$f_X(t) := \mathrm{E}e^{itX} = \mathrm{E}\cos(tX) + i\mathrm{E}\sin(tX), \quad t \in \mathbb{R}.$$
称 $f_X(\cdot)$ 为 X 的**特征函数**.

在上下文都很明显的情况下, 也可将 $f_X(\cdot)$ 简记为 $f(\cdot)$.

若 $X \stackrel{d}{=} Y$, 则对任意 $t \in \mathbb{R}$, $\big(\cos(tX), \sin(tX)\big) \stackrel{d}{=} \big(\cos(tY), \sin(tY)\big)$, 从而 $f_X(t) = f_Y(t)$. 因此可以说某分布的特征函数.

例 3.8.6(泊松分布) 设 $X \sim P(\lambda)$, 则
$$f_X(t) = \mathrm{E}e^{itX} = \sum_{k=0}^{\infty} \frac{\lambda^k}{k!} e^{-\lambda} e^{itk} = \sum_{k=0}^{\infty} \frac{(\lambda e^{it})^k}{k!} e^{-\lambda} = e^{\lambda(e^{it}-1)}. \quad □$$

例 3.8.7(指数分布) 设 $X \sim \mathrm{Exp}(1)$, 则
$$\mathrm{E}\cos(tX) = \int_0^\infty e^{-x} \cos(tx) dx = -\int_0^\infty \cos(tx) de^{-x}$$
$$= -\cos(tx)e^{-x}\Big|_{x=0}^\infty + \int_0^\infty e^{-x} d\cos(tx)$$
$$= 1 - t\int_0^\infty e^{-x} \sin(tx) dx = 1 - t\mathrm{E}\sin(tx);$$
$$\mathrm{E}\sin(tX) = \int_0^\infty e^{-x} \sin(tx) dx = -\int_0^\infty \sin(tx) de^{-x}$$
$$= -\sin(tx)e^{-x}\Big|_{x=0}^\infty + \int_0^\infty e^{-x} d\sin(tx)$$
$$= t\int_0^\infty e^{-x} \cos(tx) dx = t\mathrm{E}\cos(tx).$$

解得 $\mathrm{E}\cos(tX) = \dfrac{1}{1+t^2}$, $\mathrm{E}\sin(tX) = \dfrac{t}{1+t^2}$. 因此 $f_X(t) = \dfrac{1+it}{1+t^2}$. □

例 3.8.8(标准正态分布) 设 $X \sim N(0,1)$, 则 $f_X(t) = e^{-\frac{t^2}{2}}$.

证 记 $\phi(x) = \frac{1}{\sqrt{2\pi}} \mathrm{e}^{-\frac{x^2}{2}}$. 因为 $\mathrm{E}\sin(tX) = \int_{-\infty}^{\infty} \phi(x)\sin(tx)\mathrm{d}x = 0$, 所以

$$f(t) = \mathrm{E}\cos(tX) = \int_{-\infty}^{\infty} \phi(x)\cos(tx)\mathrm{d}x.$$

往证 $f(\cdot)$ 可导. 对任意 $\Delta t > 0$, 存在 $s \in [t, \Delta t]$ 使得

$$\cos((t+\Delta t)x) - \cos(tx) = (-x\sin(sx)) \cdot \Delta t.$$

因此存在 $u \in [t, s]$ 使得

$$f_{t,\Delta t}(x) := \frac{\cos((t+\Delta t)x) - \cos(tx)}{\Delta t} + x\sin(tx) = (t-s) \cdot x\cos(ux).$$

同理, 对任意 $t > 0$, $\Delta t < 0$, 上式也成立, 其中 $t + \Delta t \leqslant s \leqslant u \leqslant t$. 综上, $|f_{t,\Delta t}(x) + x\sin(tx)| \leqslant |x| \cdot |\Delta t|$. 于是

$$\left| \frac{f(t+\Delta t) - f(t)}{\Delta t} + \int_{-\infty}^{\infty} \phi(x)x\sin(tx)\mathrm{d}x \right| = \left| \int_{-\infty}^{\infty} \phi(x)(f_{t,\Delta t}(x) + x\sin(tx))\,\mathrm{d}x \right|$$

$$\leqslant |\Delta t| \cdot \int_{-\infty}^{\infty} \phi(x) \cdot |x|\mathrm{d}x \xrightarrow{\Delta t \to 0} 0.$$

因此

$$\frac{\mathrm{d}f(t)}{\mathrm{d}t} = -\int_{-\infty}^{\infty} \phi(x)x\sin(tx)\mathrm{d}x = \int_{-\infty}^{\infty} \sin(tx)\mathrm{d}\phi(x)$$

$$= \sin(tx)\phi(x)\Big|_{x=-\infty}^{\infty} - \int_{-\infty}^{\infty} \phi(x)\mathrm{d}\sin(tx) = -t\int_{-\infty}^{\infty} \phi(x)\cos(tx)\mathrm{d}x = -t \cdot f(t),$$

其中第二个等号用到了 $\phi'(x) = -x\phi(x)$. 上式等价于 $(\ln f(t))' = -t$, 即 $\ln f(t) = -\frac{t^2}{2} + C$, 其中 C 为常数. 由 $f(0) = 1$ 知 $C = 0$. 从而 $f(t) = \mathrm{e}^{-\frac{t^2}{2}}$. □

设 $F(\cdot)$ 是实函数, 将 $F(\cdot)$ 的所有连续点组成的集合记为 $C(F)$. 以下命题 3.8.9 及其推论 3.8.10 是从特征函数出发计算分布函数或密度函数的公式. 具体证明比较复杂, 放在本节补充知识中.

命题 3.8.9 (逆转公式) 将 X 的特征函数记为 $f(\cdot)$, 分布函数记为 $F(\cdot)$, 则对任意 $a < b$,

$$\lim_{T \to \infty} \frac{1}{2\pi} \int_{-T}^{T} \frac{\mathrm{e}^{-ita} - \mathrm{e}^{-itb}}{it} f(t)\mathrm{d}t = \mathrm{P}(a < X < b) + \frac{1}{2}\mathrm{P}(X = b) + \frac{1}{2}\mathrm{P}(X = a).$$

又若 $a, b \in C(F)$, 则上式右边即为 $F(b) - F(a)$.

推论 3.8.10 (密度函数的逆转公式) 若 $\int_{-\infty}^{\infty} \|f_X(t)\|\mathrm{d}t < \infty$, 则 X 为连续型随机变量, 其密度有如下表达式:

$$p_X(x) = \frac{1}{2\pi} \int_{-\infty}^{\infty} \mathrm{e}^{-itx} f_X(t)\mathrm{d}t.$$

推论 3.8.11 若对任意 $t \in \mathbb{R}$, $f_X(t) = f_Y(t)$, 则 $X \stackrel{\mathrm{d}}{=} Y$.

证 记 $D = C(F_X) \cap C(F_Y)$, 则 D^c 为可数集, 因此 D 在 $\mathbb{R}$ 中稠密. 对任意 $b \in D$, 任意 n, 取 $a_n \in D$ 使得 $a_n < \min\{b, -n\}$. 由命题 3.8.9, $F_X(b) - F_X(a_n) = F_Y(b) - F_Y(a_n)$. 令 $n \to \infty$ 知 $F_X(b) = F_Y(b)$. 再由 D 稠密知 $F_X \equiv F_Y$. □

三、特征函数的性质

在下面的性质 $1 \sim 3$ 中, 设 X 是随机变量, $f(t)$ 是其特征函数.

性质 1 $f(0) = 1$, 且 $\|f(t)\| \leqslant 1$.

证 若 $t = 0$, 则 $\mathrm{e}^{\mathrm{i}tX} \equiv 1$, 因此 $f(0) = 1$. 对任意 $t \in \mathbb{R}$,

$$\begin{aligned}\|f(t)\|^2 &= (\mathrm{E}\cos(tX))^2 + (\mathrm{E}\sin(tX))^2 \\ &\leqslant \mathrm{E}\cos^2(tX) + \mathrm{E}\sin^2(tX) \\ &= \mathrm{E}\left(\cos^2(tX) + \sin^2(tX)\right) = 1.\end{aligned}$$

□

性质 2 (一致连续性) 对任意 $\varepsilon > 0$, 存在 $\delta > 0$, 使得当 $|t - s| < \delta$ 时,

$$\|f(t) - f(s)\| \leqslant \varepsilon.$$

证 不妨设 $s < t$. 记 $u = t - s$, 则 $\mathrm{e}^{\mathrm{i}tX} - \mathrm{e}^{\mathrm{i}sX} = \mathrm{e}^{\mathrm{i}sX}(\mathrm{e}^{\mathrm{i}uX} - 1)$. 于是

$$\|f(t) - f(s)\| \leqslant \mathrm{E}\|\mathrm{e}^{\mathrm{i}sX}(\mathrm{e}^{\mathrm{i}uX} - 1)\| = \mathrm{E}\|\mathrm{e}^{\mathrm{i}uX} - 1\|.$$

对任意 $\varepsilon > 0$, 存在 $M > 0$ 使得 $\mathrm{P}(|X| > M) < \dfrac{\varepsilon}{4}$. 令 $\delta = \dfrac{\varepsilon}{2M}$, 则当 $u < \delta$ 时,

$$\mathrm{E}\|\mathrm{e}^{\mathrm{i}uX} - 1\| = \mathrm{E}\|\mathrm{e}^{\mathrm{i}uX} - 1\| \cdot \mathbf{I}_{\{|X| \leqslant M\}} + \mathrm{E}\|\mathrm{e}^{\mathrm{i}uX} - 1\| \cdot \mathbf{I}_{\{|X| > M\}}$$

$$\leqslant \mathrm{E}\|uX\| \cdot \mathbf{I}_{\{|X| \leqslant M\}} + \mathrm{E}2 \cdot \mathbf{I}_{\{|X| > M\}}$$

$$\leqslant uM + 2\mathrm{P}(|X| > M) \leqslant \varepsilon.$$

综上, 当 $|t - s| < \delta$ 时, $\|f(t) - f(s)\| \leqslant \varepsilon$. □

性质 3 (非负定) 设 $n \geqslant 2$. 对任意 $t_1, \cdots, t_n \in \mathbb{R}$ 和 $\lambda_1, \cdots, \lambda_n \in \mathbb{C}$,

$$\sum_{j,k=1}^{n} f(t_j - t_k) \lambda_j \overline{\lambda_k} \geqslant 0.$$

证
$$\sum_{j,k=1}^{n} f(t_j - t_k) \lambda_j \overline{\lambda_k} = \sum_{j,k=1}^{n} \mathrm{E}\mathrm{e}^{\mathrm{i}(t_j - t_k)X} \lambda_j \overline{\lambda_k} = \mathrm{E}\sum_{j,k=1}^{n} \mathrm{e}^{\mathrm{i}t_j X} \lambda_j \overline{\mathrm{e}^{\mathrm{i}t_k X} \lambda_k}$$

$$= \mathrm{E}\left(\sum_{j=1}^{n} \mathrm{e}^{\mathrm{i}t_j X} \lambda_j\right) \overline{\sum_{k=1}^{n} \mathrm{e}^{\mathrm{i}t_k X} \lambda_k} = \mathrm{E}\left\|\sum_{j=1}^{n} \mathrm{e}^{\mathrm{i}t_j X} \lambda_j\right\|^2 \geqslant 0.$$ □

定理 3.8.12 (博赫纳-辛钦 (Bochner-Khinchin) 定理)　若 $f(\cdot): \mathbb{R} \to \mathbb{C}$ 连续, 且满足上述性质 1 与性质 3, 则 f 是某随机变量的特征函数.

性质 4(线性变换)　对任意 $a, b \in \mathbb{R}$, $t \in \mathbb{R}$, $f_{a+bX}(t) = \mathrm{e}^{\mathrm{i}at} f_X(bt)$. 特别地, $f_{-X}(t) = \overline{f_X(t)}$.

证　$f_{a+bX}(t) = \mathrm{E}\mathrm{e}^{\mathrm{i}t(a+bX)} = \mathrm{e}^{\mathrm{i}at}\mathrm{E}\mathrm{e}^{\mathrm{i}(bt)X} = \mathrm{e}^{\mathrm{i}at} f_X(bt)$. 特别地, 取 $a = 0, b = -1$, 便知 $f_{-X}(t) = \mathrm{E}\mathrm{e}^{\mathrm{i}(-t)X} = \mathrm{E}(\overline{\mathrm{e}^{\mathrm{i}tX}}) = \overline{\mathrm{E}\mathrm{e}^{\mathrm{i}tX}} = \overline{f_X(t)}$.　□

由性质 4, 若 $X \stackrel{\mathrm{d}}{=} -X$, 则 $\overline{f_X(t)} = f_X(t)$, 即 $f_X(t)$ 为实数. 因此 $f_X(t) = \mathrm{E}\cos(tX)$. 等价地, $f_X(t)$ 的虚部为 0, 因为 $\mathrm{E}\sin(tX) = \mathrm{E}\sin(t \cdot (-X)) = -\mathrm{E}\sin(tX)$. 反过来, 若对任意 t, $f_X(t)$ 为实数, 即 $f_X(t) = f_{-X}(t)$, 则 $X \stackrel{\mathrm{d}}{=} -X$.

性质 5(特征函数的乘积)　设 $n \geqslant 2$. 若 $X_1, \cdots, X_n$ 相互独立, 则对任意 $t \in \mathbb{R}$,

$$f_{X_1 + \cdots + X_n}(t) = f_{X_1}(t) \cdots f_{X_n}(t).$$

证　$\mathrm{E}\mathrm{e}^{\mathrm{i}t(X_1 + \cdots + X_n)} = \mathrm{E}\mathrm{e}^{\mathrm{i}tX_1} \cdots \mathrm{e}^{\mathrm{i}tX_n} = (\mathrm{E}\mathrm{e}^{\mathrm{i}tX_1}) \cdots (\mathrm{E}\mathrm{e}^{\mathrm{i}tX_n}) = f_{X_1}(t) \cdots f_{X_n}(t)$.　□

例 3.8.13 (二项分布)　设 $X_1, \cdots, X_n$ 独立同分布且 $X_1 \sim B(1, p)$, 则 $S_n = X_1 + \cdots + X_n \sim B(n, p)$. $f_{X_1}(t) = \mathrm{E}\mathrm{e}^{\mathrm{i}tX_1} = p\mathrm{e}^{\mathrm{i}t} + (1-p)$, 故 $g_{S_n}(s) = \left(p\mathrm{e}^{\mathrm{i}t} + (1-p)\right)^n$.　□

性质 6(特征函数的凸组合)　设 $\mathrm{P}(A) = p$, $\mathbf{I}_A$ 与 X 独立, 且 $\mathbf{I}_A$ 与 Y 独立. 令 $Z = \mathbf{I}_A \cdot X + \mathbf{I}_{A^c} \cdot Y$, 则对任意 $t \in \mathbb{R}$, $f_Z(t) = p f_X(t) + (1-p) f_Y(t)$.

证　$\mathrm{e}^{\mathrm{i}tZ} = \mathbf{I}_A \cdot \mathrm{e}^{\mathrm{i}tX} + \mathbf{I}_{A^c} \cdot \mathrm{e}^{\mathrm{i}tY}$. 于是 $\mathrm{E}\mathrm{e}^{\mathrm{i}tZ} = \mathrm{E}\mathbf{I}_A \cdot \mathrm{e}^{\mathrm{i}tX} + \mathrm{E}\mathbf{I}_{A^c} \cdot \mathrm{e}^{\mathrm{i}tY}$. 进一步, 由独立性知 $\mathrm{E}\mathrm{e}^{\mathrm{i}tZ} = (\mathrm{E}\mathbf{I}_A)(\mathrm{E}\mathrm{e}^{\mathrm{i}tX}) + (\mathrm{E}\mathbf{I}_{A^c})(\mathrm{E}\mathrm{e}^{\mathrm{i}tY}) = p \cdot f_X(t) + (1-p) \cdot f_Y(t)$.　□

例 3.8.14(柯西分布与拉普拉斯分布)　设 X 服从参数为 1 的拉普拉斯分布, Y 服从柯西分布 $C(0, 1)$, 它们的密度函数如下:

$$p_X(x) = \frac{1}{2}\mathrm{e}^{-|x|}, \quad p_Y(y) = \frac{1}{\pi(1 + y^2)}.$$

求它们的特征函数 $f_X(\cdot)$ 与 $f_Y(\cdot)$.

解　设 W 服从 $\mathrm{Exp}(1)$, $\mathrm{P}(A) = \dfrac{1}{2}$, 且 $\mathbf{I}_A$ 与 W 独立. 则由第二章综合练习题第 9 题和例 2.7.8, $X \stackrel{\mathrm{d}}{=} \mathbf{I}_A \cdot W - \mathbf{I}_{A^c} \cdot W$. 由性质 6, 对任意 $t \in \mathbb{R}$, $f_X(t) = \dfrac{1}{2}\left(f_W(t) + f_{-W}(t)\right)$. 由例 3.8.7, $f_W(t) = \dfrac{1 + \mathrm{i}t}{1 + t^2}$. 再由性质 4, $f_{-W}(t) = \overline{f_W(t)} = \dfrac{1 - \mathrm{i}t}{1 + t^2}$. 因此 $f_X(t) = \dfrac{1}{1 + t^2}$. 进一步, 由推论 3.8.10,

$$\frac{1}{2\pi} \int_{-\infty}^{\infty} \mathrm{e}^{-\mathrm{i}tx} \frac{1}{1 + t^2} \mathrm{d}t = p_X(x) = \frac{1}{2}\mathrm{e}^{-|x|}.$$

将 t 改写为 y, 将 x 改写为 t, 则上式改写为

$$\frac{1}{2\pi} \int_{-\infty}^{\infty} \mathrm{e}^{-\mathrm{i}yt} \frac{1}{1 + y^2} \mathrm{d}y = \frac{1}{2}\mathrm{e}^{-|t|}.$$

两边同时乘以 2 便可推出

$$f_Y(t) = \mathrm{E}\mathrm{e}^{\mathrm{i}tY} = \int_{-\infty}^{\infty} \mathrm{e}^{-\mathrm{i}ty} p_Y(y)\mathrm{d}y = \int_{-\infty}^{\infty} \mathrm{e}^{-\mathrm{i}ty} \frac{1}{\pi(1+y^2)} \mathrm{d}y = \mathrm{e}^{-|t|}.$$ □

例 3.8.15 设 $Y_1, \cdots, Y_n$ 相互独立,均服从柯西分布 $C(0,1)$,则

$$\frac{1}{n}(Y_1 + \cdots + Y_n) \stackrel{\mathrm{d}}{=} Y_1.$$

证 将 Y_1 的特征函数记为 $f(t)$. 令 $S_n = Y_1 + \cdots + Y_n$, $Z = \frac{1}{n}S_n$. 由性质 5, $f_{S_n}(t) = f(t)^n$. 再由性质 4, $f_Z(t) = f_{S_n}\left(\frac{t}{n}\right) = f\left(\frac{t}{n}\right)^n$. 由例 3.8.14, $f(t) = \mathrm{e}^{-|t|}$. 于是 $f_Z(t) = \left(\mathrm{e}^{-|t/n|}\right)^n = \mathrm{e}^{-|t|} = f(t)$. 由推论 3.8.11, $Z \stackrel{\mathrm{d}}{=} Y_1$. □

接例 3.8.15,进一步取 $X_i = Y_1$, $i = 1, \cdots, n$. 虽然 $X_1, \cdots, X_n$ 不是相互独立的,但是由例 3.8.15 知 $X_1 + \cdots + X_n = nY_1$ 与 $Y_1 + \cdots + Y_n$ 同分布,从而其特征函数为 $f(t)^n = f_{X_1}(t) \cdots f_{X_n}(t)$. 因此性质 5 的逆命题不成立. 在下面的性质 9 中,我们将从特征函数的角度刻画随机变量的独立性.

性质 7(特征函数与母函数的复合函数) 设 $X, Y_1, Y_2, \cdots$ 相互独立; X 取非负整数值;对任意 $n \geqslant 1$, $Y_n \stackrel{\mathrm{d}}{=} Y_1$. 令 $Z = Y_1 + \cdots + Y_X$, 则 $f_Z(x) = g_X(f_{Y_1}(t))$, 其中对任意满足 $\|z\| \leqslant 1$ 的复数 z, $g_X(z) := \sum_{k=0}^{\infty} \mathrm{P}(X = k) z^k$.

证 设 $\|z\| \leqslant 1$. 当 $n \to \infty$ 时, $\sup_{m \geqslant 1} \left\|\sum_{k=n}^{n+m} \mathrm{P}(X=k) z^k\right\| \leqslant \sum_{k=n}^{\infty} \mathrm{P}(X=k) \to 0$. 因此 $\sum_{k=0}^{n} \mathrm{P}(X=k) z^k$ 是 $\mathbb{C}$ 中的柯西列,从而级数收敛. 由特征函数的性质 1, $\|f_{Y_1}(t)\| \leqslant 1$, 故可定义 $g_X(f_{Y_1}(t))$, 且它为复数.

$$\mathrm{E}(\mathrm{e}^{\mathrm{i}tZ}|X=0) = 1,$$
$$\mathrm{E}(\mathrm{e}^{\mathrm{i}tZ}|X=n) = \mathrm{E}(\mathrm{e}^{\mathrm{i}t(Y_1+\cdots+Y_n)}|X=n) = \mathrm{E}\mathrm{e}^{\mathrm{i}t(Y_1+\cdots+Y_n)}$$
$$= \mathrm{E}\mathrm{e}^{\mathrm{i}tY_1} \cdots \mathrm{e}^{\mathrm{i}tY_n} = (\mathrm{E}\mathrm{e}^{\mathrm{i}tY_1}) \cdots (\mathrm{E}\mathrm{e}^{\mathrm{i}tY_n}) = (f_{Y_1}(t))^n.$$

仿照重期望公式,可以推出 $\mathrm{E}\mathrm{e}^{\mathrm{i}tZ} = g_X(f_{Y_1}(s))$. □

性质 8 设 $\mathrm{E}|X|^n < \infty$, 则对 $k = 1, \cdots, n$, $f_X^{(k)}(0) = \mathrm{i}^k \mathrm{E} X^k$.

证 在引理 3.8.4 中,取 $u = tX$ 便可推出

$$\left\|\mathrm{e}^{\mathrm{i}tX} - \sum_{m=0}^{n} \frac{(\mathrm{i}tX)^m}{m!}\right\| \leqslant \min\left\{\frac{2|tX|^n}{n!}, \frac{|tX|^{n+1}}{(n+1)!}\right\}.$$

若 $\mathrm{E}|X|^n < \infty$, 则

$$\left|f_X(t) - \sum_{m=0}^{n} \frac{(\mathrm{i}t\mathrm{E} X)^m}{m!}\right| \leqslant \mathrm{E}\min\left\{\frac{2|tX|^n}{n!}, \frac{|tX|^{n+1}}{(n+1)!}\right\}$$

$$\leqslant \mathrm{E}\frac{2|tX|^n}{n!} \cdot \mathbf{I}_{\{|X|>M\}} + \mathrm{E}\frac{|tX|^{n+1}}{(n+1)!} \cdot \mathbf{I}_{\{|X|\leqslant M\}}$$

$$\leqslant |t|^n \Big(\frac{2}{n!} \cdot \mathrm{E}|X|^n \cdot \mathbf{I}_{\{|X|>M\}} + t\frac{M^{n+1}}{(n+1)!}\Big).$$

对任意 $\varepsilon > 0$, 由 $\mathrm{E}|X|^n < \infty$ 知, 存在 M 使得 $\mathrm{E}|X|^n \cdot \mathbf{I}_{\{|X|>M\}} < \varepsilon/2$. 于是当 $|t| \leqslant \dfrac{\varepsilon(n+1)!}{2M^{n+1}}$ 时, $\Big|f_X(t) - \sum\limits_{m=0}^{n}\dfrac{(\mathrm{it}\mathrm{E}X)^m}{m!}\Big| \leqslant \varepsilon|t^n|$. 这表明

$$f_X(t) - \sum_{m=0}^{n}\frac{(\mathrm{it}\mathrm{E}X)^m}{m!} = o(t^n).$$

从而 $f_X^{(k)}(0) = \mathrm{i}^k\mathrm{E}X^k, k = 1, 2, \cdots, n.$ □

特别地, 取 $n = 2$. 由上面的推导过程可以看出如下推论成立.

推论 3.8.16 若 $\mathrm{E}X^2 < \infty$, 则当 $t \to 0$ 时,

$$\varphi(t) = f_X(t) - 1 - \mathrm{it}\mathrm{E}X + \frac{(t\mathrm{E}X)^2}{2!} = o(t^2).$$

随机向量也有特征函数. 记 $\vec{X} = (X_1, \cdots, X_n)$. 对任意 $\vec{t} = (t_1, \cdots, t_n) \in \mathbb{R}^n$, 记 $f(\vec{t}) := \mathrm{E}\mathrm{e}^{\mathrm{i}\vec{t}\cdot\vec{X}} = \mathrm{E}\mathrm{e}^{\mathrm{i}\sum\limits_{k=1}^{n}t_kX_k}$. 称 $f(\cdot)$ 为 $\vec{X}$ 的**特征函数**, 记为 $f_{\vec{X}}(\cdot)$.

与命题 3.8.9 及其推论 3.8.11 类似, 对任意 $a_1 < b_1, \cdots, a_n < b_n$, 记 $D := \prod\limits_{k=1}^{n}(a_k, b_k]$. 若 $\mathrm{P}(\vec{X} \in \partial D) = 0$, 则

$$\mathrm{P}(\vec{X} \in D) = \lim_{T_1,\cdots,T_n \to \infty} \frac{1}{(2\pi)^n}\int_{-T_1}^{T_1}\cdots\int_{-T_n}^{T_n}f(\vec{t}) \cdot \prod_{k=1}^{n}\frac{\mathrm{e}^{-\mathrm{i}t_ka_k} - \mathrm{e}^{-\mathrm{i}t_kb_k}}{\mathrm{i}t_k}\mathrm{d}t_n\cdots\mathrm{d}t_1.$$

因此, 若对任意 $\vec{t} \in \mathbb{R}^n, f_{\vec{X}}(\vec{t}) \equiv f_{\vec{Y}}(\vec{t})$, 则 $\vec{X} \stackrel{\mathrm{d}}{=} \vec{Y}$.

性质 9 $X_1, \cdots, X_n$ 相互独立当且仅当

$$f_{(X_1,\cdots,X_n)}(t_1,\cdots,t_n) = f_{X_1}(t_1)\cdots f_{X_n}(t_n).$$

性质 10 (边缘特征函数) 设 $m < n$, 记 $\vec{Y} = (X_1, \cdots, X_m), \vec{t} \in \mathbb{R}^m$, 则

$$f_{\vec{Y}}(\vec{t}) = f_{\vec{X}}(t_1, \cdots, t_m, 0, \cdots, 0).$$

四、弱收敛

设 $F(\cdot)$ 是实函数. 将 $F(\cdot)$ 的所有连续点组成的集合记为 $C(F)$. 特别地, 若 $F(\cdot)$ 是分布函数, 则其间断点为可数个. 理由如下: 对任意 $x \notin C(F), (F(x-), F(x))$ 中存在有理数, 任取其中一个记为 $r(x)$. 若 $x, y \notin C(F)$ 且 $x < y$, 则必有 $r(x) < F(x) \leqslant$

$F(y-) < r(y)$. 因此, $\mathbb{R} \setminus C(F)$ 的基数不超过有理数的基数, 即 $\mathbb{R} \setminus C(F)$ 是可数集. 或者, 若 $x \notin C(F)$, 则 $P(X = x) > 0$. 将满足 $2^{-(k+1)} < P(X = x) \leqslant 2^{-k}$ 的所有间断点组成的集合记为 I_k, 则 $|I_k| \leqslant 2^{k+1}$, $k = 0, 1, 2, \cdots$. 故 $\mathbb{R} \setminus C(F) = \bigcup_{k=0}^{\infty} I_k$ 为可数集.

定义 3.8.17 设 $F_1(\cdot), F_2(\cdot), \cdots$ 均为分布函数. 若存在单调上升且右连续的函数 $F(\cdot)$ 使得对任意 $x \in C(F)$, $\lim_{n\to\infty} F_n(x) = F(x)$, 则称 $F_n(\cdot)$ **弱收敛**于 $F(\cdot)$, 记为 $F_n \xrightarrow{w} F$.

需要强调的是, $F_n \xrightarrow{w} F$ 并不能保证 $F(\cdot)$ 是分布函数. 譬如, 令 $X_n \equiv n$, 其分布函数为 $F_n(x) = \mathbf{I}_{\{x \geqslant n\}}$. 记 $F \equiv 0$, 它单调上升且连续. 则对任意 x, 当 $n > x$ 时, $F_n(x) = 0 = F(x)$. 因此 $F_n \xrightarrow{w} F$. 但 $F(\cdot)$ 不是分布函数. 直观上, 当 $n \to \infty$ 时, 所有权重都到了 ∞. 因此分布函数的规范性被破坏了. 更一般地, 假设 $F_n(\cdot)$ 单调上升、右连续性 (即不假设规范性), 也可以定义弱收敛.

定义 3.8.18 设 $\mu, \mu_1, \mu_2, \cdots$ 均为概率分布, 对应的分布函数依次记为 $F(\cdot), F_1(\cdot), F_2(\cdot), \cdots$. 若 $F_n \xrightarrow{w} F$, 则称 μ_n **弱收敛** 于 μ, 记为 $\mu_n \xrightarrow{w} \mu$.

例如泊松分布, 若 $\lim_{n\to\infty} \lambda_n = \lambda_0 > 0$, 则 $P(\lambda_n) \xrightarrow{w} P(\lambda_0)$. 对任意 $\lambda \geqslant 0$, 记 $p_k(\lambda) = \dfrac{\lambda^k}{k!} e^{-\lambda}$, $k = 0, 1, 2, \cdots$. 记 $F_\lambda(x) = \sum_{k=0}^{\lfloor x \rfloor} p_k(\lambda)$. 对任意 $x < 0$, 补充定义 $F_\lambda(x) = F_{\lambda_n}(x) = 0$. 当 $n \to \infty$ 时, $p_k(\lambda_n) \to p_k(\lambda_0)$, 因此 $F_{\lambda_n}(x) \to F_{\lambda_0}(x)$. 特别地, 若 $\lambda_0 = 0$, $X_n \sim P(\lambda_n)$, 则 $X_n \xrightarrow{d} 0$.

同理, 对于指数分布, 记

$$\hat{F}_\lambda(x) = \begin{cases} 1 - e^{-\lambda x}, & x > 0, \\ 0, & x < 0. \end{cases}$$

对任意 $x \leqslant 0$, $\hat{F}_\lambda(x) = 0$, 故 $\lim_{n\to\infty} \hat{F}_{\lambda_n}(x) = \hat{F}_{\lambda_0}(x)$. 对任意 $x > 0$, $\hat{F}_\lambda(x) = 1 - e^{-\lambda x}$, 若 $\lim_{n\to\infty} \lambda_n = \lambda_0 > 0$, 则 $\lim_{n\to\infty} \hat{F}_{\lambda_n}(x) = \hat{F}_{\lambda_0}(x)$. 综上, $\text{Exp}(\lambda_n)$ 弱收敛于 $\text{Exp}(\lambda_0)$.

定理 3.8.19 (逆极限定理) 若对任意 $t \in \mathbb{R}$, $\lim_{n\to\infty} f_{X_n}(t) = f_X(t)$, 则

$$F_{X_n} \xrightarrow{w} F_X.$$

具体证明比较冗长, 因此放在本节补充知识中. 上述定理的逆命题如下.

定理 3.8.20 (正极限定理) 若 $F_{X_n} \xrightarrow{w} F_X$, 则对任意 $t \in \mathbb{R}$,

$$\lim_{n\to\infty} f_{X_n}(t) = f_X(t).$$

上述定理是命题 4.4.23 的直接推论, 我们将在第四章进行证明. 如前所述, 在相差一个系数的意义下, 特征函数就是相应概率分布的傅里叶变换. 傅里叶变换具有某种连续性. 是故将以上两个定理合称为**连续性定理**. 初学者可以省略这部分分析学结论.

补充知识: 若干证明细节

1. 定理 3.8.19 的证明

引理 3.8.21 设 $F_1(\cdot), F_2(\cdot), \cdots$ 是一列分布函数, 则存在子列 $n_1, n_2, \cdots$, 使得当 $k \to \infty$ 时, $F_{n_k}(\cdot)$ 弱收敛.

证 将全体有理数排列为 $r_1, r_2, \cdots$. 首先考虑 r_1. 因为 $F_n(r_1)$, $n = 1, 2, \cdots$ 是 $[0, 1]$ 中的实数序列, 所以存在子列 $m_1^{(1)}, m_2^{(1)}, \cdots$ 使得当 $i \to \infty$ 时, $F_{m_i^{(1)}}(r_1)$ 收敛于某实数, 记为 $f(r_1)$. 接下来考虑 r_2. 因为 $F_{m_i^{(1)}}(r_1), i = 1, 2, \cdots$ 是 $[0, 1]$ 中的实数序列, 所以存在 $m_1^{(1)}, m_2^{(1)}, \cdots$ 的子列 $m_1^{(2)}, m_2^{(2)}, \cdots$ 使得当 $i \to \infty$ 时, $F_{m_i^{(2)}}(r_2)$ 收敛于某实数, 记为 $f(r_2)$. 接下来依次考虑 $r_3, r_4, \cdots$. 于是对任意 i, 我们得到一系列序列, 其中第 i 个正整数序列 $m_1^{(i)}, m_2^{(i)}, \cdots$ 是第 $i-1$ 个序列的子列 (第 0 个序列就是所有正整数), 且 $\lim\limits_{k \to \infty} F_{m_k^{(i)}}(r_i)$ 存在, 记为 $f(r_i)$. 令 $n_k = m_k^{(k)}$, 如下表所示:

$$\text{第一个序列}: \boxed{m_1^{(1)}}, m_2^{(1)}, m_3^{(1)}, \cdots, \quad F_{m_k^{(1)}}(r_1) \overset{k \to \infty}{\Longrightarrow} f(r_1) \in [0, 1];$$

$$\text{第二个序列}: m_1^{(2)}, \boxed{m_2^{(2)}}, m_3^{(2)}, \cdots, \quad F_{m_k^{(2)}}(r_2) \overset{k \to \infty}{\Longrightarrow} f(r_2) \in [0, 1];$$

$$\text{第三个序列}: m_1^{(3)}, m_2^{(3)}, \boxed{m_3^{(3)}}, \cdots, \quad F_{m_k^{(3)}}(r_3) \overset{k \to \infty}{\Longrightarrow} f(r_3) \in [0, 1];$$

$$\cdots\cdots$$

则 $n_1, n_2, \cdots$ 是正整数的子列; 且对任意 i, $n_i, n_{i+1}, \cdots$ 是第 i 个序列的子列, 因此 $\lim\limits_{k \to \infty} F_{n_k}(r_i) = \lim\limits_{k \to \infty} F_{m_k^{(i)}}(r_i) = f(r_i)$. 换言之,

$$\lim_{k \to \infty} F_{n_k}(r) = f(r), \quad \forall r \in \mathbb{Q}.$$

对任意 $x \in \mathbb{R}$, 令

$$F(x) := \inf\{f(r) : r \in \mathbb{Q} \text{ 且 } r > x\}.$$

由 $F(\cdot)$ 的定义, $F(x)$ 取值于 $[0, 1]$ 且关于 x 单调上升. 于是当 y 单调下降到 x 时, $F(y)$ 单调下降的极限存在. 将此极限记为 $F(x+)$, 则 $F(x+) \geqslant F(x)$. 对任意 $r > x$, 当 $x < y < r$ 时, $F(y) \leqslant f(r)$. 于是 $F(x+) \leqslant f(r)$. 由 r 的任意性, $F(x+) \leqslant F(x)$. 因此 $F(x+) = F(x)$, 即 $F(\cdot)$ 是右连续的.

最后, 往证 $F_{n_k} \overset{\text{w}}{\to} F$. 设 $x \in C(F)$. 设 $r \in \mathbb{Q}$ 且 $r > x$, 则 $\limsup\limits_{k \to \infty} F_{n_k}(x) \leqslant \limsup\limits_{k \to \infty} F_{n_k}(r) = f(r)$. 由 r 的任意性, $\limsup\limits_{k \to \infty} F_{n_k}(x) \leqslant F(x)$. 对任意 $y < x$, 取 $r \in \mathbb{Q}$ 使得 $y < r < x$, 则 $\liminf\limits_{k \to \infty} F_{n_k}(x) \geqslant \liminf\limits_{k \to \infty} F_{n_k}(r) = f(r) \geqslant F(y)$. 令 $y \to x$. 又 $x \in C(F)$ 知 $F(y) \to F(x)$. 因此 $\liminf\limits_{k \to \infty} F_{n_k}(x) \geqslant F(x)$. 综上, $\lim\limits_{k \to \infty} F_{n_k}(x) = F(x)$. □

引理 3.8.22 设对任意 n, $f_n(\cdot)$ 是特征函数, $F_n(\cdot)$ 是它对应的分布函数. 若当 $n \to \infty$ 时, $f_n(\cdot)$ 点点收敛到某函数 $f(\cdot)$ 且 $f(\cdot)$ 在 $t = 0$ 连续. 则对任意 $\delta > 0$, 存在 N 使得当 $n \geqslant N$ 时, $F_n(2/\varepsilon) - F_n(-2/\varepsilon) > 1 - \delta$.

证 因为 $f(\cdot)$ 在 $t = 0$ 连续且 $f(0) = \lim_{n \to \infty} f_n(0) = 1$, 所以当 $\varepsilon \to 0$ 时 $\frac{1}{\varepsilon}\int_{-\varepsilon}^{\varepsilon}(1 - f(t))dt \to 0$. 于是对任意 $\delta > 0$, 存在 $\varepsilon > 0$ 使得 $\left\|\frac{1}{\varepsilon}\int_{-\varepsilon}^{\varepsilon}(1 - f(t))\,dt\right\| < \delta$.

对任意 x,
$$\int_{-\varepsilon}^{\varepsilon} e^{itx}dt = \int_{-\varepsilon}^{\varepsilon} \cos(tx)dt + i\int_{-\varepsilon}^{\varepsilon} \sin(tx)dt = \frac{\sin(tx)}{x}\bigg|_{t=-\varepsilon}^{\varepsilon} = 2\varepsilon \cdot \frac{\sin(\varepsilon x)}{\varepsilon x}.$$

函数 $(\sin y)/y$ 在自变量 $y = 0$ 时的函数值补充定义为 1. 注意到 $|\sin y| \leqslant |y|$. 在上式中, 用 2ε 分别减去等式两边, 然后将 x 改为任意随机变量 X 并求期望. 我们推出

$$\int_{-\varepsilon}^{\varepsilon}\left(1 - \mathrm{E}e^{itX}\right)dt = 2\varepsilon \cdot \mathrm{E}\left(1 - \frac{\sin(\varepsilon X)}{\varepsilon X}\right).$$

进一步, $1 - \frac{\sin(\varepsilon X)}{\varepsilon X} \geqslant 0$; 且当 $|\varepsilon X| \geqslant 2$ 时, $1 - \frac{\sin(\varepsilon X)}{\varepsilon X} \geqslant 1 - \frac{1}{|\varepsilon X|} \geqslant \frac{1}{2}$. 因此

$$\frac{1}{\varepsilon}\int_{-\varepsilon}^{\varepsilon}\left(1 - \mathrm{E}e^{itX}\right)dt \geqslant 2\mathrm{E}\frac{1}{2} \cdot \mathbf{I}_{\{|X| \geqslant 2/\varepsilon\}} = \mathrm{P}(|X| \geqslant 2/\varepsilon).$$

取 X 使得其特征函数为 $f_n(\cdot)$, 则由上式知

$$F_n(-2/\varepsilon) + 1 - F_n(2/\varepsilon) \leqslant \frac{1}{\varepsilon}\int_{-\varepsilon}^{\varepsilon}(1 - f_n(t))\,dt.$$

令 $n \to \infty$, 由有界收敛定理, 上式不等号右边趋于 $\frac{1}{\varepsilon}\int_{-\varepsilon}^{\varepsilon}(1 - f(t))\,dt < \delta$. 因此存在 N 使得当 $n \geqslant N$ 时, $F_n(-2/\varepsilon) + 1 - F_n(2/\varepsilon) < \delta$, 即 $F_n(2/\varepsilon) - F_n(-2/\varepsilon) > 1 - \delta$. □

定理 3.8.23 设 $f_n(\cdot)$ 是特征函数. 若 $n \to \infty$ 时, $f_n(\cdot)$ 点点收敛到某函数 $f(\cdot)$ 且 $f(\cdot)$ 在 $t = 0$ 连续, 则 $f(\cdot)$ 为特征函数.

进一步, 将 $f_n(\cdot)$ 和 $f(\cdot)$ 对应的分布函数分别记为 $F_n(\cdot)$ 和 $F(\cdot)$, 则 $F_n \xrightarrow{w} F$.

证 将 $f_n(\cdot)$ 对应的分布函数记为 $F_n(\cdot)$. 由引理 3.8.22, 对任意 $\delta > 0$, 存在 N 使得当 $n \geqslant N$ 时, $F_n(2/\varepsilon) - F_n(-2/\varepsilon) < \delta$. 由引理 3.8.21, 存在子列 $n_1, n_2, \cdots$ 使得 $F_{n_k}(\cdot)$ 弱收敛. 将此弱收敛极限记为 $\hat{F}(\cdot)$.

第一步: 证明 $f(\cdot)$ 为特征函数且 $F \equiv \hat{F}$. 首先, $\hat{F}(\cdot)$ 是单调上升的右连续函数, 因此间断点为可数集. 其次, 取 $a, b \in C(\hat{F})$, 使得 $a < -2/\varepsilon$, $b > 2/\varepsilon$, 则 $\hat{F}(a) = \lim_{k \to \infty} F_{n_k}(a) \in [0, 1]$, 同理 $\hat{F}(b) \in [0, 1]$. 再次,

$$\hat{F}(b) - \hat{F}(a) = \lim_{k \to \infty}\left(F_{n_k}(b) - F_{n_k}(a)\right) \geqslant \limsup_{k \to \infty}\left(F_{n_k}(2/\varepsilon) - F_{n_k}(-2/\varepsilon)\right) > 1 - \delta.$$

于是, 一方面, $\hat{F}(a) < \hat{F}(b) + \delta - 1 \leqslant \delta$, 由 δ 的任意性知 $\lim\limits_{a \to -\infty} \hat{F}(a) = 0$. 另一方面, $\hat{F}(b) \geqslant \hat{F}(a) + 1 - \delta \geqslant 1 - \delta$, 由 δ 的任意性知 $\lim\limits_{b \to \infty} \hat{F}(b) = 1$. 综上, $F(\cdot)$ 是分布函数. 最后, 将 $\hat{F}(\cdot)$ 对应的特征函数记为 $\hat{f}(\cdot)$. 由命题 4.4.23, $f_{n_k}(\cdot)$ 点点收敛于 $\hat{f}(\cdot)$. 因此 $\hat{f} \equiv f$. 故而 $f(\cdot)$ 为特征函数且 $\hat{F} \equiv F$ 就是 $f(\cdot)$ 对应的分布函数.

第二步: 证明 $F_n \xrightarrow{w} F$. 用反证法进行证明. 若不然, 存在 $x \in C(F), \varepsilon > 0$, 以及子列 $m_1, m_2, \cdots$ 使得 $|F_{m_k}(x) - F(x)| > \varepsilon, k = 1, 2, \cdots$. 由引理 3.8.21, 存在 $m_1, m_2, \cdots$ 的子列 $n_1, n_2, \cdots$ 使得 $F_{n_k}(\cdot)$ 弱收敛于某函数 $\tilde{F}(\cdot)$. 仿照第一步的证明, 可以推出 $\tilde{F} \equiv F$. 于是 $\lim\limits_{i \to \infty} F_{n_i}(x) = F(x)$. 这与 $|F_{n_i}(x) - F(x)| > \varepsilon, i = 1, 2, \cdots$ 矛盾! 因此 $F_n \xrightarrow{w} F$. □

由上述定理知定理 3.8.19 成立.

2. 命题 3.8.9 与推论 3.8.10 的证明

证明需要用有界收敛定理, 我们将在第四章进行介绍 (见命题 4.4.1). 需要说明的是, 有界收敛定理的证明并不需要用到此处的证明, 因此所有证明过程没有出现逻辑循环.

命题 3.8.9 的证明 不妨设 $a < b$. 由引理 3.8.4,

$$\left\| \frac{e^{-ita} - e^{-itb}}{it} \right\| = \|e^{-itb}\| \cdot \frac{\|e^{it(b-a)} - 1\|}{\|it\|} \leqslant \frac{|t(b-a)|}{|t|} = b - a.$$

于是

$$\int_{-T}^{T} E \left\| \frac{e^{-ita} - e^{-itb}}{it} \cdot e^{itX} \right\| dt \leqslant \int_{-T}^{T} E(b-a) dt = 2T(b-a) < \infty.$$

由富比尼 (Fubini) 定理 (附录 A 中的定理 A.0.5),

$$\frac{1}{2\pi} \int_{-T}^{T} \frac{e^{-ita} - e^{-itb}}{it} f(t) dt = \frac{1}{2\pi} \int_{-T}^{T} E \frac{e^{-ita} - e^{-itb}}{it} \cdot e^{itX} dt = EY_T,$$

其中

$$Y_T := \frac{1}{2\pi} \int_{-T}^{T} \frac{e^{-ita} - e^{-itb}}{it} \cdot e^{itX} dt = \frac{1}{2\pi} \int_{-T}^{T} \frac{e^{it(X-a)} - e^{it(X-b)}}{it} dt.$$

将 $X - b$ 与 $X - a$ 分别视为 x 与 y. 接下来, 我们先研究如下定义的函数及其在 $T \to \infty$ 时的极限:

$$g(T, x, y) := \frac{1}{2\pi} \int_{-T}^{T} \frac{e^{ity} - e^{itx}}{it} dt, \quad x < y.$$

因为

$$\int_{-T}^{0} \frac{e^{ity} - e^{itx}}{it} dt = \int_{T}^{0} \frac{e^{i(-t)y} - e^{i(-t)x}}{i(-t)} d(-t) = \int_{0}^{T} \frac{e^{-itx} - e^{-ity}}{it} dt.$$

所以

$$g(T, x, y) = \frac{1}{2\pi} \int_{-T}^{0} \frac{e^{ity} - e^{itx}}{it} dt + \frac{1}{2\pi} \int_{0}^{T} \frac{e^{ity} - e^{itx}}{it} dt$$

$$= \frac{1}{2\pi}\int_0^T \frac{e^{-itx} - e^{-ity}}{it}dt + \frac{1}{2\pi}\int_0^T \frac{e^{ity} - e^{itx}}{it}dt$$

$$= \frac{1}{2\pi}\int_0^T \frac{e^{ity} - e^{-ity} + e^{-itx} - e^{itx}}{it}dt = \frac{1}{\pi}\int_0^T \frac{\sin(ty) - \sin(tx)}{t}dt.$$

记

$$h(T) := \frac{1}{\pi}\int_0^T \frac{\sin t}{t}dt, \quad h(T, z) := \frac{1}{\pi}\int_0^T \frac{\sin(tz)}{t}dt, \quad \forall z \in \mathbb{R}.$$

将 z 视为参数并取定, 将 $h(T, z)$ 视为 T 的函数. 若 $z = 0$, 则 $h(T, z) \equiv 0$; 若 $z > 0$, 则 $h(T, z) = h(T)$; 若 $z < 0$, 则 $h(T, z) = -h(T)$. 因为 $h(T)$ 关于 T 是连续函数且 $\lim_{T\to\infty} h(T) = 1/2$, 所以 $h(T)$ 为有界函数. 不妨设对任意 $T \geqslant 0$, $|h(T)| \leqslant M$. 则 $Y_T = g(T, X - b, X - a) = h(T, X - a) - h(T, X - b)$ 是有界的随机变量, 具体地, $|Y_T| \leqslant 2M$. 进一步, 因为 $a < b$, 即 $X - b < X - a$, 所以

$$\lim_{T\to\infty} Y_T = Y := \begin{cases} 0, & 0 < X - b < X - a \text{ 或 } X - b < X - a < 0, \\ 1, & X - b < 0 < X - a, \\ \frac{1}{2}, & X - a = 0 \text{ 或 } X - b = 0. \end{cases}$$

由有界收敛定理 (命题 4.4.1),

$$\lim_{T\to\infty} \mathrm{E}Y_T = \mathrm{E}Y = \mathrm{P}(X - b < 0 < X - a) + \frac{1}{2}\mathrm{P}(X - a = 0) + \frac{1}{2}\mathrm{P}(X - b = 0)$$

$$= \mathrm{P}(a < X < b) + \frac{1}{2}\mathrm{P}(X = a) + \frac{1}{2}\mathrm{P}(X = b). \quad \square$$

推论 3.8.10 的证明 对任意 $a < b$,

$$\frac{1}{2\pi}\int_{-T}^T \frac{e^{-ita} - e^{-itb}}{it}f(t)dt = \frac{1}{2\pi}\int_{-T}^T \int_a^b e^{-itz}f(t)dzdt = \int_a^b \frac{1}{2\pi}\int_{-T}^T e^{-itz}f(t)dtdz.$$

令

$$p_T(z) := \frac{1}{2\pi}\int_{-T}^T e^{-itz}f(t)dt, \quad p(z) := \frac{1}{2\pi}\int_{-\infty}^\infty e^{-itz}f(t)dt.$$

记 $M := \frac{1}{2\pi}\int_{-\infty}^\infty \|f(t)\|dt$, 它是实数. $\|p(z)\| \leqslant M$; 对任意 T, $\|p_T(z)\| \leqslant M$ 且 $\lim_{T\to\infty} p_T(z) = p(z)$. 由有界收敛定理, 对 $U \sim U(a, b)$, $\lim_{T\to\infty} \mathrm{E}p_T(U) = \mathrm{E}p(U)$. 等价地,

$$\lim_{T\to\infty}\int_a^b p_T(z)dz = \int_a^b p(z)dz.$$

由命题 3.8.9, 对任意 $a, b \in C(F)$, $F(b) - F(a) = \int_a^b p(z)dz$. 对任意 $x \in C(F)$, 取 $a_n, b_n \in C(F)$ 使得 $x - 1/n < a_n < x < b_n < x + 1/n$, 由积分的连续性知 $\mathrm{P}(X = x) \leqslant$

$$\liminf_{n\to\infty}\int_{a_n}^{b_n} p(z)\mathrm{d}z = 0.$$ 因此 $C(F) = \mathbb{R}$. 综上, 对任意 $a, b \in \mathbb{R}$, $F(b) - F(a) = \int_a^b p(z)\mathrm{d}z$. 因此 X 是连续型随机变量, 且 $p(\cdot)$ 为其密度函数. □

习题

1. 试求均匀分布 $U(0,1)$ 的特征函数.

*2. 试用复变函数中的留数定理证明 $N(0,1)$ 的特征函数为 $\mathrm{e}^{-\frac{t^2}{2}}$.

3. 试证明柯西分布 $C(\mu, \alpha)$ 的特征函数为 $\mathrm{e}^{\mathrm{i}\mu t - \alpha|t|}$, 并利用此结果证明柯西分布族 $\{C(\mu, \alpha) : \mu \in \mathbb{R}, \alpha > 0\}$ 的可加性.

4. 设 $X \sim N(\mu, \sigma^2)$. 试利用特征函数的性质 8 求 $\mathrm{E}(X - \mu)^k$, 其中 k 是正整数.

5. 证明: 当 $n \to \infty$, $np \to \lambda$ 时, 二项分布 $B(n,p)$ 弱收敛于泊松分布 $P(\lambda)$.

6. 令 $n \to \infty$. 证明: (1) $\{k/n : k = 1, \cdots, n\}$ 上的等概率分布弱收敛于均匀分布 $U(0,1)$; (2) 设 $X_1, X_2, \cdots$ 独立同分布, $\mathrm{P}(X_1 = 1) = \mathrm{P}(X_1 = 0) = 1/2$. 证明: $\sum_{k=1}^n \frac{X_k}{2^k}$ 的分布弱收敛于 $U(0,1)$.

7. 设 $X_1, X_2, \cdots$ 独立同分布. 记 $S_n = X_1 + \cdots + X_n$, 并将其标准化记为 $S_n^* = (S_n - \mathrm{E}S_n)/\sqrt{\mathrm{Var}(S_n)}$. 分别在以下三种情形计算 S_n^* 的特征函数 $f_n(\cdot)$, 并求出 $\lim_{n\to\infty} f_n(t)$: (1) $X_1 \sim U(-a, a)$, 其中 $a > 0$; (2) $X_1 \sim P(\lambda)$; (3) $X_1 \sim \Gamma(\alpha, \lambda)$.

*8. 设 $X_1, X_2, \cdots$ 独立同分布, $\mathrm{E}X_1 = 0, \mathrm{Var}(X_1) = 1$, 且 $\frac{1}{\sqrt{n}}\sum_{i=1}^n X_i \stackrel{\mathrm{d}}{=} X_1$, $n = 2, 3, \cdots$. 试利用特征函数证明 $X_1 \sim N(0, 1)$.

9. 证明: 随机向量 $\vec{X}$ 的特征函数 $f(\cdot)$ 也满足 $f(\vec{0}) = 1$ 和一致连续性: 对任意 $\varepsilon > 0$, 存在 $\delta > 0$, 使得当 $\|\vec{t} - \vec{s}\| < \delta$ 时, $\|f(\vec{t}) - f(\vec{s})\| \leqslant \varepsilon$.

10. 记 $\vec{X} = (X_1, \cdots, X_n), \vec{Y} = (Y_1, \cdots, Y_m)$, 则 $\vec{X}, \vec{Y}$ 相互独立当且仅当对任意 $\vec{t} = (t_1, \cdots, t_n) \in \mathbb{R}^n, \vec{s} = (s_1, \cdots, s_m) \in \mathbb{R}^m$,

$$f_{(X_1,\cdots,X_n,Y_1,\cdots,Y_m)}(t_1, \cdots, t_n, s_1, \cdots, s_m) = f_{\vec{X}}(\vec{t}) \cdot f_{\vec{Y}}(\vec{s}).$$

§3.9 正态分布与高斯分布

在本节, 为方便起见, 若无特别声明, 实向量与随机向量均写为列向量的形式. 将零向量记为 $\vec{0}$, 单位矩阵记为 $\mathbf{I}$. 用 $\vec{x}^\mathrm{T}$ 表示向量 $\vec{x}$ 的转置, 用 $\vec{x} \cdot \vec{y}$ 表示向量的内积, 即 $\vec{x}^\mathrm{T} \vec{y}$. 用 $\mathbf{A}^\mathrm{T}$ 表示矩阵 $\mathbf{A}$ 的转置, $\mathbf{A}^{-1}$ 表示 $\mathbf{A}$ 的逆矩阵, $\det \mathbf{A}$ 表示 $\mathbf{A}$ 的行列式.

设 $\vec{\mu}$ 为 n 维实向量, $\mathbf{\Sigma}$ 为 $n \times n$ 矩阵, $\vec{X}$ 为 n 维随机向量, 具体表达式如下:

$$\vec{\mu} = \begin{pmatrix} \mu_1 \\ \vdots \\ \mu_n \end{pmatrix}, \quad \boldsymbol{\Sigma} = \begin{pmatrix} \sigma_{11} & \cdots & \sigma_{1n} \\ \vdots & \ddots & \vdots \\ \sigma_{n1} & \cdots & \sigma_{nn} \end{pmatrix}, \quad \vec{X} = \begin{pmatrix} X_1 \\ \vdots \\ X_n \end{pmatrix}.$$

设 $\boldsymbol{\Sigma}$ 为正定矩阵. 若 $\vec{X}$ 的联合密度函数如下:

$$p_{\vec{X}}(\vec{x}) = \frac{1}{\sqrt{(2\pi)^n \det \boldsymbol{\Sigma}}} \exp\left\{ -\frac{1}{2} (\vec{x} - \vec{\mu})^{\mathrm{T}} \boldsymbol{\Sigma}^{-1} (\vec{x} - \vec{\mu}) \right\},$$

其中 $\vec{x}$ 为 n 维实向量, 则称 $\vec{X}$ 服从 n 维**正态分布**或 n 元**正态分布**, 记为 $\vec{X} \sim N(\vec{\mu}, \boldsymbol{\Sigma})$. 特别地, 称 $N(\vec{0}, \mathbf{I})$ 为 n 维**标准正态分布**.

不难看出, $\vec{X} \sim N(\vec{0}, \mathbf{I})$ 当且仅当 $X_1, \cdots, X_n$ 独立同分布, 均服从 $N(0,1)$. 此时, $\vec{X}$ 的联合密度函数为

$$\frac{1}{\sqrt{(2\pi)^n}} \mathrm{e}^{-\|\vec{x}\|^2/2} = \prod_{i=1}^n \frac{1}{\sqrt{2\pi}} \mathrm{e}^{-x_i^2/2}.$$

一、正态分布的非退化线性变换

在以下讨论中, 实向量和随机向量均为 n 维向量, 矩阵均为 $n \times n$ 矩阵.

结论 1 设 $\vec{Z} \sim N(\vec{0}, \mathbf{I})$, $\mathbf{A}$ 为 $n \times n$ 非退化矩阵, $\vec{\mu}$ 为 n 维实向量, 则 $\mathbf{A}\vec{Z} + \vec{\mu} \sim N(\vec{\mu}, \boldsymbol{\Sigma})$, 其中 $\boldsymbol{\Sigma} = \mathbf{A}\mathbf{A}^{\mathrm{T}}$ 为正定矩阵. 特别地, 若 $\mathbf{O}$ 为正交矩阵, 则 $\mathbf{O}\vec{Z} \sim N(\vec{0}, \mathbf{I})$.

证 对任意 n 维实向量 $\vec{\alpha}$, $\vec{\alpha}^{\mathrm{T}} \boldsymbol{\Sigma} \vec{\alpha} = \vec{\alpha}^{\mathrm{T}} \mathbf{A}\mathbf{A}^{\mathrm{T}} \vec{\alpha} = \|\mathbf{A}^{\mathrm{T}} \vec{\alpha}\|^2 \geqslant 0$, 且 $\vec{\alpha}^{\mathrm{T}} \boldsymbol{\Sigma} \vec{\alpha} = 0$ 当且仅当 $\mathbf{A}^{\mathrm{T}} \vec{\alpha} = \vec{0}$, 即 $\vec{\alpha} = (\mathbf{A}^{\mathrm{T}})^{-1} \vec{0} = \vec{0}$. 因此 $\boldsymbol{\Sigma}$ 为正定矩阵.

记 $\vec{x} = f(\vec{z}) := \mathbf{A}\vec{z} + \vec{\mu}$, $\vec{X} = f(\vec{Z})$, 则

$$\left(\frac{\partial x_i}{\partial z_j} \right)_{1 \leqslant i,j \leqslant n} = \mathbf{A}, \quad p_{\vec{X}}(\vec{x}) = p_{\vec{Z}}(\vec{z}) \cdot \frac{1}{|\det \mathbf{A}|} = C \mathrm{e}^{-\|\vec{z}\|^2/2},$$

其中 $C = \dfrac{1}{\sqrt{(2\pi)^n} |\det \mathbf{A}|} = \dfrac{1}{\sqrt{(2\pi)^n \det \boldsymbol{\Sigma}}}$,

$$\|\vec{z}\|^2 = \vec{z}^{\mathrm{T}} \vec{z} = \left(\mathbf{A}^{-1}(\vec{x} - \vec{\mu})\right)^{\mathrm{T}} \left(\mathbf{A}^{-1}(\vec{x} - \vec{\mu})\right)$$
$$= (\vec{x} - \vec{\mu})^{\mathrm{T}} (\mathbf{A}^{\mathrm{T}})^{-1} \mathbf{A}^{-1} (\vec{x} - \vec{\mu}) = (\vec{x} - \vec{\mu})^{\mathrm{T}} \boldsymbol{\Sigma}^{-1} (\vec{x} - \vec{\mu}).$$

综上, $\vec{X} \sim N(\vec{\mu}, \boldsymbol{\Sigma})$. 特别地, 若 $\mathbf{O}$ 为正交矩阵, 则 $\mathbf{O}\mathbf{O}^{\mathrm{T}} = \mathbf{I}$, 于是 $\mathbf{O}\vec{Z} \sim N(\vec{0}, \mathbf{I})$. □

假设 $X_1, \cdots, X_n$ 独立同分布. 在数理统计中称 $\bar{X} := \dfrac{1}{n}(X_1 + \cdots + X_n)$ 为**样本均值**, 称 $S^2 := \dfrac{1}{n-1} \sum_{i=1}^n (X_i - \bar{X})^2$ 为**样本方差**. 不难验证, 若 X_1 的期望存在, 则 $\mathrm{E}\bar{X} = \mathrm{E}X_1$; 进一步, 若 X_1 的方差有限, 则 $\mathrm{E}S^2 = \mathrm{Var}(X_1)$.

例 3.9.1 设 $X_1,\cdots,X_n$ 相互独立, 均服从 $N(0,1)$, 则以下三条成立:

(1) $\bar{X} \sim N\left(0,\dfrac{1}{n}\right)$; (2) $(n-1)S^2 \sim \chi^2(n-1)$; (3) $\bar{X}$ 与 S^2 相互独立.

证 取正交矩阵 $\mathbf{O} = (o_{ij})_{1\leqslant i,j\leqslant n}$, 使得 $o_{1j} = \dfrac{1}{\sqrt{n}}$, $j=1,\cdots,n$. 由结论 1, $\vec{Y}:=\mathbf{O}\vec{X} \sim N(\vec{0},\mathbf{I})$.

(1) $Y_1 \sim N(0,1)$, 因此 $\bar{X} = \dfrac{1}{\sqrt{n}}Y_1 \sim N\left(0,\dfrac{1}{n}\right)$.

(2) $(n-1)S^2 = \sum\limits_{i=1}^{n}\left(X_i^2 - 2\bar{X}\cdot X_i + (\bar{X})^2\right) = \sum\limits_{i=1}^{n}X_i^2 - 2\bar{X}\cdot n\bar{X} + (n\bar{X})^2 = \sum\limits_{i=1}^{n}X_i^2 - n(\bar{X})^2$. 由 $\mathbf{O}$ 是正交矩阵知 $\sum\limits_{i=1}^{n}X_i^2 = \sum\limits_{i=1}^{n}Y_i^2$. 又因为 $\bar{X} = Y_1/\sqrt{n}$, 所以 $(n-1)S^2 = \sum\limits_{i=1}^{n}Y_i^2 - Y_1^2 = \sum\limits_{i=2}^{n}Y_i^2$. 由于 $Y_1,\cdots,Y_n$ 相互独立, 均服从 $N(0,1)$, 因此 $S^2 \sim \chi^2(n-1)$ (参见例 2.7.17, 例 2.2.12 及其后面关于伽马分布和卡方分布的定义).

(3) 因为 $Y_1,\cdots,Y_n$ 相互独立, 所以 Y_1 与 $(Y_2,\cdots,Y_n)$ 相互独立. 于是它们的函数 $\bar{X} = Y_1/\sqrt{n}$ 与 $S^2 = \dfrac{1}{n-1}\sum\limits_{i=2}^{n}Y_i^2$ 相互独立. □

结论 2 设 $\boldsymbol{\Sigma}$ 为正定矩阵且 $\vec{X} \sim N(\vec{\mu},\boldsymbol{\Sigma})$. 若 $\mathbf{A}$ 为满足 $\boldsymbol{\Sigma} = \mathbf{A}\mathbf{A}^{\mathrm{T}}$ 的非退化矩阵, 则 $\mathbf{A}^{-1}(\vec{X}-\vec{\mu}) \sim N(\vec{0},\mathbf{I})$.

证 设 $\vec{Z} \sim N(\vec{0},\mathbf{I})$. 根据结论 1, $\vec{X} \stackrel{\mathrm{d}}{=} \mathbf{A}\vec{Z} + \vec{\mu}$. 记 $f(\vec{x}) = \mathbf{A}^{-1}(\vec{x}-\vec{\mu})$, 则 $f(\vec{X}) \stackrel{\mathrm{d}}{=} f(\mathbf{A}\vec{Z}+\vec{\mu}) = \vec{Z}$, 即 $f(\vec{X}) \sim N(\vec{0},\mathbf{I})$. □

例 3.9.2 对任意正定矩阵 $\boldsymbol{\Sigma}$, 存在 $\vec{X}$ 使得 $\vec{X} \sim N(\vec{\mu},\boldsymbol{\Sigma})$. 这是因为一定存在非退化矩阵 $\mathbf{A}$ 使得 $\boldsymbol{\Sigma} = \mathbf{A}\mathbf{A}^{\mathrm{T}}$. 譬如, 先取正交矩阵 $\mathbf{O}$ 使得 $\boldsymbol{\Sigma} = \mathbf{O}\mathbf{D}\mathbf{O}^{\mathrm{T}}$, 其中 $\mathbf{D}$ 为对角矩阵, 对角线的元素为 $\boldsymbol{\Sigma}$ 的特征值, 因此为严格正的实数. 令 $\mathbf{A} = \mathbf{O}\sqrt{\mathbf{D}}\mathbf{O}^{\mathrm{T}}$ 即可, 其中 $\sqrt{\mathbf{D}}$ 为对角矩阵, 对角线的元素为 $\mathbf{D}$ 中对应元素的正平方根. □

结论 3 设 $\boldsymbol{\Sigma}$ 为正定矩阵且 $\vec{X} \sim N(\vec{\mu},\boldsymbol{\Sigma})$. 对任意 $n\times n$ 非退化矩阵 $\mathbf{A}$, n 维实向量 $\vec{b}$, $\mathbf{A}\vec{X} + \vec{b} \sim N(\mathbf{A}\vec{\mu}+\vec{b}, \mathbf{A}\boldsymbol{\Sigma}\mathbf{A}^{\mathrm{T}})$.

证 取非退化矩阵 $\mathbf{M}$ 使得 $\boldsymbol{\Sigma} = \mathbf{M}\mathbf{M}^{\mathrm{T}}$. 由结论 2, $\vec{Z} := \mathbf{M}^{-1}(\vec{X}-\vec{\mu}) \sim N(\vec{0},\mathbf{I})$. 再由结论 1, $\mathbf{A}\vec{X} + \vec{b} = \mathbf{A}(\mathbf{M}\vec{Z}+\vec{\mu}) + \vec{b} = \mathbf{A}\mathbf{M}\vec{Z} + \mathbf{A}\vec{\mu} + \vec{b} \sim N(\vec{\nu},\tilde{\boldsymbol{\Sigma}})$, 其中 $\vec{\nu} = \mathbf{A}\vec{\mu} + \vec{b}$, $\tilde{\boldsymbol{\Sigma}} = \mathbf{A}\mathbf{M}(\mathbf{A}\mathbf{M})^{\mathrm{T}} = \mathbf{A}\boldsymbol{\Sigma}\mathbf{A}^{\mathrm{T}}$. □

二、高斯分布及其线性变化

结论 4 $N(\vec{0},\mathbf{I})$ 的特征函数为 $\mathrm{e}^{-\|\vec{t}\|^2/2}$.

证 设 $\vec{Z} \sim N(\vec{0},\mathbf{I})$. $f_{\vec{Z}}(\vec{t}) = \mathrm{E}\prod\limits_{k=1}^{n}\mathrm{e}^{\mathrm{i}t_k Z_k} = \prod\limits_{k=1}^{n}f_{Z_k}(t_k) = \prod\limits_{k=1}^{n}\mathrm{e}^{-t_k^2/2} = \mathrm{e}^{-\|\vec{t}\|^2/2}$. □

结论 5 设 $\boldsymbol{\Sigma}$ 为正定矩阵, 则 $N(\vec{\mu},\boldsymbol{\Sigma})$ 的特征函数为 $\mathrm{e}^{\mathrm{i}\vec{t}\cdot\vec{\mu} - \frac{1}{2}\vec{t}^{\mathrm{T}}\boldsymbol{\Sigma}\vec{t}}$.

证 设 $\vec{Z} \sim N(\vec{0}, \mathbf{I})$,非退化矩阵 $\mathbf{A}$ 满足 $\mathbf{\Sigma} = \mathbf{A}\mathbf{A}^{\mathrm{T}}$,则 $\vec{X} := \mathbf{A}\vec{Z} + \vec{\mu} \sim N(\vec{\mu}, \mathbf{\Sigma})$.

$$f_{\vec{X}}(\vec{t}) = \mathrm{E}\mathrm{e}^{\mathrm{i}\vec{t}\cdot(\mathbf{A}\vec{Z}+\vec{\mu})} = \mathrm{e}^{\mathrm{i}\vec{t}\cdot\vec{\mu}}\mathrm{E}\mathrm{e}^{\mathrm{i}(\mathbf{A}^{\mathrm{T}}\vec{t})\cdot\vec{Z}} = \mathrm{e}^{\mathrm{i}\vec{t}\cdot\vec{\mu}} f_{\vec{Z}}(\mathbf{A}^{\mathrm{T}}\vec{t})$$

$$= \mathrm{e}^{\mathrm{i}\vec{t}\cdot\vec{\mu}}\mathrm{e}^{-\|\mathbf{A}^{\mathrm{T}}\vec{t}\|^2/2} = \mathrm{e}^{\mathrm{i}\vec{t}\cdot\vec{\mu}-\frac{1}{2}\vec{t}^{\mathrm{T}}\mathbf{\Sigma}\vec{t}}. \qquad \square$$

设 $\vec{X}$ 为 n 维随机向量. 若 $\vec{X}$ 的特征函数为 $f_{\vec{X}}(\vec{t}) = \mathrm{E}\mathrm{e}^{\mathrm{i}\vec{t}\cdot\vec{\mu}-\frac{1}{2}\vec{t}^{\mathrm{T}}\mathbf{\Sigma}\vec{t}}$,其中 $\vec{\mu}$ 为 n 维实向量,$\mathbf{\Sigma}$ 为 $n \times n$ 非负定矩阵,则称 $\vec{X}$ 服从 n 维**高斯分布**,记为 $\vec{X} \sim N(\vec{\mu}, \mathbf{\Sigma})$. 当 $\mathbf{\Sigma}$ 非退化时,$N(\vec{\mu}, \mathbf{\Sigma})$ 即为正态分布; 当 $\mathbf{\Sigma}$ 退化时,也称 $N(\vec{\mu}, \mathbf{\Sigma})$ 为**退化的正态分布**. 以下,我们也用 $N(\vec{\mu}, \mathbf{\Sigma})$ 表示高斯分布,不区分退化或非退化.

结论 6 设 $\vec{Z}$ 服从 m 维标准正态分布,则对任意 $n \times m$ 矩阵 $\mathbf{A}$, n 维实向量 $\vec{\mu}$, $\mathbf{A}\vec{Z} + \vec{\mu} \sim N(\vec{\mu}, \mathbf{\Sigma})$,其中 $\mathbf{\Sigma} = \mathbf{A}\mathbf{A}^{\mathrm{T}}$ 为非负定矩阵.

证 对任意 n 维实向量 $\vec{\alpha}$, $\vec{\alpha}^{\mathrm{T}}\mathbf{\Sigma}\vec{\alpha} = \vec{\alpha}^{\mathrm{T}}\mathbf{A}\mathbf{A}^{\mathrm{T}}\vec{\alpha} = \|\mathbf{A}^{\mathrm{T}}\vec{\alpha}\|^2 \geqslant 0$. 因此 $\mathbf{\Sigma}$ 为非负定矩阵. 与结论 5 的证明类似,可证明 $\mathbf{A}\vec{Z} + \vec{\mu}$ 的特征函数为 $\mathrm{e}^{\mathrm{i}\vec{t}\cdot\vec{\mu}-\frac{1}{2}\vec{t}^{\mathrm{T}}\mathbf{\Sigma}\vec{t}}$. 故而结论成立. $\square$

例 3.9.3 对任意 $n \times n$ 非负定矩阵 $\mathbf{\Sigma}$, 存在 $\vec{X}$ 使得 $\vec{X} \sim N(\vec{\mu}, \mathbf{\Sigma})$. 这是因为可在结论 6 中取 $m = n$, 并且一定存在 $n \times n$ 矩阵 $\mathbf{A}$ 使得 $\mathbf{\Sigma} = \mathbf{A}\mathbf{A}^{\mathrm{T}}$. 理由与例 3.9.2 类似, 只需要将其中的特征值 "严格正" 改为 "非负" 即可. $\square$

结论 7 设 $\vec{X}$ 服从 n 维高斯分布 $N(\vec{\mu}, \mathbf{\Sigma})$,则对任意 $m \times n$ 矩阵 $\mathbf{A}$, m 维实向量 $\vec{b}$, $\mathbf{A}\vec{X} + \vec{b} \sim N(\mathbf{A}\vec{\mu} + \vec{b}, \mathbf{A}\mathbf{\Sigma}\mathbf{A}^{\mathrm{T}})$.

证 取 $n \times n$ 矩阵 $\mathbf{M}$ 使得 $\mathbf{\Sigma} = \mathbf{M}\mathbf{M}^{\mathrm{T}}$, 并取服从 n 维标准正态分布的随机向量 $\vec{Z}$, 则 $\vec{X} \stackrel{\mathrm{d}}{=} \mathbf{M}\vec{Z} + \vec{\mu}$, 这是因为它们的特征函数相同. 于是

$$\mathbf{A}\vec{X} + \vec{b} \stackrel{\mathrm{d}}{=} \mathbf{A}(\mathbf{M}\vec{Z} + \vec{\mu}) + \vec{b} = \mathbf{A}\mathbf{M}\vec{Z} + \mathbf{A}\vec{\mu} + \vec{b}.$$

由结论 6, 它们服从 $N(\vec{\nu}, \tilde{\mathbf{\Sigma}})$, 其中 $\vec{\nu} = \mathbf{A}\vec{\mu} + \vec{b}$, $\tilde{\mathbf{\Sigma}} = \mathbf{A}\mathbf{M}(\mathbf{A}\mathbf{M})^{\mathrm{T}} = \mathbf{A}\mathbf{\Sigma}\mathbf{A}^{\mathrm{T}}$. $\square$

结论 8 设 $\vec{X}$ 服从 n 维高斯分布 $N(\vec{\mu}, \mathbf{\Sigma})$, 则 $\vec{\mu}$ 为 $\vec{X}$ 的期望, $\mathbf{\Sigma}$ 为 $\vec{X}$ 的协方差矩阵.

证 在结论 6 中取 $m = n$, 以及满足 $\mathbf{\Sigma} = \mathbf{A}\mathbf{A}^{\mathrm{T}}$ 的 $n \times n$ 矩阵 $\mathbf{A}$, 便知 $\vec{X} \stackrel{\mathrm{d}}{=} \vec{Y} := \mathbf{A}\vec{Z} + \vec{\mu}$. $\vec{X}$ 的期望等于 $\vec{Y}$ 的期望, 即为 $\vec{\mu}$. $\vec{X}$ 的协方差矩阵等于 $\vec{Y}$ 的协方差矩阵, 其中的 (i, j) 元即为

$$\mathrm{Cov}(Y_i, Y_j) = \mathrm{E}\left(\sum_{r=1}^{m} a_{ir} Z_r\right) \cdot \left(\sum_{s=1}^{n} a_{js} Z_s\right) = \sum_{r,s=1}^{n} a_{ir} a_{js} \mathrm{E} Z_r Z_s = \sum_{r=1}^{n} a_{ir} a_{jr}.$$

此即矩阵 $\mathbf{A}\mathbf{A}^{\mathrm{T}} = \mathbf{\Sigma}$ 的 (i, j) 元. $\square$

三、高斯分布的边缘分布

以下, 为清晰起见, 有时也将 σ_{ij} 写作 $\sigma_{i,j}$.

记号与前提 A: 设 $m, k \geqslant 1$, $n = m + k$; $i = 1, \cdots, m$; $r = 1, \cdots, k$.

$$\begin{cases} \vec{X} = (X_1, \cdots, X_n)^{\mathrm{T}}, & \vec{\mu} = (\mu_1, \cdots, \mu_n)^{\mathrm{T}}, \quad \boldsymbol{\Sigma} = (\sigma_{ij})_{1 \leqslant i,j \leqslant n} \text{非负定}, \\ V_i := X_i, & \vec{V} := (V_1, \cdots, V_m)^{\mathrm{T}} = (X_1, \cdots, X_m)^{\mathrm{T}}; \\ W_r := X_{m+r}, & \vec{W} := (W_1, \cdots, W_k)^{\mathrm{T}} = (X_{m+1}, \cdots, X_n)^{\mathrm{T}}; \\ \varphi_i := \mu_i, & \vec{\varphi} := (\varphi_1, \cdots, \varphi_m)^{\mathrm{T}} = (\mu_1, \cdots, \mu_m)^{\mathrm{T}}; \\ \psi_r := \mu_{m+r}, & \vec{\psi} := (\psi_1, \cdots, \psi_k)^{\mathrm{T}} = (\mu_{m+1}, \cdots, \mu_n)^{\mathrm{T}}; \\ \boldsymbol{\Sigma} = \begin{pmatrix} \boldsymbol{\Sigma}_{11} & \boldsymbol{\Sigma}_{12} \\ \boldsymbol{\Sigma}_{21} & \boldsymbol{\Sigma}_{22} \end{pmatrix}, & \boldsymbol{\Sigma}_{11} = (\sigma_{ij})_{1 \leqslant i,j \leqslant m}, \quad \boldsymbol{\Sigma}_{12} = (\sigma_{i,m+r})_{1 \leqslant i \leqslant m, 1 \leqslant r \leqslant k}, \\ & \boldsymbol{\Sigma}_{21} = (\sigma_{m+r,i})_{1 \leqslant r \leqslant k, 1 \leqslant i \leqslant m}, \quad \boldsymbol{\Sigma}_{22} = (\sigma_{m+r,m+s})_{1 \leqslant r,s \leqslant k}. \end{cases}$$

结论 9 在记号与前提 **A** 下,若 $\vec{X} \sim N(\vec{\mu}, \boldsymbol{\Sigma})$,则 $\vec{V} \sim N(\vec{\varphi}, \boldsymbol{\Sigma}_{11})$, $\vec{W} \sim N(\vec{\psi}, \boldsymbol{\Sigma}_{22})$.

证 设 $\vec{v} = (v_1, \cdots, v_m)^{\mathrm{T}}$ 为 m 维实向量. 将 n 维实向量 $(v_1, \cdots, v_m, 0, \cdots, 0)^{\mathrm{T}}$ 记为 $\vec{t}$,则

$$f_{\vec{V}}(\vec{v}) = \mathrm{E} \mathrm{e}^{\mathrm{i}\vec{v} \cdot \vec{V}} = \mathrm{E} \mathrm{e}^{\mathrm{i}\vec{t} \cdot \vec{X}} = f_{\vec{X}}(\vec{t}) = \mathrm{e}^{\mathrm{i}\vec{t} \cdot \vec{\mu} - \frac{1}{2} \vec{t}^{\mathrm{T}} \boldsymbol{\Sigma} \vec{t}},$$

其中 $\vec{t} \cdot \vec{\mu} = \vec{v} \cdot \vec{\varphi}$, $\vec{t}^{\mathrm{T}} \boldsymbol{\Sigma} \vec{t} = \vec{v}^{\mathrm{T}} \boldsymbol{\Sigma}_{11} \vec{v}$. 因此 $\vec{V} \sim N(\vec{\varphi}, \boldsymbol{\Sigma}_{11})$. 同理, $\vec{W} \sim N(\vec{\psi}, \boldsymbol{\Sigma}_{22})$. □

注 3.9.4 在结论 9 中,也可以将 $\vec{V}$ 视为 $\vec{X}$ 的线性变换,并利用结论 7 进行证明. 一般地, $\vec{V}$ 还可以取为任意的 $(X_{i_1}, \cdots, X_{i_m})$,其中 $i_1, \cdots, i_m \in \{1, \cdots, n\}$. 当 $i_1, \cdots, i_m$ 互不相等时, $\vec{V}$ 为 $\vec{X}$ 的 m 维边缘. 更一般地, $i_1, \cdots, i_m$ 可以出现重复,并且 m 甚至可以大于 n. $\vec{V}$ 总是服从 m 维高斯分布,对应的参数即为 $\vec{V}$ 的期望和协方差矩阵.

结论 10 在记号与前提 **A** 下,若 $\vec{X} \sim N(\vec{\mu}, \boldsymbol{\Sigma})$,则 $\vec{V}$ 与 $\vec{W}$ 相互独立当且仅当 $\boldsymbol{\Sigma}_{12} = \mathbf{0}$,等价地, $\boldsymbol{\Sigma}_{21} = \mathbf{0}$.

证 设 $\vec{v} = (v_1, \cdots, v_m)^{\mathrm{T}}$ 为 m 维实向量, $\vec{w} = (w_1, \cdots, w_k)^{\mathrm{T}}$ 为 k 维实向量. 记 $\vec{t} = (v_1, \cdots, v_m, w_1, \cdots, w_k)$,则 $\vec{V}$ 与 $\vec{W}$ 的联合特征函数为

$$f_{\vec{V}, \vec{W}}(\vec{v}, \vec{w}) = \mathrm{E} \mathrm{e}^{\mathrm{i}\vec{v} \cdot \vec{V} + \mathrm{i}\vec{w} \cdot \vec{W}} = \mathrm{E} \mathrm{e}^{\mathrm{i}\vec{t} \cdot \vec{X}} = \mathrm{e}^{\mathrm{i}\vec{t} \cdot \vec{\mu} - \frac{1}{2} \vec{t}^{\mathrm{T}} \boldsymbol{\Sigma} \vec{t}},$$

其中 $\vec{t} \cdot \vec{\mu} = \vec{v} \cdot \vec{\varphi} + \vec{w} \cdot \vec{\psi}$ 且

$$\vec{t}^{\mathrm{T}} \boldsymbol{\Sigma} \vec{t} = \vec{v}^{\mathrm{T}} \boldsymbol{\Sigma}_{11} \vec{v} + \vec{v}^{\mathrm{T}} \boldsymbol{\Sigma}_{12} \vec{w} + \vec{w}^{\mathrm{T}} \boldsymbol{\Sigma}_{21} \vec{v} + \vec{w}^{\mathrm{T}} \boldsymbol{\Sigma}_{22} \vec{w} = \vec{v}^{\mathrm{T}} \boldsymbol{\Sigma}_{11} \vec{v} + \vec{w}^{\mathrm{T}} \boldsymbol{\Sigma}_{22} \vec{w} + 2 \vec{v}^{\mathrm{T}} \boldsymbol{\Sigma}_{12} \vec{w},$$

上式中的最后一个等号是因为每一项都是实数,所以 $\vec{w}^{\mathrm{T}} \boldsymbol{\Sigma}_{21} \vec{v} = (\vec{w}^{\mathrm{T}} \boldsymbol{\Sigma}_{21} \vec{v})^{\mathrm{T}} = \vec{v}^{\mathrm{T}} \boldsymbol{\Sigma}_{12} \vec{w}$. 综上,

$$f_{\vec{V}, \vec{W}}(\vec{v}, \vec{w}) = \mathrm{e}^{\mathrm{i}\vec{v} \cdot \vec{\varphi} + \mathrm{i}\vec{w} \cdot \vec{\psi} - \frac{1}{2} \vec{v}^{\mathrm{T}} \boldsymbol{\Sigma}_{11} \vec{v} - \frac{1}{2} \vec{w}^{\mathrm{T}} \boldsymbol{\Sigma}_{22} \vec{w} - \vec{v}^{\mathrm{T}} \boldsymbol{\Sigma}_{12} \vec{w}}.$$

由结论 9 及其注 3.9.4, $\vec{V}$ 与 $\vec{W}$ 的特征函数分别为

$$f_{\vec{V}}(\vec{v}) = \mathrm{e}^{\mathrm{i}\vec{v} \cdot \vec{\varphi} - \frac{1}{2} \vec{v}^{\mathrm{T}} \boldsymbol{\Sigma}_{11} \vec{v}}, \quad f_{\vec{W}}(\vec{w}) = \mathrm{e}^{\mathrm{i}\vec{w} \cdot \vec{\psi} - \frac{1}{2} \vec{w}^{\mathrm{T}} \boldsymbol{\Sigma}_{22} \vec{w}}.$$

因此
$$f_{\vec{V}}(\vec{v})f_{\vec{W}}(\vec{w}) = e^{i\vec{v}\cdot\vec{\varphi}+i\vec{w}\cdot\vec{\psi}-\frac{1}{2}\vec{v}^{\mathrm{T}}\boldsymbol{\Sigma}_{11}\vec{v}-\frac{1}{2}\vec{w}^{\mathrm{T}}\boldsymbol{\Sigma}_{22}\vec{w}}.$$

最后，$\vec{V}$ 与 $\vec{W}$ 相互独立当且仅当 $f_{\vec{V},\vec{W}}(\vec{v},\vec{w}) = f_{\vec{V}}(\vec{v})f_{\vec{W}}(\vec{w})$ 对任意 $\vec{v}$ 与 $\vec{w}$ 成立．其充要条件为 $\vec{v}^{\mathrm{T}}\boldsymbol{\Sigma}_{12}\vec{w} = 0$ 对任意 $\vec{v}$ 与 $\vec{w}$ 成立，即 $\boldsymbol{\Sigma}_{12} = \boldsymbol{0}$．等价地，$\boldsymbol{\Sigma}_{21} = \boldsymbol{\Sigma}_{12}^{\mathrm{T}} = \boldsymbol{0}$．
□

四、高斯分布的结构

结论 11 假设 $\boldsymbol{\Sigma}$ 为 $n \times n$ 非负定矩阵且 $\vec{X} \sim N(\vec{\mu}, \boldsymbol{\Sigma})$，则存在服从 n 维标准正态分布的随机向量 $\vec{Z}$ 和 $n \times n$ 矩阵 $\mathbf{A}$ 使得 $\vec{X} = \mathbf{A}\vec{Z} + \vec{\mu}$ a.s..

证 若 $\boldsymbol{\Sigma}$ 非退化，在结论 2 中记 $\vec{Z} = \mathbf{A}^{-1}(\vec{X} - \vec{\mu})$ 便知结论成立．下面假设 $\boldsymbol{\Sigma}$ 退化．

先假定 $\vec{\mu} = \vec{0}$．设 $\mathbf{M}$ 为 $n \times n$ 矩阵，使得 $\boldsymbol{\Sigma} = \mathbf{M}\mathbf{M}^{\mathrm{T}}$．特别地，$\mathbf{M}$ 可取为例 3.9.3 中的 $\mathbf{A}$．取服从 n 维标准正态分布的随机向量 $\vec{Y}$，则由结论 6，$\vec{X} \stackrel{\mathrm{d}}{=} \mathbf{M}\vec{Y}$．

首先，我们将通过矩阵 $\mathbf{M}$ 研究 $\mathbf{M}\vec{Y}$ 的结构．此研究分两步完成．

第一步，设 $\boldsymbol{\Sigma}$ 的秩为 m，其中 $1 \leqslant m < n$．不难看出 $\mathbf{M}$ 的秩也为 m．于是，可以在 $\mathbf{M}$ 中的 n 个行向量中取出 m 个，使它们形成一个极大线性无关组．不妨设为前 m 个，否则可以先调换 $\vec{X} = (X_1, \cdots, X_n)^{\mathrm{T}}$ 中各分量的顺序．具体地，记 $\mathbf{M} = (m_{ij})_{n \times n}$．令 $\vec{\alpha}^{(i)} = (m_{i1}, \cdots, m_{in})$，它是 $\mathbf{M}$ 中的第 i 行．假设 $\vec{\alpha}^{(1)}, \cdots, \vec{\alpha}^{(m)}$ 线性无关，并且对于 $r = 1, \cdots, k := n - m$，$\vec{\alpha}^{(m+r)}$ 均可以表示为 $\vec{\alpha}^{(1)}, \cdots, \vec{\alpha}^{(m)}$ 的线性组合，即存在实数 $b_{r1}, \cdots, b_{rm}$ 使得
$$\vec{\alpha}^{(m+r)} = b_{r1}\vec{\alpha}^{(1)} + \cdots + b_{rm}\vec{\alpha}^{(m)}, \quad r = 1, \cdots, k.$$

令 $V_i := \vec{\alpha}^{(i)}\vec{Y}, i = 1, \cdots, m$；$W_r := \vec{\alpha}^{(m+r)}\vec{Y}, r = 1, \cdots, k$．在上式两边同时乘以 $\vec{Y}$，便知
$$W_r = b_{r1}V_1 + \cdots + b_{rm}V_m, \quad r = 1, \cdots, k.$$

第二步，由结论 6 和结论 9，$\vec{V} := (V_1, \cdots, V_m)^{\mathrm{T}}$ 服从高斯分布．下面，我们将利用命题 3.5.16 证明 $\vec{V}$ 的协方差矩阵为正定矩阵．假设 $c_0, c_1, \cdots, c_m \in \mathbb{R}$ 使得 $c_0 + c_1V_1 + \cdots + c_mV_m = 0$ a.s.. 由 $EV_i = EX_i = 0, i = 1, \cdots, m$ 知 $c_0 = 0$．进一步，记 $\vec{\alpha} := c_1\vec{\alpha}^{(1)} + \cdots + c_m\vec{\alpha}^{(m)}$，则 $\vec{\alpha}\vec{Y} = c_1V_1 + \cdots + c_mV_m = 0$ a.s.. 因为 $\vec{Y}$ 服从 n 维标准正态分布，所以 $\|\vec{\alpha}\|^2 = \mathrm{Var}(\vec{\alpha}\vec{Y}) = 0$，即 $c_1\vec{\alpha}^{(1)} + \cdots + c_m\vec{\alpha}^{(m)} = \vec{0}$．又因为 $\vec{\alpha}^{(1)}, \cdots, \vec{\alpha}^{(m)}$ 线性无关，所以 $c_1 = \cdots = c_m = 0$．由命题 3.5.16，$\vec{V}$ 的协方差矩阵为正定矩阵，从而它服从 m 维正态分布．

其次，通过 $\mathbf{M}\vec{Y}$ 研究 $\vec{X}$．由 $\vec{X}$ 与 $\mathbf{M}\vec{Y} = (V_1, \cdots, V_m, W_1, \cdots, W_k)^{\mathrm{T}}$ 同分布知，$(X_1, \cdots, X_m)^{\mathrm{T}}$ 与 $\vec{V}$ 同分布，因此它服从 m 维正态分布．由结论 2 知存在 $m \times m$ 非

退化矩阵 $\mathbf{C}$, 使得 $(Z_1,\cdots,Z_m)^{\mathrm{T}} := \mathbf{C}^{-1}(X_1,\cdots,X_m)^{\mathrm{T}}$ 服从 m 维标准正态分布, 即 $Z_1,\cdots,Z_m$ 相互独立且均服从一维标准正态分布. 进一步, 对任意 $r = 1,\cdots,k$, 考虑 $\mathbb{R}^n$ 上的函数

$$f_r : \vec{x} = (x_1,\cdots,x_n)^{\mathrm{T}} \mapsto x_{m+r} - (b_{r1}x_1 + \cdots + b_{rm}x_m).$$

由上面的第一步可得 $f_r(\mathbf{M}\vec{Y}) = W_r - (b_{r1}V_1 + \cdots + b_{rm}V_m) \equiv 0$. 特别地, $\mathrm{P}(f_r(\mathbf{M}\vec{Y}) = 0) = 1$. 由 $\vec{X}$ 与 $\mathbf{M}\vec{Y}$ 同分布知 $\mathrm{P}(f_r(\vec{X}) = 0) = 1$, 即

$$X_{m+r} = b_{r1}X_1 + \cdots + b_{rm}X_m, \quad r = 1,\cdots,k \quad \text{a.s..}$$

记 $\mathbf{B} = (b_{ri})_{1 \leqslant r \leqslant k, 1 \leqslant i \leqslant m}$, 这是 $k \times m$ 矩阵. 则 $(X_{m+1},\cdots,X_n)^{\mathrm{T}} = \mathbf{B}(X_1,\cdots,X_m)^{\mathrm{T}} = \mathbf{BC}(Z_1,\cdots,Z_m)^{\mathrm{T}}$ a.s.. 取与 $Z_1,\cdots,Z_m$ 相互独立且均服从一维标准正态分布的 k 个随机变量, 并将它们记为 $Z_{m+1},\cdots,Z_n$, 则 $\vec{Z} = (Z_1,\cdots,Z_n)^{\mathrm{T}}$ 服从 n 维标准正态分布. 令

$$\mathbf{A} = \begin{pmatrix} \mathbf{C} & \mathbf{0}_{m \times k} \\ \mathbf{BC} & \mathbf{0}_{k \times k} \end{pmatrix},$$

其中 $\mathbf{0}_{m \times k}$ 为 $m \times k$ 零矩阵, $\mathbf{0}_{k \times k}$ 为 $k \times k$ 零矩阵, 它们的所有元素均为 0. 则 $\vec{X} = \mathbf{A}\vec{Z}$ a.s..

最后, 对一般的 $\vec{\mu}$, $\vec{X} - \vec{\mu} \sim N(\vec{0}, \mathbf{\Sigma})$. 因此存在服从 n 维标准正态分布的随机向量 $\vec{Z}$ 以及 $n \times n$ 矩阵 $\mathbf{A}$ 使得 $\vec{X} - \vec{\mu} = \mathbf{A}\vec{Z}$ a.s.. 从而 $\vec{X} = \mathbf{A}\vec{Z} + \vec{\mu}$ a.s.. □

五、高斯分布的条件分布

例 3.9.5 假设 (X,Y) 服从二维正态分布, 且 $\mathrm{E}X = \mathrm{E}Y = 0$, 则在 $\{X = x\}$ 的条件下, Y 服从 $N(\mu_x, \sigma^2)$, 其中 $\mu_x = \dfrac{\mathrm{E}XY}{\mathrm{E}X^2} \cdot x$, $\sigma^2 = \mathrm{E}Y^2 - \dfrac{(\mathrm{E}XY)^2}{\mathrm{E}X^2}$.

解 对任意 $a \in \mathbb{R}$, $(X, Y - aX)$ 是 (X,Y) 的线性变换, 因此由结论 7 知它服从高斯分布. 由结论 10, X 与 $Y - aX$ 相互独立当且仅当它们的协方差 $\mathrm{Cov}(X, Y - aX) = 0$. 取 $a = \mathrm{Cov}(X,Y)/\mathrm{Var}(X) = \mathrm{E}XY/\mathrm{E}X^2$, 记 $W = Y - aX$, 则 W 服从高斯分布且 W 与 X 相互独立. 不难看出 $\mathrm{E}W = 0$. 由 $Y = W + aX$ 知

$$\mathrm{Var}(W) = \mathrm{Var}(Y) - \mathrm{Var}(aX) = \mathrm{E}Y^2 - a^2\mathrm{E}X^2 = \mathrm{E}Y^2 - \frac{(\mathrm{E}XY)^2}{\mathrm{E}X^2} = \sigma^2.$$

因为 W 与 X 独立, 所以在 $\{X = x\}$ 的条件下, W 仍然服从 $N(0, \sigma^2)$. 在 $\{X = x\}$ 的条件下, $Y = W + aX = W + ax = W + \mu_x$, 故而服从 $N(\mu_x, \sigma^2)$. □

结论 12 设 $\vec{X} \sim N(\vec{\mu}, \mathbf{\Sigma})$. 在**记号与前提 A** 下, 设 $\mathbf{\Sigma}_{11}$ 非退化, 则在 $\{\vec{V} = \vec{v}\}$ 发生的条件下, $\vec{W} \sim N(\vec{\theta}_{\vec{v}}, \hat{\mathbf{\Sigma}}_{22})$, 其中

$$\vec{\theta}_{\vec{v}} = \vec{\psi} + \mathbf{\Sigma}_{12}\mathbf{\Sigma}_{11}^{-1}(\vec{v} - \vec{\varphi}), \quad \hat{\mathbf{\Sigma}}_{22} = \mathbf{\Sigma}_{22} - \mathbf{\Sigma}_{21}\mathbf{\Sigma}_{11}^{-1}\mathbf{\Sigma}_{12}.$$

证 对任意 $k \times m$ 矩阵 $\mathbf{A} = (a_{ri})_{1 \leqslant r \leqslant k, 1 \leqslant i \leqslant m}$, 令 $T_r := W_r - \sum_{i=1}^{m} a_{ri} V_i$, 即

$$\vec{T} = (T_1, \cdots, T_k)^{\mathrm{T}} := \vec{W} - \mathbf{A}\vec{V},$$

则 $(V_1, \cdots, V_m, T_1, \cdots, T_k)^{\mathrm{T}}$ 是 $\vec{X}$ 的线性变换, 因而服从高斯分布. 由结论 9, $\vec{V}$ 服从高斯分布; 由结论 10, $\vec{V}$ 与 $\vec{T}$ 相互独立当且仅当对任意 $1 \leqslant r \leqslant k, 1 \leqslant i \leqslant m$, $\tilde{\sigma}_{ri} := \mathrm{Cov}(T_r, V_i) = 0$.

$$\tilde{\sigma}_{ri} = \mathrm{Cov}\left(W_r - \sum_{j=1}^{m} a_{rj} V_j, V_i\right) = \sigma_{ri} - \sum_{j=1}^{m} a_{rj} \sigma_{ji},$$

即 $\tilde{\mathbf{\Sigma}}_{21} := (\tilde{\sigma}_{ri})_{1 \leqslant r \leqslant k, 1 \leqslant i \leqslant m} = \mathbf{\Sigma}_{21} - \mathbf{A}\mathbf{\Sigma}_{11}$. 下面讨论中取 $\mathbf{A} = \mathbf{\Sigma}_{21}\mathbf{\Sigma}_{11}^{-1}$, 以使得 $\tilde{\mathbf{\Sigma}}_{21} = \mathbf{0}$, 从而 $\vec{V}$ 与 $\vec{T}$ 相互独立. 此时, $\vec{T}$ 的数字特征如下:

$$\mathrm{E}T_r = \mathrm{E}W_r - \sum_{i=1}^{m} a_{ri} \mathrm{E}V_i = \mu_r - \sum_{i=1}^{m} a_{ri} \mu_i, \quad r = 1, \cdots, k,$$

即 $\mathrm{E}\vec{T} = \vec{\psi} - \mathbf{A}\vec{\varphi}$;

$$\mathrm{Cov}(T_s, T_r) = \mathrm{Cov}\left(T_s, W_r - \sum_{i=1}^{m} a_{ri} V_i\right) = \mathrm{Cov}(T_s, W_r) = \mathrm{Cov}\left(W_s - \sum_{j=1}^{m} a_{sj} V_j, W_r\right)$$

$$= \mathrm{Cov}(W_s, W_r) - \sum_{j=1}^{m} a_{sj} \mathrm{Cov}(V_j, W_r) = \sigma_{sr} - \sum_{j=1}^{m} a_{sj} \sigma_{jr},$$

其中第二个等号用到了 $\vec{T}$ 与 $\vec{V}$ 相互独立. 上式表明 $\vec{T}$ 的协方差矩阵即为

$$\mathbf{\Sigma}_{22} - \mathbf{A}\mathbf{\Sigma}_{12} = \mathbf{\Sigma}_{22} - \mathbf{\Sigma}_{21}\mathbf{\Sigma}_{11}^{-1}\mathbf{\Sigma}_{12} = \hat{\mathbf{\Sigma}}_{22}.$$

$\vec{T}$ 与 $\vec{V}$ 相互独立, 因此在 $\{\vec{V} = \vec{v}\}$ 的条件下, $\vec{T}$ 仍然服从 $N(\nu, \hat{\mathbf{\Sigma}}_{22})$. 在 $\{\vec{V} = \vec{v}\}$ 的条件下, $\vec{W} = \vec{T} + \mathbf{A}\vec{V} = \vec{T} + \mathbf{A}\vec{v}$, 因此它的条件分布为高斯分布, 期望为 $\vec{\psi} - \mathbf{A}\vec{\varphi} + \mathbf{A}\vec{v} = \vec{\psi} + \mathbf{\Sigma}_{21}\mathbf{\Sigma}_{11}^{-1}(\vec{v} - \vec{\varphi}) = \vec{\theta}_{\vec{v}}$, 协方差矩阵为 $\hat{\mathbf{\Sigma}}_{22}$. □

六、高斯分布的其他性质

由结论 7, 服从高斯分布的随机向量的任意线性变换仍然服从高斯分布. 特别地, 若 $\vec{X} = (X_1, \cdots, X_n)$ 服从 n 维高斯分布, 则其分量的任意线性组合 $\sum_{k=1}^{n} a_k X_k$ 服从一维高斯分布. 下面的命题是其逆命题, 它可用于验证某随机向量服从高斯分布.

命题 3.9.6 $\vec{X} = (X_1, \cdots, X_n)^{\mathrm{T}}$ 服从高斯分布当且仅当对任意 $a_1, \cdots, a_n \in \mathbb{R}$, $\sum_{k=1}^{n} a_k X_k$ 服从一维高斯分布.

证 由高斯分布的结论 7, 必要性成立. 下面证明充分性. 固定 k. 取 $a_k = 1$; 对任意 $j \neq k$, 取 $a_j = 0$. 便知 X_k 服从高斯分布, 从而 $\mathrm{E}X_k^2 < \infty$. 因此 $\vec{X}$ 的期望和协方差矩阵都存在, 将它们分别记为 $\vec{\mu}$ 和 $\mathbf{\Sigma}$. 下面考虑 $\vec{X}$ 的特征函数 $f_{\vec{X}}(\vec{t}) = \mathrm{E}\mathrm{e}^{\mathrm{i}\vec{t}\cdot\vec{X}} = \mathrm{E}\mathrm{e}^{\mathrm{i}\sum\limits_{k=1}^{n} t_k X_k}$. 固定 $\vec{t}$, 由假设知 $Y = \sum\limits_{k=1}^{n} t_k X_k$ 服从高斯分布, 其均值和方差分别为

$$\mu := \mathrm{E}Y = \sum_{k=1}^{n} t_k \mu_k = \vec{t} \cdot \vec{\mu},$$

$$\sigma^2 := \mathrm{Var}(Y) = \mathrm{Var}\left(\sum_{k=1}^{n} t_k X_k\right) = \sum_{k,j=1}^{n} t_k t_j \mathrm{Cov}(X_k, X_j) = \sum_{k,j=1}^{n} t_k t_j \sigma_{kj} = \vec{t}^{\mathrm{T}} \mathbf{\Sigma} \vec{t}.$$

于是, $f_{\vec{X}}(\vec{t}) = f_Y(1) = \mathrm{e}^{\mathrm{i}\mu - \sigma^2/2} = \mathrm{e}^{\mathrm{i}\vec{t}\cdot\vec{\mu} - \frac{1}{2}\vec{t}^{\mathrm{T}}\mathbf{\Sigma}\vec{t}}$. 该式对任意 $\vec{t}$ 成立, 因此 $\vec{X}$ 服从高斯分布 $N(\vec{\mu}, \mathbf{\Sigma})$. □

由结论 9 以及注 3.9.4, 高斯分布的任意边缘分布都是高斯分布. 例 3.5.20 则说明其逆命题不成立.

定义 3.9.7 设 $\mathbf{X} = \{X_\alpha : \alpha \in I\}$ 是一族随机变量, 其中 I 为非空的指标集. 若对任意 $n \geqslant 1$ 和 $\alpha_1, \cdots, \alpha_n \in I$, $(X_{\alpha_1}, \cdots, X_{\alpha_n})$ 服从高斯分布, 则称 $\mathbf{X}$ 为**高斯系**.

习题

1. 设 (X, Y) 服从 $N(\mu_1, \mu_2, \sigma_1^2, \sigma_2^2, \rho)$. 令 $U = aX + bY$, $V = cX + dY$, 其中系数 $a, b, c, d \in \mathbb{R}$.

(1) 试求 U 与 V 的数学期望、方差及相关系数;

(2) 求 (U, V) 的分布;

(3) 试问当系数 a, b, c, d 在何种情况下时, (U, V) 是退化的? 在何种情况下, U 与 V 是相互独立的?

2. 在例 3.9.1 中将 X_1 服从的分布改为 $N(\mu, \sigma^2)$. 求 $\bar{X}$ 的分布, 并证明 (2) 与 (3) 仍然成立.

§3.10 综合练习题

1. 某个社区由 m 个家庭组成, 其中有 i 个孩子的家庭有 n_i 个, $i = 1, \cdots, r$, 满足 $\sum\limits_{i=1}^{r} n_i = m$. 随机挑选一个家庭, 令 X 表示该家庭的孩子数. 从所有的 $\sum\limits_{i=1}^{r} i n_i$ 个孩子中随机挑选一个, 令 Y 表示该孩子所在的家庭中的孩子数. 证明: $\mathrm{E}Y \geqslant \mathrm{E}X$.

*2. 对任意 $a > 0$, 试分别利用例 3.1.9 和例 3.3.8 中的方法求例 3.3.8 中定义的 $f(a)$.

3. 设 X 的密度函数如下:
$$p(x) = \begin{cases} ax + bx^2, & 0 < x < 1, \\ 0, & \text{其他}, \end{cases}$$
其中 a, b 为常数. 已知 $\mathrm{E}X = 3/5$. 求: (1) 常数 a 和 b; (2) $\mathrm{P}(X < 1/2)$; (2) $\mathrm{Var}(X)$.

4. 将超几何分布 $H(N, M, n)$ 的方差记为 $\sigma_{N,M,n}^2$. (1) 利用命题 3.4.11 求 $\sigma_{N,M,n}^2$; (2) 利用 (1) 的结论证明 $\sigma_{N,M,n}^2 \leqslant np(1-p)$, 其中 $p = M/N$; (3) 给出 (2) 中结论的直观解释.

5. 假设 $\mathrm{E}X = 0$, $\mathrm{Var}(X) = 1$, $a = \mathrm{E}X^4 < \infty$. (1) 证明: $a \geqslant 1$, 且等号成立的充要条件是 $|X| = 1$ a.s.; (2) 计算 $\mathrm{E}(X_1^2 - 1)^2$.

*6. 设 $\mathrm{E}Y^2 < \infty$. 称
$$\mathrm{Var}(Y|X) := \mathrm{E}\Big(\big(Y - \mathrm{E}(Y|X)\big)^2 \Big| X\Big)$$
为 Y 关于 X 的**条件方差**. 证明: (1) $\mathrm{Var}(Y|X) = \mathrm{E}(Y^2|X) - \mathrm{E}(Y|X)^2$; (2) $\mathrm{Var}(Y) = \mathrm{E}\mathrm{Var}(Y|X) + \mathrm{Var}(\mathrm{E}(Y|X))$.

*7. 设 $\mathrm{E}Y^2 < \infty$ 且 $\mathrm{E}Z^2 < \infty$. 称
$$\mathrm{Cov}(Y, Z|X) := \mathrm{E}\Big(\big(Y - \mathrm{E}(Y|X)\big)\big(Z - \mathrm{E}(Z|X)\big)\Big|X\Big)$$
为 Y 和 Z 关于 X 的**条件协方差**. 证明: (1) $\mathrm{Cov}(Y, Z|X) := \mathrm{E}(YZ|X) - \mathrm{E}(Y|X)\mathrm{E}(Z|X)$; (2) $\mathrm{Cov}(Y, Z) = \mathrm{E}\mathrm{Cov}(Y, Z|X) + \mathrm{Cov}\big(\mathrm{E}(Y|X), \mathrm{E}(Z|X)\big)$.

8. 设 X, Y 相互独立, 母函数分别为 $g_X(s) = \mathrm{e}^{2s-2}$, $g_Y(s) = \left(\dfrac{3}{4}s + \dfrac{1}{4}\right)^{10}$. 求:
(1) $\mathrm{P}(X + Y = 2)$; (2) $\mathrm{P}(XY = 0)$; (3) $\mathrm{E}XY$.

9. 设 $Y \sim N(\mu, \sigma^2)$, 且在 $\{Y = y\}$ 的条件下, X 服从 $N(y, 1)$.
(1) 证明: (X, Y) 与 $(Y + Z, Y)$ 同分布, 其中 Z 与 Y 相互独立, 且 $Z \sim N(0, 1)$;
(2) 利用 (1) 的结论证明: (X, Y) 服从二维正态分布;
(3) 求 $\mathrm{E}X$, $\mathrm{Var}(X)$, $\mathrm{Cov}(X, Y)$;
(4) 求 $\mathrm{E}(Y|X = x)$;
(5) 试问: 在 $\{X = x\}$ 的条件下, Y 服从什么分布?

10. 设 (X, Y) 服从二维正态分布, 五个参数分别为 $\mu_1, \mu_2, \sigma_1^2, \sigma_2^2, \rho$.
(1) 求 (X, Y) 的特征函数;
(2) 当且仅当实数 a, b 满足什么条件时, $aX + bY$ 非退化? 并求此时 $aX + bY$ 的密度函数;
(3) 在 $\{X = x\}$ 的条件下, Y 服从什么分布? 并在 $\rho = 0, 1$ 或 -1 的特殊情况讨论此结果的概率含义.

11. 假设 $\vec{Y} = (Y_1, \cdots, Y_n)^\mathrm{T}$ 服从 n 维正态分布, 且对任意 $k \neq j$, $\mathrm{E}(Y_k|Y_j) = 0$, $\mathrm{E}(Y_k^2|Y_j) = 1$.

(1) 给出 $\vec{Y}$ 的联合密度函数;

(2) 给出 $\mathrm{Var}(Y_1 + \cdots + Y_n)$;

(3) 令 $\vec{X} = \mathbf{A}\vec{Y} + \vec{\mu}$, 其中 $\mathbf{A}$ 为 $n \times n$ 实矩阵, $\vec{\mu}$ 为 n 维向量, 求 $\mathrm{E}\vec{X}$ 和 $\mathrm{E}\vec{X}\vec{X}^\mathrm{T}$.

***12**. (1) 设高斯分布 $N(\mu_n, \sigma_n^2)$ 的特征函数点点收敛于 $f(\cdot)$. 试证: $\mu := \lim\limits_{n \to \infty} \mu_n$ 与 $\sigma^2 = \lim\limits_{n \to \infty} \sigma_n^2$ 存在, 且 $f(\cdot)$ 是高斯分布 $N(\mu, \sigma^2)$ 的特征函数.

(2) 设 d 维高斯分布 $N(\vec{\mu}_n, \mathbf{\Sigma}^{(n)})$ 的特征函数 $f_n(\cdot)$ 点点收敛于 $f(\cdot)$. 试证: $\vec{\mu} := \lim\limits_{n \to \infty} \vec{\mu}_n$ 与 $\mathbf{\Sigma} = \lim\limits_{n \to \infty} \mathbf{\Sigma}^{(n)}$ 存在, 且 $f(\cdot)$ 是 d 维高斯分布 $N(\vec{\mu}, \mathbf{\Sigma})$ 的特征函数.

第四章

极限定理

本章介绍随机变量序列的三种形式的极限定理及其相应的收敛形式,它们是以依概率收敛为结论的 (弱) 大数定律、以几乎必然收敛为结论的强大数定律、以依分布收敛为结论的中心极限定理. 前三节的每一节专注于介绍其中的一种极限定理. 以伯努利试验为特例, 引入随机变量序列的收敛形式. 然后证明相应的极限定理, 再介绍其应用. 在前三节中, 若无特别声明, 假设所有随机变量都是同一样本空间 $(\Omega, \mathscr{F}, \mathrm{P})$ 上的. 各种收敛形式的更多性质以及它们之间的强弱关系在第四节中介绍.

§4.1　大数定律

一、伯努利试验中的结论

在伯努利试验中, 样本点 ω 为无穷长的 H-T 字符串. 记 $A_n=$ "第 n 个字符为 H", 则 $A_1, A_2, \cdots$ 相互独立, 且 $\mathrm{P}(A_n) \equiv p$. 令 $X_n = \mathbf{I}_{A_n}$, $S_n = X_1 + \cdots + X_n$, 则前 n 个字符中 H 出现的频率为 $Y_n = S_n/n$. 对任意 $\varepsilon > 0$, 由切比雪夫不等式,

$$\mathrm{P}(|Y_n - p| > \varepsilon) = \mathrm{P}(|S_n - \mathrm{E}S_n| > n\varepsilon) \leqslant \frac{\mathrm{Var}(S_n)}{(n\varepsilon)^2} = \frac{np(1-p)}{n^2\varepsilon^2} \xrightarrow{n \to \infty} 0.$$

设定误差标准 ε. 当且仅当两个实数 x,y 之差 $|x-y|$ 不超过 ε 时, 认为 $x \approx y$. 则上式表明, 当 n 充分大时, 几乎可以认为 $Y_n \approx p$, 因为该事件的概率充分接近 1. 如此收敛称为依概率收敛, 其定义如下.

定义 4.1.1　若对任意 $\varepsilon > 0$, $\lim_{n \to \infty} \mathrm{P}(|X_n - X| > \varepsilon) = 0$, 则称 X_n **依概率收敛**于 X, 记为 $X_n \xrightarrow{\mathrm{P}} X$.

注 4.1.2　若 X 几乎必然等于常数 C, 则 $X_1, X_2, \cdots$ 可以是不同的样本空间 $(\Omega_1, \mathscr{F}_1, \mathrm{P}_1), (\Omega_2, \mathscr{F}_2, \mathrm{P}_2), \cdots$ 上的随机变量. 此时, 应将定义 4.1.1 中的 $\mathrm{P}(|X_n - X| > \varepsilon)$ 理解为 $\mathrm{P}_n(|X_n - C| > \varepsilon)$.

本节将需要两个关于依概率收敛的结论, 现将它们作为例题叙述并证明. 更多结论和性质见 §4.4.

例 4.1.3　设 $a, a_1, a_2, \cdots \in \mathbb{R}$ 且 $\lim_{n \to \infty} a_n = a$.

(1) 若 $X_n \xrightarrow{\mathrm{P}} X$, 则 $X_n + a_n \xrightarrow{\mathrm{P}} X + a$.

(2) 若 $X_n \xrightarrow{\mathrm{P}} 1$ 且 $a = 1$, 则 $a_n X_n \xrightarrow{\mathrm{P}} 1$.

证　(1) 对任意 $\varepsilon > 0$, 存在 n_0 使得当 $n \geqslant n_0$ 时 $|a_n - a| < \varepsilon/2$, 从而 $|(X_n + a_n) - (X + a)| > \varepsilon$ 蕴涵着 $|X_n - X| > \varepsilon/2$. 于是

$$P(|(X_n + a_n) - (X + a)| > \varepsilon) \leqslant P(|X_n - X| > \varepsilon/2) \stackrel{n\to\infty}{\Longrightarrow} 0.$$

故结论成立.

(2) 对任意 $\varepsilon > 0$, 存在 n_0 使得当 $n \geqslant n_0$ 时 $|a_n - 1| < \varepsilon/2$ 且 $|a_n| < 2$. 于是

$$|a_n X_n - 1| \leqslant |a_n X_n - a_n| + |a_n - 1| \leqslant 2|X_n - 1| + \varepsilon/2.$$

从而 $P(|a_n X_n - 1| > \varepsilon) \leqslant P(|X_n - 1| > \varepsilon/4) \stackrel{n\to\infty}{\Longrightarrow} 0$. 故结论成立. □

二、大数定律及其证明

以下假设 $X_1, X_2, \cdots$ 是随机变量序列. 令

$$S_n := X_1 + \cdots + X_n.$$

若存在实数序列 $a_1, a_2, \cdots$ 与 $b_1, b_2, \cdots$ 使得 $a_n + b_n S_n \stackrel{P}{\to} 0$, 则称 $X_1, X_2, \cdots$ 服从**大数定律**. 有时为了强调与下一节将要引入的强大数定律的区别, 也称本节的大数定律为**弱大数定律**. 若某命题以随机变量序列服从大数定律为结论, 则也称该命题为大数定律. 为此, 需要随机变量序列满足一定假设条件. 不同的假设条件带来不同版本的大数定律. 在结论中, b_n 常常为 $\frac{1}{n}$, 即大数定律的叙述常以 $\frac{1}{n}S_n - a_n \stackrel{P}{\to} 0$ 或 $\frac{1}{n}S_n \stackrel{P}{\to} a$ 为结论. 后者是取 $a_n \equiv a$ 或 $a_n \to a$.

定理 4.1.4 设 $X_1, X_2, \cdots$ 独立同分布, 方差存在且有限, 则 $\frac{1}{n}S_n - EX_1 \stackrel{P}{\to} 0$.

证 对任意 $\varepsilon > 0$,

$$P\left(\left|\frac{S_n}{n} - EX_1\right| > \varepsilon\right) = P\left(\left|\frac{S_n - ES_n}{n}\right| > \varepsilon\right) = P(|S_n - ES_n| > n\varepsilon)$$
$$\leqslant \frac{\mathrm{Var}(S_n)}{(n\varepsilon)^2} = \frac{n\mathrm{Var}(X_1)}{n^2\varepsilon^2} = \frac{\mathrm{Var}(X_1)}{n\varepsilon^2},$$

其中不等号用到了切比雪夫不等式, $\mathrm{Var}(S_n) = n\mathrm{Var}(X_1)$ 用到了独立同分布的假设. 当 $n \to \infty$ 时, 上式右端趋于 0. 因此结论成立. □

仔细检查上述定理的证明便知独立同分布的条件可以减弱为两两不相关和方差有界的假设, 证明完全一样. 于是得到如下版本, 其中取 $a_n = ES_n/n$.

命题 4.1.5 (切比雪夫大数定律) 设 $X_1, X_2, \cdots$ 两两不相关, 且存在常数 C 使得对任意 $n \geqslant 1$, $\mathrm{Var}(X_n) \leqslant C$, 则 $\frac{1}{n}(S_n - ES_n) \stackrel{P}{\to} 0$.

例 4.1.6 (泊松大数定律) 设 $A_1, A_2, \cdots$ 是相互独立的事件序列, $P(A_n) = p_n$, $n = 1, 2, \cdots$. 将 $A_1, \cdots, A_n$ 中发生的总次数记为 S_n, 并记 $q_n = \frac{1}{n}(p_1 + \cdots + p_n)$, 则

$$\frac{1}{n}S_n - q_n \stackrel{P}{\to} 0.$$

证 记 $X_n = \mathbf{I}_{A_n}$, 则 $X_1, X_2, \cdots$ 相互独立, 从而两两不相关. 对任意 $n \geqslant 1$, $\mathrm{Var}(X_n) = p_n(1-p_n)$. 取 $C = 1/4$. 根据切比雪夫大数定律, $\frac{1}{n}S_n - \frac{1}{n}\mathrm{E}S_n \xrightarrow{\mathrm{P}} 0$, 其中 $\frac{1}{n}\mathrm{E}S_n = q_n$. 从而结论成立. □

在切比雪夫大数定律中, 两两不相关和方差一致有界的假设只是为了确保如下**马尔可夫条件**成立:
$$\mathrm{Var}(S_n) = o(n^2).$$
于是可进一步放宽命题 4.1.5 中的假设条件, 并得到如下版本.

命题 4.1.7 (马尔可夫大数定律) 若 $X_1, X_2, \cdots$ 满足马尔可夫条件, 则
$$\frac{1}{n}(S_n - \mathrm{E}S_n) \xrightarrow{\mathrm{P}} 0.$$

*定理 4.1.8 (大数定律) 假设 $X_1, X_2, \cdots$ 独立同分布, $\lim_{x \to \infty} x\mathrm{P}(|X_1| > x) = 0$, 则
$$\frac{1}{n}S_n - \mathrm{E}(X_1 \cdot \mathbf{I}_{\{|X_1| \leqslant n\}}) \xrightarrow{\mathrm{P}} 0.$$

证 将 X_1 简记为 X, 并将 $\mathrm{E}(X \cdot \mathbf{I}_{\{|X| \leqslant n\}})$ 记为 μ_n. 对任意 n, 令
$$T_n = X_1 \cdot \mathbf{I}_{\{|X_1| \leqslant n\}} + \cdots + X_n \cdot \mathbf{I}_{\{|X_n| \leqslant n\}}.$$
若 $|X_i| \leqslant n, i = 1, \cdots, n$, 则 $S_n = T_n$. 因此
$$\mathrm{P}(S_n \neq T_n) \leqslant \mathrm{P}\left(\bigcup_{i=1}^{n}\{|X_i| > n\}\right) \leqslant n\mathrm{P}(|X| > n) \xrightarrow{n \to \infty} 0.$$

下面估计 T_n 的期望与方差. 由 $X_i \cdot \mathbf{I}_{\{|X_i| \leqslant n\}}, i = 1, 2, \cdots$ 独立同分布知
$$\mathrm{E}T_n = n\mu_n, \quad \mathrm{Var}(T_n) = n\mathrm{Var}(X \cdot \mathbf{I}_{\{|X| \leqslant n\}}).$$
$$\mathrm{Var}(X \cdot \mathbf{I}_{\{|X| \leqslant n\}}) \leqslant \mathrm{E}(X \cdot \mathbf{I}_{\{|X| \leqslant n\}})^2 = \mathrm{E}(X^2 \cdot \mathbf{I}_{\{|X| \leqslant n\}}) \leqslant \int_0^n 2x\mathrm{P}(|X| > x)\mathrm{d}x,$$
其中最后一个不等号用到例 3.1.30 的结论. 由洛必达法则,
$$\lim_{n \to \infty} \frac{1}{n}\int_0^n 2x\mathrm{P}(|X| > x)\mathrm{d}x = \lim_{x \to \infty} 2x\mathrm{P}(|X| > x) = 0.$$

因此当 $n \to \infty$ 时, $\frac{1}{n}\mathrm{Var}(X \cdot \mathbf{I}_{\{|X| \leqslant n\}}) \to 0$. 对任意 $\varepsilon > 0$, 由切比雪夫不等式,
$$\mathrm{P}\left(\left|\frac{T_n}{n} - \mu_n\right| \geqslant \varepsilon\right) \leqslant \frac{1}{\varepsilon^2} \cdot \frac{\mathrm{Var}(T_n)}{n^2} = \frac{1}{\varepsilon^2} \cdot \frac{\mathrm{Var}(X \cdot \mathbf{I}_{\{|X| \leqslant n\}})}{n} \xrightarrow{n \to \infty} 0.$$

最后,
$$\mathrm{P}\left(\left|\frac{S_n}{n} - \mu_n\right| \geqslant \varepsilon\right) \leqslant \mathrm{P}\left(S_n = T_n, \left|\frac{S_n}{n} - \mu_n\right| \geqslant \varepsilon\right) + \mathrm{P}\left(S_n \neq T_n, \left|\frac{T_n}{n} - \mu_n\right| \geqslant \varepsilon\right)$$

$$\leqslant \mathrm{P}\left(\left|\frac{T_n}{n} - \mu_n\right| \geqslant \varepsilon\right) + \mathrm{P}(S_n \neq T_n) \overset{n\to\infty}{\longrightarrow} 0.$$

从而 $S_n/n - \mu_n \overset{\mathrm{P}}{\to} 0$. □

对于独立同分布的随机变量序列, 上述定理减弱了定理 4.1.4 的假设条件, 因而是其加强版本. 具体地, 设 X_1 的期望存在且有限. 由命题 3.2.18, $\lim\limits_{x\to\infty} x\mathrm{P}(|X_1| > x) = 0$. 进一步由定理 4.1.8, $\frac{1}{n}S_n - \mu_n \overset{\mathrm{P}}{\to} 0$, 其中 $\mu_n = \mathrm{E}(X_1 \cdot \mathbf{I}_{\{|X_1|\leqslant n\}})$. 由命题 3.2.19, $\mu_n \to \mathrm{E}X_1$. 于是由例 4.1.3 可推出 $\frac{1}{n}S_n \overset{\mathrm{P}}{\to} \mathrm{E}X_1$.

三、应用

以下两例本质是切比雪夫不等式的应用, 它们的解题方法跟大数定律的证明类似.

*例 **4.1.9** (例 3.2.9 续) 现有 n 张不同颜色的卡片, 每次随机抽取一张, 记下颜色后放回. 设在第 $Y_n^{(\alpha)}$ 次抽取时, 首次见过 $[\alpha n]$ 种不同的颜色, 则当 $n \to \infty$ 时,

$$\frac{Y_n^{(1)}}{n \ln n} \overset{\mathrm{P}}{\to} 1; \qquad \frac{Y_n^{(\alpha)}}{-n \ln(1-\alpha)} \overset{\mathrm{P}}{\to} 1,\ \forall \alpha \in (0,1).$$

证 设在第 S_k 次抽取时, 首次见过 k 种不同的颜色. 记 $X_1 = S_1$, $X_k = S_k - S_{k-1}$, $k = 2,\cdots,n$. 根据题意, $X_1 \equiv 1$. 对任意正整数 $m_2, \cdots, m_{k-1}$, 在 $\{X_2 = m_2, \cdots, X_{k-1} = m_{k-1}\}$ 的条件下, 从第 $m_2 + \cdots + m_{k-1} + 2$ 次开始, 将抽到已见过的颜色视为失败; 将抽到未见过的颜色视为成功. 可以推出 X_k 的条件分布恒为参数为 $p_k := (n-i+1)/n$ 的几何分布 $G(p_k)$. 因此 X_k 与 $(X_2, \cdots, X_{k-1})$ 独立, 且 $X_k \sim G(p_k)$. 由 k 的任意性知 $X_2, \cdots, X_n$ 相互独立, 且对任意 $k \geqslant 2$, $X_k \sim G(p_k)$, 其期望为 $\mathrm{E}X_k = 1/p_k$, 方差为 $\mathrm{Var}(X_k) = (1-p_k)/p_k^2 \leqslant 1/p_k^2$. 下面估计 S_k 的期望与方差.

$$\mathrm{E}S_k = \sum_{i=1}^{k} \mathrm{E}X_i = n\sum_{i=1}^{k} \frac{1}{n-i+1} = n\sum_{j=n-k+1}^{n} \frac{1}{j}$$

$$\geqslant n\sum_{j=n-k+1}^{n} \int_{j}^{j+1} \frac{1}{x}\mathrm{d}x = n\ln\frac{n+1}{n+1-k},$$

$$\mathrm{Var}(S_k) = \sum_{i=1}^{k} \mathrm{Var}(X_i) \leqslant \sum_{i=1}^{k} \frac{1}{((n-i+1)/n)^2}$$

$$= n^2 \sum_{i=1}^{k} \frac{1}{(n-i+1)^2} = n^2 \sum_{j=n-k+1}^{n} \frac{1}{j^2} \leqslant C_{n-k+1} \cdot n^2,$$

其中 $C_r = \sum\limits_{j=r}^{\infty} \frac{1}{j^2}$. 由切比雪夫不等式,

$$\mathrm{P}\left(\left|\frac{S_k - \mathrm{E}S_k}{\mathrm{E}S_k}\right| > \varepsilon\right) \leqslant \frac{\mathrm{Var}(S_k)}{(\mathrm{E}S_k)^2 \varepsilon^2} \leqslant C_{n-k+1}\left(\varepsilon \ln \frac{n+1}{n+1-k}\right)^{-2}.$$

取 $k = \lceil \alpha n \rceil$, 则 S_k 即为 $Y_n^{(\alpha)}$, 将其期望记为 $\mu_n^{(\alpha)}$. 若 $\alpha = 1$, 则当 $n \to \infty$ 时,

$$\mathrm{P}\left(\left|\frac{Y_n^{(\alpha)} - \mu_n^{(\alpha)}}{\mu_n^{(\alpha)}}\right| > \varepsilon\right) \leqslant C_1 (\varepsilon \ln(n+1))^{-2} \to 0.$$

若 $0 < \alpha < 1$, 则当 $n \to \infty$ 时, $n - \lceil \alpha n \rceil \to \infty$, 于是 $C_{n-\lceil \alpha n \rceil + 1} \to 0$, 从而

$$\mathrm{P}\left(\left|\frac{Y_n^{(\alpha)} - \mu_n^{(\alpha)}}{\mu_n^{(\alpha)}}\right| > \varepsilon\right) \leqslant C_{n-\lceil \alpha n \rceil + 1}\left(\varepsilon \ln \frac{n+1}{(1-\alpha)n+1}\right)^{-2} \to 0.$$

综上, $Y_n^{(\alpha)}/\mu_n^{(\alpha)} \xrightarrow{\mathrm{P}} 1$.

以上已得到 $\mu_n^{(\alpha)}$ 的下估计: $\mu_n^{(\alpha)} \geqslant n \ln \frac{n+1}{n - \lceil \alpha n \rceil + 1}$. 接下来, 我们将给出 $\mu_n^{(\alpha)}$ 的上估计, 并由此得到本例的结论.

当 $\alpha = 1$ 时,

$$\mu_n^{(1)} = n \sum_{j=1}^{n} \frac{1}{j} \leqslant n\left(1 + \sum_{j=2}^{n} \int_{j-1}^{j} \frac{1}{x} \mathrm{d}x\right) = n(1 + \ln n).$$

于是 $n \ln(n+1) \leqslant \mu_n^{(1)} \leqslant n + n \ln n$. 当 $n \to \infty$ 时, $\frac{\mu_n^{(1)}}{n \ln n} \to 1$. 由例 4.1.3 知 $\frac{Y_n^{(1)}}{n \ln n} \xrightarrow{\mathrm{P}} 1$.

当 $0 < \alpha < 1$ 时,

$$\mu_n^{(\alpha)} = n \sum_{j=n-\lceil \alpha n \rceil + 1}^{n} \frac{1}{j} \leqslant n \sum_{j=n-\lceil \alpha n \rceil + 1}^{n} \int_{j-1}^{j} \frac{1}{x} \mathrm{d}x = n \ln \frac{n}{n - \lceil \alpha n \rceil}.$$

于是, $n \ln \frac{n+1}{n - \lceil \alpha n \rceil + 1} \leqslant \mu_n^{(\alpha)} \leqslant n \ln \frac{n}{n - \lceil \alpha n \rceil}$. 当 $n \to \infty$ 时, $\frac{\mu_n^{(\alpha)}}{-n \ln(1-a)} \to 1$. 由例 4.1.3 知 $\frac{Y_n^{(\alpha)}}{-n \ln(1-\alpha)} \xrightarrow{\mathrm{P}} 1$. □

例 4.1.10 (魏尔斯特拉斯 (Weierstrass) 定理的概率论证明) 设 $f(\cdot)$ 是 $[0,1]$ 上的连续函数. 证明: 存在多项式函数序列 $f_1(\cdot), f_2(\cdot), \cdots$ 使得在 $[0,1]$ 上 $f_n(\cdot)$ 一致收敛于 $f(\cdot)$.

证 考虑如下的伯恩斯坦 (Bernstein) 多项式:

$$f_n(x) := \sum_{k=0}^{n} f\left(\frac{k}{n}\right) \mathrm{C}_n^k x^k (1-x)^{n-k}.$$

往证在 $[0,1]$ 上 $f_n(\cdot)$ 一致收敛于 $f(\cdot)$.

对任意 $\varepsilon > 0$, 因为 $f(\cdot)$ 是闭区间 $[0,1]$ 上的连续函数, 所以它一致连续, 从而存在 $\delta > 0$ 使得对任意 $y, z \in [0,1]$, 若 $|y - z| < \delta$, 则 $|f(y) - f(z)| \leqslant \varepsilon/2$. 对任意 $x \in [0,1]$, 取 $X_1, X_2, \cdots$ 独立同分布且 $X_1 \sim B(1, x)$, 则 $f_n(x) = \mathrm{E} f(S_n/n)$. 记 $A_n := \{|S_n/n - x| \geqslant \delta\}$. 一方面,

$$\mathrm{E}\left|f\left(\frac{S_n}{n}\right) - f(x)\right| \cdot \mathbf{I}_{A_n^c} \leqslant \frac{\varepsilon}{2} \cdot \mathrm{P}(A_n^c) \leqslant \frac{\varepsilon}{2}.$$

另一方面,

$$\mathrm{P}(A_n) = \mathrm{P}\left(|S_n - nx| \geqslant n\delta\right) \leqslant \frac{\mathrm{Var}(S_n)}{(n\delta)^2} = \frac{nx(1-x)}{n^2 \delta^2} \leqslant \frac{1}{4n\delta^2}.$$

记 $C = 2 \max\limits_{x \in [0,1]} |f(x)|$, 则当 $n \geqslant \dfrac{C}{2\delta^2 \varepsilon}$ 时,

$$\mathrm{E}\left|f\left(\frac{S_n}{n}\right) - f(x)\right| \cdot \mathbf{I}_{A_n} \leqslant C \cdot \mathrm{P}(A_n) \leqslant \frac{C}{4n\delta^2} \leqslant \frac{\varepsilon}{2}.$$

于是

$$\begin{aligned}
|f_n(x) - f(x)| &= \left|\mathrm{E}\left(f\left(\frac{S_n}{n}\right) - f(x)\right)\right| \leqslant \mathrm{E}\left|f\left(\frac{S_n}{n}\right) - f(x)\right| \\
&\leqslant \mathrm{E}\left|f\left(\frac{S_n}{n}\right) - f(x)\right| \cdot \mathbf{I}_{A_n} + \mathrm{E}\left|f\left(\frac{S_n}{n}\right) - f(x)\right| \cdot \mathbf{I}_{A_n^c} \\
&\leqslant \frac{\varepsilon}{2} + \frac{\varepsilon}{2} = \varepsilon.
\end{aligned}$$

综上, 当 $n \geqslant \dfrac{C}{2\delta^2 \varepsilon}$ 时, 对任意 $x \in [0,1]$, $|f_n(x) - f(x)| \leqslant \varepsilon$, 即 $f_n(\cdot)$ 一致收敛于 $f(\cdot)$. □

习题

1. 设 $X_1, X_2, \cdots$ 两两不相关, 方差均有限. 试证: 若 $\mathrm{Var}(X_n)/n \to 0$, 则该序列服从大数定律.

2. 设 $X_1, X_2, \cdots$ 同分布, 方差均有限, 且当 $|n - m| \geqslant 2$ 时, X_n 与 X_m 相互独立. 试证: 该序列服从大数定律.

*3. (格涅坚科 (Gnegenko)) 设 $X_1, X_2, \cdots$ 的期望均存在且有限. 记 $Y_n = \dfrac{1}{n}(X_1 + \cdots + X_n)$, $a_n = \mathrm{E} Y_n$. 证明: $X_1, X_2, \cdots$ 服从大数定律的充要条件是

$$\lim_{n \to \infty} \mathrm{E} \frac{(Y_n - a_n)^2}{1 + (Y_n - a_n)^2} = 0.$$

§4.2 强大数定律

一、伯努利试验中的结论

在伯努利试验中, 样本点 ω 为无穷长的 H-T 字符串. 记 $A_n =$ "第 n 个字符为 H", 则 $A_1, A_2, \cdots$ 相互独立, 且 $P(A_n) \equiv p$. 令 $X_n = \mathbf{I}_{A_n}$, $S_n = X_1 + \cdots + X_n$, 则前 n 个字符中 H 出现的频率为 $Y_n = S_n/n$. 记

$$B := \left\{ \omega : \lim_{n \to \infty} Y_n(\omega) = p \right\}.$$

对任意 ω, $\omega \in B$ 当且仅当对任意 $k \geqslant 1$, 存在 $N \geqslant 1$ 使得对任意 $n \geqslant N$, $|Y_n(\omega) - p| \leqslant 1/k$. 记 $B_{n,k} = \{|Y_n - p| \leqslant 1/k\}$. 换言之,

$$B = \bigcap_{k=1}^{\infty} \bigcup_{N=1}^{\infty} \bigcap_{n=N}^{\infty} B_{n,k}.$$

于是 $B^c = \bigcup_{k=1}^{\infty} \bigcap_{N=1}^{\infty} \bigcup_{n=N}^{\infty} B_{n,k}^c$. 由推论 3.2.15,

$$P(B_{n,k}^c) = P\left(|Y_n - p| > \frac{1}{k}\right) = P\left(|S_n - np| > \frac{n}{k}\right) \leqslant \frac{k^4}{n^4} E(S_n - np)^4.$$

由例 3.2.12, $E(S_n - np)^4 = npq(p^3 + q^3) + 3n(n-1)p^2q^2 \leqslant 3n^2$, 其中 $q = 1 - p$. 因此 $P(B_{n,k}^c) \leqslant 3k^4/n^2$. 令 $C_{N,k} := \bigcup_{n=N}^{\infty} B_{n,k}^c$, 则 $P(C_{N,k}) \leqslant \sum_{n=N}^{\infty} P(B_{n,k}^c) \leqslant 3k^4 \sum_{n=N}^{\infty} n^{-2}$. 因为 $C_{N,k}$ 关于 N 单调下降, 所以 $C_k := \bigcap_{N=1}^{\infty} C_{N,k} = \lim_{N \to \infty} C_{N,k}$. 由概率的连续性, $P(C_k) = \lim_{N \to \infty} P(C_{N,k}) = 0$. 又因为 $B^c = \bigcup_{k=1}^{\infty} C_k$, 所以 $P(B^c) \leqslant \sum_{k=1}^{\infty} P(C_k) = 0$. 综上, $P(B) = 1$, 即 B 几乎必然发生. 换言之, "频率 Y_n 收敛于概率 p" 这一事件是几乎必然发生的. 称这样的收敛为几乎必然收敛.

将事件 $\{\omega : \lim_{n \to \infty} X_n(\omega) = X(\omega)\}$ 简记为 $\{\lim_{n \to \infty} X_n = X\}$, 其概率记为

$$P\left(\lim_{n \to \infty} X_n = X\right).$$

定义 4.2.1 若 $P\left(\lim_{n \to \infty} X_n = X\right) = 1$, 则称 X_n **几乎必然收敛**于 X, 或 X_n **以概率 1 收敛**于 X. 记为 $X_n \xrightarrow{\text{a.s.}} X$.

几乎必然收敛的直观含义是去除一个概率为零的事件后, X_n 点点收敛于 X. 换言之, $X_n \xrightarrow{\text{a.s.}} X$ 当且仅当存在 Ω_0 使得 $P(\Omega_0) = 0$ 且对任意 $\omega \notin \Omega_0$, $\lim_{n \to \infty} X_n(\omega) = X(\omega)$. 等价地, $X_n \xrightarrow{\text{a.s.}} X$ 当且仅当存在 Ω_1 使得 $P(\Omega_1) = 1$ 且对任意 $\omega \in \Omega_1$, $\lim_{n \to \infty} X_n(\omega) = X(\omega)$, 即在 Ω_1 上 X_n 点点收敛于 X. 基于以上分析, X 还可以是广义随机变量. 此时

称 X_n 几乎必然以 X 为极限, 仍然记为 $X_n \xrightarrow{\text{a.s.}} X$. 譬如, $X_n \xrightarrow{\text{a.s.}} \infty$ 指的是存在 Ω_1 使得 $P(\Omega_1) = 1$ 且对任意 $\omega \in \Omega_1$, $\lim_{n \to \infty} X_n(\omega) = \infty$, 即对任意 M, 存在 n_0 使得当 $n \geqslant n_0$ 时, $X_n(\omega) \geqslant M$.

例 4.2.2 设 $a, a_1, a_2, \cdots, b, b_1, b_2, \cdots \in \mathbb{R}$, $\lim_{n \to \infty} a_n = a$ 且 $\lim_{n \to \infty} b_n = b$. 若 $X_n \xrightarrow{\text{a.s.}} X$, 则 $a_n X_n + b_n \xrightarrow{\text{a.s.}} aX + b$. □

二、强大数定律及其证明

以下假设 $X_1, X_2, \cdots$ 是随机变量序列. 令
$$S_n := X_1 + \cdots + X_n.$$

若存在实数序列 $a_1, a_2, \cdots$ 与 $b_1, b_2, \cdots$ 使得 $a_n + b_n S_n \xrightarrow{\text{a.s.}} 0$, 则称 $X_1, X_2, \cdots$ 服从**强大数定律**. 与弱大数定律比较, 所谓强弱之分指的是结论中的随机变量序列收敛形式的强弱. 具体地, 几乎必然收敛可以推出依概率收敛. 这一结论的证明放在 §4.4. 与弱大数定律类似, 也将以随机变量序列服从强大数定律为结论的命题称为强大数定律. 为使得该结论成立, 需要随机变量序列 $X_1, X_2, \cdots$ 满足一定假设条件. 不同的假设条件带来不同版本的强大数定律. 在结论中, b_n 常常为 $\dfrac{1}{n}$, 即强大数定律的叙述常以 $\dfrac{1}{n} S_n - a_n \xrightarrow{\text{a.s.}} 0$ 或 $\dfrac{1}{n} S_n \xrightarrow{\text{a.s.}} a$ 为结论. 在本节中, 我们将利用如下命题证明强大数定律. 该命题的证明在 §4.4.

命题 4.2.3 若对任意 $\varepsilon > 0$, $\sum_{n=1}^{\infty} P(|X_n - X| > \varepsilon) < \infty$, 则 $X_n \xrightarrow{\text{a.s.}} X$.

对于独立同分布序列, 若四阶矩存在且有限, 则可以由上述命题直接推出如下强大数定律.

定理 4.2.4 设 $X_1, X_2, \cdots$ 独立同分布且 $EX_1^4 < \infty$, 则 $\dfrac{1}{n} S_n \xrightarrow{\text{a.s.}} EX_1$.

事实上可以进一步放宽假设条件, 得到如下版本的强大数定律. 上述定理可以视为其推论.

命题 4.2.5 设 $X_1, X_2, \cdots$ 相互独立, 期望存在且有限. 若存在 $M \in \mathbb{R}$ 使得对任意 n, $E(X_n - EX_n)^4 < M$, 则 $\dfrac{1}{n}(S_n - ES_n) \xrightarrow{\text{a.s.}} 0$.

证 先假设对任意 n, $EX_n = 0$. 往证 $S_n/n \xrightarrow{\text{a.s.}} 0$. 对任意 $\varepsilon > 0$, 由推论 3.2.15, $P(|S_n/n| > \varepsilon) \leqslant ES_n^4/(n\varepsilon)^4$. 往估计 ES_n^4. 在以下求和号中, 所有指标的范围均为 $\{1, \cdots, n\}$.
$$S_n^4 = \sum_{i,j,k,\ell} X_i X_j X_k X_\ell.$$

对任意 i, j, k, ℓ, 求和项 $X_i X_j X_k X_\ell$ 都形如下列五种单项式之一:
$$X_r^4, \quad X_r^2 X_s^2, \quad X_r^3 X_s, \quad X_r^2 X_s X_t, \quad X_r X_s X_t X_u,$$

其中指标 r,s,t,u 互不相等.

第一种单项式的期望为 $\mathrm{E}X_r^4 \leqslant M$, 它们在求和中总共出现 n 次. 第二种单项式的期望为 $\mathrm{E}(X_r^2 X_s^2) = (\mathrm{E}X_r^2)(\mathrm{E}X_s^2) \leqslant \sqrt{\mathrm{E}X_r^4} \cdot \sqrt{\mathrm{E}X_s^4} \leqslant M$, 它们在求和中总共出现 $\mathrm{C}_n^2 \mathrm{C}_4^2$ 次. 第三、四、五种单项式的期望均为 0. 具体地, 由独立性和期望为 0 的假设,

$$\mathrm{E}(X_r^3 X_s) = (\mathrm{E}X_r^3)\cdot(\mathrm{E}X_s) = 0, \quad \mathrm{E}(X_r^2 X_s X_t) = (\mathrm{E}X_r^2)\cdot(\mathrm{E}X_s)\cdot(\mathrm{E}X_t) = 0,$$

$$\mathrm{E}X_r X_s X_t X_u = (\mathrm{E}X_r)\cdot(\mathrm{E}X_s)\cdot(\mathrm{E}X_t)\cdot(\mathrm{E}X_u) = 0.$$

综上,

$$\mathrm{E}S_n^4 \leqslant nM + \mathrm{C}_n^2 \mathrm{C}_4^2 M \leqslant 3n^2 M.$$

由推论 3.2.15,

$$\sum_{n=1}^{\infty} \mathrm{P}\left(\left|\frac{S_n}{n}\right| > \varepsilon\right) \leqslant \sum_{n=1}^{\infty} \frac{\mathrm{E}S_n^4}{n^4 \varepsilon^4} \leqslant \frac{3M}{\varepsilon^4 n^2} < \infty.$$

由命题 4.2.3, $S_n/n \xrightarrow{\text{a.s.}} 0$.

现在去掉期望为 0 的假设. 令 $Y_n = X_n - \mathrm{E}X_n$, 则 $(S_n - \mathrm{E}S_n)/n = (Y_1 + \cdots + Y_n)/n \xrightarrow{\text{a.s.}} 0$. 故命题成立. $\square$

*命题 4.2.6 设 $X_1, X_2, \cdots$ 独立同分布且 $\mathrm{E}X_1^2 < \infty$, 则 $\dfrac{1}{n}S_n \xrightarrow{\text{a.s.}} \mathrm{E}X_1$.

证 将 X_1 简记为 X. 若 X 退化, 则结论自然成立. 下设 X 非退化. 先假设 $\mathrm{E}X = 0, \mathrm{E}X^2 = 1$. 往证 $S_n/n \xrightarrow{\text{a.s.}} 0$. 对任意 $\varepsilon > 0$, 由切比雪夫不等式,

$$\mathrm{P}\left(\left|\frac{S_n}{n}\right| > \varepsilon\right) \leqslant \frac{\mathrm{E}S_n^2}{n^2 \varepsilon^2} = \frac{1}{n\varepsilon^2}.$$

因为 $\sum\limits_{n=1}^{\infty} \dfrac{1}{n} = \infty$, 所以我们不能像命题 4.2.5 那样直接得到 $S_n/n \xrightarrow{\text{a.s.}} 0$ 的结论.

下面我们先抽取子列. 对任意正整数 m, 令 $Y_m = S_{m^2}$, $T_m := \max\limits_{1 \leqslant k \leqslant 2m} |S_{m^2+k} - S_{m^2}|$. 往证 Y_m/m^2 与 T_m/m^2 均几乎必然收敛于 0. 对于 Y_m/m^2,

$$\sum_{m=1}^{\infty} \mathrm{P}\left(\left|\frac{Y_m}{m^2}\right| > \varepsilon\right) \leqslant \sum_{m=1}^{\infty} \frac{1}{m^2 \varepsilon^2} < \infty.$$

由命题 4.2.3 知 $Y_m/m^2 \xrightarrow{\text{a.s.}} 0$. 于是存在 Ω_1 使得 $\mathrm{P}(\Omega_1) = 1$ 且对任意 $\omega \in \Omega_1$, $\lim\limits_{m \to \infty} Y_m(\omega)/m^2 = 0$. 对于 T_m/m^2,

$$\mathrm{P}\left(\left|\frac{T_m}{m^2}\right| > \varepsilon\right) \leqslant \sum_{k=1}^{2m} \mathrm{P}\left(\left|\frac{S_{m^2+k} - S_{m^2}}{m^2}\right| > \varepsilon\right) = \sum_{k=1}^{2m} \mathrm{P}\left(\left|\frac{S_k}{m^2}\right| > \varepsilon\right)$$

$$\leqslant \sum_{k=1}^{2m} \frac{\mathrm{E}S_k^2}{m^4 \varepsilon^2} = \frac{1}{m^4 \varepsilon^2} \sum_{k=1}^{2m} k \leqslant \frac{4}{\varepsilon^2 m^2}.$$

两边对 m 求和, 推出 $\sum_{m=1}^{\infty} \mathrm{P}\left(\left|T_m/m^2\right| > \varepsilon\right) < \infty$. 由命题 4.2.3 知 $T_m/m^2 \xrightarrow{\text{a.s.}} 0$. 于是存在 Ω_2 使得 $\mathrm{P}(\Omega_2) = 1$ 且对任意 $\omega \in \Omega_2$, $\lim_{m \to \infty} T_m(\omega)/m^2 = 0$.

令 $m(n) := \lfloor \sqrt{n} \rfloor$, 则当 $n \to \infty$ 时, $m(n)$ 也趋于无穷. 于是对任意 $\omega \in \Omega_1 \cap \Omega_2$, $\dfrac{Y_{m(n)}(\omega)}{m(n)^2} \to 0$ 且 $\dfrac{T_{m(n)}(\omega)}{m(n)^2} \to 0$. 因为 $m(n)^2 \leqslant n < (m(n)+1)^2$, 所以 $|S_n(\omega)| \leqslant |Y_{m(n)}(\omega)| + T_{m(n)}(\omega)$. 于是

$$\frac{|S_n(\omega)|}{n} \leqslant \frac{|Y_{m(n)}(\omega)| + T_{m(n)}(\omega)}{m(n)^2} \to 0.$$

综上, 我们找到概率为 1 的事件 $\Omega_1 \cap \Omega_2$ 使得对任意 $\omega \in \Omega_1 \cap \Omega_2$, $\lim_{n \to \infty} S_n/n(\omega) = 0$. 这即是 $S_n/n \xrightarrow{\text{a.s.}} 0$.

最后, 对一般情形, 考虑 X_n 的标准化 $X_n^* = \dfrac{X_n - \mu}{\sigma}$. 由上述结论, $\dfrac{1}{n}(X_1^* + \cdots + X_n^*) \xrightarrow{\text{a.s.}} 0$. 由例 4.2.2 知 $\dfrac{S_n}{n} = \mu + \sigma \cdot \dfrac{1}{n}(X_1^* + \cdots + X_n^*) \xrightarrow{\text{a.s.}} \mu + \sigma \cdot 0 = \mu$. $\square$

定理 4.2.7 (柯尔莫哥洛夫 (Kolmogorov) 强大数定律) 设 $X_1, X_2, \cdots$ 独立同分布, 期望存在, 则 $\dfrac{1}{n} S_n \xrightarrow{\text{a.s.}} \mathrm{E} X_1$.

上述定理的证明过程比较冗长并且有一定难度. 因此放在本节的补充知识中.

命题 4.2.8 设 $A_1, A_2, \cdots$ 是两两独立的事件序列. 记 $p_n = \mathrm{P}(A_n)$. 设 $\sum_{n=1}^{\infty} p_n = \infty$, 则

$$\frac{\sum_{k=1}^{n} \mathbf{I}_{A_k}}{\sum_{k=1}^{n} p_k} \xrightarrow{\text{a.s.}} 1.$$

证 记 $X_n = \mathbf{I}_{A_n}$, $S_n = X_1 + \cdots + X_n$, 则

$$\mathrm{E} S_n = \sum_{k=1}^{n} p_k, \quad \mathrm{Var}(S_n) = \sum_{k=1}^{n} p_k(1-p_k) \leqslant \mathrm{E} S_n.$$

对任意 $\varepsilon > 0$, 由切比雪夫不等式,

$$\mathrm{P}\left(\frac{|S_n - \mathrm{E} S_n|}{\mathrm{E} S_n} > \varepsilon\right) \leqslant \frac{\mathrm{Var}(S_n)}{\varepsilon^2 (\mathrm{E} S_n)^2} \leqslant \frac{1}{\varepsilon^2 \mathrm{E} S_n} \to 0.$$

因为 $\mathrm{E} S_{n+1} \leqslant \mathrm{E} S_n + 1$ 且 $\mathrm{E} S_n \to \infty$, 所以对任意 k, 存在 n_k 使得 $k^2 \leqslant \mathrm{E} S_{n_k} < k^2 + 1$. 譬如, 取 $n_k = \inf\{n : \mathrm{E} S_n \geqslant k^2\}$. 因为 $k^2 + 1 < (k+1)^2$, 所以 $n_k < n_{k+1}$. 记 $T_k = S_{n_k}$, 则 $\mathrm{P}\left(\dfrac{|T_k - \mathrm{E} T_k|}{\mathrm{E} T_k} > \varepsilon\right) \leqslant \dfrac{1}{\varepsilon^2 k^2}$. 因为 $\sum_{k=1}^{\infty} \dfrac{1}{k^2} < \infty$, 所以由命题 4.2.3 知当 $k \to \infty$ 时, $\dfrac{T_k - \mathrm{E} T_k}{\mathrm{E} T_k} \xrightarrow{\text{a.s.}} 0$, 即 $\dfrac{T_k}{\mathrm{E} T_k} \xrightarrow{\text{a.s.}} 1$. 于是存在 Ω_1 使得 $\mathrm{P}(\Omega_1) = 1$ 且对任意 $\omega \in \Omega_1$, $\dfrac{T_k(\omega)}{\mathrm{E} T_k} \to 1$. 对任意 n, 存在唯一的 k 使得 $n_k \leqslant n < n_{k+1}$, 于是

$T_k(\omega) \leqslant S_n(\omega) \leqslant T_{k+1}(\omega)$. 两边同时除以 $\mathrm{E}S_n$. 令 $n \to \infty$, 等价地 $k \to \infty$. 利用 $\mathrm{E}T_k \leqslant \mathrm{E}S_n \leqslant \mathrm{E}T_{k+1}$ 和 $\dfrac{\mathrm{E}T_{k+1}}{\mathrm{E}T_k} \to 1$, 可以推出 $\lim\limits_{n\to\infty} \dfrac{S_n(\omega)}{\mathrm{E}S_n} = \lim\limits_{k\to\infty} \dfrac{T_k(\omega)}{\mathrm{E}T_k} = 1$. 综上, $\dfrac{S_n}{\mathrm{E}S_n} \xrightarrow{\text{a.s.}} 1$, 即结论成立. □

*例 4.2.9 (破纪录) 在某项体育比赛 (譬如, 射击、跳远) 中, 将第 n 位运动员的成绩记为 X_n. 假设 $X_1, X_2, \cdots$ 独立同分布, 且它们共同的分布函数 $F(\cdot)$ 是连续的. 记 $A_1 = \Omega, A_2 = \{X_2 > X_1\}, A_n = \bigcap\limits_{i=1}^{n-1}\{X_n > X_i\}$. 那么, A_n 发生当且仅当第 n 位运动员打破了之前的最高纪录. 令 $R_n := \sum\limits_{k=1}^n \mathbf{I}_{A_k}$, 它表示到第 n 次为止, 破纪录的次数, 则

$$\frac{R_n}{\ln n} \xrightarrow{\text{a.s.}} 1.$$

证 令 $\Omega_1 = \bigcap\limits_{i \neq j}\{X_i \neq X_j\}$, 则 $\mathrm{P}(\Omega_1^c) \leqslant \sum\limits_{i\neq j} \mathrm{P}(X_i = X_j) = 0$, 即 $\mathrm{P}(\Omega_1) = 1$.

固定 n. 令 $B_{n,j} = \bigcap\limits_{1\leqslant i \leqslant n; i\neq j}\{X_j > X_i\}$. 则 $B_{n,1}, \cdots, B_{n,n}$ 两两不相交, $\bigcup\limits_{j=1}^n B_{n,j} \supseteq \Omega_1$. 由对称性 $\mathrm{P}(B_{n,j}) = \mathrm{P}(A_n)$. 从而 $\mathrm{P}(B_{n,j}) = 1/n, j = 1, \cdots, n$. 特别地, $A_n = B_{n,n}$, 故 $\mathrm{P}(A_n) = 1/n$.

往证当 $n < m$ 时, A_n 与 A_m 独立. 对任意 $j < n$, 交换 X_j 与 X_n, 由对称性知 $\mathrm{P}(B_{n,j} A_m) = \mathrm{P}(A_n A_m)$. 于是

$$n\mathrm{P}(A_n A_m) = \sum_{j=1}^n \mathrm{P}(B_{n,j} A_m) = \mathrm{P}\Big(\bigcup_{j=1}^n (B_{n,j} A_m)\Big) = \mathrm{P}(A_m),$$

其中最后一个等号是因为 $\mathrm{P}\Big(A_m \setminus \bigcup\limits_{j=1}^n B_{n,j}\Big) \leqslant \mathrm{P}(\Omega_1^c) = 0$. 因此 $\mathrm{P}(A_n A_m) = \dfrac{1}{n}\mathrm{P}(A_m) = \mathrm{P}(A_n)\mathrm{P}(A_m)$. 由命题 4.2.8, $\dfrac{R_n}{\mathrm{E}R_n} \xrightarrow{\text{a.s.}} 1$. 因为 $\mathrm{E}R_n = \sum\limits_{k=1}^n \mathrm{P}(A_k) = \sum\limits_{k=1}^n \dfrac{1}{k}$, 所以 $\dfrac{\mathrm{E}R_n}{\ln n} \to 1$. 从而结论成立. □

在例 4.2.9 中, 进一步令 $\tau_1 = 1, \tau_k = \inf\{n > \tau_{k-1} : A_n \text{ 发生}\}$, 则 τ_k 为第 k 次破纪录的时刻, 于是 $R_{\tau_k} = k$. 不难发现, $\tau_k \geqslant k$. 因此 $\lim\limits_{k\to\infty} \dfrac{k}{\ln \tau_k} = \lim\limits_{k\to\infty} \dfrac{R_{\tau_k}}{\ln \tau_k} = \lim\limits_{n\to\infty} \dfrac{R_n}{\ln n}$. 从而, 当 $k \to \infty$ 时, $\dfrac{\ln \tau_k}{k} \xrightarrow{\text{a.s.}} 1$. 另一方面, 对任意 $n \geqslant 1$, $\mathrm{P}(\tau_2 > n) = \mathrm{P}(X_1 \geqslant X_2, \cdots, X_1 \geqslant X_n) = \mathrm{P}(B_{n,1}) = 1/n$. 因此 $\mathrm{E}\tau_2 = \infty$.

三、强大数定律的应用

例 4.2.10 (概率的频率含义) 假设在某随机试验中, 事件 A 发生的概率为 p. 在重复独立试验中, 若在第 n 次试验中 A 发生, 则令 $X_n = 1$; 否则令 $X_n = 0$. 则 $X_1, X_2, \cdots$

独立同分布, $EX_1 = p$. 于是 S_n/n, 作为前 n 次试验中 A 发生的频率, 几乎必然收敛于 $p = P(A)$. □

例 4.2.11(期望的平均值含义)　假设 X 为某随机试验中的随机变量, 期望存在. 在重复独立试验中, 将第 n 次试验中 X 的观测值记为 X_n, 则 $X_1, X_2, \cdots$ 独立同分布. 于是 S_n/n, 作为前 n 次试验中 X 的观测值的平均值, 几乎必然收敛于 EX. □

例 4.2.12 (积分值的近似)　假设 $a < b$, $f(\cdot)$ 是 $[a,b]$ 上的连续函数. 试估计 $\int_a^b f(x)\mathrm{d}x$.

解　不妨假设 $a = 0$, $b = 1$, 否则将 $(x-a)/(b-a)$ 视为新的自变量即可.

方法一　由黎曼积分的定义, 取 n 充分大, 则 $f(1/n), f(2/n), \cdots, f(n/n)$ 的平均值可作为积分值 $\int_0^1 f(x)\mathrm{d}x$ 的近似值/估计值.

方法二　设 $U_1, U_2, \cdots$ 独立同分布, 均服从 $U(0,1)$. 记 $X_n = f(U_n)$, 则 $X_1, X_2, \cdots$ 独立同分布. 由强大数定律, $\frac{1}{n}S_n \xrightarrow{\text{a.s.}} EX_1 = Ef(U_1) = \int_0^1 f(x)\mathrm{d}x$. 因此取 n 充分大, 则 $f(U_1), \cdots, f(U_n)$ 的平均值 $\frac{1}{n}S_n$ 可作为积分值 $\int_0^1 f(x)\mathrm{d}x$ 的近似值.

方法三　不妨假设 $f(\cdot)$ 的函数值属于 $[0,1]$, 否则令 $M = \max\limits_{x \in [0,1]} |f(x)| + 1$, 并可用 $\frac{1}{2M}(f(x) + M)$ 代替 $f(x)$. 设 $U_1, V_1, U_2, V_2, \cdots$ 独立同分布, 都服从 $U(0,1)$. 记 $A_n = \{V_n \leqslant f(U_n)\}$, $Y_n = \mathbf{I}_{A_n}$, 则 $Y_1, Y_2, \cdots$ 独立同分布. 取 n 充分大, 则 $\frac{1}{n}(Y_1 + \cdots + Y_n)$ 可作为 $P(A_1) = \int_0^1 \int_0^1 \mathbf{I}_{\{y \leqslant f(x)\}} \mathrm{d}y\mathrm{d}x = \int_0^1 f(x)\mathrm{d}x$ 的近似值. □

例 4.2.13(命题 3.3.7 的另一个证明)　设 $X, Y_1, Y_2, \cdots$ 相互独立; X 取值于非负整数; 对任意 $n \geqslant 1$, $Y_n \stackrel{\mathrm{d}}{=} Y_1$. 令 $Z = Y_1 + \cdots + Y_X$. 设 X 与 Y_1 的期望均存在且有限, 则

$$EZ = (EX) \cdot (EY_1).$$

证　若 $X = 0$ a.s., 则命题 3.3.7 自然成立. 下设 $P(X > 0) > 0$.

先假设 $Y_1 \geqslant 0$ a.s.. 取 $X_1, X_2, \cdots$ 独立同分布, 其中 $X_1 = X$. 对任意 $n \geqslant 0$, 令 $T_n = X_1 + \cdots + X_n$, $S_n = Y_1 + \cdots + Y_n$; 对任意 $n \geqslant 1$, 令 $Z_n = Y_{T_{n-1}+1} + \cdots + Y_{T_n} = S_{T_n} - S_{T_{n-1}}$, 并将 Z_1 简记为 Z. 对任意 $n \geqslant 1$, $z_1, \cdots, z_n \in \mathbb{R}$,

$$P(Z_r \leqslant z_r, r = 1, \cdots, n)$$
$$= \sum_{k_1, \cdots, k_n \geqslant 0} P\left(\{X_s = k_s, s = 1, \cdots, n\} \bigcap \{Z_r \leqslant z_r, r = 1, \cdots, n\}\right)$$
$$= \sum_{k_1, \cdots, k_n \geqslant 0} P\left(\{X_s = k_s, s = 1, \cdots, n\} \bigcap \{S_{\ell_r} - S_{\ell_{r-1}} \leqslant z_r, r = 1, \cdots, n\}\right),$$

其中 $\ell_0 = 0$, $\ell_i := k_1 + \cdots + k_i$. 由独立性和同分布性质,

$$P(Z_r \leqslant z_r, r = 1, \cdots, n) = \sum_{k_1, \cdots, k_n \geqslant 0} \left(\prod_{s=1}^n P(X_s = k_s) \right) \cdot \left(\prod_{r=1}^n P(S_{\ell_r} - S_{\ell_{r-1}} \leqslant z_r) \right)$$

$$= \sum_{k_1, \cdots, k_n \geqslant 0} \left(\prod_{s=1}^n P(X = k_s) \right) \cdot \left(\prod_{r=1}^n P(S_{k_r} \leqslant z_r) \right)$$

$$= \sum_{k_1, \cdots, k_n \geqslant 0} \prod_{r=1}^n \left(P(X = k_r) P(S_{k_r} \leqslant z_r) \right) = \prod_{r=1}^n \left(\sum_{k_r=1}^\infty P(X = k_r, S_{k_r} \leqslant z_r) \right)$$

$$= \prod_{r=1}^n \left(\sum_{k_r=1}^\infty P(X = k_r, Z \leqslant z_r) \right) = \prod_{r=1}^n P(Z \leqslant z_r).$$

因此 $Z_1, Z_2, \cdots$ 独立同分布.

由强大数定律, $\frac{S_n}{n} \xrightarrow{\text{a.s.}} EY_1$, $\frac{T_n}{n} \xrightarrow{\text{a.s.}} EX$. 因此存在 Ω_1 使得 $P(\Omega_1) = 1$ 且对任意 $\omega \in \Omega_1$, 当 $n \to \infty$ 时, $\frac{S_n(\omega)}{n} \to EY_1$, $\frac{T_n(\omega)}{n} \to EX$. 由 $EX > 0$ 知 $T_n(\omega) \to \infty$. 进一步, $\lim_{n \to \infty} \frac{S_{T_n(\omega)}(\omega)}{T_n(\omega)} = \lim_{m \to \infty} \frac{S_m(\omega)}{m} = EY_1$. 于是

$$\lim_{n \to \infty} \frac{1}{n}(Z_1(\omega) + \cdots + Z_n(\omega)) = \lim_{n \to \infty} \frac{T_n(\omega)}{n} \cdot \lim_{n \to \infty} \frac{S_{T_n(\omega)}(\omega)}{T_n(\omega)} = (EX) \cdot (EY_1).$$

因为 $Z_1 \geqslant 0$, 所以期望存在. 由柯尔莫哥洛夫强大数定律, $EZ = (EX) \cdot (EY_1)$.

现在去掉 $Y_1 \geqslant 0$ a.s. 的假设. 因为 $0 \leqslant Z^+ \leqslant \hat{Z} := (Y_1^+ + \cdots + Y_X^+)$ 且由上述结论 $E\hat{Z} = (EX) \cdot (EY_1^+) < \infty$, 所以 EZ^+ 存在且有限. 同理 EZ^- 存在且有限. 于是 EZ 存在, 并且由 $Z = (Y_1^+ + \cdots + Y_X^+) - (Y_1^- + \cdots + Y_X^-)$ 知

$$EZ = (EX) \cdot (EY_1^+) - (EX) \cdot (EY_1^-) = (EX) \cdot (EY_1). \qquad \square$$

定理 4.2.14 (更新定理) 设 $X_1, X_2, \cdots$ 为一列独立同分布的非负随机变量, 且 $EX_1 > 0$. 令

$$N_t := \inf\{n \geqslant 1 : S_n > t\},$$

则 $\dfrac{N_t}{t} \xrightarrow{\text{a.s.}} \dfrac{1}{EX_1}$.

证 令 $\Omega_1 = \bigcap_{n=1}^\infty \{X_n \geqslant 0\}$, 则 $P(\Omega_1) = 1$. 对任意 $\omega \in \Omega_1$, 根据 $N_t(\omega)$ 的定义, 它关于 t 单调上升. 对任意正整数 M, 记 $A_M := \left\{ \omega \in \Omega_1 : \lim_{t \to \infty} N_t(\omega) \leqslant M \right\}$, 则对任意 t, $P(A_M) \leqslant P(N_t \leqslant M) \leqslant P(S_M > t)$. 令 $t \to \infty$ 知 $P(A_M) = 0$. 记 $\Omega_2 = \Omega_1 \backslash \left(\bigcup_{M=1}^\infty A_M \right)$, 则 $P(\Omega_2) = 1$ 且对任意 $\omega \in \Omega_2$, $\lim_{t \to \infty} N_t(\omega) = \infty$.

由柯尔莫哥洛夫强大数定律, 存在 Ω_3 使得 $P(\Omega_3) = 1$ 且对任意 $\omega \in \Omega_3, S_n(\omega)/n \to EX_1$. 记 $\Omega_4 = \Omega_2 \cap \Omega_3$, 则 $P(\Omega_4) = 1$. 对任意 $\omega \in \Omega_4$, $\lim\limits_{t \to \infty} \dfrac{S_{N_t(\omega)}(\omega)}{N_t(\omega)} = \lim\limits_{n \to \infty} \dfrac{S_n(\omega)}{n} = EX_1$. 进一步, $n = N_t(\omega)$ 是 (唯一的) 满足 $S_n > t$ 且 $S_{n-1} \leqslant t$ 的正整数, 即 $S_{N_t(\omega)-1}(\omega) \leqslant t < S_{N_t(\omega)}(\omega)$. 因此

$$\frac{N_t(\omega) - 1}{N_t(\omega)} \cdot \frac{S_{N_t(\omega)-1}}{N_t(\omega) - 1} = \frac{S_{N_t(\omega)-1}}{N_t(\omega)} \leqslant \frac{t}{N_t(\omega)} < \frac{S_{N_t(\omega)}(\omega)}{N_t(\omega)},$$

令 $t \to \infty$ 知上式左、右两边都趋于 EX_1, 从而 $t/N_t(\omega) \to EX_1$, 即 $N_t(\omega)/t \to 1/EX_1$. 因此结论成立. □

推论 4.2.15 (离散情形的更新定理)   设 $X_1, X_2, \cdots$ 独立同分布, 取非负整数值, 且 $P(X_1 \geqslant 1) > 0$. 令

$$R_k := \max\{n \geqslant 0 : S_n \leqslant k\},$$

则 $\dfrac{R_k}{k} \xrightarrow{\text{a.s.}} \dfrac{1}{EX_1}$.

证 $r = R_k$ 是唯一使得 $S_r \leqslant k$ 且 $S_{r+1} > k$ 的非负整数. 因此 $R_k + 1$ 即为定理 4.2.14 中的 N_k. 于是 $R_k/k = N_k/k - 1/k \xrightarrow{\text{a.s.}} 1/EX_1$. □

例 4.2.16   假设某物品使用一定时间后需要更换, 例如, 屋内的照明灯管或灯泡、电池等. 下面, 我们以灯泡为例. 将每个灯泡的寿命视为非负的随机变量, 记为 X, 即它用了 X 时间后便需要更换. 假设 $X_1, X_2, \cdots$ 独立同分布, 都与 X 同分布, 其中 X_n 表示第 n 个灯泡的寿命. 最初 (视为时刻 $t = 0$), 放上第一个灯泡, 灯泡坏的时候立刻换上一个新灯泡. 则 $S_1, S_2, \cdots$ 表示换灯泡的时刻. 称之为**更新时刻**. N_t 为到时刻 t 为止所使用的灯泡的数目. 若所采用的时间是离散型的, 譬如, 以一天为单位进行计时, 则灯泡的寿命 X_1 是离散型随机变量. 此时, 推论 4.2.15 中的 R_k 就是前 k 天换灯泡的次数. $\lim\limits_{n \to \infty} R_k/k$ 即为换灯泡的频率. □

例 4.2.17 (经验分布函数)   设 $X_1, X_2, \cdots$ 独立同分布, 它们共同的分布函数记为 $F(\cdot)$. 对任意 $n \geqslant 1$, 任意样本 ω, 任意实数 $x \in \mathbb{R}$, 令

$$F_n(x, \omega) := \frac{1}{n} \sum_{k=1}^{n} \mathbf{I}_{\{X_k(\omega) \leqslant x\}}.$$

一方面, 固定 ω. 对任意 n, 将 $F_n(x, \omega)$ 视为 x 的函数, 它是分布函数, 对应着离散型分布. 它将 $1/n$ 的权重置于每个 $X_k(\omega)$ 所在的位置. 若位置重叠, 譬如 $X_k(\omega) = X_i(\omega)$, 则权重叠加. 称 $F_n(\cdot, \omega)$ 为 $F(\cdot)$ 的**经验分布函数**.

另一方面, 将 x 视为常数. 对任意 n, 将 $F_n(x, \omega)$ 视为 ω 的函数, 它是随机变量, 记为 $F_n(x, \cdot)$. 则 $F_n(x, \cdot)$ 是独立同分布的随机变量序列 $\mathbf{I}_{\{X_1 \leqslant x\}}, \mathbf{I}_{\{X_2 \leqslant x\}}, \cdots$ 的前 n 项的平均值. 根据强大数定律, $F_n(x, \cdot) \xrightarrow{\text{a.s.}} E\mathbf{I}_{\{X_1 \leqslant x\}} = F_{X_1}(x)$. □

补充知识: 柯尔莫哥洛夫强大数定理的证明

定理 4.2.7 的证明过程比较冗长, 将分为若干步, 每一步以引理的形式出现. 将用到的主要技巧包括截断 (参见定理 4.1.8 的证明) 和取子列 (参见命题 4.2.6). 事实上, 我们最后将得到更强的结论: 强大数定律中相互独立的假设可以降低至两两独立 (参见定理 4.2.22).

设 $X_1, X_2, \cdots$ 为一列随机变量. 对任意 $n \geqslant 1$, 记

$$S_n = X_1 + \cdots + X_n,$$

$$T_n = X_1 \cdot \mathbf{I}_{\{|X_1| \leqslant 1\}} + X_2 \cdot \mathbf{I}_{\{|X_2| \leqslant 2\}} + \cdots + X_n \cdot \mathbf{I}_{\{|X_n| \leqslant n\}} = \sum_{k=1}^{n} X_k \cdot \mathbf{I}_{\{|X_k| \leqslant k\}}.$$

引理 4.2.18 设 $X_1, X_2, \cdots$ 同分布, 期望存在且有限, 则 $P(\Omega_0) = 1$, 其中

$$\Omega_0 = \left\{ \lim_{n \to \infty} \frac{S_n}{n} \text{ 与 } \lim_{n \to \infty} \frac{T_n}{n} \text{ 同时存在且相等} \right\} \cup \left\{ \lim_{n \to \infty} \frac{S_n}{n} \text{ 和 } \lim_{n \to \infty} \frac{T_n}{n} \text{ 同时不存在} \right\}.$$

证 将 X_1 简记为 X. 记 $A_k = \{|X_k| > k\}$. 由 X_k 与 X_1 同分布知 $P(A_k) = P(|X| > k)$. 于是 $\sum_{k=1}^{\infty} P(A_k) = \sum_{k=1}^{\infty} P(|X| > k) \leqslant E|X| < \infty$. 记 $A = \bigcap_{N=1}^{\infty} \bigcup_{k=N}^{\infty} A_k$, 则对任意 N, $P(A) \leqslant P\left(\bigcup_{k=N}^{\infty} A_k\right) \leqslant \sum_{k=N}^{\infty} P(A_k)$. 令 $N \to \infty$ 便知 $P(A) = 0$, 即 $P(A^c) = 1$. 对任意 $\omega \in A^c = \bigcup_{N=1}^{\infty} \bigcap_{k=N}^{\infty} A_k^c$, 存在 N 使得对任意 $k \geqslant N$, $\omega \notin A_k$, 即 $|X_k(\omega)| \leqslant k$. 对任意 $n \geqslant N$,

$$T_n(\omega) = \sum_{k=1}^{N-1} X_k(\omega) \cdot \mathbf{I}_{\{|X_k(\omega)| \leqslant k\}} + \sum_{k=N}^{n} X_k(\omega) \cdot \mathbf{I}_{\{|X_k(\omega)| \leqslant k\}}$$

$$= \sum_{k=1}^{N-1} X_k(\omega) \cdot \mathbf{I}_{\{|X_k(\omega)| \leqslant k\}} + \sum_{k=N}^{n} X_k(\omega)$$

$$= \sum_{k=1}^{N-1} X_k(\omega) \cdot \mathbf{I}_{\{|X_k(\omega)| \leqslant k\}} - \sum_{k=1}^{N-1} X_k(\omega) + S_n(\omega).$$

两边同时除以 n 并令 $n \to \infty$ 知 $\omega \in \Omega_0$. 因此 $A^c \subseteq \Omega_0$. 从而 $P(\Omega_0) = 1$. □

引理 4.2.19 设 $X_1, X_2, \cdots$ 同分布, 期望存在且有限, 则 $\frac{1}{n} E T_n \to E X_1$.

证 将 X_1 简记为 X. 对任意 k, 因为 X_k 与 X 同分布, 所以 $E(X_k \cdot \mathbf{I}_{\{|X_k| \leqslant k\}}) = E(X \cdot \mathbf{I}_{\{|X| \leqslant k\}})$. 由命题 3.2.19 知当 $k \to \infty$ 时, $a_k = E(X \cdot \mathbf{I}_{\{|X| \leqslant k\}}) \to EX$. 于是当 $n \to \infty$ 时, $\frac{1}{n} E T_n = \frac{1}{n}(a_1 + \cdots + a_n) \to EX$. □

引理 4.2.20 设 $X_1, X_2, \cdots$ 两两独立, 同分布, 期望存在且有限. 对任意 $\alpha > 1$, 记 $n_m = \lfloor \alpha^m \rfloor$, $Y_m = \dfrac{T_{n_m} - E T_{n_m}}{n_m}$, 则 $Y_m \xrightarrow{\text{a.s.}} 0$.

证 将 X_1 简记为 X. 记 $\sigma_k^2 = \text{Var}(X \cdot \mathbf{I}_{\{|X| \leqslant k\}})$. 由 X_k 与 X_1 同分布知 $\text{Var}(X_k \cdot \mathbf{I}_{\{|X_k| \leqslant k\}}) = \sigma_k^2$. 对任意 $\varepsilon > 0$,

$$\sum_{m=1}^{\infty} \text{P}(|Y_m| > \varepsilon) \leqslant \sum_{m=1}^{\infty} \frac{\text{Var}(T_{n_m})}{n_m^2 \varepsilon^2} = \frac{1}{\varepsilon^2} \sum_{m=1}^{\infty} \frac{1}{n_m^2} \sum_{k=1}^{n_m} \sigma_k^2.$$

令 $m(k) = \max\{1, \lceil \log_\alpha k \rceil\}$, 以使得 $k \leqslant n_m$ 当且仅当 $m \geqslant m(k)$. 记 $b_k := \sum_{m=m(k)}^{\infty} \frac{1}{n_m^2}$, 则

$$\sum_{m=1}^{\infty} \text{P}(|Y_m| > \varepsilon) \leqslant \frac{1}{\varepsilon^2} \sum_{k=1}^{\infty} b_k \sigma_k^2.$$

对任意 $k \geqslant 2$, 若 $m \geqslant m(k)$, 则 $\alpha^m \geqslant 2$, 于是 $n_m \geqslant \alpha^m - 1 \geqslant \alpha^m/2$. 因此

$$b_k = \sum_{m=m(k)}^{\infty} \frac{1}{n_m^2} \leqslant \sum_{m=m(k)}^{\infty} \frac{1}{\alpha^{2m}/4} = \frac{4}{1 - 1/\alpha^2} \cdot \frac{1}{\alpha^{2m(k)}} \leqslant \frac{4}{1 - \alpha^{-2}} \cdot \frac{1}{k^2}.$$

从而

$$\sum_{m=1}^{\infty} \text{P}(|Y_m| > \varepsilon) \leqslant \frac{1}{\varepsilon^2} b_1 \sigma_1^2 + \frac{1}{\varepsilon^2} \cdot \frac{4}{1 - \alpha^{-2}} \sum_{k=2}^{\infty} \frac{\sigma_k^2}{k^2}.$$

根据例 3.1.30,

$$\sigma_k^2 = \text{E}(X^2 \cdot \mathbf{I}_{\{|X| \leqslant k\}}) \leqslant \int_0^k 2x \text{P}(|X| > x) \mathrm{d}x = \int_0^\infty 2x \text{P}(|X| > x) \cdot \mathbf{I}_{\{x \leqslant k\}} \mathrm{d}x.$$

因此

$$\sum_{k=2}^{\infty} \frac{\sigma_k^2}{k^2} = \sum_{k=2}^{\infty} \frac{1}{k^2} \int_0^\infty 2x \text{P}(|X| > x) \cdot \mathbf{I}_{\{x \leqslant k\}} \mathrm{d}x = \int_0^\infty 2x \text{P}(|X| > x) \cdot \sum_{k=2}^{\infty} \frac{1}{k^2} \cdot \mathbf{I}_{\{x \leqslant k\}} \mathrm{d}x.$$

给定 $x > 0$, 记 $k(x) = \max\{2, \lceil x \rceil\}$, 则

$$\sum_{k=2}^{\infty} \frac{1}{k^2} \cdot \mathbf{I}_{\{x \leqslant k\}} = \sum_{k=k(x)}^{\infty} \frac{1}{k^2} \leqslant \sum_{k=k(x)}^{\infty} \int_{k-1}^{k} \frac{1}{y^2} \mathrm{d}y = \frac{1}{k(x) - 1} \leqslant \frac{2}{x}.$$

因此

$$\sum_{k=2}^{\infty} \frac{\sigma_k^2}{k^2} \leqslant \int_0^\infty 2x \text{P}(|X| > x) \cdot \frac{2}{x} \mathrm{d}x = 4 \int_0^\infty \text{P}(|X| > x) \mathrm{d}x = 4\text{E}|X| < \infty.$$

综上, $\sum_{m=1}^{\infty} \text{P}(|Y_m| > \varepsilon) < \infty$. 因此结论成立. $\square$

引理 4.2.21 设 $X_1, X_2, \cdots$ 为一列非负的随机变量, 两两独立, 同分布, 期望存在且有限, 则
$$\frac{1}{n}T_n \xrightarrow{\text{a.s.}} \mathrm{E}X_1.$$

证 取定 $\alpha > 1$. 令 $n_m = \lfloor \alpha^m \rfloor$. 由引理 4.2.19 和引理 4.2.20, 存在 Ω_1 使得 $\mathrm{P}(\Omega_1) = 1$ 且对任意 $\omega \in \Omega_1$, $\lim_{m \to \infty} T_{n_m}(\omega)/n_m = \mathrm{E}X_1$. 进一步, 对任意 n, 存在唯一的 m 使得 $n_m \leqslant n < n_{m+1}$, 由 X_1 非负的假设, $T_{n_m}(\omega) \leqslant T_n(\omega) \leqslant T_{n_{m+1}}(\omega)$. 于是

$$\frac{n_m}{n_{m+1}} \cdot \frac{T_{n_m}(\omega)}{n_m} \leqslant \frac{T_n(\omega)}{n} \leqslant \frac{n_{m+1}}{n_m} \cdot \frac{T_{n_{m+1}}(\omega)}{n_{m+1}}.$$

令 $n \to \infty$ 可推出

$$\frac{1}{\alpha}\mathrm{E}X_1 \leqslant \liminf_{n \to \infty} \frac{T_n(\omega)}{n} \leqslant \limsup_{n \to \infty} \frac{T_n(\omega)}{n} \leqslant \alpha \mathrm{E}X_1,$$

其中用到了当 $m \to \infty$ 时, $n_{m+1}/n_m = \lfloor \alpha^{m+1} \rfloor / \lfloor \alpha^m \rfloor \to \alpha$. 令 $\alpha \to 1$ 便可推出 $T_n(\omega)/n \to \mathrm{E}X_1$. □

定理 4.2.22 设 $X_1, X_2, \cdots$ 两两独立, 同分布, 期望存在且有限, 则
$$\frac{1}{n}S_n \xrightarrow{\text{a.s.}} \mathrm{E}X_1.$$

证 首先假设 X_1 为非负的随机变量. 两两独立蕴涵着两两不相关. 由引理 4.2.21, 存在 Ω_1 使得 $\mathrm{P}(\Omega_1) = 1$ 且对任意 $\omega \in \Omega_1$, $\lim_{n \to \infty} T_n(\omega)/n = \mathrm{E}X_1$. 取引理 4.2.18 中的事件 Ω_0. 则 $\mathrm{P}(\Omega_0 \cap \Omega_1) = 1$ 且对任意 $\omega \in \Omega_0 \cap \Omega_1$, 因为 $\lim_{n \to \infty} T_n(\omega)/n = \mathrm{E}X_1$, 所以 $\lim_{n \to \infty} S_n(\omega)/n$ 也存在且等于 $\mathrm{E}X_1$. 从而 $S_n/n \xrightarrow{\text{a.s.}} \mathrm{E}X_1$.

一般情形, $X_1^+, X_2^+, \cdots$ 满足引理 4.2.21 中的要求, 因为两两独立的假设蕴涵着对任意 $i \neq j$, X_i^+ 与 X_j^+ 相互独立, 从而不相关. 由第一步的结论, $\frac{1}{n}(X_1^+ + \cdots + X_n^+) \xrightarrow{\text{a.s.}} \mathrm{E}X_1^+$. 同理, $\frac{1}{n}(X_1^- + \cdots + X_n^-) \xrightarrow{\text{a.s.}} \mathrm{E}X_1^-$. 因此,

$$\frac{1}{n}S_n = \frac{1}{n}\Big((X_1^+ - X_1^-) + \cdots + (X_n^+ - X_n^-)\Big)$$
$$= \frac{1}{n}(X_1^+ + \cdots + X_n^+) - \frac{1}{n}(X_1^- + \cdots + X_n^-) \xrightarrow{\text{a.s.}} \mathrm{E}X_1. \quad \Box$$

推论 4.2.23 设 $X_1, X_2, \cdots$ 两两独立, 同分布, 且期望存在, 则 $\frac{1}{n}S_n \xrightarrow{\text{a.s.}} \mathrm{E}X_1$.

证 将 X_1 简记为 X. 若 $\mathrm{E}X$ 有限, 则由定理 4.2.22 知结论成立. 以下不妨设 $\mathrm{E}X = \infty$, 否则考虑 $-X_1, -X_2, \cdots$ 即可. 此时 $\mathrm{E}X^+ = \infty$, $\mathrm{E}X^- < \infty$. 记 $T_n = X_1^+ + \cdots + X_n^+$, $W_n = X_1^- + \cdots + X_n^-$.

对任意正整数 M, 令 $Y_n^{(M)} = X_n^+ \cdot \mathbf{I}_{\{X_n^+ \leqslant M\}}$, 则 $Y_1^{(M)}, Y_2^{(M)}, \cdots$ 独立同分布, 期望存在且有限. 记 $T_n^{(M)} = Y_1^{(M)} + \cdots + Y_n^{(M)}$. 由定理 4.2.22, $\frac{1}{n} T_n^{(M)} \xrightarrow{\text{a.s.}} EY_1^{(M)}$. 换言之, 事件 $\Omega_M := \left\{ \omega : \lim\limits_{n \to \infty} \frac{1}{n} T_n^{(M)}(\omega) = EY_1^{(M)} \right\}$ 的概率为 1. 令 $\Omega_0 = \bigcap\limits_{M=1}^{\infty} \Omega_M$, 则 $P(\Omega_0) = 1$. 对任意 $\omega \in \Omega_0$, 对任意 M, $T_n(\omega) \geqslant T_n^{(M)}(\omega)$, 因此

$$\liminf_{n \to \infty} \frac{1}{n} T_n(\omega) \geqslant \lim_{n \to \infty} \frac{1}{n} T_n^{(M)}(\omega) = EY_1^{(M)} = EX^+ \cdot \mathbf{I}_{\{X^+ \leqslant M\}}.$$

令 $M \to \infty$, 推出

$$\liminf_{n \to \infty} \frac{1}{n} T_n(\omega) \geqslant \lim_{M \to \infty} EX^+ \cdot \mathbf{I}_{\{X^+ \leqslant M\}} = EX^+ = \infty,$$

其中最后一个等号是根据命题 3.2.19. 综上, $\frac{1}{n} T_n \xrightarrow{\text{a.s.}} EX^+ = \infty$. 由定理 4.2.22 知 $\frac{1}{n} W_n \xrightarrow{\text{a.s.}} EX^-$. 因此

$$\frac{1}{n} S_n = \frac{1}{n} T_n - \frac{1}{n} W_n \xrightarrow{\text{a.s.}} EX^+ - EX^- = EX. \qquad \square$$

由上述推论知定理 4.2.7 成立.

习题

1. 设某种元件的寿命为连续型随机变量, 其密度函数为

$$p(x) = \begin{cases} 2x, & 0 < x < 1, \\ 0, & \text{其他}. \end{cases}$$

当一个元件失效后, 立即用下一个新的元件替换. 将第 n 个元件的失效时刻记为 S_n. 求失效率 $\lim\limits_{n \to \infty} \frac{n}{S_n}$.

2. 设 $X_1, X_2, \cdots$ 独立同分布, 服从均匀分布 $U(1,2)$. 求当 $n \to \infty$ 时, 几何平均值 $\left(\prod\limits_{i=1}^{n} X_i \right)^{1/n}$ 几乎必然收敛的极限.

3. 在伯努利试验中, 记 $A_k =$ "第 k 次抛到正面". 令 $X_k = \mathbf{I}_{A_k A_{k+1}}$, $Y_k = \mathbf{I}_{A_k \cup A_{k+1}}$. 证明: $X_1, X_2, \cdots$ 与 $Y_1, Y_2, \cdots$ 均服从强大数定律.

4. 在例 4.2.12 中设 $a = 0, b = 1, 0 \leqslant f(x) \leqslant 1$. (1) 分别计算该例题方法二和方法三给出的 $\int_0^1 f(x) \mathrm{d}x$ 的两个估计值的期望和方差; (2) 你认为哪个方法给出的估计值更好?

§4.3 中心极限定理

一、伯努利试验中的结论

在伯努利试验中, 样本点 ω 为无穷长的 H-T 字符串. 记 $A_n=$ "第 n 个字符为 H", 则 $A_1, A_2, \cdots$ 相互独立, 且 $P(A_n) \equiv p$. 下设 $p = 1/2$. 令 $X_n = \mathbf{I}_{A_n}, S_n = X_1 + \cdots + X_n$, 它代表前 n 个字符中 H 出现的总数, 则 $S_n \sim B(n, 1/2)$, 其标准化为 $S_n^* := \dfrac{S_n - n/2}{\sqrt{n/2}}$. 根据局部极限定理 (引理 2.2.3), 对任意满足 $a < b$ 的实数 a, b,

$$\lim_{n \to \infty} P(a < S_n^* \leqslant b) = \Phi(b) - \Phi(a),$$

其中 $\Phi(\cdot)$ 为标准正态分布的分布函数.

对任意 $x \in \mathbb{R}$, 一方面, 取 $b = x$, 则对任意 $a < x$,

$$\liminf_{n \to \infty} P(S_n^* \leqslant x) \geqslant \lim_{n \to \infty} P(a < S_n^* \leqslant x) = \Phi(x) - \Phi(a).$$

令 $a \to -\infty$ 便知 $\liminf\limits_{n \to \infty} P(S_n^* \leqslant x) \geqslant \Phi(x)$. 另一方面, 取 $a = x$, 则对任意 $b > x$,

$$\liminf_{n \to \infty} P(S_n^* > x) \geqslant \lim_{n \to \infty} P(x < S_n^* \leqslant b) = \Phi(b) - \Phi(x).$$

令 $b \to \infty$ 便知 $\liminf\limits_{n \to \infty} P(S_n^* > x) \geqslant 1 - \Phi(x)$, 等价地, $\limsup\limits_{n \to \infty} P(S_n^* \leqslant x) \leqslant \Phi(x)$. 综上, 可以推出

$$\lim_{n \to \infty} P(S_n^* \leqslant x) = \Phi(x).$$

将如此收敛称为依分布收敛, 其定义要用到分布函数列的弱收敛, 见定义 3.8.17.

定义 4.3.1 若 X_n 的分布函数 $F_{X_n}(\cdot)$ 弱收敛于 X 的分布函数 $F_X(\cdot)$, 则称 X_n **依分布收敛**于 X, 记为 $X_n \xrightarrow{d} X$.

例 4.3.2 设 $X_n \equiv \dfrac{1}{n}, X \equiv 0$. 本质上, X_n 的分布将所有权重都集中在 $\dfrac{1}{n}$ 这个点, 而 X 的分布将所有权重都集中在 0 这个点. 于是很自然地可以认为 X_n 的分布以 X 的分布为极限. 然而当用分布函数来刻画对应的分布时, 我们发现对 0 这个点有如下 "反常现象": 对任意 n, $F_{X_n}(0) = 0$; 但 $F_X(0) = 1$. 此 "反常现象" 的本质原因是 0 是 $F_X(\cdot)$ 的间断点, 即 $P(X = 0) > 0$. 此时, 区间 $(-\infty, 0]$ 的边界点 0 在极限分布 (X 的分布) 中承载了正权重. 这部分权重对于 X 计算在区间 $(-\infty, 0]$ 中, 然而在取极限的过程中, 它却是从区间外部 ($1/n$ 这个点) 逼近过来的, 因此对任意 X_n, 这部分权重并没有被计入区间 $(-\infty, 0]$ 中. 综上, 若用分布函数这一工具来刻画分布的收敛性, 则应该回避 $F_X(\cdot)$ 的间断点. □

例 4.3.3 (1) 若 $X_n \xrightarrow{d} X$ 且 $Y_n \xrightarrow{P} a$, 则 $X_n + Y_n \xrightarrow{d} X + a$, 其中 $a \in \mathbb{R}$.

(2) 若 $X_n \xrightarrow{d} X$ 且 $a_1, a_2, \cdots \in \mathbb{R}$ 使得 $\lim\limits_{n \to \infty} a_n = a > 0$, 则 $a_n X_n \xrightarrow{d} aX$.

证 (1) 将 $X_n + Y_n$ 与 $X + a$ 的分布函数分别记为 $F_n(\cdot)$ 与 $F(\cdot)$. 固定 $x \in \mathbb{R}$. 对任意 $\varepsilon > 0$,

$$\{|Y_n - a| \leqslant \varepsilon, X_n \leqslant x - a - \varepsilon\} \subseteq \{|Y_n - a| \leqslant \varepsilon, X_n + Y_n \leqslant x\} \subseteq \{X_n \leqslant x - a + \varepsilon\}.$$

因为 $F_X(\cdot)$ 的间断点可数, 所以可以取正实数序列 $\varepsilon_1, \varepsilon_2, \cdots$ 使得 $\lim\limits_{k \to \infty} \varepsilon_k = 0$ 且 $x - a \pm \varepsilon_k$ 均为 $F_X(\cdot)$ 的连续点, $k = 1, 2, \cdots$.

一方面,

$$F_n(x) \leqslant P(|Y_n - a| \leqslant \varepsilon_k, X_n + Y_n \leqslant x) + P(|Y_n - a| > \varepsilon_k)$$
$$\leqslant P(X_n \leqslant x - a + \varepsilon_k) + P(|Y_n - a| > \varepsilon_k).$$

令 $n \to \infty$ 知对任意 k, $\limsup\limits_{n \to \infty} F_n(x) \leqslant P(X \leqslant x - a + \varepsilon_k)$. 再令 $k \to \infty$ 便可推出 $\limsup\limits_{n \to \infty} F_n(x) \leqslant P(X \leqslant x - a) = F(x)$. 另一方面,

$$F_n(x) \geqslant P(|Y_n - a| \leqslant \varepsilon_k, X_n + Y_n \leqslant x) \geqslant P(|Y_n - a| \leqslant \varepsilon_k, X_n \leqslant x - a - \varepsilon_k)$$
$$\geqslant P(X_n \leqslant x - a - \varepsilon_k) - P(|Y_n - a| > \varepsilon_k).$$

令 $n \to \infty$, 再令 $k \to \infty$ 便可推出 $\liminf\limits_{n \to \infty} F_n(x) \geqslant F(x-)$. 若 x 是 $F_{X+a}(\cdot)$ 的连续点, 则 $F(x-) = F(x)$. 于是 $\lim\limits_{n \to \infty} F_n(x) = F(x)$. 故 $X_n + Y_n \xrightarrow{d} X + a$.

(2) 的证明与 (1) 的类似. 留为习题. □

验证依分布收敛时, 通常是利用定理 3.8.19 验证对应的特征函数点点收敛.

二、独立同分布序列的中心极限定理

以下假设 $X_1, X_2, \cdots$ 是随机变量序列. 令

$$S_n := X_1 + \cdots + X_n.$$

若 $\dfrac{S_n - ES_n}{\sqrt{\operatorname{Var}(S_n)}} \xrightarrow{d} Z \sim N(0, 1)$, 则称**中心极限定理**成立. 为使得中心极限定理成立, 需要随机变量序列 $X_1, X_2, \cdots$ 满足一定的假设条件. 不同的假设条件就带来了不同版本的中心极限定理.

定理 4.3.4 设 $X_1, X_2, \cdots$ 独立同分布, $\mu = EX_1$ 和 $\sigma^2 = \operatorname{Var}(X_1)$ 存在且有限, 且 $\sigma^2 > 0$, 则中心极限定理成立, 即

$$S_n^* := \frac{S_n - n\mu}{\sqrt{n\sigma^2}} \xrightarrow{d} Z \sim N(0, 1).$$

证 先假设 $\mu = 0$, $\sigma^2 = 1$. 将 X_1 简记为 X, 其特征函数记为 $f(\cdot)$. 将 $S_n^* = \dfrac{S_n - n\mu}{\sqrt{n\sigma^2}} = \dfrac{S_n}{\sqrt{n}}$ 的特征函数记为 $f_n(\cdot)$, 则

$$f_n(t) = \mathrm{E}\mathrm{e}^{\mathrm{i}tS_n^*} = \mathrm{E}\exp\left\{\mathrm{i}\frac{t}{\sqrt{n}}(X_1 + \cdots + X_n)\right\} = \left(\mathrm{E}\exp\left\{\mathrm{i}\frac{t}{\sqrt{n}}X\right\}\right)^n = f\left(\frac{t}{\sqrt{n}}\right)^n.$$

往证对任意 t, $\lim\limits_{n\to\infty} f_n(t) = \mathrm{e}^{-t^2/2}$.

对任意 s, 记

$$\varphi(s) := f(s) - 1 + \frac{s^2}{2}, \quad \delta(s) := \frac{\|\varphi(s)\|}{1 - s^2/2}.$$

因为 $\mathrm{E}X = 0$ 且 $\mathrm{E}X^2 = 1$, 所以 $\varphi(s) = f(s) - 1 - \mathrm{i}s\mathrm{E}X + \dfrac{\mathrm{E}(sX)^2}{2!}$. 由推论 3.8.16 知当 $s \to 0$ 时, $\dfrac{\|\varphi(s)\|}{s^2} \to 0$, 从而 $\delta(s) \to 0$. 于是

$$\left\|\frac{f(s)}{1 - s^2/2}\right\| = \left\|\frac{1 - s^2/2 + \varphi(s)}{1 - s^2/2}\right\| = \left\|1 + \frac{\varphi(s)}{1 - s^2/2}\right\| \leqslant 1 + \delta(s).$$

取定 $t \in \mathbb{R}$. 对任意 n, 记 $s := t/\sqrt{n}$, $g_n(t) := (1 - t^2/2n)^n$, 则

$$\ln\left\|\frac{f_n(t)}{g_n(t)}\right\| = n\ln\left\|\frac{f(s)}{1 - s^2/2}\right\| \leqslant n\ln(1 + \delta(s)) = n \cdot \frac{\|\varphi(s)\|}{1 - s^2/2} \cdot \frac{\ln(1 + \delta(s))}{\delta(s)}$$

$$= t^2 \cdot \frac{1}{1 - s^2/2} \cdot \frac{\|\varphi(s)\|}{s^2} \cdot \frac{\ln(1 + \delta(s))}{\delta(s)},$$

其中最后一个等号用到了 $t^2 = ns^2$. 令 $n \to \infty$. 此时 $s \to 0$, 于是 $\dfrac{\|\varphi(s)\|}{s^2} \to 0$, 并且 $\delta(s) \to 0$, 从而 $\dfrac{\ln(1 + \delta(s))}{\delta(s)} \to 1$. 因此

$$\limsup_{n\to\infty} \ln\left\|\frac{f_n(t)}{g_n(t)}\right\| \leqslant t^2 \cdot 1 \cdot 0 \cdot 1 = 0.$$

这表明 $\lim\limits_{n\to\infty}\left\|\dfrac{f_n(t)}{g_n(t)}\right\| = 1$, 从而 $\lim\limits_{n\to\infty} f_n(t) = \lim\limits_{n\to\infty} g_n(t) = \mathrm{e}^{-t^2/2}$. 根据定理 3.8.19, 由 $\mathrm{e}^{-t^2/2}$ 是 $Z \sim N(0,1)$ 的特征函数知 $S_n^* \xrightarrow{\mathrm{d}} Z$.

对于一般情形, 考虑 $Y_n = X_n^* = (X_n - \mu)/\sigma$, $T_n = Y_1 + \cdots + Y_n$. 因此

$$S_n^* = T_n/\sqrt{n} \xrightarrow{\mathrm{d}} Z \sim N(0,1). \qquad \square$$

注 4.3.5 设 $X_1, X_2, \cdots$ 独立同分布, $\mathrm{E}X_1 = 0$, $\mathrm{Var}(X) = 1$ 且 $\mathrm{E}|X|^3 < \infty$. 将 S_n^* 的分布函数记为 $F_n(\cdot)$, 则 $\sup\limits_{x \in \mathbb{R}} |F_n(x) - \Phi(x)| \leqslant 3\dfrac{\mathrm{E}|X^*|^3}{\sqrt{n}}$. 称之为贝里-埃森 (Berry-Esseen) 估计.

注 4.3.6 设 $\vec{X}^{(1)}, \vec{X}^{(2)}, \cdots$ 都是 d 维随机向量,且它们独立同分布. 设 $\vec{X}^{(1)}$ 的期望与协方差均存在且有限. 将 $\vec{X}^{(1)}$ 的期望记为 $\vec{\mu}$, 协方差矩阵记为 $\boldsymbol{\Sigma}$. 记 $\vec{S}_n = \vec{X}^{(1)} + \cdots + \vec{X}^{(n)}$, 则 $(\vec{S}_n - n\vec{\mu})/\sqrt{n}$ 的特征函数收敛于 d 维高斯分布 $N(\vec{0}, \boldsymbol{\Sigma})$ 的特征函数. 此时,也称 $(\vec{S}_n - n\vec{\mu})/\sqrt{n}$ 依分布收敛于 $\vec{X} \sim N(\vec{0}, \boldsymbol{\Sigma})$. (参见后面的注 4.4.24.) 这即是独立同分布的随机向量的中心极限定理.

三、中心极限定理的应用

假设 $X_1, X_2, \cdots$ 独立同分布,期望 μ 存在且有限,方差 σ^2 存在且有限,且严格正. 根据中心极限定理,当 n 充分大时, $S_n^* := \dfrac{S_n - n\mu}{\sqrt{n\sigma^2}}$ 近似地服从 $N(0,1)$. 在实际应用中,一般只要 $n \geqslant 20$ 便可近似地认为 S_n 服从 $N(n\mu, n\sigma^2)$, 等价地,近似地认为 $\bar{X}$ 服从 $N(\mu, \sigma^2/n)$. 譬如,固定 n, 对任意 x, 记 $x^* = \dfrac{x - n\mu}{\sqrt{n\sigma^2}}$. 通过查标准正态分布的分布函数值表得到 x^* 与 $p = \Phi(x^*)$ 之间的对应关系. 于是建立下式:

$$P(S_n \leqslant x) = P(S_n^* \leqslant x^*) \approx p.$$

在实际应用中,将上式最后的约等号视为等号. 在上式中有三个变量: n, x, p. 它们分别代表了随机变量的个数、S_n 的范围和置信度 (即对应事件的概率). 上式给出这三个变量之间的约束关系式. 若知道其中两个变量的值,则通过上式可以求出第三个变量.

例 4.3.7 假设某通选课的选课人数服从参数为 100 的泊松分布. 如果选课人数不超过 120 就开一个班;否则就分成两个班. 求分成两个班的概率. (保留两位小数.)

解 设 $X_1, X_2, \cdots$ 相互独立,都服从参数为 1 的泊松分布,则 $S_n = X_1 + \cdots + X_n$ 服从参数为 n 的泊松分布. 于是 $ES_n = n$, $\text{Var}(S_n) = n\text{Var}(X_1) = n$. 当 S_n 的取值为整数时,可将事件 $\{S_n = k\}$ 等同于 $\{k - 1/2 < S_n \leqslant k + 1/2\}$, 然后再应用中心极限定理. 这样处理可以降低事件概率的估算值与真值之间的误差. 取 $n = 100$. "分成两个班" 即为 $\{S_n \geqslant 121\} = \{S_n > 120.5\}$. 该事件的概率为 $p = P(S_n > 120.5) = P(S_n^* > 2.05)$. 查附录 B, 得到 $p = 0.02$. □

例 4.3.8 假设某工厂有 200 台机器,每台机器运行时需要 1 千瓦的电功率. 每台机器独立地有 40% 的时间在保养,此时这台机器不工作. 剩下的 60% 的时间这台机器可以工作. 问: 为保证电力不足的频率不高于每两年一次,该工厂需要电力公司提供多少功率的电力? (保留到整数部分.)

解 取 $n = 200$. 对 $i = 1, 2, \cdots, 200$, 若第 i 台机器可以工作,则记 $X_i = 1$; 否则记 $X_i = 0$. 则 $X_1, \cdots, X_n$ 相互独立,都服从伯努利分布, $P(X_i = 1) = 0.6$, $P(X_i = 0) = 0.4$. 于是 $S_n = X_1 + \cdots + X_n \sim B(n, 0.6)$,

$$ES_n = 200 \cdot 0.6 = 120, \quad \text{Var}(S_n) = 120 \cdot 0.6 \cdot 0.4 = 48.$$

假设电力公司为该工厂提供 M 千瓦的电功率, 则无法正常工作表现为 $S_n > M$. 记 $M^* = \dfrac{M-120}{\sqrt{48}}$. 按题意, 要求 $\mathrm{P}(S_n > M) = \mathrm{P}\left(S_n^* > \dfrac{M-120}{\sqrt{48}}\right) = 1 - \Phi(M^*) \leqslant 1/(365 \cdot 2)$. 查表得 $\Phi(3) = 0.9987 > 1 - 1/(365\cdot 2)$, 但 $\Phi(2.95) = 0.9984 < 1 - 1/(365 \cdot 2)$. 因此, 应取 $M^* \geqslant 3$. 等价地, $M \geqslant 120 + 3\sqrt{48}$. 使得该不等式成立的最小的整数是 141. 因此该工厂需要电力公司提供 141 千瓦功率的电力. □

例 4.3.9 为调查人群中对某观点的支持率, 现进行民意调查. 为使得调查结果与真实值之间的误差不超过 0.05 的概率至少为 95%, 应该至少调查多少人?

解 假设人们对该观点的支持率为 q, 它是未知数且 $q \in [0,1]$. 现调查 n 人, 若第 i 人表示支持, 则记 $X_i = 1$; 否则记 $X_i = 0$. 可以认为 $X_1, \cdots, X_n$ 相互独立, 且 $\mathrm{P}(X_i = 1) = q$, $\mathrm{P}(X_i = 0) = 1 - q$. 记 $S_n = X_1 + \cdots + X_n$, 则 S_n/n 为该观点在被调查的人群中的支持率, 此即调查结果. 按题意, 要求 $\mathrm{P}(|S_n/n - q| \leqslant 0.05) \geqslant 95\%$. $\mathrm{E}S_n = nq$, $\mathrm{Var}(S_n) = nq(1-q)$, 因此要求转化为 $\mathrm{P}\left(|S_n^*| \leqslant 0.05\sqrt{\dfrac{n}{q(1-q)}}\right) \geqslant 95\%$. 查表得 $\Phi(1.96) = 0.975$. 根据中心极限定理, 要求转化为 $5\%\sqrt{\dfrac{n}{q(1-q)}} \geqslant 1.96$, 即 $n \geqslant q(1-q)\left(\dfrac{1.96}{0.05}\right)^2$. 由于 q 未知, 该不等式应对所有 q 均成立. 因此应该要求 $n \geqslant \dfrac{1}{4}\left(\dfrac{1.96}{0.05}\right)^2$. 满足此不等式的最小整数为 385. 因此应该至少调查 385 人. □

*四、林德贝格-费勒 (Lindeberg-Feller) 定理

前面已经证明在独立同分布与二阶矩存在的条件下, 中心极限定理成立. 下面去掉同分布的假设, 考察相互独立的随机变量序列的中心极限定理. 在这一小节我们假设 $X_1, X_2, \cdots$ 相互独立, X_n 的期望和方差均存在且有限, 并且方差为正. 记

$$\mu_n := \mathrm{E}X_n, \quad \sigma_n^2 := \mathrm{Var}(X_n), \quad B_n^2 := \mathrm{Var}(S_n) = \sum_{k=1}^n \sigma_k^2.$$

历史上这方面的第一个结论是李雅普诺夫 (Liapunov) 得到的. 因为去掉了同分布假设, 就要另外增加其他条件来补偿. 李雅普诺夫的做法是加强矩条件. 这是典型的俄罗斯学派的风格.

定理 4.3.10 (李雅普诺夫定理) 若存在 $\delta > 0$ 使得

$$\lim_{n \to \infty} \frac{1}{B_n^{2+\delta}} \sum_{k=1}^n \mathrm{E}|X_k - \mu_k|^{2+\delta} = 0,$$

则中心极限定理成立.

证明延后. 称上述定理中的假设条件为**李雅普诺夫条件**.

命题 4.3.11 若李雅普诺夫条件成立, 则对任意 $\varepsilon > 0$,
$$\lim_{n\to\infty} \frac{1}{B_n^2} \sum_{k=1}^n \mathrm{E}(X_k - \mu_k)^2 \mathbf{I}_{\{|X_k-\mu_k|>\varepsilon B_n\}} = 0.$$

证 对任意 $\varepsilon > 0$,
$$\frac{1}{B_n^2} \mathrm{E}(X_k - \mu_k)^2 \mathbf{I}_{\{|X_k-\mu_k|>\varepsilon B_n\}} \leqslant \frac{1}{B_n^2} \mathrm{E}(X_k - \mu_k)^2 \frac{|X_k - \mu_k|^\delta}{(\varepsilon B_n)^\delta} \mathbf{I}_{\{|X_k-\mu_k|>\varepsilon B_n\}}$$
$$\leqslant \frac{1}{\varepsilon^\delta B_n^{2+\delta}} \mathrm{E}|X_k - \mu_k|^{2+\delta}.$$

对 k 求和便知命题成立. □

称上述命题中的结论为**林德贝格条件**. 令 $Y_{nk} = (X_k - \mu_k)/B_n$, 则林德贝格条件等价于对任意 $\varepsilon > 0$,
$$\lim_{n\to\infty} \sum_{k=1}^n \mathrm{E} Y_{nk}^2 \mathbf{I}_{\{|Y_{nk}|>\varepsilon\}} = 0.$$

命题 4.3.12 若林德贝格条件成立, 则
$$\lim_{n\to\infty} B_n = \infty, \quad \lim_{n\to\infty} \frac{\sigma_n}{B_n} = 0.$$

证 对任意 $\varepsilon > 0$, $n \geqslant k \geqslant 1$,
$$\frac{\sigma_k^2}{B_n^2} = \frac{1}{B_n^2} \mathrm{E}(X_k - \mu_k)^2 \mathbf{I}_{\{|X_k-\mu_k|>\varepsilon B_n\}} + \frac{1}{B_n^2} \mathrm{E}(X_k - \mu_k)^2 \mathbf{I}_{\{|X_k-\mu_k|\leqslant\varepsilon B_n\}}$$
$$\leqslant \frac{1}{B_n^2} \mathrm{E}(X_k - \mu_k)^2 \mathbf{I}_{\{|X_k-\mu_k|>\varepsilon B_n\}} + \varepsilon^2.$$

对 k 取最大值, 推出
$$\frac{1}{B_n^2} \max_{1\leqslant k\leqslant n} \sigma_k^2 \leqslant \frac{1}{B_n^2} \max_{1\leqslant k\leqslant n} \mathrm{E}(X_k - \mu_k)^2 \mathbf{I}_{\{|X_k-\mu_k|>\varepsilon B_n\}} + \varepsilon^2$$
$$\leqslant \frac{1}{B_n^2} \sum_{k=1}^n \mathrm{E}(X_k - \mu_k)^2 \mathbf{I}_{\{|X_k-\mu_k|>\varepsilon B_n\}} + \varepsilon^2.$$

令 $n \to \infty$, 再令 $\varepsilon \to 0$, 便知 $\lim_{n\to\infty} \frac{1}{B_n} \max_{1\leqslant k\leqslant n} \sigma_k = 0$. 于是
$$\lim_{n\to\infty} \frac{\sigma_n}{B_n} \leqslant \lim_{n\to\infty} \frac{1}{B_n} \max_{1\leqslant k\leqslant n} \sigma_k = 0.$$

下面, 用反证法证明 $\lim_{n\to\infty} B_n = \infty$. 若不然, 因为 B_n 依赖于 n 单调上升, 所以 $C := \lim_{n\to\infty} B_n$ 为正实数. 于是 $\liminf_{n\to\infty} \frac{1}{B_n} \max_{1\leqslant k\leqslant n} \sigma_k \geqslant \frac{\sigma_1}{C} > 0$. 矛盾! 从而 $\lim_{n\to\infty} B_n = \infty$. □

称上述命题中的结论为**费勒条件**. 下面我们将从费勒条件进一步往下推导. 为此需要先介绍如下引理.

引理 4.3.13 设 $a_1,\cdots,a_n,b_1,\cdots,b_n$ 都是复数, 且它们的模都不超过 1, 则

$$\Big\|\prod_{k=1}^n a_k - \prod_{k=1}^n b_k\Big\| \leqslant \sum_{k=1}^n \|a_k - b_k\|.$$

证 记 $c_0 = a_1\cdots a_n$; $c_k = (b_1\cdots b_k)\cdot(a_{k+1}\cdots a_n)$, $k=1,\cdots,n-1$; $c_n = b_1\cdots b_n$, 则 $c_1 - c_0 = (b_1 - a_1)a_2\cdots a_n$, 故

$$\|c_1 - c_0\| = \|b_1 - a_1\|\cdot\|a_2\|\cdots\|a_n\| \leqslant \|b_1 - a_1\|.$$

同理, $\|c_n - c_{n-1}\| = \|b_1\|\cdots\|b_{n-1}\|\cdot\|b_n - a_n\| \leqslant \|b_n - a_n\|$; 且对 $2 \leqslant k \leqslant n-1$,

$$\|c_k - c_{k-1}\| = \|a_1\|\cdots\|a_{k-1}\|\cdot\|b_k - a_k\|\cdot\|b_{k+1}\|\cdots\|b_n\| \leqslant \|b_k - a_k\|.$$

由三角不等式,

$$\|c_n - c_0\| \leqslant \sum_{k=1}^n \|c_k - c_{k-1}\| \leqslant \sum_{k=1}^n \|b_k - a_k\|. \qquad\square$$

以下令

$$Y_{nk} := \frac{X_k - \mathrm{E}X_k}{B_n}, \quad f_{nk}(t) = \mathrm{E}\mathrm{e}^{\mathrm{i}tY_{nk}}, \quad k=1,\cdots,n,$$

$$S_n^* = \frac{1}{B_n}\sum_{k=1}^n (X_k - \mathrm{E}X_k) = \sum_{k=1}^n Y_{nk},$$

$$g_n(t) := \exp\Big\{\sum_{k=1}^n (f_{nk}(t) - 1)\Big\}, \quad f_n(t) := \mathrm{E}\mathrm{e}^{\mathrm{i}tS_n^*} = \prod_{k=1}^n f_{nk}(t).$$

引理 4.3.14 若费勒条件成立, 则对任意 $t \in \mathbb{R}$, $\lim_{n\to\infty} \|f_n(t) - g_n(t)\| = 0$.

证 由特征函数的性质 7, 因为 $f_{nk}(t)$ 是特征函数且 $s \mapsto \mathrm{e}^{s-1}$ 是泊松分布 $P(1)$ 的母函数, 所以 $\mathrm{e}^{f_{nk}(t)-1}$ 也是特征函数, 从而 $\|\mathrm{e}^{f_{nk}(t)-1}\| \leqslant 1$. 进一步, $g_n(t) = \prod_{k=1}^n \mathrm{e}^{f_{nk}(t)-1}$ 也是特征函数. 由引理 4.3.13, $\|f_n(t) - g_n(t)\| \leqslant \sum_{k=1}^n \|f_{nk}(t) - \mathrm{e}^{f_{nk}(t)-1}\|$. 下面估计 $\|f_{nk}(t) - \mathrm{e}^{f_{nk}(t)-1}\|$. 记 $z_{nk} = f_{nk}(t) - 1$. 由 $\mathrm{E}Y_{nk} = 0$ 知 $z_{nk} = \mathrm{E}\big(\mathrm{e}^{\mathrm{i}tY_{nk}} - 1\big) = \mathrm{E}\big(\mathrm{e}^{\mathrm{i}tY_{nk}} - 1 - \mathrm{i}tY_{nk}\big)$. 进一步, 由引理 3.8.4,

$$\|z_{nk}\| \leqslant \mathrm{E}\frac{1}{2}t^2 Y_{nk}^2 = \frac{1}{2}t^2\cdot\frac{\sigma_k^2}{B_n^2}.$$

对任意 $\varepsilon > 0$, 存在 N 使得当 $n \geqslant N$ 时, $\dfrac{\max\limits_{1\leqslant k\leqslant n}\sigma_k}{B_n} < \varepsilon$, 于是 $\|z_{nk}\| \leqslant \dfrac{1}{2}t^2\varepsilon^2$, $k = 1,\cdots,n$. 不妨假设 $\varepsilon < \sqrt{2}/t$, 于是 $\|z_{nk}\| < 1$. 从而

$$\|f_{nk}(t) - \mathrm{e}^{f_{nk}(t)-1}\| = \|(1 + z_{nk}) - \mathrm{e}^{z_{nk}}\| \leqslant \sum_{k=2}^\infty \frac{\|z_{nk}\|^k}{k!}$$

$$\leqslant \sum_{k=2}^{\infty} \frac{\|z_{nk}\|^2}{k!} \leqslant \|z_{nk}\|^2 \leqslant \frac{1}{2} t^2 \varepsilon^2 \cdot \|z_{nk}\|.$$

对 k 求和, 推出

$$\|f_n(t) - g_n(t)\| \leqslant \frac{1}{2} t^2 \varepsilon^2 \cdot \sum_{k=1}^{n} \|z_{nk}\| = \frac{1}{2} t^2 \varepsilon^2 \cdot \sum_{k=1}^{n} \frac{1}{2} t^2 \frac{\sigma_k^2}{B_n^2} = \frac{1}{4} t^4 \varepsilon^2.$$

最后, 由 ε 的任意性知结论成立. □

定理 4.3.15 假设林德贝格条件成立, 则中心极限定理成立.

证 假设林德贝格条件成立. 往证当 $n \to \infty$ 时, $g_n(t) \to e^{-\frac{t^2}{2}}$. 由引理 3.8.4,

$$\left\|e^{iy} - 1 - iy + \frac{y^2}{2}\right\| \leqslant \min\left\{y^2, \frac{|y|^3}{6}\right\}.$$

取 $y = tY_{nk}$ 并求期望, 推出对任意 $\varepsilon > 0$,

$$\left\|f_{nk}(t) - 1 + \frac{t^2 \sigma_k^2}{2B_n^2}\right\| = \left\|E\left(e^{itY_{nk}} - 1 - itY_{nk} + \frac{t^2 Y_{nk}^2}{2}\right)\right\|$$

$$\leqslant E\min\left\{t^2 Y_{nk}^2, \frac{|t|^3 \cdot |Y_{nk}|^3}{6}\right\}$$

$$\leqslant Et^2 Y_{nk}^2 \mathbf{I}_{\{|Y_{nk}|>\varepsilon\}} + E\frac{|t|^3 \cdot |Y_{nk}|^3}{6} \mathbf{I}_{\{|Y_{nk}|\leqslant\varepsilon\}}$$

$$\leqslant t^2 E Y_{nk}^2 \mathbf{I}_{\{|Y_{nk}|>\varepsilon\}} + \frac{\varepsilon|t|^3}{6} E Y_{nk}^2$$

$$= t^2 E Y_{nk}^2 \mathbf{I}_{\{|Y_{nk}|>\varepsilon\}} + \frac{\varepsilon|t|^3}{6} \cdot \frac{\sigma_k^2}{B_n^2}.$$

两边对 $k = 1, \cdots, n$ 求和, 便知

$$\left\|\sum_{k=1}^{n}(f_{nk}(t) - 1) + \frac{1}{2}t^2\right\| = \left\|\sum_{k=1}^{n}\left(f_{nk}(t) - 1 + \frac{t^2 \sigma_k^2}{2B_n^2}\right)\right\|$$

$$\leqslant \sum_{k=1}^{n}\left\|f_{nk}(t) - 1 + \frac{t^2 \sigma_k^2}{2B_n^2}\right\|$$

$$\leqslant t^2 \sum_{k=1}^{n} E Y_{nk}^2 \mathbf{I}_{\{|Y_{nk}|>\varepsilon\}} + \frac{\varepsilon|t|^3}{6}.$$

令 $n \to \infty$, 由林德贝格条件, 上式右边第一项趋于 0. 再令 $\varepsilon \to 0$ 便知 $\sum_{k=1}^{n}(f_{nk}(t)-1) \to -\frac{t^2}{2}$. 从而 $g_n(t) \to e^{-\frac{t^2}{2}}$.

由引理 4.3.12, 费勒条件成立. 再由引理 4.3.14 知当 $n \to \infty$ 时, $f_n(t) \to e^{-\frac{t^2}{2}}$. 根据定理 3.8.19, 中心极限定理成立. □

综上, 李雅普诺夫条件蕴涵着林德贝格条件, 林德贝格条件蕴涵着费勒条件. 为使得中心极限定理成立, 目前最弱的充分条件是林德贝格条件. 但它不是必要的, 譬如下面的反例.

例 4.3.16 (反例) 设 $X_1 \sim N(0,1)$, $X_n = 0$ a.s., $n = 2, 3, \cdots$, 则中心极限定理成立, 而林德贝格条件不成立. 事实上, 费勒条件也不成立. □

人们自然要问能否削弱林德贝格条件使得中心极限定理仍然成立. 就上述反例而言, S_n 的分布本质上由 X_1 完全决定, 因为其他的 X_i 对 S_n 的贡献均为 0. 于是 S_n^* 的分布完全依赖于 X_1 的分布. 换言之, 中心极限定理是否成立完全依赖于 X_1 是否服从正态分布. 这是很极端的情形. 一般而言, 若费勒条件不成立, 则中心极限定理是否成立得取决于 $X_1, X_2, \cdots$ 的具体分布是什么. 譬如在例 4.3.16 中, 中心极限定理成立; 在以下两例中, 中心极限定理不成立.

例 4.3.17 令 $\sigma_1 = 1$, 并迭代地令 $\sigma_n := n(\sigma_1 + \cdots + \sigma_{n-1})$. 记 $\lambda_k = 1/\sigma_k$. 设 $X_1, X_2, \cdots$ 相互独立, X_k 服从指数分布 $\mathrm{Exp}(\lambda_k)$, $k = 1, 2, \cdots$, 则中心极限定理不成立.

证 因为 X_k 服从指数分布, 所以 $\mathrm{E} X_k = \sqrt{\mathrm{Var}(X_k)} = \sigma_k$. 不难发现对任意 n, $\sigma_n \geqslant 1$, 因此当 $n \to \infty$ 时, $B_n^2 = \sum\limits_{k=1}^{n} \sigma_k^2 \geqslant n \to \infty$. 但是, 根据 σ_n 的迭代方程, $\frac{1}{n}\sigma_n^2 \geqslant \sigma_1^2 + \cdots + \sigma_{n-1}^2$. 因此 $B_n^2 = (\sigma_1^2 + \cdots + \sigma_{n-1}^2) + \sigma_n^2 \leqslant (1 + \frac{1}{n})\sigma_n^2$. 又因为 $B_n^2 \geqslant \sigma_n^2$, 所以 $\lim\limits_{n \to \infty} \frac{\sigma_n}{B_n} = 1$. 综上, 费勒条件不成立.

往证当 $n \to \infty$ 时, 下列三条结论成立:

$$(1)\ \frac{\mathrm{E}S_n}{B_n} \to 1; \quad (2)\ \frac{S_{n-1}}{B_n} \xrightarrow{\mathrm{P}} 0; \quad (3)\ \frac{X_n}{B_n} \xrightarrow{\mathrm{d}} Y \sim \mathrm{Exp}(1).$$

(1) $\mathrm{E}S_n = \sum\limits_{k=1}^{n} \sigma_k$. 于是当 $n \to \infty$ 时,

$$\frac{\mathrm{E}S_n}{B_n} = \frac{(\sigma_1 + \cdots + \sigma_{n-1}) + \sigma_n}{B_n} = \left(1 + \frac{1}{n}\right) \cdot \frac{\sigma_n}{B_n} \to 1.$$

(2) 对任意 $\varepsilon > 0$,

$$\mathrm{P}\left(\left|\frac{S_{n-1}}{B_n}\right| \geqslant \varepsilon\right) = \mathrm{P}\left(\frac{S_{n-1}}{B_n} \geqslant \varepsilon\right) \leqslant \frac{1}{\varepsilon} \cdot \frac{\mathrm{E}S_{n-1}}{B_n} \xrightarrow{n \to \infty} 0,$$

其中最后一步是因为 $\mathrm{E}S_{n-1} = \sigma_1 + \cdots + \sigma_{n-1} = \frac{1}{n}\sigma_n$ 且 $B_n \geqslant \sigma_n$.

(3) 设 $Y \sim \mathrm{Exp}(1)$. 对任意 $x > 0$,

$$\mathrm{P}\left(\frac{X_n}{B_n} > x\right) = \mathrm{P}(X_n > xB_n) = \exp\left\{-\frac{B_n}{\sigma_n}x\right\} \xrightarrow{n \to \infty} \mathrm{e}^{-x} = \mathrm{P}(Y > x).$$

对 $x \leqslant 0$, $\mathrm{P}(X_n/B_n > x) = \mathrm{P}(Y > x) = 1$. 因此结论成立.

根据例 4.1.3, 由 (1) 和 (2) 知 $\dfrac{S_{n-1}}{B_n} - \dfrac{\mathrm{E}S_n}{B_n} \xrightarrow{\mathrm{P}} -1$. 进一步, 再由 (3) 和例 4.3.3 可推出

$$S_n^* = \dfrac{S_n - \mathrm{E}S_n}{B_n} = \dfrac{X_n}{B_n} + \dfrac{S_{n-1}}{B_n} - \dfrac{\mathrm{E}S_n}{B_n} \xrightarrow{\mathrm{d}} Y - 1.$$

然而, $Y-1$ 并不服从 $N(0,1)$, 因此中心极限定理不成立. □

例 4.3.18 设 $X_1, X_2, \cdots$ 相互独立, 均服从泊松分布, X_i 的参数为 $\lambda_i = i^{-2}$, $i = 1, 2, \cdots$, 则中心极限定理不成立.

证 由假设知 $S_n \sim P(B_n^2)$, 其中 $B_n^2 = \sum\limits_{i=1}^{n} i^{-2}$. 当 $n \to \infty$ 时, $B_n^2 \to C := \sum\limits_{i=1}^{\infty} i^{-2} < \infty$. 因此费勒条件不成立.

设 S_∞ 服从参数为 C 的泊松分布. 对任意整数 k, $\lim\limits_{n\to\infty} \mathrm{P}(S_n = k) = \mathrm{P}(S_\infty = k)$. 因此 $S_n \xrightarrow{\mathrm{d}} S_\infty$. 进一步, 当 $n \to \infty$ 时, $\mathrm{E}S_n \to \mathrm{E}S_\infty$, $\mathrm{Var}(S_n) \to \mathrm{Var}(S_\infty)$. 根据例 4.3.3 的结论, $S_n^* \xrightarrow{\mathrm{d}} S_\infty^*$. 然而, S_∞^* 并不服从 $N(0,1)$, 它仍然是离散型随机变量, 分布列为 $\mathrm{P}(S_\infty^* = x_k) = p_k$, 其中 $x_k = (k-C)/\sqrt{C}$, $p_k = \mathrm{e}^{-C} C^k / k!$, $k = 0, 1, 2, \cdots$. □

在例 4.3.18 中, 当 $n \to \infty$ 时, B_n 收敛到常数 C, 而不是趋于正无穷. 这导致在 $S_n^* = \dfrac{S_n - \mathrm{E}S_n}{C} = \sum\limits_{k=1}^{n} \dfrac{X_k - \mathrm{E}X_k}{C}$ 这一求和中, 每一项都不趋于 0. 因此 $X_1, X_2, \cdots$ 的分布信息影响了极限的分布. 在例 4.3.17 中, 当 $n \to \infty$ 时, $\dfrac{\sigma_n}{B_n} \to 1$. 这导致在 $S_n^* = \dfrac{S_{n-1} - \mathrm{E}S_{n-1}}{B_n} + \dfrac{X_n - \mathrm{E}X_n}{B_n}$ 这一求和中, 第二项不趋于 0, 它大约为 $X_n^* = \dfrac{X_n - \mathrm{E}X_n}{\sigma_n}$, 因此 X_n 的分布信息影响了极限的分布.

为研究中心极限定理, 作为一般性的理论自然应该避免涉及 X_n 的具体分布. 因此, 费勒条件成立是一个自然的假设条件. 该条件避免 S_n^* 的分布依赖于 $X_1, X_2, \cdots$ 的具体分布. 最终, 费勒指出: 假设费勒条件成立, 则林德贝格条件是中心极限定理成立的必要条件, 即它不可以被削弱.

定理 4.3.19 (林德贝格-费勒定理) 林德贝格条件成立当且仅当费勒条件和中心极限定理同时成立.

证 充分性部分已由命题 4.3.12 和定理 4.3.15 完成. 下面证必要性.

假设费勒条件和中心极限定理同时成立. 往证林德贝格条件成立. 对任意 $\varepsilon > 0$, 取 $t = 4/\varepsilon$. 由引理 4.3.14,

$$\lim_{n\to\infty} \exp\left\{\sum_{k=1}^{n} (f_{nk}(t) - 1)\right\} = \lim_{n\to\infty} f_n(t) = \mathrm{e}^{-t^2/2}.$$

$f_{nk}(t) = \mathrm{E}\mathrm{e}^{\mathrm{i}tY_{nk}} = \mathrm{E}\cos(tY_{nk}) + \mathrm{i}\mathrm{E}\sin(tY_{nk})$, 因此 $\sum\limits_{k=1}^{n} (f_{nk}(t) - 1)$ 的实部 $R_n(t)$ 和虚

部 $I_n(t)$ 分别有如下表达式:

$$R_n(t) = \sum_{k=1}^{n}(\mathrm{E}\cos(tY_{nk}) - 1), \quad I_n(t) = \sum_{k=1}^{n}\mathrm{E}\sin(tY_{nk}).$$

进一步,

$$\exp\left\{\sum_{k=1}^{n}(f_{nk}(t) - 1)\right\} = \mathrm{e}^{R_n(t)}\left(\cos I_n(t) + \mathrm{i}\sin I_n(t)\right).$$

当 $n \to \infty$ 时, $\mathrm{e}^{R_n(t)} = \left\|\exp\left\{\sum_{k=1}^{n}(f_{nk}(t) - 1)\right\}\right\| \to \mathrm{e}^{-t^2/2}$, 从而 $R_n(t) \to -t^2/2$, 即 $R_n(t) + t^2/2 \to 0$. 对任意 $\theta \in \mathbb{R}$, 令 $\varphi(\theta) := \cos\theta - 1 + \theta^2/2$, 则

$$R_n(t) + \frac{t^2}{2} = \sum_{k=1}^{n}\left(\mathrm{E}\cos(tY_{nk}) - 1 + \frac{t^2\sigma_k^2}{2B_n^2}\right) = \sum_{k=1}^{n}\mathrm{E}\varphi(tY_{nk}).$$

对任意 $\theta \in \mathbb{R}$, $\varphi(\theta) \geqslant 0$ 且 $\varphi(\theta) \geqslant \theta^2/2 - 2$. 取 $\theta = tY_{nk}$, 并求期望. 推出

$$\begin{aligned}
\mathrm{E}\varphi(tY_{nk}) &\geqslant \mathrm{E}\varphi(tY_{nk})\mathbf{I}_{\{|Y_{nk}|>\varepsilon\}} \geqslant \mathrm{E}\left(t^2Y_{nk}^2/2 - 2\right)\mathbf{I}_{\{|Y_{nk}|>\varepsilon\}} \\
&= \frac{1}{2}t^2\mathrm{E}Y_{nk}^2 \cdot \mathbf{I}_{\{|Y_{nk}|>\varepsilon\}} - 2\mathrm{P}(|Y_{nk}| > \varepsilon) \\
&\geqslant \left(\frac{t^2}{2} - \frac{2}{\varepsilon^2}\right)\mathrm{E}Y_{nk}^2 \cdot \mathbf{I}_{\{|Y_{nk}|>\varepsilon\}} = \frac{6}{\varepsilon^2}\mathrm{E}Y_{nk}^2 \cdot \mathbf{I}_{\{|Y_{nk}|>\varepsilon\}},
\end{aligned}$$

其中最后一个不等号是因为 $\mathrm{E}Y_{nk}^2 \cdot \mathbf{I}_{\{|Y_{nk}|>\varepsilon\}} \geqslant \varepsilon^2\mathrm{P}(|Y_{nk}| > \varepsilon)$, 等价地, $\mathrm{P}(|Y_{nk}| > \varepsilon) \leqslant \varepsilon^{-2}\mathrm{E}Y_{nk}^2 \cdot \mathbf{I}_{\{|Y_{nk}|>\varepsilon\}}$; 最后一个等号是因为 $t = 4/\varepsilon$. 将上式的两边对 k 求和便知

$$\frac{6}{\varepsilon^2}\sum_{k=1}^{n}\mathrm{E}Y_{nk}^2 \cdot \mathbf{I}_{\{|Y_{nk}|>\varepsilon\}} \leqslant \sum_{k=1}^{n}\mathrm{E}\varphi(tY_{nk}) = R_n(t) + \frac{t^2}{2} \xrightarrow{n\to\infty} 0.$$

因此林德贝格条件成立. $\square$

*五、斯坦因 (Stein) 方法

以下给出中心极限定理的另一证明方法. 为简单起见, 我们仍然对独立同分布的序列进行证明. 但此方法可推广至非独立情形, 见最后的说明.

1. 用函数的期望刻画标准正态分布

令

$$C_{\mathrm{bd}} := \left\{f(\cdot): f(\cdot)\text{是 } \mathbb{R} \text{ 上的有界连续函数, 除有限个点外连续可微, 且 } \mathrm{E}|f'(Z)| < \infty\right\}.$$

上述定义的 C_{bd} 是一个函数族.

引理 4.3.20 对任意 $z \in \mathbb{R}$, 方程

$$f'(w) - wf(w) = \mathbf{I}_{(-\infty,z]}(w) - \Phi(z), \quad \forall w \in \mathbb{R}$$

在 C_{bd} 中存在唯一的解. 进一步, 将上述方程的解记为 $f_z(\cdot)$, 则对任意随机变量 W,

$$\mathrm{P}(W \leqslant z) - \Phi(z) = \mathrm{E}\left(f'_z(W) - Wf_z(W)\right).$$

证 在方程两边同时乘以 $\mathrm{e}^{-w^2/2}$ 便得 $(\mathrm{e}^{-w^2/2}f(w))' = \mathrm{e}^{-w^2/2}\left(\mathbf{I}_{(-\infty,z]}(w) - \Phi(z)\right)$. 对 $w \leqslant z$, $\mathbf{I}_{(-\infty,z]}(w) = 1$, 于是解得

$$\begin{aligned}
f_z(w) &= \mathrm{e}^{w^2/2} \int_{-\infty}^{w} \mathrm{e}^{-x^2/2} \left(\mathbf{I}_{(-\infty,z]}(x) - \Phi(z)\right) \mathrm{d}x \\
&= \mathrm{e}^{w^2/2} \int_{-\infty}^{w} \mathrm{e}^{-x^2/2} \mathrm{d}x \cdot (1 - \Phi(z)) = \mathrm{e}^{w^2/2}\sqrt{2\pi}\Phi(w)(1 - \Phi(z)).
\end{aligned}$$

同理, 对 $w > z$, $\mathbf{I}_{(-\infty,z]}(w) = 0$, 于是解得

$$\begin{aligned}
f_z(w) &= -\mathrm{e}^{w^2/2} \int_{w}^{\infty} \mathrm{e}^{-x^2/2} \left(\mathbf{I}_{(-\infty,z]}(x) - \Phi(z)\right) \mathrm{d}x \\
&= \mathrm{e}^{w^2/2} \int_{w}^{\infty} \mathrm{e}^{-x^2/2} \mathrm{d}x \cdot \Phi(z) = \mathrm{e}^{w^2/2}\sqrt{2\pi}(1 - \Phi(w))\Phi(z).
\end{aligned}$$

综上,

$$f_z(w) = \begin{cases} \sqrt{2\pi}\mathrm{e}^{w^2/2}\Phi(w)(1 - \Phi(z)), & w \leqslant z, \\ \sqrt{2\pi}\mathrm{e}^{w^2/2}\Phi(z)(1 - \Phi(w)), & w > z. \end{cases}$$

不难证明 $f_z(\cdot) \in C_{\mathrm{bd}}$. 最后, 由 $f_z(\cdot)$ 满足方程知

$$\mathrm{P}(W \leqslant z) - \Phi(z) = \mathrm{E}\left(\mathbf{I}_{(-\infty,z]}(W) - \Phi(z)\right) = \mathrm{E}\left(f'_z(W) - Wf_z(W)\right) = 0.$$

从而结论成立. $\square$

引理 4.3.21 函数 $f_z(\cdot)$ 满足如下性质: $wf_z(w)$ 关于 w 单调上升, 并且

$$|wf_z(w)| \leqslant 1, \quad |f'_z(w)| \leqslant 1, \quad 0 < f_z(w) \leqslant \min\left\{\frac{\sqrt{2\pi}}{4}, \frac{1}{|z|}\right\}, \quad \forall w \in \mathbb{R};$$

$$|wf_z(w) - uf_z(u)| \leqslant 1, \quad |f'_z(w) - f'_z(u)| \leqslant 1, \quad \forall w, u \in \mathbb{R}.$$

命题 4.3.22 $W \sim N(0,1)$ 当且仅当对任意 $f(\cdot) \in C_{\mathrm{bd}}$, $\mathrm{E}f'(W) = \mathrm{E}Wf(W)$.

证 **必要性** 若 $W \sim N(0,1)$, 则

$$\mathrm{E}f'(W) = \int_{-\infty}^{\infty} f'(w) \frac{1}{\sqrt{2\pi}} \mathrm{e}^{-\frac{w^2}{2}} \mathrm{d}w$$

$$= \int_{-\infty}^{0} \frac{1}{\sqrt{2\pi}} f'(w) \left(\int_{-\infty}^{w} (-x) e^{-\frac{x^2}{2}} dx \right) dw + \int_{0}^{\infty} f'(w) \frac{1}{\sqrt{2\pi}} \left(\int_{w}^{\infty} x e^{-\frac{x^2}{2}} dx \right) dw$$

$$= \frac{1}{\sqrt{2\pi}} \int_{-\infty}^{0} \left(\int_{x}^{0} f'(w) dw \right) (-x) e^{-\frac{x^2}{2}} dx + \frac{1}{\sqrt{2\pi}} \int_{0}^{\infty} \left(\int_{0}^{x} f'(w) dw \right) x e^{-\frac{x^2}{2}} dx$$

$$= \frac{1}{\sqrt{2\pi}} \int_{-\infty}^{\infty} (f(x) - f(0)) x e^{-\frac{x^2}{2}} dx = \mathrm{E} W f(W).$$

充分性 对任意 $z \in \mathbb{R}$, 由引理 4.3.20, $f_z(\cdot) \in C_{\mathrm{bd}}$. 于是 $\mathrm{E} f_z'(W) = \mathrm{E} W f_z(W)$. 由引理 4.3.20, $\mathrm{P}(W \leqslant z) = \Phi(z)$. 由 z 的任意性知 $W \sim N(0, 1)$. □

2. 刻画随机变量 W 与 Z 的函数期望的差异

在引理 4.3.20 中, 将函数 $\mathbf{I}_{(-\infty, z]}(\cdot)$ 改为 $h(\cdot)$, 则该引理中的方程变为

$$f'(w) - w f(w) = h(w) - \mathrm{E} h(Z), \quad \forall w \in \mathbb{R}. \tag{4.3.1}$$

为使得上述方程在 C_{bd} 中有解, 我们需要对 $h(\cdot)$ 做一定的假设. 对任意可测函数 $g(\cdot)$, 令

$$\|g\| = \inf\{M : |g(x)| \leqslant M \text{ a.e.}\},$$

其中 a.e. 表示几乎处处, 参见 §2.3 补充知识. 若 $\|g\| < \infty$, 则称 $g(\cdot)$ 有界. 下设 $h(\cdot)$ 为有界的可测函数, 且 $\mathrm{E}|h(Z)| < \infty$. 仿照引理 4.3.20 的证明,

$$f_h(w) := e^{w^2/2} \int_{-\infty}^{w} e^{-x^2/2} (h(x) - \mathrm{E} h(Z)) dx$$

$$= -e^{w^2/2} \int_{w}^{\infty} e^{-x^2/2} (h(x) - \mathrm{E} h(Z)) dx, \quad \forall w \in \mathbb{R}$$

为方程 (4.3.1) 在 C_{bd} 中的解, 并且

$$\mathrm{E} h(W) - \mathrm{E} h(Z) = \mathrm{E}(f_h'(W) - W f_h(W)). \tag{4.3.2}$$

命题 4.3.23 若存在 $\delta > 0$ 使得对任意几乎处处可微的有界函数 $h(\cdot)$, $|\mathrm{E} h(W) - \mathrm{E} h(Z)| \leqslant \delta \|h'(\cdot)\|$, 则

$$\sup_{z \in \mathbb{R}} |\mathrm{P}(W \leqslant z) - \Phi(z)| \leqslant 2\sqrt{\delta}. \tag{4.3.3}$$

证 不妨设 $\delta < 1/4$, 否则结论显然成立. 令 $\alpha = \delta^{\frac{1}{2}} (2\pi)^{\frac{1}{4}}$. 对任意 a, 令 $b = a + \alpha$,

$$h(w) = \begin{cases} 1, & w \leqslant a, \\ 1 - (w - a)/\alpha, & a < w \leqslant b, \\ 0, & w > b. \end{cases}$$

则 $\|h'\| = 1/\alpha$, 且对任意随机变量 X, $\mathrm{P}(X \leqslant a) \leqslant \mathrm{E} h(X) \leqslant \mathrm{P}(X \leqslant b)$. 于是

$$\mathrm{P}(W \leqslant a) - \mathrm{P}(Z \leqslant a) \leqslant \mathrm{E} h(W) - \mathrm{E} h(Z) + \mathrm{P}(a < Z \leqslant b) \leqslant 2\sqrt{\delta};$$

$$P(Z \leqslant b) - P(W \leqslant b) \leqslant P(a < Z \leqslant b) + Eh(Z) - Eh(W) \leqslant 2\sqrt{\delta}.$$

以上两式中的最后一个不等号都是因为 $\delta \|h'_\alpha\| + P(a < Z \leqslant b) \leqslant \dfrac{\delta}{\alpha} + \dfrac{\alpha}{\sqrt{2\pi}} \leqslant 2\sqrt{\delta}$. 分别取 $a = z$ 和 $a = z - \alpha$ 便知结论成立. □

根据 (4.3.2) 式, 为验证命题 4.3.23 中假设成立, 只需估计 $E(f'_h(W) - Wf_h(W))$. 为此, 先指出可以证明如下与引理 4.3.21 平行的结论.

引理 4.3.24 设 $h(\cdot)$ 几乎处处可微且 $\|h\|$ 与 $\|h'\|$ 均有限, 则

$$\|f_h\| \leqslant \min\left\{\sqrt{\frac{\pi}{2}}\|h - Eh(Z)\|, 2\|h'\|\right\},$$

$$\|f'_h\| \leqslant \min\{2\|h - Eh(Z)\|, 4\|h'\|\},$$

$$\|f''_h\| \leqslant 2\|h'\|.$$

3. 中心极限定理

以下假设 $\xi_1, \cdots, \xi_n$ 相互独立, $E\xi_i = 0$, $i = 1, \cdots, n$ 且 $\sum\limits_{i=1}^{n} E\xi_i^2 = 1$. 令

$$W = \xi_1 + \cdots + \xi_n.$$

往计算 $E(f'_h(W) - Wf_h(W))$. 令 $W^{(i)} = W - \xi_i$, 则

$$EWf(W) = \sum_{i=1}^{n} E\xi_i f(W) = \sum_{i=1}^{n} E\xi_i(f(W) - f(W^{(i)})),$$

其中

$$f(W) - f(W^{(i)}) = f(W^{(i)} + \xi_i) - f(W^{(i)}) = \int_0^{\xi_i} f'(W^{(i)} + t)dt$$

$$= \int_{-\infty}^{\infty} f'(W^{(i)} + t)\left(\mathbf{I}_{\{0 \leqslant t \leqslant \xi_i\}} - \mathbf{I}_{\{\xi_i \leqslant t < 0\}}\right)dt.$$

记

$$K_i(t) = E\xi_i\left(\mathbf{I}_{\{0 \leqslant t \leqslant \xi_i\}} - \mathbf{I}_{\{\xi_i \leqslant t < 0\}}\right), \quad \forall t \in \mathbb{R},$$

则

$$EWf(W) = \sum_{i=1}^{n} \int_{-\infty}^{\infty} Ef'(W^{(i)} + t)\xi_i(\mathbf{I}_{\{0 \leqslant t \leqslant \xi_i\}} - \mathbf{I}_{\{\xi_i \leqslant t < 0\}})dt$$

$$= \sum_{i=1}^{n} \int_{-\infty}^{\infty} K_i(t) \cdot Ef'(W^{(i)} + t)dt, \qquad (4.3.4)$$

其中最后一步用到 ξ_i 与 $W^{(i)}$ 相互独立.

进一步, 由 $K_i(t)$ 的定义可以看出

$$K_i(t) = \begin{cases} \mathrm{E}\xi_i \mathbf{I}_{\{\xi_i \geqslant t\}}, & t \geqslant 0, \\ \mathrm{E}(-\xi_i) \mathbf{I}_{\{\xi_i \leqslant t\}}, & t < 0. \end{cases}$$

于是

$$K_i(t) \geqslant 0, \quad \int_{-\infty}^{\infty} K_i(t)\mathrm{d}t = \mathrm{E}\xi_i^2, \quad \int_{-\infty}^{\infty} |t| K_i(t)\mathrm{d}t = \frac{1}{2}\mathrm{E}|\xi_i|^3. \tag{4.3.5}$$

因为 $\sum_{i=1}^{n} \int_{-\infty}^{\infty} K_i(t)\mathrm{d}t = \sum_{i=1}^{n} \mathrm{E}\xi_i^2 = 1$, 所以 $\mathrm{E}f'(W) = \sum_{i=1}^{n} \int_{-\infty}^{\infty} K_i(t) \cdot \mathrm{E}f'(W)\mathrm{d}t$. 根据此式和 (4.3.4) 式, 可以推出

$$\mathrm{E}\big(f'(W) - \mathrm{E}Wf(W)\big) = \sum_{i=1}^{n} \int_{-\infty}^{\infty} K_i(t) \cdot \mathrm{E}\big(f'(W) - f'(W^{(i)} + t)\big)\mathrm{d}t.$$

定理 4.3.25 设 $\mathrm{E}|\xi_i|^3 < \infty, i = 1, \cdots, n$. 取 $\delta = 3\sum_{i=1}^{n} \mathrm{E}|\xi_i|^3$, 则 (4.3.3) 式成立.

证 由引理 4.3.24, $\|f_h''\| \leqslant 2\|h'\|$. 因此

$$|f_h'(W) - f_h'(W^{(i)} + t)| \leqslant 2\|h'\| \cdot |\xi_i - t| \leqslant 2\|h'\| \cdot (|\xi_i| + |t|).$$

于是

$$|\mathrm{E}\big(f_h'(W) - Wf_h(W)\big)| \leqslant \sum_{i=1}^{n} \int_{-\infty}^{\infty} K_i(t) \cdot \mathrm{E}|f_h'(W) - f_h'(W^{(i)} + t)|\mathrm{d}t$$

$$\leqslant 2\|h'\| \sum_{i=1}^{n} \int_{-\infty}^{\infty} K_i(t) \cdot (\mathrm{E}|\xi_i| + |t|)\mathrm{d}t$$

$$= 2\|h'\| \sum_{i=1}^{n} \left(\mathrm{E}|\xi_i| \cdot \int_{-\infty}^{\infty} K_i(t)\mathrm{d}t + \int_{-\infty}^{\infty} K_i(t) \cdot |t|\mathrm{d}t \right)$$

进一步, 由 (4.3.5) 式可以推出

$$|\mathrm{E}\big(f_h'(W) - Wf_h(W)\big)| = 2\|h'\| \sum_{i=1}^{n} \left(\mathrm{E}|\xi_i| \cdot \mathrm{E}\xi_i^2 + \frac{\mathrm{E}|\xi_i|^3}{2} \right) \leqslant 3\|h'\| \sum_{i=1}^{n} \mathrm{E}|\xi_i|^3.$$

由命题 4.3.23 知结论成立. □

推论 4.3.26 (中心极限定理) 设 $X_1, X_2, \cdots$ 独立同分布, 非退化, $\mathrm{E}|X_1|^3$ 存在且有限, 则中心极限定理成立.

证 将 X_1 简记为 X, 记 $\mu = \mathrm{E}X$, $\sigma^2 = \mathrm{Var}(X)$, $\alpha = \mathrm{E}|X - \mu|^3$. 固定 n, 取 $\xi_i = \dfrac{X_i - \mu}{\sqrt{n\sigma^2}}$, 则 $\mathrm{E}\xi_i = 0$, $\sum_{i=1}^{n} \mathrm{E}\xi_i^2 = 1$, 且 $W = \xi_1 + \cdots + \xi_n = S_n^*$, 其中 $S_n = X_1 + \cdots + X_n$, S_n^* 为其标准化. 记

$$\delta_n = 3\sum_{i=1}^{n} \mathrm{E}|\xi_i|^3 = 3n \frac{\mathrm{E}|X - \mu|^3}{\sqrt{n}^3 \sigma^3} = 3\mathrm{E}|X^*|^3 \cdot \frac{1}{\sqrt{n}},$$

其中 $X^* = \dfrac{X-\mu}{\sigma}$. 由定理 4.3.25, $\sup\limits_{z\in\mathbb{R}}|P(S_n^*\leqslant z)-\Phi(z)|\leqslant 2\sqrt{\delta_n}$. 令 $n\to\infty$ 知中心极限定理成立. □

上述推论中给出的分布函数之差的上界是 $O(n^{-1/4})$, 不如贝里-埃森估计 (见注 4.3.5). 但此处的主要目的是利用斯坦因方法证明中心极限定理. 另一方面, 上述定理所用的是公式 (4.3.3), 在命题 4.3.23 中并没有独立同分布的假设, 即公式 (4.3.3) 与贝里-埃森估计的假设条件不同, 前者可在更大范围使用.

进一步, 可以在以下两个方面改进推论 4.3.26 的证明. 一方面是削弱三阶矩有限的假设. 设 $E\xi_i=0$, $\sum\limits_{i=1}^{n}E\xi_i^2=1$, 则 (4.3.3) 式中的 δ 可取为 $16\alpha+12\beta$, 其中

$$\alpha=\sum_{i=1}^{n}E\xi_i^2\cdot\mathbf{I}_{\{|\xi_i|>1\}},\quad \beta=\sum_{i=1}^{n}E|\xi_i|^3\cdot\mathbf{I}_{\{|\xi_i|\leqslant 1\}}.$$

另一方面是放弃独立性假设, 此时从公式 (4.3.4) 开始改为条件期望.

习题

1. 完成例 4.3.3 中 (2) 的证明.

2. 抛掷某硬币 10000 次, 发现正面朝上的次数超过 5800. 试问: 是否有理由认为这枚硬币不是均匀的?

3. 掷一枚均匀骰子 1000 次. (1) 试估计点数 6 的出现次数在 150 到 200 (含) 之间的概率; (2) 设点数 6 正好出现了 200 次, 试估计点数 5 出现的次数小于 150 的概率.

4. 某计算机系统有 120 个终端, 每个终端独立地有 5% 时间在使用. 试估计有 10 个或更多终端在使用的概率.

5. 假设某人每次游戏独立地以 0.7 的概率输 1 分、以 0.2 的概率输 2 分、以 0.1 的概率赢 10 分. 试估计该人 100 次游戏的总体效果为输的概率.

6. 设 $X_1,\cdots,X_{20}$ 相互独立, 均服从泊松分布 $P(1)$, 记 $p=P(X_1+\cdots+X_{20}>25)$. (1) 利用中心极限定理估计 p; (2) 分别利用马尔可夫不等式和切比雪夫不等式给出 p 的上估计.

7. 假设 $X_1,X_2,\cdots$ 独立同分布, $EX_1^2=1$, $a:=EX_1^4<\infty$. 求 $\lim\limits_{n\to\infty}P\Big(\sum\limits_{i=1}^{n}X_i^2\leqslant n+\sqrt{n(a-1)}\Big)$. (注: 参见第三章综合练习题第 4 题.)

8. 某教师给学生评分的均值为 74, 标准差为 14. 现该教师对两个班进行测验, 一班有 25 人, 二班有 64 人. 试估计以下事件的概率: (1) 一班的平均分高于 80; (2) 二班的平均分高于 80; (3) 一班的平均分比二班的至少高 2.2; (4) 二班的平均分比一班的至少高 2.2.

9. 设 $X_1,X_2,\cdots$ 独立同分布, $EX_1=\mu$, $\mathrm{Var}(X_1)=\sigma^2$. 为使得 $P(|(X_1+\cdots+$

$X_n)/n - \mu| < 0.1\sigma) \geqslant 95\%$, 试问 n 应取多大值?

10. 抛掷一枚均匀硬币. 试问: 需抛多少次才能保证正面出现的频率在 0.4 至 0.6 之间的概率不小于 90%?

11. 设某元件对某电气系统是关键的部件, 当该元件失效后立即换上一个新的元件. 假定元件的平均寿命为 100 小时, 标准差为 30 小时. (1) 现有 20 个元件, 求系统能连续运行 2200 小时的概率; (2) 试问: 应该储存多少元件, 才能至少有 95% 的把握保证这个系统能连续运行 2000 小时?

12. 现有一大批种子, 其中良种占 1/6. 从中任选 6000 粒. (1) 试问在选出的种子中良种所占的比例与 1/6 之差小于 1% 的概率是多少? (2) 有 99% 的把握断定在选出的种子中良种所占的比例与 1/6 之差不超过多少? 这时相应的良种粒数落在哪个范围内?

13. 设某理发店为每位顾客服务的时间服从均值为 1/3 (单位: 小时) 的指数分布, 且为每位顾客服务的时间是相互独立的. (1) 求为 100 位顾客服务的总时间为 31 至 35 小时之间的概率; (2) 有 95% 的把握在 32 小时之内可服务完至少几位顾客? (3) 有 95% 的把握为 100 位顾客服务的总时间与 100/3 的误差不超过多少?

14. 假设 $X_1, X_2, \cdots$ 相互独立, $X_n \sim U(-n, n)$. 记 $S_n = \sum_{k=1}^{n} X_k$. 证明: $\dfrac{S_n}{\sqrt{\mathrm{Var}(S_n)}}$ 依分布收敛于 $Z \sim N(0, 1)$.

15. 当 α 很大时, 伽马分布 $\Gamma(\alpha, \lambda)$ 和泊松分布 $P(\alpha)$ 都与正态分布近似. 试解释这一论点.

16. 证明: $\lim\limits_{n \to \infty} \mathrm{e}^{-n} \sum\limits_{k=0}^{n} \dfrac{n^k}{k!} = \dfrac{1}{2}$.

17. 若林德贝格条件成立, 则对任意 $\varepsilon > 0$, $\lim\limits_{n \to \infty} \mathrm{P}\left(\max\limits_{1 \leqslant k \leqslant n} |Y_{nk}| > \varepsilon\right) = 0$.

18. 费勒条件等价于 $\lim\limits_{n \to \infty} \dfrac{1}{B_n} \max\limits_{1 \leqslant k \leqslant n} \sigma_k = 0$.

19. 设 $X_1, X_2, \cdots$ 相互独立且 $X_n \sim N(0, 2^{-n})$. 对于该序列, 试证: (1) 中心极限定理成立; (2) 费勒条件不成立; (3) 林德伯格条件不成立. (注: 本题作为例 4.3.17 与例 4.3.18 的补充.)

20. 设 $X_1, X_2, \cdots$ 相互独立, $X_1 \sim U(-1, 1)$, $X_n \sim N(0, 2^{n-1})$, $n = 2, 3, \cdots$. 证明: 该序列使得中心极限定理成立, 但不满足费勒条件.

*21. 设 $(X, Y), (X_1, Y_1), (X_2, Y_2), \cdots$ 独立同分布, $\mathrm{P}(X = Y = 1) = p$, $\mathrm{P}(X = 0, Y = 1) = q - p$, $\mathrm{P}(X = Y = 0) = 1 - q$, 其中 $0 < p < q < 1$. 记 $S_n = X_1 + \cdots + X_n$, $T_n = Y_1 + \cdots + Y_n$. (1) 求 $\dfrac{1}{\sqrt{n}}(S_n - \mathrm{E}S_n, T_n - \mathrm{E}T_n)$ 的联合特征函数 $f_n(t, s)$; (2) 证明 $f(t, s) = \lim\limits_{n \to \infty} f_n(t, s)$ 存在, 且为特征函数; (3) 求特征函数 $f(\cdot, \cdot)$ 对应的分布.

§4.4 收敛性

大数定律和中心极限定理涉及多种随机变量序列的收敛概念, 它们彼此是相互关联的. 现一并复习并进一步探讨其性质.

一、依概率收敛

若对任意 $\varepsilon > 0$, $\lim\limits_{n\to\infty} \mathrm{P}(|X_n - X| > \varepsilon) = 0$, 则称 X_n **依概率收敛**到 X, 记为 $X_n \xrightarrow{\mathrm{P}} X$. 如注 4.1.2 所述, 若 X 为取常值 C 的随机变量, 则 $X_1, X_2, \cdots$ 可以是不同的样本空间 $(\Omega_1, \mathscr{F}_1, \mathrm{P}_1), (\Omega_2, \mathscr{F}_2, \mathrm{P}_2), \cdots$ 上的随机变量. 此时, 定义中的 $\mathrm{P}(|X_n - X| > \varepsilon)$ 需理解为 $\mathrm{P}_n(|X_n - C| > \varepsilon)$.

命题 4.4.1 (有界收敛定理) 设 $X_n \xrightarrow{\mathrm{P}} X$ 且存在常数 M 使得对任意 n, $|X_n| \leqslant M$ a.s., 则
$$\lim_{n\to\infty} \mathrm{E}|X_n - X| = 0.$$
进一步, $\lim\limits_{n\to\infty} \mathrm{E} X_n = \mathrm{E} X$.

证 对任意 $\varepsilon > 0$,
$$\mathrm{P}(|X| > M + \varepsilon) \leqslant \mathrm{P}(|X - X_n| < \varepsilon, |X| > M + \varepsilon) + \mathrm{P}(|X - X_n| \geqslant \varepsilon, |X| > M + \varepsilon)$$
$$\leqslant \mathrm{P}(|X_n| > M) + \mathrm{P}(|X - X_n| \geqslant \varepsilon) = \mathrm{P}(|X - X_n| \geqslant \varepsilon).$$

令 $n \to \infty$ 知 $\mathrm{P}(|X| \leqslant M + \varepsilon) = 1$. 再令 $\varepsilon \to 0$ 知 $\mathrm{P}(|X| \leqslant M) = 1$. 于是, $\mathrm{E} X_1, \mathrm{E} X_2, \cdots$ 和 $\mathrm{E} X$ 均存在且属于区间 $[-M, M]$.

进一步,
$$\mathrm{E}|X_n - X| = \mathrm{E}|X_n - X| \cdot \mathbf{I}_{\{|X_n - X| > \varepsilon\}} + \mathrm{E}|X_n - X| \cdot \mathbf{I}_{\{|X_n - X| \leqslant \varepsilon\}}$$
$$\leqslant 2M \cdot \mathrm{P}(|X_n - X| > \varepsilon) + \varepsilon.$$

令 $n \to \infty$ 知 $\limsup\limits_{n\to\infty} \mathrm{E}|X_n - X| \leqslant \varepsilon$. 再令 $\varepsilon \to 0$ 知 $\lim\limits_{n\to\infty} \mathrm{E}|X_n - X| = 0$. 最后,
$$|\mathrm{E} X_n - \mathrm{E} X| = |\mathrm{E}(X_n - X)| \leqslant \mathrm{E}|X_n - X| \xrightarrow{n\to\infty} 0. \qquad \square$$

二、几乎必然收敛

将 $\{\omega : \lim\limits_{n\to\infty} X_n(\omega) = X(\omega)\}$ 简记为 $\{\lim\limits_{n\to\infty} X_n = X\}$. 若该事件的概率 $\mathrm{P}\left(\lim\limits_{n\to\infty} X_n = X\right) = 1$, 则称 X_n **几乎必然收敛**于 X, 或 X_n **以概率 1 收敛**于 X. 记为 $X_n \xrightarrow{\mathrm{a.s.}} X$.

先介绍一个几乎必然收敛的例子. 对任意 $x \in [0,1)$. 令 $f(x) := \lfloor 2x \rfloor$, $g(x) := 2x - f(x)$, 它们分别是 $2x$ 的整数部分和小数部分. 特别地, $x = \frac{1}{2}f(x) + \frac{1}{2}g(x)$, 其中 $f(x) = 0$ 或 1, $g(x) \in [0,1)$. 将 $g(\cdot)$ 自迭代 i 次得到的复合函数记为 $g^{(i)}(\cdot)$, 则

$$x = \frac{1}{2}f(x) + \frac{1}{2}g(x) = \frac{1}{2}f(x) + \frac{1}{4}(f \circ g(x) + g \circ g(x)) = \cdots$$

$$= \frac{f(x)}{2} + \frac{f \circ g(x)}{2^2} + \cdots + \frac{f \circ g^{(n-1)}(x)}{2^n} + \frac{g^{(n)}(x)}{2^n}$$

$$= \frac{f(x)}{2} + \frac{f \circ g(x)}{2^2} + \cdots + \frac{f \circ g^{(n-1)}(x)}{2^n} + \cdots,$$

其中 $f \circ g^{(i)}(x) = 0$ 或 1. 称 $f \circ g^{(i)}(x), i = 1, 2, \cdots$ 为 x 的**二进制展开**.

例 4.4.2 (二进制展开) 设 $\xi_1, \xi_2, \cdots$ 均服从伯努利分布. 令 $X_n = \sum_{i=1}^{n} \frac{\xi_i}{2^i}$, 则 X_n 几乎必然收敛. 将其几乎必然收敛的极限记为 $\sum_{i=1}^{\infty} \frac{\xi_i}{2^i}$.

反过来, 设 $\mathrm{P}(0 \leqslant X < 1) = 1$. 记 $\xi_i = f \circ g^{(i-1)}(X)$, 则它取值 0 或 1, 即服从伯努利分布. 令

$$X_n = \sum_{i=1}^{n} \frac{\xi_i}{2^i} = \frac{\xi_1}{2} + \frac{\xi_2}{2^2} + \cdots + \frac{\xi_n}{2^n},$$

则 $X_n \xrightarrow{\text{a.s.}} X$. 综上, 若 X 的二进制展开为 $\xi_1, \xi_2, \cdots$, 则 $X = \sum_{i=1}^{\infty} \frac{\xi_i}{2^i}$. □

一般情况下, 若某事件涉及 n 个随机变量, 则可以通过这些随机变量的联合分布来求出或估计该事件的概率. 但事件 $\left\{ \lim_{n \to \infty} X_n = X \right\}$ 涉及无穷多个随机变量. 因此, 我们需要先将它转换为只涉及有限多个随机变量的事件, 就像本章第二节开头的处理.

命题 4.4.3 记 $B_{n,k} := \left\{ |X_n - X| > \frac{1}{k} \right\}$, 则 $\left\{ \lim_{n \to \infty} X_n = X \right\}$ 的补事件为

$$\bigcup_{k=1}^{\infty} \bigcap_{N=1}^{\infty} \bigcup_{n=N}^{\infty} B_{n,k}.$$

证 固定样本 ω. 根据数学分析的知识, $\lim_{n \to \infty} X_n(\omega) = X(\omega)$ 不成立的充要条件是: 存在正整数 k 使得对任意 $N \geqslant 1$, 存在 $n \geqslant N$ 使得 $|X_n(\omega) - X(\omega)| > 1/k$. (*)

由于 $|X_n(\omega) - X(\omega)| > 1/k$ 即为 $\omega \in B_{n,k}$, 因此 (*) 可改为:

存在正整数 k 使得对任意 $N \geqslant 1$, 存在 $n \geqslant N$ 使得 $\omega \in B_{n,k}$. (**)

依次记

$$C_{N,k} := \bigcup_{n=N}^{\infty} B_{n,k}, \quad D_k := \bigcap_{N=1}^{\infty} C_{N,k}, \quad D := \bigcup_{k=1}^{\infty} D_k,$$

则 (**) 可一步一步地依次改述为:

存在正整数 k 使得对任意 $N \geqslant 1, \omega \in C_{N,k}$; (***)

$$存在正整数 k 使得 \omega \in D_k. \quad (\star)$$

最后, $(\star)$ 成立当且仅当 $\omega \in D$. 综上, $\lim\limits_{n\to\infty} X_n(\omega) = X(\omega)$ 不成立当且仅当 $\omega \in D$. 此即命题结论. □

1. 博雷尔-坎泰利 (Borel-Cantelli) 引理

在以下证明和讨论中, 经常出现由一列事件 $A_1, A_2, \cdots$ 经过可列次并运算和交运算后得到的事件 $\bigcap\limits_{N=1}^{\infty} \bigcup\limits_{n=N}^{\infty} A_n$, 称之为这列事件的**上极限**, 记为 $\limsup\limits_{n\to\infty} A_n$. 譬如, 若 A_n 为命题 4.4.3 中的事件 $B_{n,k}$, 其中 k 固定, 则 $\limsup\limits_{n\to\infty} A_n$ 为命题 4.4.3 证明中的 D_k. 记 $B_n = \bigcup\limits_{i=n}^{\infty} A_i$, 则 $B_1, B_2, \cdots$ 单调下降. 因此 $\limsup\limits_{n\to\infty} A_n = \lim\limits_{n\to\infty} B_n = \lim\limits_{n\to\infty} \bigcup\limits_{i=n}^{\infty} A_i$. 对任意样本 ω, $\omega \in \limsup\limits_{n\to\infty} A_n$ 当且仅当对任意 n, $\omega \in B_n$, 即存在 $i \geqslant n$ 使得 $\omega \in A_i$. 等价地, $\omega \in \limsup\limits_{n\to\infty} A_n$ 当且仅当存在正整数的子列 $i_1, i_2, \cdots$ 使得 $\omega \in A_{i_k}$, $k = 1, 2, \cdots$. 换言之, $\omega \in \limsup\limits_{i\to\infty} A_i$ 当且仅当在 $A_1, A_2, \cdots$ 中存在无穷多个事件 A_i 使得 $\omega \in A_i$, 即 ω 使得 $A_1, A_2, \cdots$ 中有无穷多个事件发生. 综上, $\limsup\limits_{n\to\infty} A_n$ 发生当且仅当 $A_1, A_2, \cdots$ 发生无穷多次. 因此, 上极限 $\limsup\limits_{i\to\infty} A_i$ 也被记为 $\{A_n \text{ i.o.}\}$, 其中 "i.o." 是英文 "infinitely often" 的缩写. 类似地, 称 $\bigcup\limits_{n=1}^{\infty} \bigcap\limits_{i=n}^{\infty} A_i$ 为事件列 $A_1, A_2, \cdots$ 的**下极限**, 记为 $\liminf\limits_{i\to\infty} A_i$, 则 $\liminf\limits_{i\to\infty} A_i$ 发生当且仅当 $A_1, A_2, \cdots$ 中只有有限个事件不发生.

例 4.4.4 $\left(\limsup\limits_{n\to\infty} A_n\right)^c = \liminf\limits_{n\to\infty} A_n^c$.

若 $A_1, A_2, \cdots$ 单调上升, 则 $\limsup\limits_{n\to\infty} A_n = \liminf\limits_{n\to\infty} A_n = \bigcup\limits_{n=1}^{\infty} A_n$. 因此 $\lim\limits_{n\to\infty} A_n$ 存在且为 $\bigcup\limits_{n=1}^{\infty} A_n$. 这与 §1.2 中的定义统一. 单调下降的事件序列类似. □

例 4.4.5 在伯努利试验中, 样本点为无穷长的 H-T 字符串. 取 $A_n =$ "第 n 个字符为 H" 这一事件, 则 $\{A_n \text{ i.o.}\} = \limsup\limits_{n\to\infty} A_n$ 为 H 出现无穷多次的字符串组成的集合; $\liminf\limits_{n\to\infty} A_n$ 为 T 只出现有限多次的字符串组成的集合, 即从某个字符开始, 后面全是字符 H 的字符串. 不难看出 $\liminf\limits_{n\to\infty} A_n$ 是可列集. □

例 4.4.6 设 $\Omega = [0, 1]$. 令 $A_1 = [0, 1]$,

$$A_{2^m + k} = \left[\frac{k}{2^m}, \frac{k+1}{2^m}\right], \quad m \geqslant 1, k = 0, 1, \cdots, 2^m - 1,$$

则 $\bigcup\limits_{i=n}^{\infty} A_i = [0, 1]$, 因此 $\{A_n \text{ i.o.}\} = [0, 1]$. 从 $A_1, A_2, \cdots$ 的定义不难直接看出, 对任意 $\omega \in [0, 1]$, 存在正整数的子列 $i_1, i_2, \cdots$ 使得 $\omega \in A_{i_k}$, $k = 1, 2, \cdots$. 需要注意的是, 该子列 $i_1, i_2, \cdots$ 依赖于 ω. 例如, 取 $\omega = 0$, 则它使得 A_{2^m}, $m = 0, 1, 2, \cdots$ 发生; 取 $\omega = 1$,

则它使得 $A_{2^m-1}, m = 1, 2, \cdots$ 发生. □

命题 4.4.7(博雷尔-坎泰利引理) 设 $A_1, A_2, \cdots$ 是一列事件.

(1) 若 $\sum\limits_{n=1}^{\infty} P(A_n) < \infty$, 则 $P(A_n \text{ i.o.}) = 0$.

(2) 若 $\sum\limits_{n=1}^{\infty} P(A_n) = \infty$ 且 $A_1, A_2, \cdots$ 相互独立, 则 $P(A_n \text{ i.o.}) = 1$.

证 当 $N \to \infty$ 时, $\bigcup\limits_{n=N}^{\infty} A_n$ 单调下降至 $A := \{A_n \text{ i.o.}\}$, 故 $P(A) = \lim\limits_{N \to \infty} P\Big(\bigcup\limits_{n=N}^{\infty} A_n\Big)$.

(1) 若 $\sum\limits_{n=1}^{\infty} P(A_n) < \infty$, 则当 $N \to \infty$ 时, $\sum\limits_{n=N}^{\infty} P(A_n) \to 0$, 从而

$$P\Big(\bigcup_{n=N}^{\infty} A_n\Big) \leqslant \sum_{n=N}^{\infty} P(A_n) \to 0.$$

故 $P(A) = 0$.

(2) 若 $A_1, A_2, \cdots$ 相互独立, 则

$$P\Big(\bigcap_{n=N}^{M} A_n^c\Big) = \prod_{n=N}^{M} \big(1 - P(A_n)\big) \leqslant \prod_{n=N}^{M} e^{-P(A_n)} = e^{-\sum\limits_{n=N}^{M} P(A_n)},$$

其中不等号是因为对任意 $x \geqslant 0$, $1 - x \leqslant e^{-x}$. 若 $\sum\limits_{n=1}^{\infty} P(A_n) = \infty$, 则对任意 N, $\sum\limits_{n=N}^{\infty} P(A_n) = \infty$, 从而

$$P\Big(\bigcap_{n=N}^{\infty} A_n^c\Big) = \lim_{M \to \infty} P\Big(\bigcap_{n=N}^{M} A_n^c\Big) \leqslant \lim_{M \to \infty} e^{-\sum\limits_{n=N}^{M} P(A_n)} = e^{-\sum\limits_{n=N}^{\infty} P(A_n)} = 0.$$

因此 $P\Big(\bigcap\limits_{n=N}^{\infty} A_n^c\Big) = 0$, 即 $P\Big(\bigcup\limits_{n=N}^{\infty} A_n\Big) = 1$. 最后, 令 $N \to \infty$ 便知 $P(A) = 1$. □

推论 4.4.8(0-1 律) 若 $A_1, A_2, \cdots$ 相互独立, 则 $P(A_n \text{ i.o.})$ 非 0 即 1.

例 4.4.9 设 $P(A) = 1/2$. 对任意 n, 取 $A_n = A$, 则 $\{A_n \text{ i.o.}\} = A$. 因此 $P(A_n \text{ i.o.}) = 1/2$. 此概率值不是 0 也不是 1, 本质原因是 $A_1, A_2, \cdots$ 不独立. □

例 4.4.10 设 $X_1, X_2, \cdots$ 独立同分布.

(1) 若 X_1 的期望不存在或发散, 则 $P\Big(\limsup\limits_{n \to \infty} \dfrac{1}{n}|S_n| = \infty\Big) = 1$.

(2) 若存在实数 C 使得事件 $\Omega_C := \Big\{\lim\limits_{n \to \infty} \dfrac{1}{n} S_n = C\Big\}$ 的概率为正, 则 $P(\Omega_C) = 1$ 且 $EX_1 = C$.

证 (1) 将 X_1 简记为 X. 取定正整数 M. 令 $A_n^{(M)} = \{|X_n| > 2Mn\}$, 并将其简记为 A_n. 则由所有 X_n 相互独立知 $A_1, A_2, \cdots$ 相互独立, 且由所有 X_n 同分布知对任

意 $n, P(A_n) = P(|X| > 2Mn)$, 于是 $\sum_{n=1}^{\infty} P(A_n) = \sum_{n=1}^{\infty} P(|X| > 2Mn) = \infty$. 该级数发散的原因是 $E|X| = \infty$. 由博雷尔-坎泰利引理, $A^{(M)} := \{A_n \text{ i.o.}\} = \bigcap_{N=1}^{\infty} \bigcup_{n=N}^{\infty} A_n$ 的概率为 1. 对任意 $\omega \in A^{(M)}$, 存在子列 $n_1, n_2, \cdots$ 使得 $A_{n_1}, A_{n_2}, \cdots$ 发生, 即 $\omega \in A_{n_k}$, $k = 1, 2, \cdots$. 不妨假设对任意 $k, n_{k+1} > n_k + 2$. 若 $\omega \in A_n$, 则 $|S_n(\omega) - S_{n-1}(\omega)| = |X_n(\omega)| > 2Mn$. 这蕴涵着 $|S_n(\omega)| > Mn$ 或者 $|S_{n-1}(\omega)| > Mn > M(n-1)$. 因此存在子列 $m_1, m_2, \cdots$, 其中 m_k 为 n_k 或 $n_k - 1$ 使得 $|S_{m_k}(\omega)/m_k| > M$. 于是 $\limsup_{n \to \infty} |S_n(\omega)/n| \geqslant \limsup_{k \to \infty} |S_{m_k}(\omega)/m_k| \geqslant M$. 令 $A = \bigcap_{M=1}^{\infty} A^{(M)}$, 则 $P(A) = 1$ 且对任意 $\omega \in A$, 对任意 M, $\limsup_{n \to \infty} |S_n(\omega)/n| \geqslant M$. 令 $M \to \infty$ 得到 $\limsup_{n \to \infty} |S_n(\omega)/n| = \infty$. 从而 $\left\{\limsup_{n \to \infty} \frac{1}{n}|S_n| = \infty\right\}$ 包含了事件 A, 因此结论成立.

(2) 若 $P(\Omega_C) > 0$, 则由 (1) 知 X_1 的期望存在且有限. 进一步, 由柯尔莫哥洛夫强大数定律, $C = EX_1$ 且 $P(\Omega_C) = 1$. □

2. 几乎必然收敛的验证方法

命题 4.4.11 记 $A_{n,\varepsilon} := \{|X_n - X| > \varepsilon\}$, 则 $X_n \xrightarrow{\text{a.s.}} X$ 当且仅当对任意 $\varepsilon > 0$, $P(A_{n,\varepsilon} \text{ i.o.}) = 0$; 等价地, 对任意 $\varepsilon > 0$, $\lim_{N \to \infty} P\left(\bigcup_{n=N}^{\infty} A_{n,\varepsilon}\right) = 0$.

证 对任意 $\varepsilon > 0$, 令
$$\hat{C}_{N,\varepsilon} := \bigcup_{n=N}^{\infty} A_{n,\varepsilon}, \quad \hat{D}_{\varepsilon} := \bigcap_{N=1}^{\infty} \hat{C}_{N,\varepsilon} = \{A_{n,\varepsilon} \text{ i.o.}\}.$$

若 $\varepsilon_1 > \varepsilon_2$, 则 $A_{n,\varepsilon_1} \subseteq A_{n,\varepsilon_2}$. 于是 $\hat{C}_{N,\varepsilon_1} \subseteq \hat{C}_{N,\varepsilon_2}$, 进而 $\hat{D}_{\varepsilon_1} \subseteq \hat{D}_{\varepsilon_2}$.

设 $B_{n,k}, D_k, D$ 同命题 4.4.3 及其证明, 则 $B_{n,k} = A_{n,1/k}, D_k = \hat{D}_{1/k}$. 因此当 $k \to \infty$ 时, D_k 单调上升, 其极限即为 D. 于是 $P(D_k)$ 单调上升至 $P(D)$. 因此, $P(D) = 0$ 当且仅当对任意 k, $P(\hat{D}_{1/k}) = P(D_k) = 0$. 根据 $P(\hat{D}_{\varepsilon})$ 的单调性, $P(D) = 0$ 当且仅当对任意 $\varepsilon > 0$, $P(\hat{D}_{\varepsilon}) = 0$.

固定 $\varepsilon > 0$, $\hat{C}_{N,\varepsilon}$ 关于 N 单调下降到 $\hat{D}_{\varepsilon}$. 从而 $P(\hat{D}_{\varepsilon}) = 0$ 等价于 $\lim_{N \to \infty} P(\hat{C}_{N,\varepsilon}) = 0$. 综上, 结论成立. □

推论 4.4.12 设 $X_1, X_2, \cdots$ 独立同分布, 则 EX_1 存在且有限当且仅当 $X_n/n \xrightarrow{\text{a.s.}} 0$.

证 将 X_1 简记为 X. 一方面, 对任意 $\varepsilon > 0$,

$$\sum_{n=1}^{\infty} P(|X| > n\varepsilon) = \frac{1}{\varepsilon} \sum_{n=1}^{\infty} \int_{(n-1)\varepsilon}^{n\varepsilon} P(|X| > n\varepsilon) dx \leqslant \frac{1}{\varepsilon} \int_0^{\infty} P(|X| > x) dx = \frac{1}{\varepsilon} E|X|,$$

$$\sum_{n=1}^{\infty} P(|X| > n\varepsilon) = \frac{1}{\varepsilon} \sum_{n=1}^{\infty} \int_{n\varepsilon}^{(n+1)\varepsilon} P(|X| > n\varepsilon) dx \geqslant \frac{1}{\varepsilon} \int_1^{\infty} P(|X| > x) dx \geqslant \frac{1}{\varepsilon}(E|X| - 1).$$

因此 X 的期望存在且有限 (等价地, $E|X| < \infty$) 当且仅当级数 $\sum_{n=1}^{\infty} P(|X| > n\varepsilon)$ 收敛.

另一方面, 由同分布的假设知对任意 $n \geqslant 1$,

$$P(|X_n/n| > \varepsilon) = P(|X_n| > n\varepsilon) = P(|X| > n\varepsilon).$$

从而

$$\sum_{n=1}^{\infty} P(|X_n/n| > \varepsilon) = \sum_{n=1}^{\infty} P(|X| > n\varepsilon).$$

因为 $\{|X_n/n| > \varepsilon\}$, $n = 1, 2, \cdots$ 是相互独立的事件, 由博雷尔-坎泰利引理, 上述级数收敛当且仅当 $P(|X_n/n| > \varepsilon \text{ i.o.}) = 0$. 由命题 4.4.11 以及 ε 的任意性, 这等价于 $X_n/n \xrightarrow{\text{a.s.}} 0$.

综上, X 的期望存在且有限当且仅当 $X_n/n \xrightarrow{\text{a.s.}} 0$. □

下面我们证明 §4.2 中的命题 4.2.3. 为方便起见, 现将该命题再叙述一遍.

命题 4.2.3 若对任意 $\varepsilon > 0$, $\sum_{n=1}^{\infty} P(|X_n - X| > \varepsilon) < \infty$, 则 $X_n \xrightarrow{\text{a.s.}} X$.

证 由命题 4.4.11 和概率的次可列可加性知结论成立. □

注 4.4.13 若命题 4.2.3 的假设成立, 则称 X_n **完全收敛**于 X. 这一概念是许宝騄先生与其合作者在 1947 年提出的. 根据命题 4.2.3, 完全收敛可以推出几乎必然收敛, 反之不然.

3. 几乎必然收敛与依概率收敛

推论 4.4.14 若 $X_n \xrightarrow{\text{a.s.}} X$, 则 $X_n \xrightarrow{\text{P}} X$.

证 设 $X_n \xrightarrow{\text{a.s.}} X$. 记 $A_{n,\varepsilon} := \{|X_n - X| > \varepsilon\}$. 对任意 $\varepsilon > 0$, 由命题 4.4.11 知当 $N \to \infty$ 时, $P\left(\bigcup_{n=N}^{\infty} A_{n,\varepsilon}\right) \to 0$, 从而

$$P(A_{N,\varepsilon}) \leqslant P\left(\bigcup_{n=N}^{\infty} A_{n,\varepsilon}\right) \xrightarrow{N \to \infty} 0.$$

因此 $X_n \xrightarrow{\text{P}} X$. □

例 4.4.15 设 $f(\cdot), g(\cdot)$ 均为 $[0,1]$ 上的非负连续函数, $g(\cdot)$ 恒为正, 且存在常数 $M > 0$ 使得对任意 $x \in [0,1]$, $f(x) \leqslant M \cdot g(x)$. 求

$$\lim_{n \to \infty} \int_0^1 \cdots \int_0^1 \frac{f(x_1) + \cdots + f(x_n)}{g(x_1) + \cdots + g(x_n)} dx_1 \cdots dx_n.$$

解 取 $U_1, U_2, \cdots$ 独立同分布, 都服从 $U(0,1)$. 记 $X_n = f(U_n)$, $Y_n = g(U_n)$, $Z_n = \dfrac{X_1 + \cdots + X_n}{Y_1 + \cdots + Y_n}$, 则

$$EZ_n = \int_0^1 \cdots \int_0^1 \frac{f(x_1) + \cdots + f(x_n)}{g(x_1) + \cdots + g(x_n)} dx_1 \cdots dx_n.$$

由强大数定律, $\frac{1}{n}(X_1 + \cdots + X_n) \xrightarrow{\text{a.s.}} \mathrm{E}X_1 = \mathrm{E}f(U_1) = \int_0^1 f(x)\mathrm{d}x$, 且

$$\frac{1}{n}(Y_1 + \cdots + Y_n) \xrightarrow{\text{a.s.}} \mathrm{E}Y_1 = \mathrm{E}g(U_1) = \int_0^1 g(x)\mathrm{d}x.$$

因此 $Z_n \xrightarrow{\text{a.s.}} c$, 其中 $c = \dfrac{\mathrm{E}X}{\mathrm{E}Y} = \dfrac{\int_0^1 f(x)\mathrm{d}x}{\int_0^1 g(x)\mathrm{d}x}$. 由推论 4.4.14, $Z_n \xrightarrow{\mathrm{P}} c$. 根据有界收敛定理 (命题 4.4.1), 所求极限为 $\lim\limits_{n\to\infty} \mathrm{E}Z_n = c$. □

下面的反例表明 $X_n \xrightarrow{\mathrm{P}} X$ 并不能推出 $X_n \xrightarrow{\text{a.s.}} X$.

例 4.4.16 设 $U \sim U(0,1)$. 对任意正整数 m 以及 $k = 1, \cdots, m$, 令 $Y_{m,k} = \mathbf{I}_{\{(k-1)/m < U \leqslant k/m\}}$. 将它们按照 $Y_{1,1}, Y_{2,1}, Y_{2,2}, Y_{3,1}, Y_{3,2}, Y_{3,3}, \cdots$ 的顺序排列, 得到一列随机变量, 记为 $X_1, X_2, \cdots$. 具体地, 令 $X_1 = Y_{1,1}$; 对任意 n, 若 $X_n = Y_{m,k}$, 可令

$$X_{n+1} = \begin{cases} Y_{m,k+1}, & \text{若 } k < m, \\ Y_{m+1,1}, & \text{若 } k = m, \end{cases}$$

则 $X_n \xrightarrow{\mathrm{P}} 0$. 但 $\mathrm{P}\left(\lim\limits_{n\to\infty} X_n = 0\right) = 0$. □

引理 4.4.17 若 $X_n \xrightarrow{\mathrm{P}} X$, 则存在子列 $\{n_k : k = 1, 2, \cdots\}$ 使得当 $k \to \infty$ 时,

$$X_{n_k} \xrightarrow{\text{a.s.}} X.$$

证 对任意正整数 k, 由 $\lim\limits_{n\to\infty} \mathrm{P}(|X_n - X| > 1/k) = 0$ 知存在 $m_k \geqslant 1$ 使得当 $n \geqslant m_k$ 时, $\mathrm{P}(|X_n - X| > 1/k) < 1/2^k$. 令 $n_k = \max\{m_1, \cdots, m_k\} + k$, 则 $1 \leqslant n_1 < n_2 < \cdots$, 且当 $n \geqslant n_k$ 时, $\mathrm{P}(|X_n - X| > 1/k) < 1/2^k$. 记 $Y_k = X_{n_k}$. 特别地, 对任意 $k \geqslant 1$, $\mathrm{P}(|Y_k - X| > 1/k) < 1/2^k$.

往证当 $k \to \infty$ 时, $Y_k \xrightarrow{\text{a.s.}} X$. 对任意 $\varepsilon > 0$, 记 $A_{k,\varepsilon} = \{|Y_k - X| > \varepsilon\}$. 取 $k_0 = \lceil 1/\varepsilon \rceil$. 当 $k \geqslant k_0$ 时, $A_{k,\varepsilon} \subseteq \{|Y_k - X| > 1/k\}$, 从而 $\mathrm{P}(A_{k,\varepsilon}) \leqslant 1/2^k$. 于是

$$\sum_{k=1}^\infty \mathrm{P}(A_{k,\varepsilon}) \leqslant k_0 - 1 + \sum_{k=k_0}^\infty \mathrm{P}(A_{k,\varepsilon}) \leqslant k_0 - 1 + \sum_{k=k_0}^\infty 2^{-k} \leqslant k_0 < \infty.$$

由命题 4.2.3, $Y_k \xrightarrow{\text{a.s.}} X$. □

注 4.4.18 根据引理 4.4.17 的证明, 结论可以加强为: 当 $k \to \infty$ 时, X_{n_k} 完全收敛于 X. (参见注 4.4.13.)

命题 4.4.19 $X_n \xrightarrow{\mathrm{P}} X$ 的充要条件是: 对任意子列 $\{n_k : k = 1, 2, \cdots\}$, 存在其子列 $\{n_{k_i} : i = 1, 2, \cdots\}$ 使得当 $i \to \infty$ 时 $X_{n_{k_i}} \xrightarrow{\text{a.s.}} X$.

证 **必要性** 若 $X_n \xrightarrow{P} X$, 则对任意子列 $\{n_k : k = 1, 2, \cdots\}$ 和任意 $\varepsilon > 0$, $\lim\limits_{k \to \infty} P(|X_{n_k} - X| > \varepsilon) = \lim\limits_{n \to \infty} P(|X_n - X| > \varepsilon) = 0$. 故当 $k \to \infty$ 时, $X_{n_k} \xrightarrow{P} X$. 由引理 4.4.17, 结论成立.

充分性 用反证法. 假设 $X_n \xrightarrow{P} X$ 不成立, 则存在 $\varepsilon > 0$ 使得 $\lim\limits_{n \to \infty} P(|X_n - X| > \varepsilon) = 0$ 不成立. 即存在 $\delta > 0$ 以及子列 $\{n_k : k = 1, 2, \cdots\}$ 使得对任意 k, $P(|X_{n_k} - X| > \varepsilon) > \delta$. 由命题的假设, 存在其子列 $\{n_{k_i} : i = 1, 2, \cdots\}$ 使得当 $i \to \infty$ 时 $X_{n_{k_i}} \xrightarrow{a.s.} X$, 从而 $X_{n_{k_i}} \xrightarrow{P} X$. 这与对任意 k, $P(|X_{n_k} - X| > \varepsilon) > \delta$ 矛盾! 因此假设不成立. 即 $X_n \xrightarrow{P} X$. □

例 4.4.20 设 $X_n \xrightarrow{P} X, Y_n \xrightarrow{P} Y$, 则 $X_n + Y_n \xrightarrow{P} X + Y$.

证 对任意子列 $\{n_k : k = 1, 2, \cdots\}$, 首先, 由 $X_n \xrightarrow{P} X$ 知存在其子列 $\{m_i : i = 1, 2, \cdots\}$ 使得当 $i \to \infty$ 时 $X_{m_i} \xrightarrow{a.s.} X$. 其次, 由 $Y_n \xrightarrow{P} Y$ 知存在 $\{m_i : i = 1, 2, \cdots\}$ 的子列 $\{r_j : j = 1, 2, \cdots\}$ 使得当 $j \to \infty$ 时, $Y_{r_j} \xrightarrow{a.s.} Y$. 最后, $X_{r_j} \xrightarrow{a.s.} X$ 也成立. 因此 $X_{r_j} + Y_{r_j} \xrightarrow{a.s.} X + Y$. 由命题 4.4.19, $X_n + Y_n \xrightarrow{P} X + Y$. □

几乎必然收敛的意思是: 去除一个概率为零的事件后, 随机变量视为样本的函数是点点收敛的. 固定每个样本后, 这就转换为数学分析中的实数 (函数值) 序列收敛. 从这个角度看, 几乎必然收敛的验证更直接. 它在验证随机变量的四则运算、连续函数等仍然收敛时显得非常有效. 进一步, 可以利用命题 4.4.19 将类似的结论推广至依概率收敛, 如例 4.4.20.

三、依分布收敛

若当 $n \to \infty$ 时, 随机变量 X_n 的分布函数弱收敛于随机变量 X 的分布函数, 则称 X_n **依分布收敛**于 X, 记为 $X_n \xrightarrow{d} X$. 与前面几种收敛性的定义不同之处是这里 X_n 和 X 也可以定义在不同的概率空间.

命题 4.4.21 (1) 若 $X_n \xrightarrow{P} X$, 则 $X_n \xrightarrow{d} X$.

(2) 若 $X_n \xrightarrow{d} X$ 且 X 是退化的, 则 $X_n \xrightarrow{P} X$.

证 (1) 设 Y, W 是同一样本空间中的两个随机变量, 则对任意 $y \in \mathbb{R}, \varepsilon > 0$,

$$P(Y \leqslant y) = P(Y \leqslant y, |Y - W| \leqslant \varepsilon) + P(Y \leqslant y, |Y - W| > \varepsilon)$$
$$\leqslant P(W \leqslant y + \varepsilon) + P(|Y - W| > \varepsilon).$$

设 $X_n \xrightarrow{P} X$. 对任意 $x \in C(F_X)$, 一方面, 在上式中取 $Y = X_n, W = X, y = x$ 便可推出 $P(X_n \leqslant x) \leqslant P(X \leqslant x + \varepsilon) + P(|X_n - X| > \varepsilon)$. 先令 $n \to \infty$, 再令 $\varepsilon \to 0$, 便知

$$\limsup_{n \to \infty} F_{X_n}(x) \leqslant \lim_{\varepsilon \to 0} P(X \leqslant x + \varepsilon) = F_X(x).$$

另一方面, 取 $Y = X, W = X_n, y = x - \varepsilon$ 便可推出 $P(X \leqslant x - \varepsilon) \leqslant P(X_n \leqslant x) + P(|X_n - X| > \varepsilon)$. 先令 $n \to \infty$, 再令 $\varepsilon \to 0$, 便知

$$F_X(x) = \lim_{\varepsilon \to 0} P(X \leqslant x - \varepsilon) \leqslant \liminf_{n \to \infty} F_{X_n}(x),$$

其中第一个等号用到了 $x \in C(F_X)$. 综上, $X_n \xrightarrow{d} X$.

(2) 设 $X_n \xrightarrow{d} X$ 且 $X = C$ a.s., 其中 C 为常数. 对任意 $\varepsilon > 0$,

$$P(|X_n - X| < \varepsilon) = P(C - \varepsilon < X_n < C + \varepsilon) \geqslant P(C - \varepsilon < X_n \leqslant C + \varepsilon/2)$$
$$= F_{X_n}(C + \varepsilon/2) - F_{X_n}(C - \varepsilon).$$

因为 $C + \varepsilon/2, C - \varepsilon \in C(F_X)$, 所以

$$\liminf_{n \to \infty} P(|X_n - X| < \varepsilon) \geqslant \liminf_{n \to \infty} F_{X_n}(C + \varepsilon/2) - \liminf_{n \to \infty} F_{X_n}(C - \varepsilon)$$
$$= F_X(C + \varepsilon/2) - F_X(C - \varepsilon) = 1.$$

于是当 $n \to \infty$ 时, $P(|X_n - X| \geqslant \varepsilon) \to 0$. 由 ε 的任意性知 $X_n \xrightarrow{P} X$. □

例 4.4.22 设 $X_1, X_2, \cdots$ 相互独立且都服从 $N(0,1)$. 令 $Z_n = \dfrac{X_1 + \cdots + X_n}{\sqrt{X_1^2 + \cdots + X_n^2}}$, 则 $Z_n \xrightarrow{d} X_1$.

解 固定 n. 考虑例 3.9.1 中的正交矩阵 $\mathbf{O}$, 并令 $(Y_1, \cdots, Y_n)^{\mathrm{T}} := \mathbf{O}(X_1, \cdots, X_n)^{\mathrm{T}}$, 则 $Y_1, \cdots, Y_n$ 相互独立, 均服从 $N(0,1)$, 且 $Y_1 = (X_1 + \cdots + X_n)/\sqrt{n}$, $X_1^2 + \cdots + X_n^2 = Y_1^2 + \cdots + Y_n^2$. 令

$$Z_n := \dfrac{Y_1}{\sqrt{\dfrac{1}{n}(Y_1^2 + \cdots + Y_n^2)}}, \quad W_n := \dfrac{X_1}{\sqrt{\dfrac{1}{n}(X_1^2 + \cdots + X_n^2)}},$$

则 Z_n 与 W_n 同分布. 因为 $W_n \xrightarrow{a.s.} X_1$, 所以 $W_n \xrightarrow{P} X_1$, 从而 $W_n \xrightarrow{d} X_1$. 于是 $Z_n \xrightarrow{d} X_1$. □

*命题 4.4.23 $X_n \xrightarrow{d} X$ 的充要条件是对任意有界、连续的函数 $f(\cdot)$,

$$\lim_{n \to \infty} \mathrm{E}f(X_n) = \mathrm{E}f(X).$$

证 必要性 设 $X_n \xrightarrow{d} X$, $f(\cdot)$ 为有界、连续的函数.

首先, 设对任意 x, $|f(x)| \leqslant M$. 取 $a \in \mathbb{R}$ 使得 $a, -a \in C(F_X)$ 且 $P(X \notin I) = 1 - F_X(a) + F_X(-a) < \varepsilon/(10M)$, 其中 $I = (-a, a]$. 于是存在 N_1 使得当 $n \geqslant N_1$ 时,

$$P(X_n \notin I) = 1 - F_{X_n}(a) + F_{X_n}(-a) < \varepsilon/(5M).$$

其次, 在区间 $[-a,a]$ 上, $f(\cdot)$ 一致连续, 因此存在 δ 使得当 $x,y \in [-a,a]$ 且 $|x-y| < \delta$ 时, $|f(x) - f(y)| < \varepsilon/5$. 取 $K \geqslant 2$ 和 $x_1, \cdots, x_{K-1} \in C(F_X)$ 使得 $x_0 := -a < x_1 < \cdots < x_{K-1} < x_K := a$ 且 $|x_i - x_{i-1}| < \delta$, $i = 1, \cdots, K$. 按如下规则定义函数 $g(\cdot)$: 若 $x \notin I$, 则 $g(x) := 0$; 若 $x_{i-1} < x \leqslant x_i$, 其中 $1 \leqslant i \leqslant K$, 则 $g(x) := f(x_i)$. 于是对任意 $x \in I$, $|f(x) - g(x)| \leqslant \varepsilon/5$. 从而对任意 x, $|f(x) \cdot \mathbf{I}_{\{x \in I\}} - g(x)| \leqslant \varepsilon/5$. 将 X 视为自变量 x 并代入上式, 便可推出

$$|\mathrm{E}f(X) \cdot \mathbf{I}_{\{X \in I\}} - \mathrm{E}g(X)| \leqslant \mathrm{E}|f(X) \cdot \mathbf{I}_{\{X \in I\}} - g(X)| \leqslant \varepsilon/5.$$

又 $|\mathrm{E}f(X) - \mathrm{E}f(X) \cdot \mathbf{I}_{\{X \in I\}}| = |\mathrm{E}f(X) \cdot \mathbf{I}_{\{X \notin I\}}| \leqslant M \cdot \mathrm{P}(X \notin I) < M \cdot \varepsilon/(5M) = \varepsilon/5$. 由三角不等式, $|\mathrm{E}f(X) - \mathrm{E}g(X)| < 2\varepsilon/5$. 同理, 当 $n \geqslant N_1$ 时, $|\mathrm{E}f(X_n) - \mathrm{E}g(X_n)| < 2\varepsilon/5$. 再由三角不等式,

$$|\mathrm{E}f(X_n) - \mathrm{E}f(X)| \leqslant |\mathrm{E}f(X_n) - \mathrm{E}g(X_n)| + |\mathrm{E}g(X_n) - \mathrm{E}g(X)| + |\mathrm{E}g(X) - \mathrm{E}f(X)|$$

$$\leqslant |\mathrm{E}g(X_n) - \mathrm{E}g(X)| + 4\varepsilon/5.$$

再次,

$$\mathrm{E}g(X) = \mathrm{E}\sum_{i=1}^{K} f(x_i) \cdot \mathbf{I}_{\{x_{i-1} < X \leqslant x_i\}} = \sum_{i=1}^{K} f(x_i) \cdot \mathrm{P}(x_{i-1} < X \leqslant x_i)$$

$$= \sum_{i=1}^{K} f(x_i)(F_X(x_i) - F_X(x_{i-1})).$$

同理, $\mathrm{E}g(X_n) = \sum_{i=1}^{K} f(x_i)(F_{X_n}(x_i) - F_X(x_{i-1}))$. 存在 N_2 使得当 $n \geqslant N_2$ 时, $|F_{X_n}(x_i) - F_X(x_i)| < \varepsilon/(10KM)$, $i = 0, 1, \cdots, K$. 于是

$$|\mathrm{E}g(X_n) - \mathrm{E}g(X)| \leqslant \sum_{i=1}^{K} |f(x_i)| \cdot \left|\left(F_{X_n}(x_i) - F_{X_n}(x_{i-1})\right) - \left(F_X(x_i) - F_X(x_{i-1})\right)\right|$$

$$\leqslant M \sum_{i=1}^{K} \left(|F_{X_n}(x_i) - F_X(x_i)| + |F_{X_n}(x_{i-1}) - F_X(x_{i-1})|\right) \leqslant \varepsilon/5.$$

最后, 取 $N = \max\{N_1, N_2\}$. 当 $n \geqslant N$ 时, $|\mathrm{E}f(X_n) - \mathrm{E}f(X)| \leqslant \varepsilon$. 这表明

$$\lim_{n \to \infty} \mathrm{E}f(X_n) = \mathrm{E}f(X).$$

充分性 假设对任意有界、连续的函数 $f(\cdot)$, $\lim_{n \to \infty} \mathrm{E}f(X_n) = \mathrm{E}f(X)$. 设 $x_0 \in C(F_X)$. 对任意 $\varepsilon > 0$, 令

$$f_\varepsilon(x) = \begin{cases} 1, & \text{若 } x \leqslant x_0 - \varepsilon, \\ (x_0 - x)/\varepsilon, & \text{若 } x_0 - \varepsilon < x \leqslant x_0, \\ 0, & \text{若 } x \geqslant x_0, \end{cases}$$

$$g_\varepsilon(x) = \begin{cases} 1, & \text{若 } x \leqslant x_0, \\ (x_0 + \varepsilon - x)/\varepsilon, & \text{若 } x_0 < x \leqslant x_0 + \varepsilon, \\ 0, & \text{若 } x > x_0 + \varepsilon, \end{cases}$$

则 $f_\varepsilon(\cdot), g_\varepsilon(\cdot)$ 是有界、连续函数, 且

$$f_\varepsilon(x) \leqslant \mathbf{I}_{\{x \leqslant x_0\}} \leqslant g_\varepsilon(x).$$

将 x 取为 X_n 并求期望, 推出

$$\mathrm{E} f_\varepsilon(X_n) \leqslant F_{X_n}(x_0) \leqslant \mathrm{E} g_\varepsilon(X_n).$$

令 $n \to \infty$ 便知

$$\mathrm{E} f_\varepsilon(X) \leqslant \liminf_{n \to \infty} F_{X_n}(x_0) \leqslant \limsup_{n \to \infty} F_{X_n}(x_0) \leqslant \mathrm{E} g_\varepsilon(X).$$

由 $g_\varepsilon(x) \leqslant \mathbf{I}_{\{x \leqslant x_0+\varepsilon\}}$ 知上式右边小于或等于 $F_X(x_0+\varepsilon)$; 由 $f_\varepsilon(x) \geqslant \mathbf{I}_{\{x \leqslant x_0-\varepsilon\}}$ 知上式左边大于或等于 $F_X(x_0-\varepsilon)$. 因此

$$F_X(x_0 - \varepsilon) \leqslant \liminf_{n \to \infty} F_{X_n}(x_0) \leqslant \limsup_{n \to \infty} F_{X_n}(x_0) \leqslant F_X(x_0 + \varepsilon).$$

最后, 令 $\varepsilon \to 0$, 由 $x_0 \in C(F_X)$ 知上式左边和右边都趋于 $F_X(x_0)$. 因此

$$\lim_{n \to \infty} F_{X_n}(x_0) = F(x_0). \qquad \square$$

注 4.4.24 对于随机向量也有类似结论. 更一般地, 可将 $\mathbb{R}$ 推广为完备可分距离空间 $\mathbb{X}$. 考虑以它为值域的随机元 $X, X_1, X_2, \cdots$. 若对 $\mathbb{X}$ 上的任意有界、连续的函数 $f(\cdot)$, $\lim_{n \to \infty} \mathrm{E} f(X_n) = \mathrm{E} f(X)$, 则称 X_n **依分布收敛**于 X. 若 $\mathbb{X} = \mathbb{R}^m$, 且 X 的联合分布函数连续, 则 X_n 依分布收敛于 X 等价于对应的联合分布函数点点收敛, 也等价于对应的联合特征函数点点收敛.

定理 3.8.20 的证明 因为对任意 t, 三角函数 $f(x) = \cos(tx), g(x) = \sin(tx)$ 是连续函数, 所以由命题 4.4.23 知逆极限定理成立. $\qquad \square$

例 4.4.25(例 4.4.2 续) 设 $\mathrm{P}(X \in [0,1)) = 1$. 将 X 的二进制展开记为 $\xi_1, \xi_2, \cdots$, 则 $X \sim U(0,1)$ 当且仅当 $\xi_1, \xi_2, \cdots$ 相互独立且均服从 $\xi_1 \sim B(1, 1/2)$.

证 设 $\xi_1, \xi_2, \cdots$ 独立同分布且 $\xi_1 \sim B(1, 1/2)$, 则 $X_n := \sum_{i=1}^{n} \dfrac{\xi_i}{2^i}$ 几乎必然收敛于 X, 因此 X_n 依分布收敛于 X. 不难看出 X_n 等可能地取 $0, 2^{-n}, 2 \cdot 2^{-n}, \cdots, (2^n-1)2^{-n}$ 之一. 将 X_n 的分布函数记为 $F_n(\cdot)$, 将 X 的分布函数记为 $F(\cdot)$, 则对任意 $x \in [0,1]$, $x \leqslant F_n(x) \leqslant x + 2^{-n}$. 令 $n \to \infty$, 推出对任意 $x \in [0,1] \cap C(F)$, $F(x) = x$. 由 $C(F)$ 稠密知对任意 $x \in [0,1]$, $F(x) = x$. 因此 $X \sim U(0,1)$.

反过来，设 $X \sim U(0,1)$. 记 $f(x) = \lfloor 2x \rfloor$, $g(x) = 2x - f(x)$. 令 $U_0 = X$, 并迭代定义 $U_n = g(U_{n-1})$, $n = 1, 2, \cdots$, 则 X 的二进制展开为 $\xi_n = f \circ g^{(n-1)}(X) = f(U_{n-1})$, $n = 1, 2, \cdots$, 其中 $g^{(r)}(\cdot)$ 为 $g(\cdot)$ 自迭代 r 次得到的复合函数. 下面分三步证明 $\xi_1, \xi_2, \cdots$ 相互独立且都服从 $B(1, 1/2)$.

第一步，若 $U \sim U(0,1)$, 则 $f(U) \sim B(1, 1/2)$, $g(U) \sim U(0,1)$, 且 $f(U)$ 与 $g(U)$ 相互独立. 这是因为

$$\mathrm{P}(f(U) = 0) = \mathrm{P}(0 \leqslant 2U < 1) = \mathrm{P}(0 \leqslant U < 1/2) = 1/2,$$

$$\mathrm{P}(f(U) = 1) = \mathrm{P}(1 \leqslant 2U < 2) = \mathrm{P}(1/2 \leqslant U < 1) = 1/2.$$

因此 $f(U) \sim B(1, 1/2)$. 对任意 $0 < x < 1$,

$$\mathrm{P}(f(U) = 0, g(U) \leqslant x) = \mathrm{P}(U < 1/2, 2U \leqslant x) = \mathrm{P}(U \leqslant x/2) = x/2,$$

$$\mathrm{P}(f(U) = 1, g(U) \leqslant x) = \mathrm{P}(1/2 \leqslant U < 1, 2U - 1 \leqslant x) = \mathrm{P}(1/2 \leqslant U \leqslant (x+1)/2) = x/2.$$

这表明 $g(U) \sim U(0,1)$ 且 $f(U)$ 与 $g(U)$ 独立.

第二步，对任意 $m, k \geqslant 1$, $\xi_m \sim B(1, 1/2)$ 且它与 $(\xi_{m+1}, \cdots, \xi_{m+k})$ 相互独立. 这是因为 $U_{m-1} = g^{(m-1)}(U_0) \sim U(0,1)$, 于是 $\xi_m = f(U_{m-1}) \sim B(1, 1/2)$, 且 ξ_m 与 $U_m = g(U_{m-1})$ 相互独立. 由于 $\xi_{m+i} = f \circ g^{m+i-1}(U_0) = f \circ g^{(i-1)}(U_m)$ 是 U_m 的函数, $i = 1, 2, \cdots, k$, 因此 $(\xi_{m+1}, \cdots, \xi_{m+k})$ 作为 U_m 的函数与 ξ_m 相互独立.

第三步，对任意 $n \geqslant 2$, 取 $m = 1$, $k = n - 1$ 知 ξ_1 与 $(\xi_2, \cdots, \xi_n)$ 独立; 取 $m = 2$, $k = n - 2$ 知 ξ_2 与 $(\xi_3, \cdots, \xi_n)$ 独立; $\cdots$; 取 $m = n - 1$, $k = 1$ 知 ξ_{n-1} 与 ξ_n 独立. 因此对任意 $x_1, \cdots, x_n \in \{0, 1\}$,

$$\mathrm{P}(\xi_1 = x_1, \xi_2 = x_2, \xi_3 = x_3, \cdots, \xi_n = x_n)$$

$$= \mathrm{P}(\xi_1 = x_1) \mathrm{P}(\xi_2 = x_2, \xi_3 = x_3, \cdots, \xi_n = x_n)$$

$$= \mathrm{P}(\xi_1 = x_1) \mathrm{P}(\xi_2 = x_2) \mathrm{P}(\xi_3 = x_3, \cdots, \xi_n = x_n)$$

$$= \cdots = \mathrm{P}(\xi_1 = x_1) \cdots \mathrm{P}(\xi_n = x_n).$$

这表明 $\xi_1, \cdots, \xi_n$ 相互独立. 由 n 的任意性可推出 $\xi_1, \xi_2, \cdots$ 相互独立.

综上，$\xi_1, \xi_2, \cdots$ 相互独立且都服从 $B(1, 1/2)$. $\square$

*例 4.4.26(康托尔 (Cantor) 分布) 设 $\xi_1, \xi_2, \cdots$ 相互独立且均服从 $\xi_1 \sim B(1, 1/2)$. 令 $W_n = \dfrac{2\xi_1}{3} + \dfrac{2\xi_2}{3^2} + \cdots + \dfrac{2\xi_n}{3^n}$, 则 W_n 几乎必然收敛, 且其极限的分布函数一致连续.

证 与二进制类似, 可以考虑三进制并推出 $W_n \xrightarrow{\text{a.s.}} W = \dfrac{2\xi_1}{3} + \dfrac{2\xi_2}{3^2} + \cdots$, 且 $\mathrm{P}(W \in [0, 1]) = 1$. 往证 $F_W(\cdot)$ 一致连续.

先介绍康托尔三分集. 以下, "将闭区间 $[a,b]$ 裂变"的意思是: 将 $I = [a,b]$ 分为左、中、右三个小区间:

$$L(I) := [a, a+(b-a)/3], \quad M(I) := (a+(b-a)/3, a+2(b-a)/3),$$

$$R(I) := [a+2(b-a)/3, b].$$

第一步, 将 $I := [0,1]$ 裂变, 记 $I_1^{(1)} = L(I)$, $I_2^{(1)} = R(I)$. 第二步, 分别将 $I_1^{(1)}$ 与 $I_2^{(1)}$ 裂变, 记 $I_1^{(2)} := L(I_1^{(1)})$, $I_2^{(2)} := R(I_1^{(1)})$, $I_3^{(2)} := L(I_2^{(1)})$, $I_4^{(2)} = R(I_2^{(1)})$. 重复以上操作, 第 n 步, 分别将 $I_i^{(n-1)}$, $i = 1, \cdots, 2^{n-1}$ 这 2^{n-1} 个小区间裂变, 并记 $I_{2i-1}^{(n)} = L(I_i^{(n-1)})$, $I_{2i}^{(n)} = R(I_i^{(n-1)})$. 记 $C_n = \bigcup_{i=1}^{2^n} I_i^{(n)}$, 则 $C_{n+1} \subseteq C_n$. 记 $C = \bigcap_{n=1}^{\infty} C_n$, 称之为康托尔三分集.

不妨假设对任意 ω, 对任意 $n \geqslant 1$, $\xi_n(\omega) = 0$ 或 1, 于是 $W_n(\omega) \xrightarrow{n \to \infty} W(\omega)$. 一方面, 对任意 $m \geqslant 1$ 和 $i = 1, 2, \cdots, 2^m$, 当 $n \geqslant m$ 时,

$$\begin{cases} \{W_n \in I_i^{(m)}, \xi_{n+1} = 0\} = \{W_{n+1} \in I_{2i-1}^{(m+1)}\}, \\ \{W_n \in I_i^{(m)}, \xi_{n+1} = 1\} = \{W_{n+1} \in I_{2i}^{(m+1)}\}. \end{cases}$$

因此

$$\{W_n \in I_i^{(m)}\} = \{W_{n+1} \in I_i^{(m)}\}, \quad \forall n \geqslant m \geqslant 1, \ i = 1, 2, \cdots, 2^m. \tag{4.4.1}$$

下面, 用归纳法证明

$$\mathrm{P}(W_m \in I_i^{(m)}) = \frac{1}{2^m}, \quad \forall m \geqslant 1, \ i = 1, 2, \cdots, 2^m. \tag{4.4.2}$$

对 $m = 1$, 若 $\xi_1 = 0$, 则 $W_1 \in I_1^{(1)}$; 若 $\xi_1 = 1$, 则 $W_1 \in I_2^{(1)}$. 因此 $\mathrm{P}\left(W_1 \in I_i^{(1)}\right) = 1/2$, $i = 1, 2$. 其次, 设 $\mathrm{P}\left(W_m \in I_i^{(m)}\right) = 1/2^m$, $i = 1, \cdots, 2^m$, 则

$$\mathrm{P}\left(W_{m+1} \in I_{2i-1}^{(m+1)}\right) = \mathrm{P}\left(W_m \in I_i^{(m)}, \xi_{m+1} = 0\right) = \frac{1}{2}\mathrm{P}\left(W_m \in I_i^{(m)}\right) = 1/2^{m+1},$$

同理 $\mathrm{P}\left(W_{m+1} \in I_{2i-1}^{(m+1)}\right) = 1/2^{m+1}$. 综上, (4.4.2) 式成立. 由 (4.4.1) 式和 (4.4.2) 式,

$$\mathrm{P}\left(W_n \in I_i^{(m)}\right) = \frac{1}{2^m}, \quad \forall n \geqslant m \geqslant 1, \ i = 1, 2, \cdots, 2^m.$$

进一步, 因为 W_n 点点收敛于 W, 所以由 (4.4.1) 式知 $\mathrm{P}\left(W_n \in I_i^{(m)}\right) = 1/2^m$. 特别地, $\mathrm{P}(W \in C_m) = 1$. 由 m 的任意性, $\mathrm{P}(W \in C) = 1$. 综上,

$$\mathrm{P}(W \in C) = 1, \quad \mathrm{P}\left(W \in C \cap I_i^{(m)}\right) = \frac{1}{2^m}, \quad \forall m \geqslant 1, \ i = 1, 2, \cdots, 2^m.$$

将 W 的分布函数记为 $F(\cdot)$, 如图 4.1 所示.

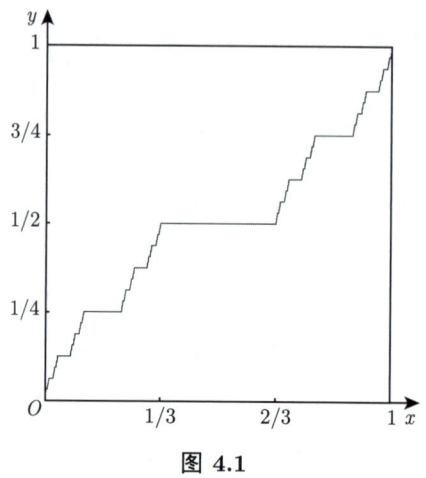

图 4.1

往证 $F(\cdot)$ 一致连续. 对任意 $m \geqslant 1$ 和 $i = 1, 2, \cdots, 2^m$, 记 $I_i^{(m)} = [a_i, b_i]$, 则

$$F(a_i) = (i-1)/2^m, \quad F(b_i) = i/2^m, \quad b_i - a_i = 1/3^m,$$

且对 $i \neq 2^m$, $a_{i+1} - b_i \geqslant 1/3^m$. 设 $x < y$ 且 $y - x < 1/3^m$. 往证 $F(y) - F(x) \leqslant 1/2^m$.

情形 I $x < 0$. 此时 $F(x) = 0, y < b_1$, 故 $F(y) < 1/2^m$. 故 $F(y) - F(x) \leqslant 1/2^m$.

情形 II $a_i \leqslant x \leqslant b_i$, 其中 $i < 2^m$, 则 $y \leqslant b_i + 1/3^m \leqslant a_{i+1}$. 因此

$$F(x) \geqslant (i-1)/2^m, \quad F(y) \leqslant i/2^m,$$

从而 $F(y) - F(x) \leqslant 1/2^m$.

情形 III 设 $b_i < x < a_{i+1}$, 其中 $i < 2^m$, 则 $y \leqslant a_{i+1} + 1/3^m = b_{i+1}$. 于是

$$F(x) \geqslant F(b_i) = i/2^m, \quad F(y) \leqslant F(b_{i+1}) = (i+1)/2^m.$$

从而 $F(y) - F(x) \leqslant 1/3^m$.

情形 IV 设 $a_i \leqslant x \leqslant b_i$, 其中 $i = 2^m$, 则 $F(x) \geqslant (2^m - 1)/2^m$, 从而 $F(y) - F(x) \leqslant 1 - F(x) \leqslant 1/2^m$.

综上, $F(\cdot)$ 一致连续. □

注 4.4.27 称例 4.4.26 中的 W 服从**康托尔分布**. 直观上, 它 "均匀地" 取遍康托尔三分集中的所有点. 然而, 一方面, 康托尔集是不可数集, 这也是 $F_W(\cdot)$ 连续的本质原因; 另一方面, 康托尔集的勒贝格测度为 0, 这导致 W 不是连续型随机变量. 综上, $F_W(\cdot)$ 是奇异型的.

例 4.4.28 对任意 n, 记 $\Omega_n = \{1, \cdots, 2n\}$, $X_n = \mathbf{I}_{\{1, \cdots, n\}}$, 并考虑 Ω_n 上的古典概型, 则 $X_1, X_2, \cdots$ 都服从两点分布 $B(1, 1/2)$. 将投掷公平硬币的随机试验中 "抛到

正面"这一事件的示性函数记为 X, 它也服从 $B(1,1/2)$. 由 $F_{X_n}(\cdot) \equiv F_X(\cdot)$ 知 $F_{X_n}(\cdot)$ 弱收敛于 $F_X(\cdot)$, 即 $X_n \xrightarrow{d} X$. 更一般地, $X_n \xrightarrow{d} X$ 的充要条件是 $X \sim B(1,1/2)$. □

由本例可见, 依分布收敛中的随机变量序列 $X_1, X_2, \cdots$ 可以来自不同的概率空间. 它们的定义域可以不相同, 此时不能比较它们的值. 特别地, 在依概率收敛的定义中涉及的事件 $\{|X_n - X| > \varepsilon\} = \{\omega : |X_n(\omega) - X(\omega)| > \varepsilon\}$ 此时是没有意义的. 一般地, 由依分布收敛不能推出依概率收敛, 更不能推出几乎必然收敛. 下面的命题从某种角度做出一定的弥补.

命题 4.4.29 设 $X_n \xrightarrow{d} X$, 则存在随机变量序列 $Y, Y_1, Y_2, \cdots$ 使得 $Y \stackrel{d}{=} X$; $Y_n \stackrel{d}{=} X_n$, $n = 1, 2, \cdots$; 且 $Y_n \xrightarrow{a.s.} Y$.

证 将 X 与 X_n 的分布函数分布记为 $F(\cdot)$ 与 $F_n(\cdot)$, 它们的广义反函数分别记为 $F^{-1}(\cdot)$ 与 $F_n^{-1}(\cdot)$. 特别地, $F^{-1}(u) = \inf\{x \in \mathbb{R} : F(x) \geqslant u\}$, 其中 $0 < u < 1$. 取服从均匀分布 $U(0,1)$ 的随机变量 U, 由命题 2.7.4, $Y := F^{-1}(U) \stackrel{d}{=} X$, $Y_n := F_n^{-1}(U) \stackrel{d}{=} X_n$. 往证 $Y_n \xrightarrow{a.s.} Y$.

因为 $F^{-1}(\cdot)$ 是单调上升的函数, 所以其间断点为可数个. 从而 $P(U \in C(F^{-1})) = 1$. 往证对任意 $u \in C(F^{-1})$,
$$\lim_{n \to \infty} F_n^{-1}(u) = F^{-1}(u).$$

一方面, 对任意 u 和 $x \in C(F) \bigcap (-\infty, F^{-1}(u))$, 由引理 2.7.2 知 $F(x) < u$. 于是存在 N 使得当 $n \geqslant N$ 时, $F_n(x) < u$, 于是由引理 2.7.2 知 $F_n^{-1}(u) > x$. 因此 $\liminf_{n \to \infty} F_n^{-1}(u) \geqslant x$. 令 $x \to F^{-1}(u)$, 便可推出 $\liminf_{n \to \infty} F_n^{-1}(u) \geqslant F^{-1}(u)$. 另一方面, 对任意 $x \in C(F) \bigcap (F^{-1}(u), \infty)$, 由引理 2.7.2 知 $F(x) \geqslant u$. 下面, 我们用反证法证明 $F(x) > u$. 若不然, 对任意 $\varepsilon > 0$, 由 $F(x) = u < u + \varepsilon$ 知 $x < F^{-1}(u + \varepsilon)$. 令 $\varepsilon \to 0$ 可推出 $F^{-1}(u+) \geqslant x > F^{-1}(u)$, 这与 $u \in C(F^{-1})$ 矛盾. 因此 $F(x) > u$. 于是存在 N 使得当 $n \geqslant N$ 时, $F_n(x) > u$. 由引理 2.7.2, $F_n^{-1}(u) \leqslant x$. 因此 $\limsup_{n \to \infty} F_n^{-1}(u) \leqslant x$. 令 $x \to F^{-1}(u)$, 便可推出 $\liminf_{n \to \infty} F_n^{-1}(u) \leqslant F^{-1}(u)$.

当事件 $\{U \in C(F^{-1})\}$ 发生时, $\lim_{n \to \infty} F_n^{-1}(U) = F^{-1}(U)$, 换言之, $\lim_{n \to \infty} Y_n = Y$. 因此, $P\left(\lim_{n \to \infty} Y_n = Y\right) \geqslant P(U \in C(F^{-1})) = 1$. 这表明 $Y_n \xrightarrow{a.s.} Y$. □

例 4.4.30 假设 $X_1, X_2, X_3, \cdots$ 相互独立, 均服从指数分布 $\text{Exp}(1)$. 记 $M_n = \max\{X_1, \cdots, X_n\}$, 则 (1) $M_n / \ln n$ 依概率收敛, (2) $M_n - \ln n$ 依分布收敛.

证 (1) 对任意 $x > 0$, $P(M_n \leqslant x) = P(X_1 \leqslant x)^n = (1 - e^{-x})^n$. 取 $x = \alpha \ln n$, 以使得 $e^{-x} = n^{-\alpha}$. 于是推出

$$\begin{cases} \lim_{n \to \infty} P(M_n / \ln n \leqslant \alpha) = \lim_{n \to \infty} P(M_n \leqslant \alpha \ln n) = 1, & \forall \alpha > 1, \\ \lim_{n \to \infty} P(M_n / \ln n \leqslant \alpha) = \lim_{n \to \infty} P(M_n \leqslant \alpha \ln n) = 0, & \forall \alpha < 1. \end{cases}$$

因此 $M_n / \ln n \xrightarrow{d} 1$. 由命题 4.4.21, $M_n / \ln n \xrightarrow{P} 1$.

(2) 进一步, 取 $x = \ln n + y$, 以使得 $\mathrm{e}^{-x} = c/n$, 其中 $c = \mathrm{e}^{-y}$. 于是推出

$$\lim_{n\to\infty} \mathrm{P}(M_n - \ln n \leqslant y) = \lim_{n\to\infty}\left(1 - \mathrm{e}^{-(\ln n + y)}\right)^n = \lim_{n\to\infty}\left(1 - \frac{c}{n}\right)^n = \mathrm{e}^{-c} = \mathrm{e}^{-\mathrm{e}^{-y}}.$$

不难验证 $\mathrm{e}^{-\mathrm{e}^{-y}}$ 关于 y 为分布函数. 于是结论成立. □

称分布函数 $\mathrm{e}^{-\mathrm{e}^{-y}}$ 对应的分布为**重指数分布**, 也称为**冈贝尔 (Gumbel) 分布**.

*例 4.4.31 假设 $X_1, X_2, \cdots$ 相互独立, 均服从标准正态分布 $N(0,1)$. 记 $M_n = \max\{X_1, \cdots, X_n\}$, 则 (1) 将 $N(0,1)$ 的尾分布函数记为 $G(\cdot)$, 记 $a_n = G^{-1}(1/n)$, 则 $a_n(M_n - a_n) \xrightarrow{\mathrm{d}} Y$, 其中 Y 服从重指数分布, (2) $\dfrac{M_n}{\sqrt{2\ln n}} \xrightarrow{\mathrm{P}} 1$, (3) $\lim\limits_{n\to\infty} \dfrac{\mathrm{E}M_n}{\sqrt{2\ln n}} = 1$.

证 记 $\phi(x) = \dfrac{1}{\sqrt{2\pi}}\mathrm{e}^{-x^2/2}$, 则 $G(x) = \int_x^\infty \phi(y)\mathrm{d}y$. 由命题 2.3.7,

$$\frac{1}{1 + 1/x^2} \leqslant \frac{G(x)}{x^{-1}\phi(x)} \leqslant 2, \ \forall x > 0; \qquad \lim_{x\to\infty}\frac{G(x)}{x^{-1}\phi(x)} = 1.$$

第一步, 取定 $c > 0$.

$$\lim_{x\to\infty}\frac{G(x + c/x)}{G(x)} = \lim_{x\to\infty}\frac{(x + c/x)^{-1}\phi(x + c/x)}{x^{-1}\phi(x)} = \lim_{x\to\infty}\exp\left\{-\frac{(x + c/x)^2}{2} + \frac{x^2}{2}\right\}$$

$$= \lim_{x\to\infty}\exp\left\{-\frac{2c + (c/x)^2}{2}\right\} = \mathrm{e}^{-c}.$$

记 $a_n = G^{-1}(1/n)$, 等价地 $G(a_n) = 1/n$, 则当 $n \to \infty$ 时, $a_n \to \infty$. 于是

$$\lim_{n\to\infty} nG(a_n + c/a_n) = \lim_{n\to\infty} G(a_n + c/a_n)/G(a_n) = \mathrm{e}^{-c}.$$

于是

$$\lim_{n\to\infty}(1 - G(a_n + c/a_n))^n = \mathrm{e}^{-\mathrm{e}^{-c}}.$$

具体地, 由洛必达法则,

$$\lim_{n\to\infty}\frac{\ln(1 - G(a_n + c/a_n))}{G(a_n + c/a_n)} = \lim_{\varepsilon\to 0+}\frac{\ln(1 - \varepsilon)}{\varepsilon} = -\lim_{\varepsilon\to 0}\frac{1}{1 - \varepsilon} = -1.$$

即当 $n \to \infty$ 时, $\ln(1 - G(a_n + c/a_n))^n$ 趋于 $-\mathrm{e}^{-c}$, 从而 $(1 - G(a_n + c/a_n))^n$ 趋于 $\mathrm{e}^{-\mathrm{e}^{-c}}$.

第二步, 对任意 $x > 0$, 将第一步中的 c 取为 x, 可推出

$$\mathrm{P}(a_n(M_n - a_n) \leqslant x) = \mathrm{P}\left(M_n \leqslant a_n + \frac{x}{a_n}\right) = \left(1 - G\left(a_n + \frac{x}{a_n}\right)\right)^n \xrightarrow{n\to\infty} \mathrm{e}^{-\mathrm{e}^{-x}}.$$

这表明 $a_n(M_n - a_n) \xrightarrow{\mathrm{d}} Y$, 其中 Y 服从重指数分布. 此即 (1).

第三步, 取 $b_n = \sqrt{2\ln n}$. 一方面,

$$\phi(b_n) = \frac{1}{\sqrt{2\pi}}\mathrm{e}^{-b_n^2/2} = \frac{1}{\sqrt{2\pi}} \cdot \frac{1}{n} < \frac{1}{n},$$

故 $a_n < b_n$. 另一方面, 对任意 $\varepsilon > 0$,
$$\phi(b_n - \varepsilon) = \frac{1}{\sqrt{2\pi}} e^{-(b_n-\varepsilon)^2/2} = \frac{1}{\sqrt{2\pi}} e^{\varepsilon b_n - \varepsilon^2/2} \cdot \frac{1}{n}.$$

存在 $n_0 = n_0(\varepsilon)$ 使得当 $n \geqslant n_0$ 时, $\phi(b_n - \varepsilon) > \dfrac{1}{n}$, 故 $b_n - \varepsilon < a_n$. 综上,
$$\lim_{n\to\infty} |a_n - b_n| = 0.$$

第四步, 由命题 4.4.29, 存在随机变量序列 $W, W_1, W_2, \cdots$ 使得 $a_n(M_n - a_n) \overset{\mathrm{d}}{=} W_n$, $Y \overset{\mathrm{d}}{=} W$ 且 $W_n \xrightarrow{\text{a.s.}} W$. 于是, $M_n - a_n \overset{\mathrm{d}}{=} W_n/a_n$. W_n/a_n 几乎必然收敛于 0, 从而依分布收敛于 0. 因此 $M_n - a_n \xrightarrow{\mathrm{d}} 0$. 由命题 4.4.21, $M_n - a_n \xrightarrow{\mathrm{P}} 0$. 从而 $M_n - b_n \xrightarrow{\mathrm{P}} 0$. 进一步, $\dfrac{1}{b_n}(M_n - b_n) \xrightarrow{\mathrm{P}} 0$, 即 $M_n/b_n \xrightarrow{\mathrm{P}} 1$. 此即 (2).

第五步, 记 $Z = X_1$. 我们先证明对任意 $x > 0$, $\mathrm{P}(Z > x) \leqslant e^{-x^2/2}$. 对任意 a,
$$\mathrm{E}e^{aZ} = \int_{-\infty}^{\infty} \frac{1}{\sqrt{2\pi}} e^{-\frac{x^2}{2}+ax} \mathrm{d}x = \int_{-\infty}^{\infty} \frac{1}{\sqrt{2\pi}} e^{-\frac{1}{2}(x-a)^2} e^{\frac{a^2}{2}} \mathrm{d}x = e^{\frac{a^2}{2}}.$$

对任意 $x > 0$, 往估计 $\mathrm{P}(Z > x)$. 对任意 $a > 0$,
$$\mathrm{P}(Z > x) \leqslant \mathrm{E}e^{a(Z-x)} = e^{\frac{a^2}{2}-ax} = e^{\frac{1}{2}(a-x)^2} e^{-\frac{x^2}{2}}.$$

取 $a = x$ 使上式右边达到最小, 便可推出 $\mathrm{P}(Z > x) \leqslant e^{-\frac{x^2}{2}}$.

第六步, 一方面, 对任意 $a > 0$,
$$\mathrm{E}M_n = a + \mathrm{E}(M_n - a) \leqslant a + \mathrm{E}(M_n - a)^+ \leqslant a + \int_0^\infty \mathrm{P}(M_n > a+x) \mathrm{d}x,$$

其中 $\mathrm{P}(M_n > a+x) \leqslant n\mathrm{P}(Z > a+x) \leqslant ne^{-\frac{(a+x)^2}{2}}$. 于是
$$\int_0^\infty \mathrm{P}(M_n > a+x)\mathrm{d}x \leqslant n \int_0^\infty e^{-\frac{(a+x)^2}{2}} \mathrm{d}x = n \int_a^\infty e^{-\frac{x^2}{2}} \mathrm{d}x$$
$$= \sqrt{2\pi} n \mathrm{P}(Z > a) \leqslant \sqrt{2\pi} n e^{-a^2/2}.$$

取 $\varepsilon_n = 1/n$, $a = a_n = \sqrt{2\ln n}(1 + \varepsilon_n)$ 得到
$$\mathrm{E}M_n \leqslant \sqrt{2\ln n}(1+\varepsilon_n) + \sqrt{2\pi} n e^{-(2(1+\varepsilon_n)^2 \ln n)/2} = \sqrt{2\ln n}(1+\varepsilon_n) + \sqrt{2\pi} n^{-(2\varepsilon_n + \varepsilon_n^2)}.$$

因此 $\limsup\limits_{n\to\infty} \dfrac{\mathrm{E}M_n}{\sqrt{2\ln n}} \leqslant 1$.

另一方面, 对任意 b, $\mathrm{P}(M_n \leqslant b) = (1 - \mathrm{P}(Z > b))^n$. 取 $\varepsilon_n = \dfrac{1}{\sqrt{\ln n}}$, $b = b_n = \sqrt{2\ln n}(1-\varepsilon_n)$. 当 $n \to \infty$ 时, $b_n \to \infty$. 根据命题 2.3.7,
$$\mathrm{P}(Z > b) \geqslant \frac{1}{3b} e^{-b^2/2} = \frac{1}{3b} n^{-(1-\varepsilon_n)^2} = \frac{1}{n} \cdot \frac{n^{2\varepsilon_n - \varepsilon_n^2}}{2b} \geqslant \frac{1}{n} \cdot n^{\varepsilon_n}.$$

于是 $P(M_n \leqslant b) \leqslant \left(1 - \frac{1}{n} n^{\varepsilon_n}\right)^n \leqslant e^{-n^{\varepsilon_n}}$. 这表明

$$EM_n^+ \geqslant EM_n \cdot \mathbf{I}_{\{M_n > b\}} \geqslant bP(M_n > b) \geqslant b(1 - e^{-n^{\varepsilon_n}}) = \sqrt{2\ln n}(1 - \varepsilon_n)(1 - e^{-n^{\varepsilon_n}}).$$

又 $EM_n^- \leqslant EZ^-$. 因此 $\liminf\limits_{n\to\infty} \dfrac{EM_n}{\sqrt{2\ln n}} \geqslant 1$.

综上, (3) 成立. □

最后, 我们从依分布收敛的角度再次叙述小数定律 (例 2.5.16 续), 并用特征函数法进行证明.

例 4.4.32 假设对任意 $n \geqslant 1$, m_n 是正整数, $X_1^{(n)}, \cdots, X_{m_n}^{(n)}$ 是相互独立的伯努利随机变量, $X_k^{(n)}$ 的参数为 $p_k^{(n)}$. 记 $\lambda_n = \sum\limits_{k=1}^{m_n} p_k^{(n)}$, $\delta_n = \max\limits_{1 \leqslant k \leqslant n} p_k^{(n)}$, $S_n = X_1^{(n)} + \cdots + X_{m_n}^{(n)}$. 设当 $n \to \infty$ 时, $\lambda_n \to \lambda$ 且 $\delta_n \to 0$, 则 $S_n \xrightarrow{d} Y \sim P(\lambda)$. 其中, 补充定义 $P(0)$ 为 $Y \equiv 0$ 的分布.

解 记 $f_{nk}(t) = Ee^{itX_k^{(n)}} = p_k^{(n)} e^{it} + (1 - p_k^{(n)}) = 1 + p_k^{(n)} z$, 其中 $z := e^{it} - 1$. 记 $g_{nk}(t) := e^{p_k^{(n)} z} = e^{p_k^{(n)} z} = e^{p_k^{(n)}(e^{it}-1)}$, 它是参数为 $p_k^{(n)}$ 的泊松分布的特征函数. 于是 $\|f_{nk}(t)\| \leqslant 1$ 且 $\|g_{nk}(t)\| \leqslant 1$. 由引理 4.3.13, $\|f_n(t) - g_n(t)\| \leqslant \sum\limits_{k=1}^{m_n} \|f_{nk}(t) - g_{nk}(t)\|$, 其中 $f_n(t) := \prod\limits_{k=1}^{m_n} f_{nk}(t)$ 为 S_n 的特征函数, $g_n(t) := \prod\limits_{k=1}^{m_n} g_{nk}(t) = e^{\lambda_n z}$ 为泊松分布 $P(\lambda_n)$ 的特征函数. 下面, 我们估计 $\|f_{nk}(t) - g_{nk}(t)\|$.

$$\|e^{p_k^{(n)} z} - (1 + p_k^{(n)} z)\| \leqslant \left\|\sum_{r=2}^{\infty} \frac{(p_k^{(n)} z)^r}{r!}\right\| \leqslant \sum_{r=2}^{\infty} \frac{\|p_k^{(n)} z\|^r}{r!} \leqslant \|p_k^{(n)} z\|^2 \sum_{r=2}^{\infty} \frac{1}{r!} \leqslant \|p_k^{(n)} z\|^2.$$

在第四个不等号中, 我们用到了 $\sum\limits_{r=2}^{\infty} \dfrac{1}{r!} = e - 2 < 1$; $\|z\| \leqslant 2$ 以及当 n 充分大时 $\delta_n < 1/2$, 从而 $\|p_k^{(n)} z\| < 1$. 综上,

$$\|f_n(t) - g_n(t)\| \leqslant \sum_{k=1}^{m_n} \|p_k^{(n)}\|^2 \leqslant 4 \sum_{k=1}^{m_n} \delta_n p_k^{(n)} = 4\delta_n \lambda_n.$$

令 $n \to \infty$ 知 $\|f_n(t) - g_n(t)\| \to 0$. 又因为 $g_n(t) = e^{\lambda_n z} \to e^{\lambda z}$, 所以 $f_n(t) \to e^{\lambda z}$. $e^{\lambda z}$ 为 $P(\lambda)$ 的特征函数, 故 $S_n \xrightarrow{d} Y \sim P(\lambda)$. □

四、均方收敛与平均收敛

1. 平均收敛

本节假设 r 为正实数.

定义 4.4.33 设 $EX^r < \infty$ 且 $EX_n^r < \infty$, $n = 1, 2, \cdots$. 若 $\lim_{n \to \infty} E|X_n - X|^r = 0$, 则称 X_n **依 r 阶平均收敛** 到 X, 也称 X_n **依 L^r 收敛**到 X, 记为 $X_n \xrightarrow{L^r} X$. 特别地, 也称依 L^2 收敛为**均方收敛**.

均方收敛通常比较容易验证, 由切比雪夫不等式知它蕴涵着依概率收敛. 一般地, 依 r 阶平均收敛都蕴涵着依概率收敛, 证明留为习题. 其逆命题不成立, 下例便是一个反例. 从下例看出, 比以概率收敛更强的几乎必然收敛都不能推出均方收敛.

例 4.4.34 取 $U \sim U(0,1)$. 令 $X_n = n \cdot \mathbf{I}_{\{U \leqslant 1/n\}}$, $X = 0$. 对任意 ω, 若 $U(\omega) > 0$, 则当 $1/n < U(\omega)$ 时, $X_n(\omega) = 0$, 从而 $\lim_{n \to \infty} X_n(\omega) = X(\omega)$. 因此 $P\left(\lim_{n \to \infty} X_n \neq X\right) \leqslant P(U \leqslant 0) = 0$, 从而 $X_n \xrightarrow{\text{a.s.}} X$. 但 $E|X_n - X|^2 = n^2 \cdot \frac{1}{n} = n$. 因此 X_n 并不是均方收敛到 X 的. □

另一方面, 依 r 阶平均收敛也不能推出几乎必然收敛, 例 4.4.16 便是一个反例. 至此, 四种关于随机变量收敛性的强弱关系可总结如下: r 阶平均收敛与几乎必然收敛没有强弱关系, 它们两个都比依概率收敛强, 而依概率收敛比依分布收敛强.

*2. 期望的收敛性

令 $n \to \infty$. 以下介绍 $EX_n \to EX$ 的两个充分条件: 一个是平均收敛, 另一个是存在控制函数.

设 $r \geqslant 1$. 由赫尔德不等式, $E|X_n - X| \leqslant (E|X_n - X|^r)^{1/r}$, 因此 $X_n \xrightarrow{L^r} X$ 蕴涵着 $EX_n \to EX$. 由测度论知识, $X_n \xrightarrow{L^r} X$ 当且仅当 $X_n \xrightarrow{P} X$ 且 $E|X_n|^r \to E|X|^r$ (参见 [1] 中的定理 3.3.9). 于是若已知 $X_n \xrightarrow{P} X$, 则 $E|X_n|^r \to E|X|^r$ 蕴涵着 $EX_n \to EX$.

设 $X_n \xrightarrow{P} X$. 若存在常数 M 使得对任意 n, $|X_n| \leqslant M$ a.s., 则 $|X_n - X| \leqslant 2M$ a.s.. 于是由有界收敛定理 (命题 4.4.1) 知 $X_n \xrightarrow{L^1} X$, 从而 $EX_n \to EX$. 更一般地, 若存在随机变量 Y, 使得 $E|Y| < \infty$ 且对任意 n, $|X_n| \leqslant Y$ a.s., 则 $EX_n \to EX$. 此即勒贝格控制收敛定理 (参见附录 A 中的定理 A.0.4), 称其中的 Y 为控制函数.

习题

1. 设 $X_1, X_2, \cdots$ 是单调下降的非负随机变量序列, 且 $X_n \xrightarrow{P} 0$. 试证: $X_n \xrightarrow{\text{a.s.}} 0$.

2. 设 $X_1, X_2, \cdots$ 相互独立. 试证: $X_n \xrightarrow{\text{a.s.}} 0$ 的充要条件为对任意 $\varepsilon > 0$,
$$\sum_{n=1}^{\infty} P(|X_n| \geqslant \varepsilon) < \infty.$$

3. 设 $X_1, X_2, \cdots$ 独立同分布, 则 EX_1 存在且有限的充要条件是 $\frac{1}{n} \max_{1 \leqslant i \leqslant n} |X_i| \xrightarrow{\text{a.s.}} 0$.

4. 设 $X_1, X_2, \cdots$ 独立同分布, 它们共同的分布函数记为 $F(\cdot)$. 记 $M_n = \max\{X_1, \cdots, X_n\}$.

(1) 设 $\alpha > 0$, 对任意 $x \geqslant 1$, $F(x) = 1 - x^{-\alpha}$. 试证明 $M_n/n^{1/\alpha}$ 依分布收敛于某随机变量 X, 并求 X 的分布函数.

(2) 设 $\beta > 0$, 对任意 $x \in [-1, 0]$, $F(x) = 1 - |x|^\beta$. 试证明 $n^{1/b} M_n$ 依分布收敛于某随机变量 Y, 并求 Y 的分布函数.

5. 设 $r > 0$ 且 $X_n \xrightarrow{L^r} X$. 证明: $X_n \xrightarrow{P} X$.

*§4.5 重对数律与大偏差理论

在本节, 假设 $X, X_1, X_2, \cdots$ 独立同分布. 令 $S_n = X_1 + \cdots + X_n$.

一、重对数律

命题 4.5.1 设 $P(X_1 = 1) = P(X_1 = -1) = \dfrac{1}{2}$, 则 $\limsup\limits_{n \to \infty} \dfrac{S_n}{\sqrt{2n \ln n}} \leqslant 1$ a.s..

证 取 $\varepsilon > 0$. 根据中心极限定理,

$$P\left(\frac{S_n}{\sqrt{2n \ln n}} > 1 + \varepsilon\right) = P\left(\frac{S_n}{\sqrt{n}} > (1+\varepsilon)\sqrt{2 \ln n}\right) \approx \int_{(1+\varepsilon)\sqrt{2 \ln n}}^\infty \frac{1}{\sqrt{2\pi}} e^{-\frac{x^2}{2}} dx.$$

当 $u \to \infty$ 时,

$$\int_u^\infty e^{-x^2/2} dx \approx \frac{e^{-u^2/2}}{u}.$$

因此

$$\sum_{n=2}^\infty P\left(\frac{S_n}{\sqrt{2n \ln n}} > 1 + \varepsilon\right) \approx \sum_{n=2}^\infty \frac{1}{\sqrt{2\pi}} \cdot \frac{e^{-(1+\varepsilon)^2 \ln n}}{(1+\varepsilon)\sqrt{2 \ln n}} = \sum_{n=2}^\infty \frac{n^{-(1+\varepsilon)^2}}{2(1+\varepsilon)\sqrt{\pi \ln n}} < \infty.$$

根据博雷尔-坎泰利引理, $P\left(\dfrac{S_n}{\sqrt{2n \ln n}} > 1 + \varepsilon \text{ i.o.}\right) = 0$. 因此命题得证. □

根据中心极限定理, 我们已知 $S_n/\sqrt{n}$ 渐近服从正态分布, 但 $\sqrt{n}$ 不是 S_n 的一致上界. 命题 4.5.1 说明 $\sqrt{n \ln n}$ 是 S_n 的一致上界, 但还不是最佳的, 通过更细致的分析, 可以得出更强的结论.

命题 4.5.2 (重对数律) 设 $P(X_1 = 1) = P(X_1 = -1) = \dfrac{1}{2}$, 则

$$\limsup_{n \to \infty} \frac{S_n}{\sqrt{2n \ln \ln n}} = 1, \quad \liminf_{n \to \infty} \frac{S_n}{\sqrt{2n \ln \ln n}} = -1 \quad \text{a.s..}$$

二、大偏差理论

设 $0 < x < 1$. 令

$$h(x) = x\ln x + (1-x)\ln(1-x), \quad I(x,\varepsilon) = h(x+\varepsilon) - h(x) - \varepsilon h'(x).$$

引理 4.5.3 对任意 $0 < x < 1, 0 < \varepsilon < 1-x, I(x,\varepsilon) > 0$.

证 $h'(x) = \ln x - \ln(1-x)$, 关于 x 严格单调上升. 因此

$$I(x,\varepsilon) = \int_x^{x+\varepsilon} (h'(y) - h'(x))\,\mathrm{d}y > 0. \qquad \square$$

例 4.5.4 设 $0 < p < 1$, $\mathrm{P}(X=1) = p$, $\mathrm{P}(X=0) = 1-p$, 则

$$\mathrm{P}\Big(\frac{S_n}{n} > p + \varepsilon\Big) \leqslant \mathrm{e}^{-nI(p,\varepsilon)}, \quad \forall n \geqslant 1, \forall 0 < \varepsilon < 1-p,$$

$$\mathrm{P}\Big(\frac{S_n}{n} < p - \varepsilon\Big) \leqslant \mathrm{e}^{-nI(1-p,\varepsilon)}, \quad \forall n \geqslant 1, \forall 0 < \varepsilon < p.$$

证 设 $0 < \varepsilon < 1-p$. 对任意 $a > 0$,

$$\mathrm{P}\Big(\frac{S_n}{n} - p > \varepsilon\Big) = \mathrm{P}(S_n > n(p+\varepsilon)) \leqslant \mathrm{E}\mathrm{e}^{a(S_n - n(p+\varepsilon))} = \mathrm{e}^{-an(p+\varepsilon)}\mathrm{E}\mathrm{e}^{aX_1}\cdots \mathrm{e}^{aX_n}$$

$$= \mathrm{e}^{-an(p+\varepsilon)}\big(\mathrm{E}\mathrm{e}^{aX_1}\big)^n = \mathrm{e}^{-an(p+\varepsilon)}(1-p+p\mathrm{e}^a)^n$$

$$= [\mathrm{e}^{-a(p+\varepsilon)}(1-p+p\mathrm{e}^a)]^n.$$

令 $f(a) := \mathrm{e}^{-a(p+\varepsilon)} \cdot (1-p+p\mathrm{e}^a)$. 下面求 $f(\cdot)$ 的最小值.

$$f'(a) = -(p+\varepsilon)\mathrm{e}^{-a(p+\varepsilon)} \cdot (1-p+p\mathrm{e}^a) + \mathrm{e}^{-a(p+\varepsilon)} \cdot p\mathrm{e}^a = \mathrm{e}^{-a(p+\varepsilon)}g(a),$$

其中 $g(a) := -(p+\varepsilon)(1-p+p\mathrm{e}^a) + p\mathrm{e}^a = \mathrm{e}^a p(1-p-\varepsilon) - (1-p)(p+\varepsilon)$. 记

$$a_0 = a_0(\varepsilon) := \ln\frac{(1-p)(p+\varepsilon)}{p(1-p-\varepsilon)},$$

则 $g(a_0) = 0$; 当 $a > a_0$ 时, $g(a) > 0$; 当 $a < a_0$ 时, $g(a) < 0$. 因为 $(1-p)(p+\varepsilon) - p(1-p-\varepsilon) = \varepsilon > 0$, 所以 $a_0 > 0$. 因此 a_0 为 $f(\cdot)$ 的最小值点.

$$\mathrm{e}^{-a_0(p+\varepsilon)} = \Big(\frac{p(1-p-\varepsilon)}{(1-p)(p+\varepsilon)}\Big)^{p+\varepsilon} = \Big(\frac{p}{1-p}\Big)^p \cdot \Big(\frac{1-p-\varepsilon}{p+\varepsilon}\Big)^{p+\varepsilon} \cdot \Big(\frac{p}{1-p}\Big)^\varepsilon,$$

$$1 - p + p\mathrm{e}^{a_0} = 1 - p + p\frac{(1-p)(p+\varepsilon)}{p(1-p-\varepsilon)}$$

$$= \frac{(1-p)(1-p-\varepsilon) + (1-p)(p+\varepsilon)}{1-p-\varepsilon} = \frac{1-p}{1-p-\varepsilon}.$$

因此 $f(a_0) = \mathrm{e}^{-a_0(p+\varepsilon)}(1-p+p\mathrm{e}^{a_0}) = \dfrac{p^p(1-p)^{1-p}}{(p+\varepsilon)^{p+\varepsilon}(1-p-\varepsilon)^{1-p-\varepsilon}} \cdot \left(\dfrac{p}{1-p}\right)^\varepsilon.$ 于是

$$-\ln f(a_0(\varepsilon)) = h(p+\varepsilon) - h(p) - \varepsilon h'(p) = I(p, \varepsilon).$$

综上,

$$\mathrm{P}\Big(\dfrac{S_n}{n} > p+\varepsilon\Big) \leqslant f(a_0)^n = \mathrm{e}^{-nI(p,\varepsilon)}.$$

类似地, 用 $1-X$ 代替 X 便可推出对任意 $\varepsilon \in (0, p)$,

$$\mathrm{P}\Big(\dfrac{S_n}{n} < p-\varepsilon\Big) = \mathrm{P}\Big(\dfrac{n-S_n}{n} > 1-p+\varepsilon\Big) \leqslant \mathrm{e}^{-nI(1-p,\varepsilon)}. \qquad \square$$

例 4.5.5 设 $X \sim \mathrm{Exp}(\lambda)$, 则

$$\mathrm{P}\Big(\dfrac{S_n}{n} > \dfrac{1}{\lambda} + \varepsilon\Big) \leqslant \mathrm{e}^{-nI(\lambda\varepsilon)}, \quad \forall n \geqslant 1, \forall \varepsilon > 0,$$

$$\mathrm{P}\Big(\dfrac{S_n}{n} < \dfrac{1}{\lambda} - \varepsilon\Big) \leqslant \mathrm{e}^{-nI(-\lambda\varepsilon)}, \quad \forall n \geqslant 1, \forall 0 < \varepsilon < \dfrac{1}{\lambda},$$

其中 $I(x) := x - \ln(1+x) > 0$ 对任意 $x > -1$ 且 $x \neq 0$ 成立.

证 对任意 $a > 0$, $c > 1/\lambda$,

$$\mathrm{P}\Big(\dfrac{S_n}{n} > c\Big) = \mathrm{P}(S_n > nc) \leqslant \mathrm{E}\mathrm{e}^{a(S_n - nc)} = \mathrm{e}^{-nac}(\mathrm{E}\mathrm{e}^{aX})^n.$$

当 $a < \lambda$ 时,

$$\mathrm{E}\mathrm{e}^{aX} = \int_0^\infty \mathrm{e}^{ax} \cdot \lambda \mathrm{e}^{-\lambda x}\mathrm{d}x = \dfrac{\lambda}{\lambda - a};$$

当 $a \geqslant \lambda$ 时, $\mathrm{E}\mathrm{e}^{aX} = \infty$. 对 $a \in (0, \lambda)$, 令

$$f(a) := \mathrm{e}^{-ac}\mathrm{E}\mathrm{e}^{aX} = \lambda \mathrm{e}^{-(ac + \ln(\lambda - a))}.$$

记 $g(a) = ac + \ln(\lambda - a)$, 则 $g'(a) = c - 1/(\lambda - a)$. 令 $a_0 = a_0(c) = \lambda - 1/c$. 因为 $c > 1/\lambda$, 所以 $a_0 > 0$. 于是, a_0 为 $g(\cdot)$ 的最大值点, 从而为 $f(\cdot)$ 的最小值点.

$$-\ln f(a_0) = g(a_0) - \ln \lambda = c\lambda - 1 - \ln c - \ln \lambda.$$

取 $c = 1/\lambda + \varepsilon$ 得

$$-\ln f(a_0(c)) = \Big(\dfrac{1}{\lambda} + \varepsilon\Big)\lambda - 1 - \ln\Big(\dfrac{1}{\lambda} + \varepsilon\Big) - \ln \lambda = \varepsilon\lambda - \ln(1 + \varepsilon\lambda) = I(\lambda\varepsilon).$$

于是

$$\mathrm{P}\Big(\dfrac{S_n}{n} > \dfrac{1}{\lambda} + \varepsilon\Big) \leqslant \mathrm{e}^{-nI(\lambda\varepsilon)}.$$

对任意 $a > 0$, $0 < c < 1/\lambda$,
$$\mathrm{P}\Big(\frac{S_n}{n} < c\Big) = \mathrm{P}(S_n < nc) \leqslant \mathrm{E}\mathrm{e}^{a(nc-S_n)} = \mathrm{e}^{nac}(\mathrm{E}\mathrm{e}^{-aX})^n,$$
其中 $\mathrm{E}\mathrm{e}^{-aX} = \lambda/(\lambda + a)$. 令 $h(a) = \mathrm{e}^{ac}\lambda/(\lambda + a)$, 其最小值点为 $a_1 = a_1(c) := 1/c - \lambda$. 取 $c = 1/\lambda - \varepsilon$, 便知 $-\ln h(a_1) = -\varepsilon\lambda - \ln(1 - \varepsilon\lambda) = I(-\lambda\varepsilon)$. 故
$$\mathrm{P}\Big(\frac{S_n}{n} < \frac{1}{\lambda} - \varepsilon\Big) \leqslant \mathrm{e}^{-nI(\lambda\varepsilon)}. \qquad \square$$

一般地, 若存在严格正的函数 $I(\cdot)$, $\varepsilon_0 > 0$, n_0 使得对任意 $n \geqslant n_0$, $0 < \varepsilon < \varepsilon_0$, $\mathrm{P}(|S_n/n - \mathrm{E}X| > \varepsilon) \leqslant \mathrm{e}^{-nI(\varepsilon)}$, 则称 $X_1, X_2, \cdots$ 满足**大偏差**估计. 以上两例表明若随机变量服从伯努利分布或指数分布, 则大偏差估计成立. 经克拉默 (Cramér), 瓦拉达汉 (Varadhan) 等人的努力, 这一问题得到深入研究, 发展成为适用范围很广的大偏差理论. 由推论 4.2.3, 若大偏差估计成立, 则强大数定律成立. 这里的关键是偏离中心的概率都以指数速度衰减.

§4.6 综合练习题

1. 证明: (1) 设 $X_n \xrightarrow{\mathrm{a.s.}} X$ 且 $X_n \xrightarrow{\mathrm{a.s.}} Y$, 则 $X = Y$ a.s.;
(2) 设 $X_n \xrightarrow{\mathrm{P}} X$ 且 $X_n \xrightarrow{\mathrm{P}} Y$, 则 $X = Y$ a.s.;
(3) 设 $X_n \xrightarrow{\mathrm{d}} X$ 且 $X_n \xrightarrow{\mathrm{d}} Y$, 则 $X \stackrel{\mathrm{d}}{=} Y$.

2. 设 $X_n \xrightarrow{\mathrm{a.s.}} X$. 试证:
(1) 对任意连续函数 $f : \mathbb{R} \to \mathbb{R}$, $f(X_n) \xrightarrow{\mathrm{a.s.}} f(X)$;
(2) 若 $X \neq 0$ a.s. 且对任意 n, $X_n \neq 0$ a.s., 则 $1/X_n \xrightarrow{\mathrm{a.s.}} 1/X$.
(3) 将几乎必然收敛改为依概率收敛, 则以上结论仍然成立.

3. 设 $X_n \xrightarrow{\mathrm{a.s.}} X$, $Y_n \xrightarrow{\mathrm{a.s.}} Y$, 且它们都是同一概率空间中的随机变量. 试证:
(1) 对任意连续函数 $f : \mathbb{R}^2 \to \mathbb{R}$, $f(X_n, Y_n) \xrightarrow{\mathrm{a.s.}} f(X, Y)$;
(2) 若 $Y \neq 0$ a.s. 且对任意 n, $Y_n \neq 0$ a.s., 则 $X_n/Y_n \xrightarrow{\mathrm{a.s.}} X/Y$.
(3) 将几乎必然收敛改为依概率收敛, 则以上结论仍然成立.

4. 设 $X_n, Y_n, n = 1, 2, \cdots$ 是同一概率空间中的随机变量, $X_n \xrightarrow{\mathrm{d}} X$, $Y_n \xrightarrow{\mathrm{d}} C$, 其中 X 为随机变量, C 为常数. 试证:
(1) $X_n + Y_n \xrightarrow{\mathrm{d}} X + C$;
(2) 若 $C \neq 0$ 且对任意 n, $Y_n \neq 0$ a.s., 则 $X_n/Y_n \xrightarrow{\mathrm{d}} X/C$.

5. 设 $X, X_1, X_2, \cdots$ 均取整数值. 证明: $X_n \xrightarrow{\mathrm{d}} X$ 当且仅当对任意整数 k,
$$\lim_{n \to \infty} \mathrm{P}(X_n = k) = \mathrm{P}(X = k).$$

6. 设 $X_n \xrightarrow{P} c$, 其中 $c \in \mathbb{R}$. 证明: 对任何有界连续函数 $f(\cdot)$, $\mathrm{E}f(X_n) \xrightarrow{n \to \infty} f(c)$.

7. 设 $X_1, X_2, \cdots$ 独立同分布, 期望存在且有限, $f(\cdot)$ 是有界连续函数. 试证:
$$\lim_{n \to \infty} \mathrm{E}f\left(\frac{X_1 + \cdots + X_n}{n}\right) = f(\mathrm{E}X_1).$$

8. 设 W 服从康托尔分布 (见例 4.4.26 与注 4.4.27). 求 $\mathrm{E}W$ 和 $\mathrm{Var}(W)$.

9. 设 $X_1, X_2, \cdots$ 相互独立, 在以下三种分布列的情形分别判别该序列是否满足马尔可夫条件, 是否服从强大数定律:

(1) $\mathrm{P}(X_n = 2^n) = \mathrm{P}(X_n = -2^n) = 1/2$;

(2) $\mathrm{P}(X_n = 2^n) = \mathrm{P}(X_n = -2^n) = 2^{-(2n+1)}$, $\mathrm{P}(X_n = 0) = 1 - 2^{-2n}$;

(3) $\mathrm{P}(X_n = n) = \mathrm{P}(X_n = -n) = n^{-1/2}/2$, $\mathrm{P}(X_n = 0) = 1 - n^{-1/2}$.

10. 设 $X_1, X_2, \cdots$ 相互独立, $\mathrm{P}(X_n = n^s) = \mathrm{P}(X_n = -n^s) = 1/2$.

(1) 试证: 当 $s < 1/2$ 时, 大数定律成立;

(2) 试利用中心极限定理证明: 当 $s \geqslant 1/2$ 时, 大数定律不成立.

11. 设 $X_1, X_2, \cdots$ 相互独立且中心极限定理成立. 证明: 该序列服从大数定律的充要条件为 $\mathrm{Var}(X_1 + \cdots + X_n) = o(n^2)$.

12. 设 $X_1, X_2, \cdots$ 相互独立, 均服从 $N(0,1)$. 令 $W_n = \sqrt{n} \cdot \dfrac{X_1 + \cdots + X_n}{X_1^2 + \cdots + X_n^2}$. 试证: W_n 依分布收敛于 X_1.

13. 假设 $X_1, X_2, \cdots$ 独立同分布, 期望存在且有限. 证明: 若 $\mathrm{E}X_1 > 0$, 则对 $\alpha < 1$,
$$\lim_{n \to \infty} \mathrm{P}\left(\sum_{k=1}^{n} X_k \geqslant n^\alpha\right) = 1.$$

附录A

其他课程中的相关知识

一、数学分析中的相关知识

斯特林公式:

$$m! = \sqrt{2\pi m}\left(\frac{m}{e}\right)^m e^{\theta_m}, \quad \text{其中 } 0 < \theta_m < \frac{1}{12m}. \tag{A.0.1}$$

命题 A.0.1 假设 $\{p_k : k = 1, 2, \cdots\}$ 是分布列, 且对任意 $n \geqslant 1$, $\{p_k^{(n)} : k = 1, 2, \cdots\}$ 是分布列. 若 $\lim\limits_{n\to\infty} p_k^{(n)} = p_k$, 则 $\lim\limits_{n\to\infty} \sum\limits_{k=1}^{\infty} |p_k^{(n)} - p_k| = 0$.

证 对任意 $\varepsilon > 0$, 存在 M 使得 $\sum\limits_{k=M+1}^{\infty} p_k < \frac{\varepsilon}{4}$. 对 $k = 1, \cdots, M$, 存在 N_k 使得当 $n \geqslant N_k$ 时, $|p_k^{(n)} - p_k| < \frac{\varepsilon}{4M}$. 于是当 $n \geqslant N := \max\{N_1, \cdots, N_M\}$ 时, $\sum\limits_{k=1}^{M} |p_k^{(n)} - p_k| < \frac{\varepsilon}{4}$.

进一步, 因为 $\sum\limits_{k=1}^{\infty} p_k^{(n)} = \sum\limits_{k=1}^{\infty} p_k = 1$, 所以

$$\sum_{k=M+1}^{\infty} p_k^{(n)} - \sum_{k=M+1}^{\infty} p_k = \sum_{k=1}^{M} p_k - \sum_{k=1}^{M} p_k^{(n)}.$$

于是

$$\left|\sum_{k=M+1}^{\infty} p_k^{(n)} - \sum_{k=M+1}^{\infty} p_k\right| = \left|\sum_{k=1}^{M} p_k^{(n)} - \sum_{k=1}^{M} p_k\right| < \frac{\varepsilon}{4}.$$

故

$$\sum_{k=M+1}^{\infty} p_k^{(n)} \leqslant \sum_{k=M+1}^{\infty} p_k + \frac{\varepsilon}{4} < \frac{\varepsilon}{4} + \frac{\varepsilon}{4} = \frac{\varepsilon}{2}.$$

最后, 当 $n \geqslant N$ 时,

$$\sum_{k=1}^{\infty} |p_k^{(n)} - p_k| = \sum_{k=1}^{M} |p_k^{(n)} - p_k| + \sum_{k=M+1}^{\infty} |p_k^{(n)} - p_k|$$

$$\leqslant \sum_{k=1}^{M} |p_k^{(n)} - p_k| + \sum_{k=M+1}^{\infty} p_k^{(n)} + \sum_{k=M+1}^{\infty} p_k$$

$$< \frac{\varepsilon}{4} + \frac{\varepsilon}{2} + \frac{\varepsilon}{4} = \varepsilon.$$

因此结论成立. □

命题 A.0.2 设 $f(\cdot) : \mathbb{R}^n \to \mathbb{R}$ 是凸函数, 则存在 $\{(\vec{x}_i, a_i, \vec{b}_i) : i = 1, 2, \cdots\}$, 使得 $f(\vec{y}) = \sup\limits_{i \geqslant 1}\{a_i + \vec{b}_i \cdot (\vec{y} - \vec{x}_i)\}$, 其中, $\vec{x}_i$ 与 $\vec{b}_i$ 为 n 维向量, $i = 1, 2, \cdots$.

二、图论中的相关知识

假设 V 是非空可数集. 称 V 中元素为**顶点**或**结点**. 假设 $E \subseteq \{\{i,j\} : i,j \in V, i \neq j\}$, 称 E 中的元素为**边**. 其含义如下: $\{i,j\} \in E$ 表示顶点 i 与顶点 j 之间有 (且仅有一条) 边相连; $\{i,j\} \notin E$ 表示顶点 i 与顶点 j 之间没有边相连. 称 $G = (V, E)$ 为**简单图**. 设 $G_1 = (V_1, E_1), G_2 = (V_2, E_2)$. 若 $V_1 \subseteq V_2$ 且 $E_1 \subseteq E_2$, 则称 G_1 是 G_2 的**子图**.

若 $|V| < \infty$, 则称 G 为有限图. 进一步, 又若 $E = \{\{i,j\} : i,j \in V, i \neq j\}$, 则称 G 为**完全图**. 将有 N 个顶点的完全图记为 K_N, 其中有 N 个顶点, C_N^2 条边. 对任意有限图, 在没有边相连的两个顶点之间连一条边后, 它就变成了完全图. 因此任意有限图都是完全图的子图.

三、测度论中的相关知识

以下定理依次参见 [1] 中的命题 2.3.1、定理 3.2.8 和定理 5.1.7.

定理 A.0.3（扩张的唯一性） 设 $(\Omega, \mathscr{F})$ 为可测空间, $\mathscr{A}$ 为非空集合系, 且 $\sigma(\mathscr{A}) = \mathscr{F}$. 若 $\mathscr{A}$ 对交运算封闭, 即

$$A, B \in \mathscr{A} \Rightarrow AB \in \mathscr{A},$$

则对任意 $\mathscr{A}$ 上的函数 φ, 在 $(\Omega, \mathscr{F})$ 上至多存在一个概率 P 满足 $P|_{\mathscr{A}} = \varphi$.

定理 A.0.4（控制收敛定理） 设 $X_n \xrightarrow{P} X$. 若存在非负随机变量 Y 使得 $EY < \infty$ 且对任意 $n \geqslant 1$, $|X_n| \leqslant Y$ a.s., 则 $\lim\limits_{n \to \infty} EX_n = EX$.

定理 A.0.5（富比尼定理） 设 $a < b$ 且 $\{X_t : t \geqslant 0\}$ 为一族随机变量. 若 $\int_a^b E|X_t| dt < \infty$, 则 $E \int_a^b X_t dt = \int_a^b EX_t dt$.

附录B

标准正态分布函数的数值表

附录 B 标准正态分布函数的数值表

$$\Phi(x) = \frac{1}{\sqrt{2\pi}} \int_{-\infty}^{x} e^{-z^2/2} dz$$

x	$\Phi(x)$	x	$\Phi(x)$	x	$\Phi(x)$
0.00	0.5000	0.68	0.7517	1.70	0.9554
0.02	0.5080	0.70	0.7580	1.75	0.9599
0.05	0.5199	0.72	0.7642	1.80	0.9641
0.08	0.5319	0.75	0.7734	1.85	0.9678
0.10	0.5398	0.78	0.7823	1.90	0.9713
0.12	0.5478	0.80	0.7881	1.95	0.9744
0.15	0.5596	0.82	0.7939	2.00	0.9772
0.18	0.5714	0.85	0.8023	2.05	0.9798
0.20	0.5793	0.88	0.8106	2.10	0.9821
0.22	0.5871	0.90	0.8159	2.15	0.9842
0.25	0.5987	0.92	0.8212	2.20	0.9861
0.28	0.6103	0.95	0.8289	2.25	0.9878
0.30	0.6179	0.98	0.8365	2.30	0.9893
0.32	0.6255	1.00	0.8413	2.35	0.9906
0.35	0.6368	1.05	0.8531	2.40	0.9918
0.38	0.6480	1.10	0.8643	2.45	0.9929
0.40	0.6554	1.15	0.8749	2.50	0.9938
0.42	0.6628	1.20	0.8849	2.55	0.9946
0.45	0.6736	1.25	0.8944	2.60	0.9953
0.48	0.6844	1.30	0.9032	2.65	0.9960
0.50	0.6915	1.35	0.9115	2.70	0.9965
0.52	0.6985	1.40	0.9192	2.75	0.9970
0.55	0.7088	1.45	0.9265	2.80	0.9974
0.58	0.7190	1.50	0.9332	2.85	0.9978
0.60	0.7257	1.55	0.9394	2.90	0.9981
0.62	0.7324	1.60	0.9452	2.95	0.9984
0.65	0.7422	1.65	0.9505	3.00	0.9987

注：表中没有的数据，可用线性插值近似替代.

附录C

常见分布及其数字特征表

在以下表格中，$0 \leqslant p \leqslant 1, q = 1 - p$.

离散型分布	概率分布	期望	方差	母函数	特征函数
伯努利分布 $B(1,p)$	$p_k = p^k q^{1-k}$, $k = 0, 1$	p	pq	$q + ps$	$q + pe^{it}$
二项分布 $B(n,p)$	$p_k = C_n^k p^k q^{n-k}$, $k = 0, 1, \cdots, n$ (n 为正整数)	np	npq	$(q+ps)^n$	$(q+pe^{it})^n$
泊松分布 $P(\lambda)$	$p_k = \dfrac{\lambda^k}{k!} e^{-\lambda}$, $k = 0, 1, \cdots$ ($\lambda > 0$)	λ	λ	$e^{\lambda(s-1)}$	$e^{\lambda(e^{it}-1)}$
几何分布	$p_k = q^{k-1} p$, $k = 1, 2, \cdots$	$\dfrac{1}{p}$	$\dfrac{q}{p^2}$	$\dfrac{ps}{1-qs}$	$\dfrac{pe^{it}}{1-qe^{it}}$
超几何分布 $H(N, M, n)$	$p_k = \dfrac{C_M^k C_{N-M}^{n-k}}{C_N^n}$, $k = 0, 1, \cdots, n$ (N, M, n 为正整数, $N \geqslant M, N \geqslant n$)	$\dfrac{nM}{N}$	$n\dfrac{M}{N}\left(1-\dfrac{M}{N}\right) \cdot \dfrac{N-n}{N-1}$		
负二项分布 $NB(r,p)$	$p_k = C_{k+r-1}^{r-1} q^k p^r$, $k = 0, 1, \cdots$ (r 为正整数)	$\dfrac{rq}{p}$	$\dfrac{rq}{p^2}$	$\left(\dfrac{p}{1-qs}\right)^r$	$\left(\dfrac{p}{1-qe^{it}}\right)^r$

连续型分布	概率密度	期望	方差	特征函数
均匀分布 $U(a,b)$	$\dfrac{1}{b-a}, a < x < b$	$\dfrac{a+b}{2}$	$\dfrac{(b-a)^2}{12}$	$\dfrac{e^{itb} - e^{ita}}{it(b-a)}$
指数分布 $\text{Exp}(\lambda)$	$\lambda e^{-\lambda x}, x > 0$ ($\lambda > 0$)	$\dfrac{1}{\lambda}$	$\dfrac{1}{\lambda^2}$	$\left(1 - \dfrac{it}{\lambda}\right)^{-1}$
正态分布 $N(\mu, \sigma^2)$	$\dfrac{1}{\sqrt{2\pi}\sigma} \exp\left\{-\dfrac{(x-\mu)^2}{2\sigma^2}\right\}$ ($\mu \in \mathbb{R}, \sigma > 0$)	μ	σ^2	$\exp\left\{i\mu t - \dfrac{\sigma^2 t^2}{2}\right\}$
伽马分布 $\Gamma(\alpha, \beta)$	$\dfrac{\beta^\alpha}{\Gamma(\alpha)} x^{\alpha-1} e^{-\beta x}, x \geqslant 0$ ($\alpha > 0, \beta > 0$)	$\dfrac{\alpha}{\beta}$	$\dfrac{\alpha}{\beta^2}$	$\left(1 - \dfrac{it}{\beta}\right)^{-\alpha}$

附录D

术语中英文对照表

标准差 standard deviation
大偏差 large deviation
大数定律 law of large numbers
  强大数定律 strong law of large numbers
  弱大数定律 weak law of large numbers
独立同分布 independent and identically distributed
方差 variance
分布 distribution
  超几何分布 hypergeometric distribution
  二项分布 binomial distribution
  负二项分布 negative binomial distribution
  伽马分布 Gamma distribution
  几何分布 geometric distribution
  均匀分布 uniform distribution
  康托尔分布 Cantor distribution
  柯西分布 Cauchy distribution
  拉普拉斯分布 Laplace distribution
  帕累托分布 Pareto distribution
  帕斯卡分布 Pascal distribution
  泊松分布 Poisson distribution
  瑞利分布 Rayleigh distribution
  威布尔分布 Weibull distribution
  优尔-西蒙分布 Yule-Simons distribution
  正态分布 normal distribution
  指数分布 exponential distribution
分支过程 branching process
概率 probability
几乎必然 almost surely
两两独立 pairwise independent
密度函数 density function
母函数 generating function
耦合 coupling
数学期望 expectation, mean
随机变量 random variable
随机游动 random walk

简单随机游动 simple random walk
特征函数 characteristic function
相关系数 correlation coefficient
小数定律 law of small numbers
协方差 covariance
中心极限定理 central limit theorem

附录E

人名中英文对照表

附录 E　人名中英文对照表

埃森　Esseen
爱因斯坦　Einstein
邦费罗尼　Bonferroni
贝里　Berry
贝特朗　Bertrand
贝叶斯　Bayes
波利亚　Polya
玻尔兹曼　Boltzmann
玻色　Bose
伯恩斯坦　Bernstein
伯努利　Bernoulli
博赫纳　Bochner
博雷尔　Borel
布尔　Boole
费勒　Feller
傅里叶　Fourier
富比尼　Fubini
伽马　Gamma
冈贝尔　Gumbel
格涅坚科　Gnegenko
赫尔德　Hölder
坎泰利　Cantelli
康托尔　Cantor
柯尔莫哥洛夫　Kolmogorov
柯西　Cauchy
克拉默　Cramér
克里奇　Kerrich
拉普拉斯　Laplace
勒贝格　Lebesgue

黎曼　Riemann
李雅普诺夫　Liapunov
林德贝格　Lindeberg
洛必达　L'Hospital
马尔可夫　Markov
麦克斯韦　Maxwell
帕累托　Pareto
帕斯卡　Pascal
皮尔逊　Pearson
泊松　Poisson
蒲丰　Buffon
切比雪夫　Chebyshev
瑞利　Rayleigh
若尔当　Jordan
施瓦茨　Schwarz
斯蒂尔切斯　Stieltjes
斯坦因　Stein
泰勒　Taylor
瓦拉德汉　Varadhan
威布尔　Weibull
维恩　Venn
魏尔斯特拉斯　Weierstrass
西蒙　Simons
辛钦　Khinchin
薛定谔　Schrödinger
雅可比　Jacobi
优尔　Yule
约登　Youden
詹森　Jensen

参考文献

[1] 程士宏. 测度论与概率论基础 [M]. 北京: 北京大学出版社, 2004.

[2] 李贤平. 概率论基础 [M]. 3 版. 北京: 高等教育出版社, 2010.

[3] 汪仁官. 概率论引论 [M]. 北京: 北京大学出版社, 1994.

[4] 钱敏平, 龚光鲁. 应用随机过程 [M]. 北京: 北京大学出版社, 1988.

[5] 汪嘉冈. 现代概率论基础 [M]. 2 版. 上海: 复旦大学出版社, 2005.

[6] Ross S. A First Course in Probability [M]. 9th ed. Person, 2014.

[7] Durrett R. Probability: Theory and Examples [M]. 5th ed. Cambridge University Press, 2019.

索引

B

邦费罗尼不等式	28
包含	6
包含于	6
贝特朗悖论	21
贝叶斯公式	43
必然事件	5
边	267
边缘分布	88
边缘分布函数	89
边缘分布列	89
边缘密度函数	89
标准差	156
标准化	158
标准正态分布	64, 194
并集	6, 7
并事件	6, 7
波利亚坛子模型	34
玻色-爱因斯坦统计	17
伯努利分布	58
伯努利试验	50
博雷尔 σ 代数	25
博雷尔函数	74, 109
博雷尔集	25
博雷尔-坎泰利引理	244
博雷尔可测集	25
补集	6
补事件	6
不独立	45
不放回抽样模型	10, 11
不可测	23
不相关	163
不相交	6
不相容	6
布尔不等式	28

C

测度	27
差集	6
差事件	6
超几何分布	57
成功率	50
乘法公式	33
重复独立试验	50
重指数分布	256

D

大偏差	263
大数定律	207
单调上升	8

单调下降	8	概率分布	78
等概率分布	56	概率分布列	29
顶点	267	概率空间	27
独立	44-46, 118	冈贝尔分布	256
独立同分布	90, 93, 118, 119	高斯分布	196
对偶原理	6	高斯系	201
对数正态分布	73	更新时刻	219
		古典概率模型	9
		古典概型	9

E

二进制展开	242	观测值	128
二维正态分布	85	广义反函数	103, 104
二项分布	58	广义随机变量	79

F / H

发生	5	赫尔德不等式	163
方差	156	后验概率	42
放回抽样模型	10	划分	24
非平凡划分	38		
费勒条件	229		

J

分布	56, 78	对数正态分布	73
分布函数	76	基本集	25
分布列	29, 56	基本事件	25
分配律	6	集合系	23
分支过程	178	极限	8
负部	131	几何分布	58
负二项分布	58	几何概率模型	18
负相关	45, 163	几何概型	18
复合泊松分布	177	几乎必然	27
复值随机变量	180	几乎必然收敛	212, 241
		几乎必然相等	78, 86
		简单随机游动	120
		简单图	267

G

伽马分布	70	交换律	6
概率	9, 26, 27	交集	6
概率测度	27		

交事件	7, 8
结点	267
结合律	6
经验分布函数	219
局部极限定理	65
矩	139
卷积	106
均方收敛	259
均匀分布	63, 86, 87
均值	128

K

卡方分布	70
康托尔分布	254
柯西-施瓦茨不等式	161
柯西分布	69
可测	24
可测函数	80
可测空间	24
可测映射	80
可加性	106
可交换性	35
可能取值	61
空集	5

L

L^2 距离	172
拉普拉斯分布	124
勒贝格-斯蒂尔切斯积分	135
勒贝格测度	31
离散型随机向量	82
李雅普诺夫条件	228
联合分布	86
联合分布函数	84, 86
联合分布列	82, 83
联合密度函数	84, 85
连续型随机变量	74
连续型随机向量	84
连续性定理	188
两点分布	61
两两独立	46, 90, 118
林德贝格条件	229

M

马尔可夫条件	208
麦克斯韦-玻尔兹曼统计	17
密度函数	63, 74
母函数	175, 175

N

逆概率公式	43
逆极限定理	188

O

耦合	93

P

帕累托分布	141
帕斯卡分布	61
匹配问题	17
频率	3
泊松分布	59
泊松过程	121
蒲丰投针模型	20

Q

期望	128, 129, 131, 133, 135, 136

强大数定律	213
球不可分辨的放球模型	15
球可分辨的放球模型	13
权分配方案	22
全概率公式	38

R

瑞利分布	68
若尔当公式	14, 29
弱大数定律	207
弱收敛	18

S

σ 代数	24
σ 可加性	27
三门问题	41
上极限	243
生日问题	13
失效率函数	81
事件	5, 24
事件域	24
示性函数	78
收集票券模型	145
数学期望	128, 131, 133, 135, 136, 166
顺序统计量	114
四点共圆问题	20
随机变量	56, 74
随机分组	12
随机向量	82
随机游动	120
随机元	80

T

特征函数	182, 187

条件方差	202
条件分布	97
条件分布函数	101
条件分布列	98
条件概率	31
条件密度函数	99
条件期望	151, 154
条件协方差	202
同分布	78, 86, 119, 120
退化的	56
退化的正态分布	196

W

完全可加性	27
完全收敛	246
完全图	267
威布尔分布	68
维恩图	6
尾分布函数	76
无记忆性	62

X

下极限	243
先验概率	42
线性不相关	163
相关系数	167
相互独立	45, 46, 50, 90, 93, 118, 119
协方差	163
协方差矩阵	167

Y

样本	5
样本点	5
样本方差	194

样本均值	194
样本空间	5
依 L^r 收敛	259
依 r 阶平均收敛	259
依分布收敛	224, 248
依概率收敛	206, 241
以概率 1 收敛	212, 241
优尔-西蒙分布	140
有界收敛定理	241
有限维边缘	119, 120
有限维边缘分布	119, 120
有限维边缘分布函数	119, 120
余集	6

Z

再生性	106
正部	131
正极限定理	188
正态分布	67, 182
正相关	45, 163
指数分布	63
中位点	162
中心极限定理	206
中心矩	139
子图	267

图书在版编目(CIP)数据

概率论与随机过程 上册 / 陈大岳, 仟艳霞, 章复熹编著. -- 北京 : 北京大学出版社, 2025.8. -- ("101计划"核心教材). -- ISBN 978-7-301-36326-3

Ⅰ.O211

中国国家版本馆CIP数据核字第2025M9J246号

书　　名	概率论与随机过程（上册）
	GAILÜLUN YU SUIJI GUOCHENG (SHANG CE)
著作责任者	陈大岳　任艳霞　章复熹　编著
责任编辑	潘丽娜
标准书号	ISBN 978-7-301-36326-3
出版发行	北京大学出版社
地　　址	北京市海淀区成府路205号　100871
网　　址	http://www.pup.cn　新浪微博：@北京大学出版社
电子邮箱	zpup@pup.cn
电　　话	邮购部 010-62752015　发行部 010-62750672
	编辑部 010-62752021
印　刷　者	北京市科星印刷有限责任公司
经　销　者	新华书店
	787毫米×1092毫米　16开本　19印张　397千字
	2025年8月第1版　2025年8月第1次印刷
定　　价	58.00元

未经许可，不得以任何方式复制或抄袭本书之部分或全部内容。
版权所有，侵权必究
举报电话: 010-62752024　电子邮箱: fd@pup.cn
图书如有印装质量问题，请与出版部联系，电话: 010-62756370

数学"101计划"已出版教材目录

1. 《基础复分析》	崔贵珍	高 延			
2. 《代数学（一）》	李 方	邓少强	冯荣权	刘东文	
3. 《代数学（二）》	李 方	邓少强	冯荣权	刘东文	
4. 《代数学（三）》	冯荣权	邓少强	李 方	徐彬斌	
5. 《代数学（四）》	冯荣权	邓少强	李 方	徐彬斌	
6. 《代数学（五）》	邓少强	李 方	冯荣权	常 亮	
7. 《数学物理方程》	雷 震	王志强	华波波	曲 鹏	黄耿耿
8. 《概率论（上册）》	李增沪	张 梅	何 辉		
9. 《概率论（下册）》	李增沪	张 梅	何 辉		
10. 《概率论和随机过程 上册》	林正炎	苏中根	张立新		
11. 《概率论和随机过程 下册》	苏中根				
12. 《实变函数》	程 伟	吕 勇	尹会成		
13. 《泛函分析》	王 凯	姚一隽	黄昭波		
14. 《数论基础》	方江学				
15. 《基础拓扑学及应用》	雷逢春	杨志青	李风玲		
16. 《微分几何》	黎俊彬	袁 伟	张会春		
17. 《最优化方法与理论》	文再文	袁亚湘			
18. 《数理统计》	王兆军	邹长亮	周永道	冯 龙	
19. 《数学分析》数字教材	张 然	王春朋	尹景学		
20. 《微分方程Ⅱ》	周蜀林				
21. 《数学分析（上册）》	楼红卫	杨家忠	梅加强		
22. 《数学分析（中册）》	杨家忠	梅加强	楼红卫		
23. 《数学分析（下册）》	梅加强	楼红卫	杨家忠		
24. 《微分方程数值解法》	李荣华	李永海	武海军		
25. 《数值分析》	包 刚	杨志坚	李铁香	刘 歆	武海军
26. 《数值线性代数》	高卫国	魏 轲	柏兆俊		

27.	《复变函数》	王晓光
28.	《微分方程I》	柳　彬　肖冬梅　张伟年
29.	《概率论与随机过程（上册）》	陈大岳　任艳霞　章复熹